送　電・配　電

2 版改訂

執筆者

博士(工学)
道上　勉　福井工業大学

電気学会

序言

電気学会は，1888年に創立された学者，技術者および電気関係法人の会員組織であり，そのおもな目的は「電気に関する研究と進歩とその成果の普及を図り，もって学術の発展と文化の向上に寄与する」ことにある．創立110周年を機に活動の範囲を一段と広げようとしている．

電気学会は上記の目的を出版を通して達成するために，大学講座シリーズをはじめその図書出版を企画し，その最も多くが大学・高専等の教科書として使用されている．またこれらの図書を教材として多様な職場の社会人が受講し，電気主任技術者，エネルギー管理士または情報処理技術者等の資格取得者を出すなど，技術者の養成に預かっている．

しかし，科学技術の進歩に伴い，新しい技術分野が次々に生まれ，また従来分野を横断した学術的知識が技術者に要求されるようになってきた．これを反映して，大学工学部の講義科目とその内容，時間配分は，多様化の傾向にある．

電気学会では，技術の進歩と教育方法の改革に対処することを編修方針の一つとしており，例えば，全国の大学の電気工学および関連学科の講義科目，内容，時間数を分析し，さらに当会発行図書を講義にご使用の先生方のご意見を適宜拝聴することなどを，その結果に応じてこれらの講義科目に適した教科書の制作，または改訂を着々行っている．

さらに，産業界の要望に応えて，現場技術者，研究者に仕事上すぐ役立つユニークな内容の専門技術書をタイムリーに発行することも実行しつつある．

電気工学ないし電子工学の成果は，今日およそあらゆる技術，産業に取り入れられ，その発展に寄与しているといっても過言ではなかろう．したがって，電気・電子工学の知識とその更新は，専攻の学生や電気・電子技術者のみならず，各種技術分野に携わる人達にとっても身につけることが望ましく，一方，電気・電子技術者には関連技術分野の知識が必要である．

このような関係で，電気学会の講座での教科書・図書で学んだ人達の数は数百万人に及んでおり，当初の学生はすでに各界の指導者として活躍されておられ，一つの伝統を生むに至っている.

以上のような目的と背景のもとに組織的に制作された叡智の所産である本書の内容が読者にいかんなく吸収されて，能力養成の一助となり，ひいては我が国技術の発展に一段と資することを願って止まない次第である.

終りに，数々の貴重なご意見・資料をご提供賜った大学・高専等の先生をはじめ関係者各位に厚く御礼申しあげると共に，編修制作の推進に当たられた役員，編修・執筆委員諸氏に深い感謝の意を表明するものである．また，実務に携わって努力された職員諸氏の労を多とするものである.

2001年8月

社団法人　電　気　学　会
出版事業委員会

まえがき

送配電線路ほど身近に感ずる電力設備はないであろう．発電所は山間または海辺に，また，変電所は郊外や都市あるいはその地下などに設置されており，共に中に入って電力機器を見るにはあらかじめ申し込みをし許しを得なければならない．これに対し，送配電線路はいたるところに張りめぐらされ，誰でも自由に見ることができる．これは，発変電所が地理的に点としての存在であるのに対して，送配電線路は面的な存在であることによる．それだけ皆さんが，これから送電，配電を学ぶとき，設備をじかに，時間的な制約なしに見ることができる．特に配電線路は家の机の窓ごしに目を向ければ電柱，配電線があり，柱上変圧器，開閉器などを自由に見ることができ，貴重な教材となる．送電線路・配電線路の知識を完全に習得するには学習書に書いてある内容を十分に理解するとともに，実際の設備を目で確かめて納得することである．皆さんが，外出したときは，ぜひ目を開いて送電・配電線路の設備を注意深く観察していただきたい．

さて，送電線路と配電線路の目的は水力，火力，原子力発電所で発生した電力を，確実に，安全に，効率よく，かつ経済的に所定の箇所に伝送することであり，両者には本質的な区別はない．ただ，一般的にいえば，送電線路は需要地から遠く離れた発電所で発生した電力を高い電圧で需要地附近の変電所へ送るものであり，配電線路は変電所で，変圧器によって低い電圧に変成し，需要家まで電気を配分するものである．送電線路の歴史は電力需要の増加に伴い，送電電力を増やすための送電電圧格上げの歴史でもある．つまり，1899年(明治32年)に1.1万V，1907年(明治40年)に5.5万V，1914年(大正3年)に11万V，1923年(大正12年)に15.4万Vが採用され，本格的な高電圧長距離送電が始まった．戦後になり，1952年(昭和27年)に27.5万V，1973年(昭和48年)に50万Vが採用され，ほぼ倍々で送電電圧が昇圧された．近い将来100万VのUHV送電線路も出現する見通しである．一方，配電線路は当初，直流配電が主流を占めていたが，電圧を自由に変成可能な変圧器の登場により交流配電に取り交わり，現在は高圧配電線で

6 000 V，一般家庭で低圧 100 V が標準となっている．今後，一般家庭の配電電圧は使用電力の増加，電力損失および電圧降下の減少などの点から欧米並みの 200 V を指向しており，近い将来にはその採用が考えられる．

このような時代背景の中で，送電・配電を学ぶことは電気技術者として必須であると考えて本書を執筆したものである．現在の送電，配電は範囲も広く，技術も高度化しているが，本書は基礎知識を中心に詳しく述べ，スポットネットワーク配電，20 kV 級配電などの新しい技術も極力盛り込んである．また，本書は内容をより正確に理解できるよう図を多く入れたことと，知識の確実を期するため例題を随所に入れるとともに，章末に過去の電験問題を中心とした問題を配してあるので十分活用していただきたい．従って，本書は大学，高専等の教科書あるいは電験第 2，3 種の受験参考書として十分満足していただけるものと確信している．

最後に，本書の執筆に当たり多くの図書を参考にさせていただいたので，これらの図書の著者の方々に厚くお礼を申し上げる．

1988 年 2 月

道　上　　　勉

改訂にあたって

本書は初版から12年を経過したが，その間の送電・配電の技術進歩は著しく教科書として使用している多くの先生方や読者から見直しの要望があり，今回，姉妹書である「発電・変電」に続いて改訂を行うこととした．本書はもともと送電と配電に関する基本事項と新技術を簡潔にまとめた基礎学習用として記述したもので，大部分は時代が経過しても変わることはない．しかしながら電力需要の増加に対応したUHV送電や500 kVケーブル送電などの新技術の開発，ディジタル技術を利用した保護制御技術や情報通信技術などは大きく進展したので，これらを踏まえ次の事項を中心に改訂を行った．

（1） 最近の新しい技術や送電・配電に関する重要技術を追加し，法規の改訂事項などを見直した．具体的にはUHV送電，紀伊水道直流連系設備，500 kVケーブル，酸化亜鉛形避雷器，ディジタル形継電器などの新しい技術進歩を追加し，電気使用上の課題である電力系統のフリッカ・高調波障害・瞬時電圧低下と瞬時停電現象を新規に記述した．また，自己励磁現象とギャロッピングの防止対策，近距離故障(SLF)などを追加した．

（2） 「電力系統の制御と通信」の章を新設し，従来の電圧調整と潮流制御に加え，新規に電力系統の安定度および電力用通信を記述した．具体的には電圧調整と潮流制御に電圧不安定現象と防止対策などを追加し，電力系統の安定度では発生現象と向上対策を，最後に電力用通信の種類と新しい機能および信号伝送(光ファイバ通信，OPGWなど)を中心に新たに記述した．

（3） その他，現段階での古い技術を見直すとともに最近出題された電験で，基本的で，かつ新技術に関する問題を採り上げ，追加，入替などを行った．

以上により，読者が最近の新しい技術を含んだより効果的な学習ができ，技術力の向上が図られるものと期待している．

2001年8月

道　上　　　勉

2版改訂にあたって

2001年の改訂版発行から20年余り，数多くの読者が本書を使って学ばれてきた．基礎学習用に出版された本書は，時代の変遷を経ても変わらぬ内容で構成されているが，　読者の方から各章末問題の更新が必要とのご指摘を受け，章末問題の大幅な見直しを行い2版改訂として発行することとなった．章末問題の見直しにあたっては東洋大学の福井伸太先生に多大なご尽力を頂いた，ここに深く謝辞を申し上げる．

なお，本文中の図表の電気用図記号や本文の記述は今回の2版改訂においては手を加えず，改訂版のままとしている．学習の際にはその点にご注意いただきたい．

この2版改訂により，本書が読者にとってより役立つものとなることを望むものである．

2024年10月

一般社団法人 電気学会
出版事業委員会

凡例

1. 学術用語は，文部科学省制定の学術用語，電気学会専門用語集および日本工業規格に採用されている用語によった．

2. 単位は，国際単位系(SI)によるのを原則とした．

3. 重要と思われる用語は，その用語が主として説明されている箇所，あるいは初出の際に，特に太字をもって示した．

4. 本文の記述中の補足的説明を要するものは，脚注でこれを行った．

5. 図，表および式の番号は，本文中(問題，解答を除く)では，各章において通し番号として，引用の便を図った．問題，解答中の図，表には，それの属している問題番号を付した．

6. 図，表を文中で最初に引用する際には，その図番，表番を太字をもって示した．

7. 図記号は，原則として日本工業規格「JIS C 0617 シリーズ電気用図記号」に従った．

8. 単位記号，量記号は，原則として日本工業規格「JIS Z 8202 シリーズ量及び単位―化学記号」に従い，量記号は V，I，Φ のように斜体文字，単位記号はV，A，Wbのように立体文字を用いた．

ただし，ベクトルは $\dot{V}$，$\dot{I}$ で示し，その絶対値および実効値は $|\dot{V}|$，$|\dot{I}|$ または，V，I で示した．

また，瞬時値を表す記号は，v，i のように斜体を用いた．

9. 量記号の後に単位記号を付す場合は，両者の区別を明確にするため，単位記号を括弧内に示した．　**(例)**　V〔V〕，I〔A〕

10. 点，線，素子，物を英文字を使って指示する場合は，立体文字を用いた．

(例)　点P，コイルC，電圧計V

ただし，慣例として抵抗 R，コンデンサ C のように，これらの素子を持つ電気的量で素子を示す場合は，この限りでない．

11. 演算記号は，日本工業規格「JIS Z 8201 数学記号」に従って，原則として立体文字で表した.

(例)　sin, d, Σ, ln, log, ただし, $\mathit{\Delta}$は, 量の意味の場合は斜体とした.

12.　自然対数はln, 常用対数はlogで示した.

13.　自然対数の底e=2.71828……および虚数単位$\sqrt{-1}$を表すjは, 日本工業規格JIS Z 8201に従って, 立体文字を用いた.

14.　指数関数は, 指数が簡単なときはe^xの形で, 複雑なときは$\exp(x)$の形で表した.

15.　その他の図記号, 略字については, 本文中において必要に応じ明示した.

目次

第1章　電力系統と送電・配電技術

第2章　送配電線路の電気的特性

第3章　送配電線路の機械的特性

第4章　架空送電線路

第5章　地中送電線路

第6章　配　電　線　路

第 7 章　短絡・地絡故障計算

第 8 章　中性点接地方式，誘導障害，異常電圧

第 9 章　送配電線の保護継電装置

第 10 章　電力系統の制御と通信

第1章 電力系統と送電・配電技術

1.1 送電・配電技術の発達

1. 送電技術の発達 わが国で電気が電力として初めて使われたのは，1887年(明治20年)東京電灯が出力25 kWの火力発電所を作り，210 Vの直流3線式で電灯照明用に供給したことである．その後，大阪電灯が単相125 Hz，1 155 Vの交流による配電を行った．

一般供給用の水力発電として最初のものは，京都市が1891年(明治24年)に琵琶湖の水を利用した蹴上(けあげ)発電所(80 kW直流発電機と1 300灯用単相交流発電機)を作り，京都市の電力需要のために送電を行った．

当時の電力需要は，東京・大阪・名古屋などの都市を中心とした，電灯や市内電車や工場の動力用であり，電力供給は小規模の火力発電あるいは水力発電によって行われた．

特別高圧11 kV送電が採用されたのは1899年(明治32年)郡山絹糸紡績が沼上発電所(300 kW)の電気を22 kmの郡山工場へ送電したのが始まりである．また，同年，広島水力電気が広第一発電所(250 kW×3台)を作り，11 kV，26 kmの広島へ送電を行った．その後，1907年(明治40年)東京電灯が駒橋発電所(山梨県15 000 kW)を作り55 kV，75 kmの東京へ送電し，1911年(明治44年)名古屋電灯が八百津発電所(岐阜県10 000 kW)を作り66 kV，42 kmの名古屋へ送電を行った．

本格的な長距離送電は，大正から昭和にかけての水主火従の発電形態から始まった．すなわち，1914年(大正3年)猪苗代水力電気が猪苗代第一発電所(福島県

37 500 kW)を作り 110 kV，225 km の田端変電所(東京都)への長距離送電に成功し，さらに京浜電力が 1923 年(大正 12 年)に竜島発電所(長野県 20 000 kW)を建設し 154 kV，175 km の橋本変電所(神奈川県)に送電したことである．

戦後の著しい電力需要の伸びに応じ，1952 年(昭和 27 年)に関西電力が 275 kV 新北陸幹線によって黒部(富山県)の電力 20 万 kW を 320 km の枚方変電所(大阪府)まで送電したのをはじめとし，各電力会社が超高圧送電線(220，275 kV)を続々と建設した．昭和 30 年代の後半から 40 年代にかけて経済高度成長期に入り，電力需要の一層の増大に伴う大容量電源の開発に対応して，大容量送電が必要となり，1973 年(昭和 48 年)に東京電力の房総線が 500 kV 運転を開始し，各電力会社は次々と 500 kV 送電線を建設し現在にいたっている．また，将来の大容量送電として 1 000 kV 級の UHV 設計送電線が東京電力により建設され，新潟の柏崎刈羽原子力発電所(総発電容量 822 万 kW)から群馬の西群馬開閉所，山梨の東山梨変電所にいたる南北ルートの南新潟幹線と西群馬幹線(約 187 km)が 1992〜1993 年に 1 000 kV 送電に先立って 500 kV で運転を開始した．続いて福島方面から西群馬開閉所に伸びる東西ルートの北栃木幹線(現在の東群馬幹線と南いわき幹線の一部)(約 109 km)が 1996 年に，南いわき幹線(約 130 km)が 1999 年に運開し，やはり 500 kV で運転を行っている(**図 1.1**)．なお，これら送電線の 1 000 kV 系統での運転開始時期は需要動向や電源開発の状況などにもよるが，21 世紀初頭を予定している．

一方，直流送電としては本州と北海道間を海底ケーブル 43 km を含む 167 km の±125 kV 単極導体帰路線の北本直流連系設備が 1978，1979 年(昭和 53，54 年)に当初，送電容量 15 万 kW，ついで 30 万 kW として運転開始し，その後 1993 年に直流送電線 1 条を増やし，送電電圧±125 kV 双極導体帰路線で容量 30 万 kW の増設が行われ総設備容量 60 万 kW となった．また，世界的に最大級の直流送電として四国と関西間を海底ケーブル 51 km を含む 102 km，送電電圧±250 kV(最終±500 kV)，双極導体帰路線の紀伊水道直流連系設備の一部が 2000 年に送電容量 140 万 kW(最終計画 280 万 kW)で運転開始した．一方，わが国特有の周波数の異なる東日本の 50 Hz 系統と西日本の 60 Hz 系統の直流連系が 1965 年(昭和 40 年)以降，佐久間，新信濃および東清水の周波数変換所(佐久間，東清水：容量 30 万 kW，新信濃：容量 60 万 kW)により行われ，そのほ

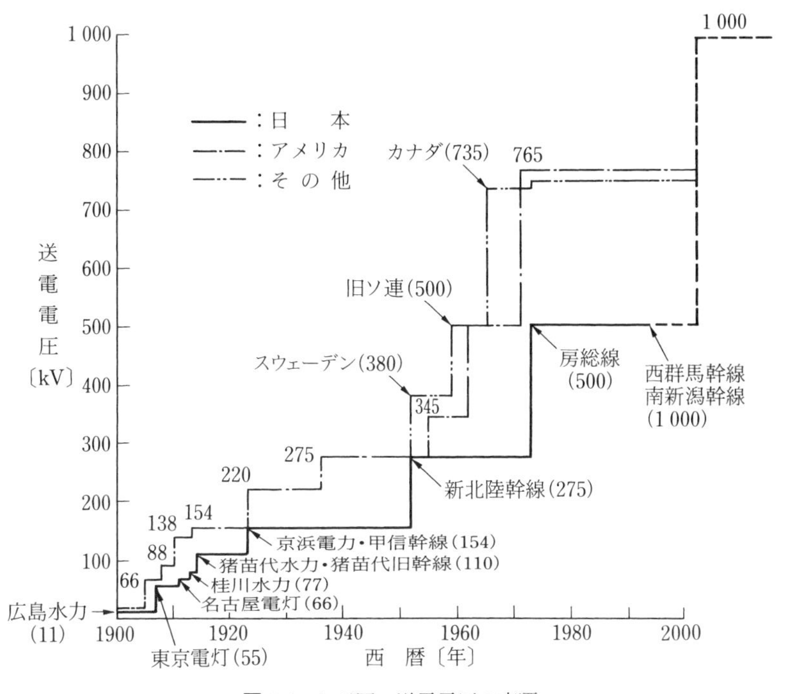

図 1.1 わが国の送電電圧の変遷

かに北陸地域と中部地域間を南福光変電所・連系所で **BTB**(Back to Back)**方式**(容量 30 万 kW)で結び運用しており，いずれも広域運営におおいに役立っている．また最近，情報化社会に対応して避雷用の架空地線に光ファイバを内蔵した光ファイバ複合架空地線(OPGW)が架設され，設備の制御，保護や社内の情報連絡のほか通信事業会社の情報連絡を行っており，架空送電線は単に電力を輸送するだけでなく，情報を伝達する重要な役割を演ずるにいたっている．一方，わが国の地中送電線は 1903 年(明治 36 年)に東京都(当時市内)に 6.6 kV の電力ケーブルを布設したのが最初とされている．その後，需要地である都市部へ電力を送電するため使用電圧も向上し 11〜33 kV から 66〜77 kV の電力ケーブルが地中の主幹系統をなしていたが，1958 年(昭和 33 年)に東京電力が 154 kV ケーブルを，1960 年(昭和 35 年)に九州電力が 110 kV ケーブルを布設し，110〜154 kV のケーブルが各地において地中の主幹系統となった．その後，超高圧ケーブルは当初，水・火力発電所の引出用として採用され，1971年(昭和46年)に東京都内の電力供給として使用されてから，現在ではその数も増え，ケーブルの使用分野が著しく広がった．大阪や名古屋などの大都市部についてもほぼ同様な状況となっている．

また，500 kVケーブルが最初，275 kVケーブルと同様，発変電所の構内連絡線として使用され，その後，都内需要の増加により負荷送電用として導入が計画され，新京葉変電所から豊州変電所までの新豊州線(CVケーブル2 500 mm²)の約40 kmの建設が開始され，2000年に運転を開始した．

2.　配電技術の発達　高圧配電線の配電電圧としては当初1〜3 kV級が用いられ，戦後三相4線式の5.7 kVが一部地域で採用されたが，間もなく廃止され，その後は三相3線式の3 kVと6 kVが併用された．設備を3 kVから6 kVに昇圧すると電圧降下，電力損失が同一ならば，供給電力は4倍に増え，配電線を変えず3 kV変圧器だけを昇圧した場合でも2倍に増えるところから，1950年中ごろ(昭和30年代)から昇圧工事が進み，現在では大部分6 kVに統一されている．

大都市，特に東京，大阪，名古屋などにおいてはビルの高層化，昼間人口の増大などに伴い都市の過密化は急速に進み，電力需要は都心に集中する傾向にある．このため，配電線路の大容量化が必要となり，1960年中ごろから20 kV級地中配電線によって電力供給が行われ始めた．つまり，20 kV級配電を採用すると6 kV配電に比較して供給電力が格段(3〜9倍)に増加し，電圧降下，電力損失の低減，配電線ルートの節減が図れるため需要密度の高い地域の供給に適する．

配電方式も，従来の樹枝状方式を改め，**スポットネットワーク**(spot network)**方式**あるいは**レギュラネットワーク**(regular network)**方式**を採用し，事故時にも自動的にほかの健全線によって無停電供給が行われサービスの向上を図っている．

低圧配電線路においても省エネルギーと供給力増強の観点から400 V導入が大形ビルディングや工場内配電から始められ，現在の200 V/100 Vに比べると電線総量が約30%節減となり，屋内配線の電力損失が約50%軽減できるといわれている．

1.2　電力系統の構成

1.　電力系統の構成　電力系統とは，電力の発生から流通を経て需要にいたるまでの一貫したシステムをいい，この電力系統の発生・流通・需要を通じて有機的に密接に連系された広範囲で，かつ，大規模なシステムで，電力の貯蔵がほとんどできないため生産と消費は同時であり，年々変化・発展するという特徴を有している．

電力系統は発電設備と送電線•変電所•配電線などからなる流通設備を構成要素として，それに適正な運用状態を維持するための神経系統に相当する給電設備，通信設備，保護制御装置などを備え，これらの構成は電源から流通設備を経て需要にいたるまで経済性と信頼性からみて，よく協調のとれたものでなければならない．

電力系統の基本構成としては**図 1.2** のように，その機能面から基幹系統，地域供給系統および配電系統に大別できる．

a.　基幹系統　基幹系統は，通常その系統の最上位の電圧系統を中心に構成され，機能の一つは発電所で発生した大電力の送電である．近年，発電所は需要中心から離れた遠隔地に集中的に建設される傾向にあり，かつ，送電線のルート確保が年々困難化してきているため電源送電線は長距離の大電力送電ができるよう高い送電電圧で，大きな電流容量のものとなってきている．基幹系統のもう一つの機能は系統を一体的に連系することで，各方面からの電源送電線は基幹送

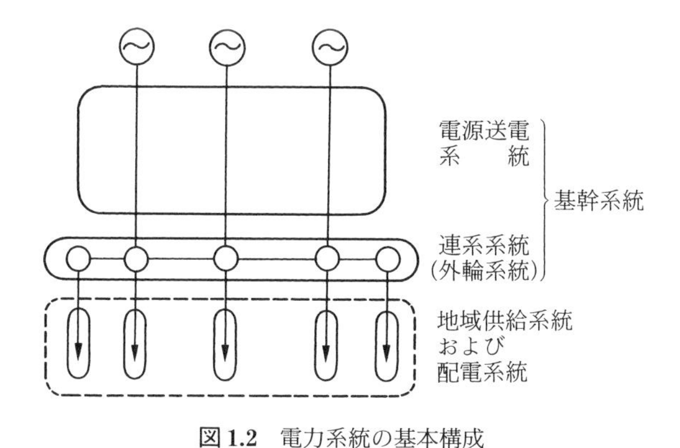

図 1.2　電力系統の基本構成

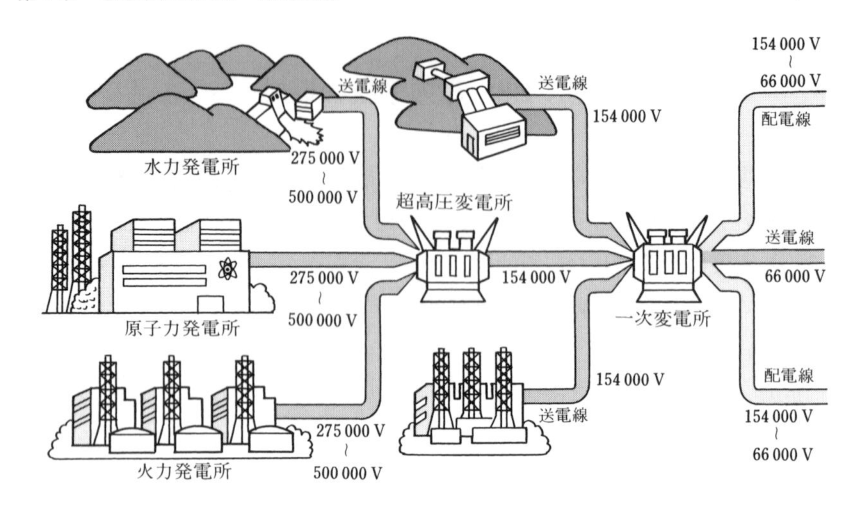

図 1.3　電力系統の

電線で一体的に連系され，電源からの送電電力はプールされ地域ごとの主要な供給変電所に配分される．

b.　地域供給系統　　地域供給系統は，基幹系統からプールされた電力を，各供給地域に分布する送電用変電所を経て順次低い電圧に変換し，配電用変電所や特別高圧需要家へ分配供給する系統をいう．また，大都市部においては高密度の需要に対応して経済的な供給系統を構成するため，275 kV など高次電圧の地中送電系統を複数以上のルートで需要中心に直接導入する方法がとられている．

c.　配電系統　　配電系統は，地域供給系統の最末端に位置し直接需要家に供給する系統をいい，各需要家を結ぶ高低圧の配電線，柱上変圧器，開閉器などから構成される．配電系統は網状の面的構成をなし，個々の設備単位の規模は小さいが，その数は膨大で，また，その施設場所も人間環境に密着しているなどの特徴を有する．

2.　送電設備と配電設備　　発電所で発生した電力を確実に安全に効率よく経済的に所定の箇所に輸送することで，送電設備も配電設備も本質的にはその区別はないが，送電設備は大電力・高電圧・長距離で，経過地は山間や田野であるのに対して，配電設備は小電力・低電圧・短距離で，道路上や道路下に施設されるので，建造物や地下埋設物に近接するため都市の美観や安全上の配慮が必要である．

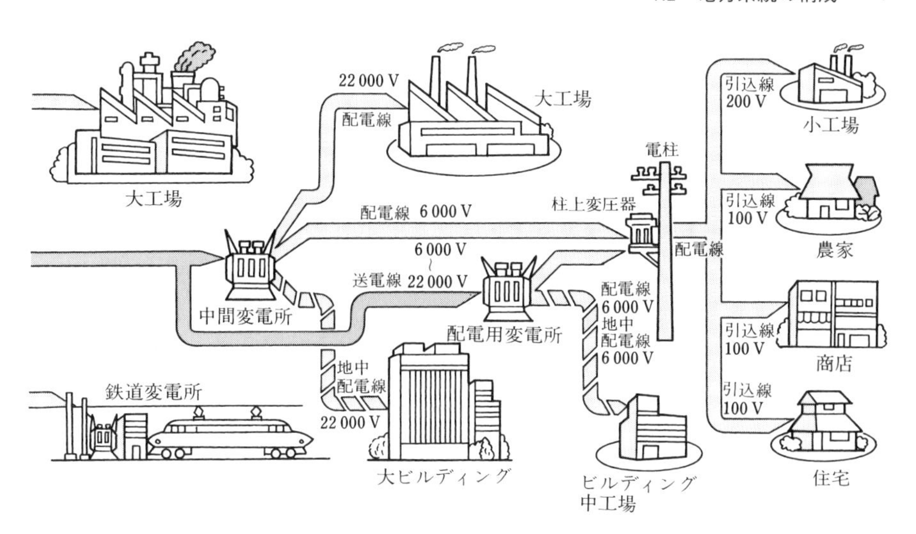

基本的な構成例

図 1.3 は，わが国における電力系統の基本的な構成例で，電圧階級のとり方，発電機電圧，結線方式などにおいて，電力会社によって多少の相違はあるが，一般に発電所の電力は発電機電圧から 500 kV，275 kV(または 220 kV，187 kV)，154 kV(または 110 kV)，66 kV(または 77 kV)の送電電圧にいったん昇圧され，送電系統で送電され大口需要家に対して 66 kV または 77 kV あるいは 22 kV または 33 kV 送電線から直接供給され，一般需要家へは 6 kV の高圧配電線および 200 V，100 V の低圧配電線を通して配電される．

一方，**送配電線路**は構造的にみた場合，架空線と地中線の 2 種に大別することができる．**架空線**は電線と支持物とからなり，**地中線**は電力ケーブルを埋設して送電する．地中線は架空線に比べて，雷害，風水害のために故障を生じることが少ないので，電力供給の信頼度が高いうえ，都市の美観を害することがなく，また感電そのほかの危険も少ないが，反面建設費が高いうえ，送電容量が小さく，かつ事故復旧に長時間を要する欠点がある．

わが国では従来，経済上の観点から保安上，法規からの制約などのほかは地中線路を採用しなかった．近年は前記の制約に加え用地費の高騰，美観そのほか環境への配慮などから，大都市の変電所から都市内の配電用変電所までの送電線路が地中線路となっており，配電線路についても都市美観の観点から地中化が積極的に進められている．

1.3　電力系統の送電・電気方式

1.　送電・運用方式　送電方式として送電端電圧と受電端電圧は極力，電圧変動が少ないほうがよく，両端電圧を送電電力のいかんにかかわらず一定に保って送電する方式を**定電圧送電方式**(constant voltage transmission system)といい，わが国の電力系統では送電端電圧を受電端電圧よりやや高めとする定電圧送電方式が一般的に採用されている．送電端の電圧調整としては発電機電圧や発電所送電電圧を発電機の無効電力を調整し行い，受電端の電圧調整は負荷の大きさと力率に応じて変化するため，受電端で適当な無効電力を供給する必要があり，このため変電所の電力用コンデンサ，分路リアクトルなどの調相設備(無効電力)を調整して行われている．

また，送電系統の運用方式としては放射状運用とループ運用の二つがある．前者は複数の送電系統を放射状運用する方法で局部事故が系統全体に波及することを防止できる利点があり，後者は送電系統をループで運用する方法で潮流を適正に制御すれば送電損失の軽減，設備利用率の向上が図れ，かつ，系統安定度を増加できる．

2.　電気方式　電力系統の電気方式は，伝送電流の種類によって直流方式と交流方式に大別できる．電気事業の初期ならびに海底ケーブルを含む長距離大容量送電など特定な場合を除き，現在は交流方式がもっぱら採用されている．送電距離および送電電力の増大に伴い，高い送電効率を得るためには高電圧を必要とするが，交流方式であれば電圧の昇降が変圧器により容易に行え，これに応じられる特徴がある．ここでは交流方式について述べ，直流方式については**4.7**で述べる．交流方式には，単相，三相などの区別があるが，

（1）　電線1条あたりの送電電力が大きいこと．

（2）　回転磁界が容易に得られ，回転機器の使用に便利なこと．

（3）　3相分を合計した送電電力の瞬時値が一定で単相のように脈動しないこと．

などの理由から一般に，三相3線式が用いられている．

各種の電気方式の回路図を**図 1.4** に示し，この回路図において線用電圧を V，線路電流を I および力率を $\cos\varphi$ とし，これらを一定とするとき，電線総量比として単相 2 線式を 100%としたときの比率を示したのが**表 1.1** である．この表より電線 1 条あたりの送電電力は三相 3 線式が単相 2 線式の $2/\sqrt{3}$ (≒1.15) 倍となり有利となる．このため，送電の大部分に三相 3 線式が採用されているほか，配電でも高圧線および動力用低圧線にこの方式が用いられている．三相 4 線式と単相 3 線式とは，同一回線で，線間電圧と相電圧との両方の電圧を利用することができるため，配電で多く採用されている．

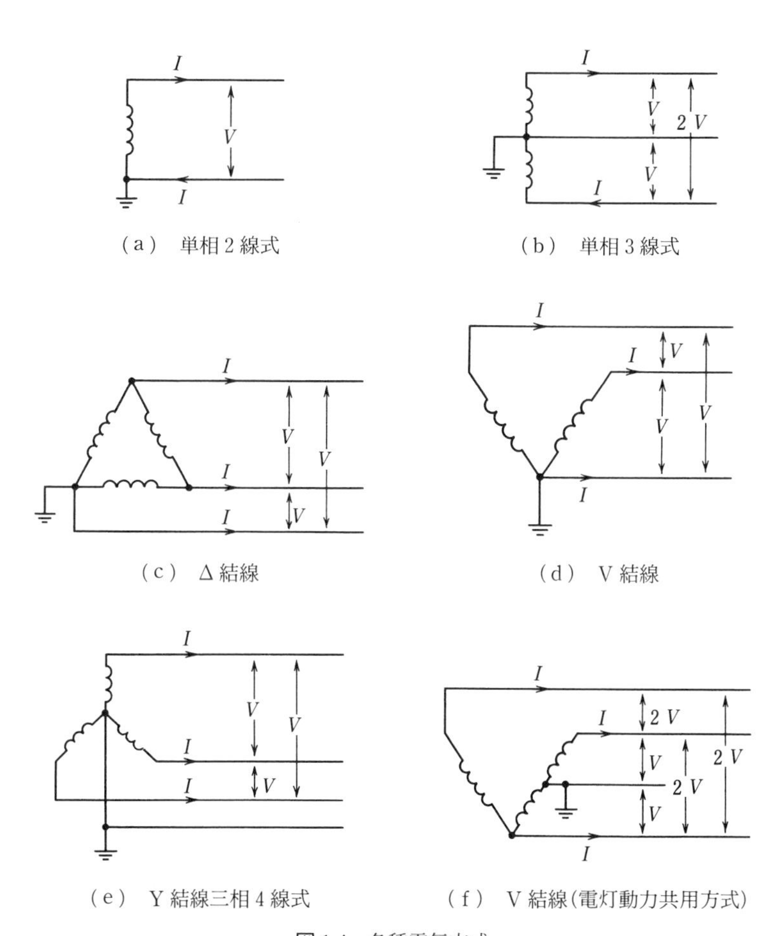

図 1.4　各種電気方式

表 1.1　各種電気方式の特性

	単相 2 線式	単相 3 線式	三相 3 線式		三相 4 線式	
			Δ 結線	V 結線	V 結線	Y 結線
送電電力	$VI\cos\theta$	$2VI\cos\theta$	$\sqrt{3}VI\cos\theta$	$\sqrt{3}VI\cos\theta$	$\sqrt{3}VI\cos\theta$	$\sqrt{3}VI\cos\theta$
電圧降下	$2IR\cos\theta$	$IR\cos\theta$	$\sqrt{3}IR\cos\theta$	$\sqrt{3}IR\cos\theta$	$\sqrt{3}IR\cos\theta$	$\sqrt{3}IR\cos\theta$
電力損失	$2I^2R$	$2I^2R$	$3I^2R$	$3I^2R$	$3I^2R$	$3I^2R$
電線総量比（単相 2 線式に対する%）	100	37.5	75	75	33.3	33.3

〔備考〕 三相 4 線式，単相 3 線式の中性線は外線と同じ．

【例題 1.1】　送電電力，負荷の力率，送電距離，電力損失および線間電圧が等しいとき，三相 3 線式による場合の所要電線総量は，単相 2 線式の場合の何倍か．正しい値を次のうちから選べ．

ただし，三相 3 線式と単相 2 線式とで，同じ材質の電線を用いるものとする．

（1）$\dfrac{1}{2}$　（2）$\dfrac{2}{3}$　（3）$\dfrac{3}{4}$　（4）$\dfrac{\sqrt{3}}{2}$　（5）$\sqrt{3}$

【解】　（3）

〔解き方〕 いま，負荷電力を P〔W〕，線間電圧を V〔V〕，負荷の力率を $\cos\varphi$，単相 2 線式および三相 3 線式の電流を I_2〔A〕および I_3〔A〕，単相および三相の電線 1 条あたりの抵抗を R_2〔Ω〕および R_3〔Ω〕とすると，I_3 と I_2 の比は

$$\frac{I_3}{I_2}=\frac{P/(\sqrt{3}\,V\cos\varphi)}{P/(V\cos\varphi)}=\frac{1}{\sqrt{3}} \tag{1}$$

となる．一方，題意から電力損失が等しいから $2I_2{}^2R_2=3I_3{}^2R_3$ となり，R_3 と R_2 の比は式(1)を利用すると次式となる．

$$\frac{R_3}{R_2}=\frac{2I_2{}^2}{3I_3{}^2}=\frac{2}{3}(\sqrt{3})^2=2 \tag{2}$$

一方，電線の断面積は抵抗$(=\rho l/S)$に逆比例するから，単相および三相の断面積 S_2/S_3 は次式となる．

$$\frac{S_2}{S_3}=\frac{R_3}{R_2}=2 \tag{3}$$

ゆえに，求める電線の重量比 W_3/W_2 は

$$\frac{W_3}{W_2}=\frac{3S_3l}{2S_2l}=\frac{3}{2}\times\frac{S_3}{S_2}=\frac{3}{2}\times\frac{1}{2}=\frac{3}{4} \tag{4}$$

となり，(3)が正解となる．

なお，電線の太さを同一として同一の送電電力，負荷力率，線間電圧とした場合の単相2線式と三相3線式の電力損失は次のようになる．

電線の太さが等しいから1線あたりの抵抗 R は等しい．また，単相2線式の電流 I_2 と三相3線式の電流 I_3 の比は式(1)から $\sqrt{3}$ であるから電力損失の比は

$$\frac{P_{l2}}{P_{l3}}=\frac{2I_2{}^2R}{3I_3{}^2R}=\frac{2}{3}\times(\sqrt{3})^2=2 \tag{5}$$

となる．つまり単相2線式は三相3線式の2倍となる．

1.4 電力系統の供給信頼度と連系方式

1. 電力系統の供給信頼度　電力系統の供給信頼度としてわが国では電力系統の送電線，変圧器あるいは発電機において単一設備故障が発生しても停電が発生しないよう計画がされている．また，需要家側からみた場合，最も重要な尺度は停電であり，停電の頻度・大きさ・持続時間の三つが重要で，これを表す方法として，①電力不足確率，②電力量不足確率，③停電の頻度-持続時間曲線，の三つがある．

a. 電力不足確率　供給力が負荷より小さくなって，供給支障が起こす時間が平均して，いま考えている時間のうち何％を占めるかを示す値が電力不足確率 p_l で，次式で表される．

$$p_l=\frac{\text{考察期間中の総停電時間}}{\text{考察期間中の総時間}} \tag{1.1}$$

式(1.1)は，(停電の頻度)×(持続時間)の効果を表しているが，停電の頻度・大きさ・持続時間のおのおのについては明確に表せなく，特に停電の大きさについては全く表現できないといえる．しかし，比較的計算が容易で，かつ表現がシンプルなため多く用いられている．

b. 電力量不足確率　電力不足確率 p_l が停電の負荷の大きさを考慮していないのを補う表現として，停電で失われた電力量の大きさ〔kWh〕が，負荷の全消費電力〔kWh〕の何％を占めるかを示す値が電力量不足確率 p_e で次式で表さ

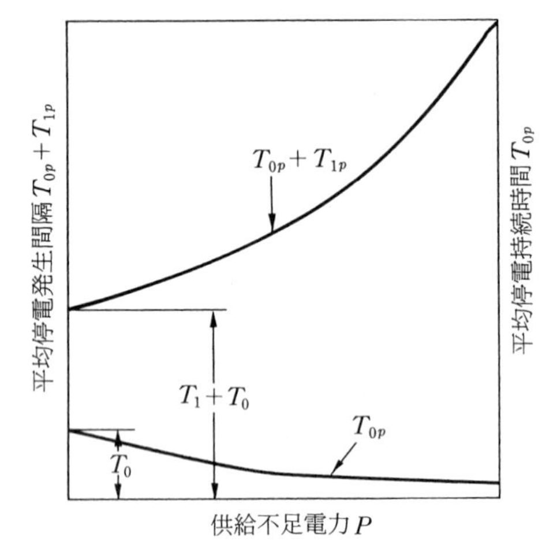

図 **1.5**　停電の頻度-持続時間曲線

れる．

$$p_e=\frac{\text{停電で失われた負荷電力量}}{\text{考察期間中の負荷電力量}} \tag{1.2}$$

式(1.2)は(停電の頻度)×(持続時間)×(停電電力)を表しているといえる．

c.　頻度-持続時間曲線　　供給力不足電力の大きさが P〔MW〕以上の停電をとらえ，その平均持続時間 T_{0p} と，このような停電が一度起きてから次に P〔MW〕以上の停電が再び起きるまで，平均どのくらい間隔があるかを計算して，この値 T_{1p} を縦軸にとり，P の関数として描いた曲線で一般に**図 1.5** のように表される．この場合の P〔MW〕以上の停電が起こる平均頻度 F_p は次式で表される．

$$F_p=\frac{1}{T_{0p}+T_{1p}} \tag{1.3}$$

なお，供給力不足電力 $P=0$ MW とすれば電力不足確率 p_l に等しくなる．

$$p_l=\frac{T_0}{T_1+T_0}\fallingdotseq\frac{T_0}{T_1}$$

この表現方法は信頼度を数値ではなく曲線で表現しており，停電の頻度・大きさ・持線時間をかなり正確に表すことができる．

2.　交流連系と直流連系　　複数以上の電力系統を連系する方式には交流送電により連系する方法と直流送電により連系する方法の二つがある．電力供給の初期には，直流発電機で発生した小電力を低電圧で伝送するのに直流方式が使用されたが，その後，変圧器によって容易にしかも効率よく電圧の昇降ができる交流方式が大電力，長距離送電に適しているため**直流送電**(DC power transmission)はほとんど用いられず，もっぱら**交流送電**(AC power transmission)によって系統が順次連系され，今日のような大規模な交流連系網が完成された．すなわち送電電力は送電電圧の 2 乗に比例するため送電電力が増大するにつれて送電電圧は上昇しており，超高圧などの高電圧が大電力長距離送電に適する．

このような交流系統の連系は経済性および信頼度面で次のような利点があり，促進された．

（1） 各系統の負荷の不等性によってピーク負荷を低減することができ，それだけ予備力を少なくすることができる．

（2） 河川流量も不等性があり，連系によって常時供給力を増加することができる．

（3） 発電機の単機容量を大きくでき，スケールメリットを追求することができる．

（4） 連系によって予備力を共有することができるため予備力を節減できる．

（5） 連系しない場合に比べ，水力・火力・原子力発電をより一層経済運用することができる．

（6） 各系統相互の火力・原子力などの大容量電源の補修計画を弾力的に運用することができる．

ただ，連系によって以上の利点がある反面，次のような問題点があるため，これらの対策を十分考慮したうえ実施する必要がある．

（1） 系統の短絡電流，地絡電流が増加する．

（2） 局部的な事故が広範囲停電に移行する．

（3） 周波数制御，電圧・無効電力制御など系統運用が複雑，高度化する．

特に，(2)の局部的な事故が広範囲停電に移行した代表的な例が 1965 年 11 月 9 日に発生したアメリカ北東部，カナダの一部の大停電事故(ニューヨーク大停電という)であり，その後も海外で多くの大停電事故の例がある．このような交流連系の問題点を解決する一つの技術として直流連系があり，わが国では本州と北海道間ならびに四国と関西間の連系が海底ケーブルを含んだ北本直流連系設備

(容量 60 万 kW)と紀伊水道直流連系設備(容量 140 万 kW，最終 280 万 kW)で行われ，周波数の異なる東日本の 50 Hz 系統と西日本の 60 Hz 系統の直流連系が佐久間，新信濃および東清水の周波数変換所(佐久間，東清水：容量 30 万 kW，新信濃：容量 60 万 kW)で行われている．また，北陸と中部間を南福光変電所で BTB 方式(容量 30 万 kW)で結び運用しており，これらの直流送電は系統安定度が問題となっている箇所や，異周波数相互を連系する箇所など交流連系では実施がむずかしい分野で行われている．

直流連系の利点は次のとおりである．

（1）　直流には交流のリアクタンスや静電容量に相当する定数がないので，電線の許容電流の限度まで送電でき，送電電力が安定度や充電容量により抑えられない．すなわち，大電力の長距離送電や海底ケーブルの送電などに適している．

（2）　直流の絶縁は，架空・地中電線路ともに交流に比べて低く，したがって線路の建設費は比較的安くなる．

（3）　周波数の異なる系統間を非同期で連系できる．わが国では前記のように 50 Hz と 60 Hz の系統が変換装置によって一度直流に変換してから異周波の周波数に変換される連系が行われている．

直流連系では，送電系統の信頼度に大きな影響を与える交直変換装置が潜在的故障(アークバックすなわち逆弧)を有する水銀整流器から新しい半導体技術を応用したサイリスタに移行したことによって，信頼度が著しく向上している．

1.5　電力系統の周波数・電圧

1.　電力系統の周波数　　交流の周波数は，電力会社側と需要家側の使用機器の構造や定格に大きな影響を与えるとともに，送配電線のリアクタンス，アドミタンスを変化させるので，系統の無効電力，電圧変動率，送電安定極限電力にも影響を与えることとなる．また，あまりにも低い周波数は照明のフリッカとなったり，電動機が所要の回転数に達しないなどの支障があることなどから周波数を世界的に 50，60 Hz に統一し標準化を図り，経済的な電力供給を行うこととなった．

現在，わが国で採用されている周波数は50 Hzと60 Hzの2種類である．静岡県富士川と新潟県糸魚川を境に東半分の北海道・東北・東京の各電力会社管内は50 Hz，西半分の中部・北陸・関西・中国・四国・九州・沖縄の各電力会社管内は60 Hzが使用されており，60 Hz系統が若干多めの需要規模となっている(図**1.6**)．

このように周波数が二分されているのは，電力供給の初期に東京では50 Hzのドイツ製の発電機が，また，大阪，名古屋では60 Hzのアメリカ製の発電機

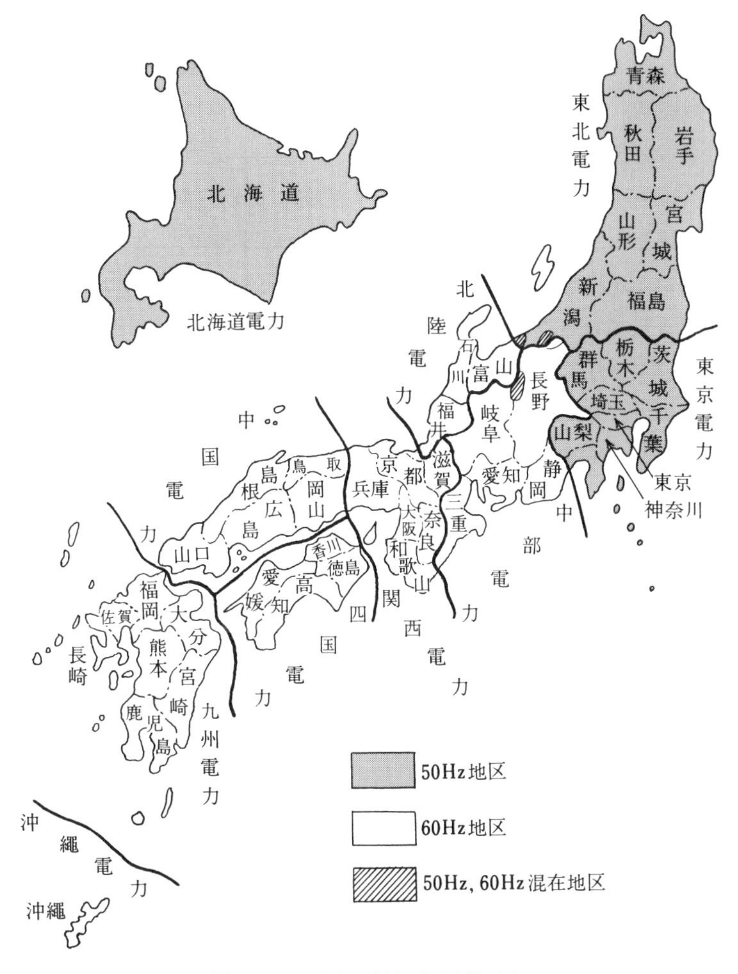

図 1.6 わが国の地域別周波数分布

が用いられたためである．現在では前述のように，全国的に東半分が50 Hz，西半分が60 Hzに統一されているが，長野・新潟県の一部に両周波数が混在している．また，両周波数の接合地帯の天竜川，黒部川などの水力発電所には50 Hz，60 Hz両用機が設置されており，発電機の運転周波数を切り換えることにより，どちらの系統でも運転できるようになっている．現在では前述のように佐久間，新信濃および東清水に周波数変換所が建設され，交直流変換装置により周波数の変換が行われている．

2. 電力系統の電圧階級　一定の距離に一定の電力を送る場合，電圧が高いほど電流が小さくなり，したがって電力損失が少なく送電効率がよくなる．その反面，変電設備，支持物がいしなどは高価となるから与えられたこう長で一定電力を送電する場合，最経済的な電圧がある．しかし，送配電電圧を適当ないくつかの電圧に統一すれば，機器，がいし，支持物などを規格化して製作でき，ほかの送配電線路との連系が容易となり，全般的にみて経済的となる．このために送配電系統の電圧を標準的に定めたものが**標準電圧**(standard voltage)である．わが国で使用されている標準電圧に**公称電圧**(nominal voltage)と**最高電圧**(maximum voltage)があり，前者は電線路を代表する**線間電圧**(line voltage)をいい，その電圧によってその系統を呼ぶ．また，後者はその電線路に通常発生する最高の線間電圧で，塩害対策，1線地絡時などの内部異常電圧，コロナ障害，静電誘導などの設計の標準となる電圧である．

標準電圧については

（a）　公称電圧1 000 V超過

（b）　公称電圧1 000 V以下

に分け**表1.2**のように定められる(JEC-158)．

なお，最高電圧と公称電圧との間には50万Vを除いて次式の関係がある．

$$最高電圧 = (公称電圧 \times 1.15) \div 1.1 \qquad (1.4)$$

また，公称電圧が1 000 V以下の標準電圧は，その線路から電気の供給を受ける電気機械器具の定格電圧で表している．

なお，電圧については，このような決め方のほかに電気設備技術基準では，電圧は次の区分により，低圧，高圧，特別高圧の3段階に分類している．

低　　圧：直流では750 V以下，交流では600 V以下のもの．

表 1.2　わが国の標準電圧

（a）　公称電圧が 1 000 V を超えるもの

公称電圧〔V〕	最高電圧〔V〕	備　　考
3 300	3 450	
6 600	6 900	
11 000	11 500	
22 000	23 000	
33 000	34 500	
66 000	69 000	1 地域においていずれか採用
77 000	80 500	（同上）
110 000	115 000	
154 000	161 000	1 地域においていずれか採用
187 000	195 500	（同上）
220 000	230 000	1 地域においていずれか採用
275 000	287 500	（同上）
500 000	525 000/550 000	最高電圧は，各電線路ごとにいずれか採用

（b）　公称電圧が 1 000 V 以下のもの

公称電圧〔V〕	備　　考
100	主要電気機械器具の定格電圧は 100 V とする
200	主要電気機械器具の定格電圧は 200 V とする
100/200	主要電気機械器具の定格電圧は 100 V または 200 V とする
415	主要電気機械器具の定格電圧は 400 V とする
240/415	主要電気機械器具の定格電圧は 230 V または 400 V とする

高　　圧：直流では 750 V を，交流では 600 V を超え，7 000 V 以下のもの．

特別高圧：7 000 V を超えるもの．

標準電圧 100 V，200 V，400 V は配電線路の低圧線に，また 3 300 V，6 600 V は高圧線に使用されており，大容量の配電電圧として特別高圧 22 000 V，33 000 V が一部で採用されている．

【例題 1.2】　電気設備技術基準では，「高圧」とは，直流にあっては［（ア）］〔V〕を，交流にあっては［（イ）］〔V〕を超え，［（ウ）］〔V〕以下の電圧をいう．

上記の［　］に入る数値の組合せとして，正しいのは次のうちどれか．

（1）（ア）600　（イ）300　（ウ）3 500

（2）（ア）600　（イ）300　（ウ）6 000

（3）（ア）600　（イ）600　（ウ）7 000

（4）（ア）750　（イ）600　（ウ）7 000

（5）（ア）750　（イ）650　（ウ）8 000

【解】　（4）

〔解説〕 直流では 750 V を，交流では 600 V を超え，7 000 V 以下のものを高圧という．

a．わが国の送電電圧　一般に，送電電圧を高くすればするほど大きな電力を送電することができるので，わが国では時代ごとに送電電圧を高めていった．現在の送電電圧は北海道で 275 kV，そのほかの電力会社で 500 kV を最高送電電圧としており，その次の送電電圧は 275 kV，220 kV（中国，四国，九州），187 kV（北海道）を採用している．さらに，下部電圧として，北海道，中国，四国，九州が 110 kV，66 kV を，東北，東京が 154 kV，66 kV，中部，北陸，関西が 154 kV，77 kV を採用しており，同一地域では 275 kV か 220 kV，187 kV か 154 kV および 77 kV か 66 kV のいずれかの電圧を採用することとしている．

b．500 kV 架空送電と 275 kV 地中送電　送電容量の増加には，①送電電圧の格上げ，②電流容量の増大，③直流送電の採用，の三つがあり，わが国の状況は **1.1** に述べたとおりである．ここでは，500 kV 架空送電と 275 kV 地中送電の二つを取り上げてみる．

（1）**500 kV 架空送電**　近年の堅調な電力需要の増加に対応し，100 万 kW から数百万 kW の発電所が建設され，これらの電源は需要地から 100～300 km と遠隔化してきているので，大容量長距離送電が必要となってきた．このため，従来の 220 kV，275 kV 送電に代って 500 kV 送電が実現されたが，それは次のような必要性により建設された．

（a）**土地の有効利用**　送電容量からみると，従来の 275 kV 送電では，長距離で最大の 100～150 万 kW であるのに対して，500 kV 送電では約 2 倍の 300 万 kW 以上の送電が可能となり，送電線のルート数を半減することができるので土地の有効利用面，経済面から有利である．

（b）**短絡容量の抑制**　系統規模の拡大に伴い，系統の短絡容量は増加の一途をたどることとなるが，500 kV 送電の上位電圧を採用することによって，275 kV 以下の系統を分割でき，その系統の短絡容量を抑制することができる．

（c）**供給信頼度の向上**　500 kV 送電では，耐雷設計，耐塩設計などに万全を期し，雷害，塩害などの事故防止対策を講じており，また高速度遮断と再閉路方式を採用しているため供給信頼度がきわめて高くなり，電力の安定供給を図ることができる．

500 kV 送電線として，わが国では東京電力の房総線〔房総(変)～新古河(変)間：84 km〕が 1966 年(昭和 41 年)に完成し，しばらく 275 kV 運転し，1973 年(昭和 48 年)より 500 kV 運転されたのが最初である．その後，各地で 500 kV 送電線が続々と建設され，500 kV 送電時代を迎えている．

また，東京電力では柏崎刈羽原子力発電所の大容量電力約 800 万 kW を送電するために既設 500 kV ルートに加えて 1 000 kV 送電ルートの建設が開始され，1993 年(平成 5 年)に完成し 500 kV で運転している．

（2）　**275 kV 地中送電**　都市部の電力需要の増加に伴い，電力の大容量送電が必要となり，送電手段として地中ケーブルの大容量化があげられ，その方法として高電圧化と許容電流の増加の二つがある．

高電圧化として 220～275 kV の超高圧地中送電が行われている．超高圧地中送電の初期には

（i）　電圧が高いため充電電流が大となり，線路こう長の制限，系統電圧の上昇，開閉サージの発生などがある．

（ii）　誘電損が電圧の 2 乗に比例するため，その送電容量への影響度合が大きい．

（iii）　地絡電流が大きくなり，故障時の通信線への誘導，マンホール内圧，暗きょ布設におけるアークによる引火防止などの配慮が必要となる．

などの問題があったが，線路直付けリアクタンスの設置，低密度脱イオン水洗紙の採用による OF や POF ケーブルの性能向上，砂埋め防災トラフ，自動消火装置の設置などにより改善され，都市部の主要な供給線路として採用されている．

わが国で負荷供給用として最初に採用された 275 kV 地中線路は，1971 年(昭和 46 年)に東京電力の城南線〔江東(変)～城南(変)間約 15 km〕であり，特に首都圏を中心に積極的に導入されている．また，500 kV 地中送電による負荷供給用についても新京葉豊州線が 2000 年(平成 12 年)に完成している．

c.　電線の回線数　送電線の回線数は送電電力の大きさ，供給信頼度の向上，運用面の便宜などを考慮し決められる．わが国では国土が狭く送電線用地の

確保がむずかしいこともあり，2回線が標準的に採用されている．ヨーロッパやアメリカでは国土が広いこともあり，1回線送電線が多く用いられている．

最近は，送電線用地事情などにより同一支持物に同一または異種電圧の多数回線を併架する多回線送電線が多く建設されているが，線路停止作業時の誘導，零相循環電流が流れるなどの問題が起きている．

3.　送電電圧と送電電力の関係　送電端および受電端の線間電圧をそれぞれ V_s，V_r，送電線路のリアクタンスを X，送・受電端電圧 V_s と V_r の位相角を δ とすれば，送電電力 P は次式で表される．

$$P=\frac{V_s V_r}{X}\sin\delta \tag{1.5}$$

つまり，送電電力は送電電圧の2乗に比例し，送電距離(等価的にリアクタンス)に反比例することとなる．

なお，送電距離が短かったり，電圧の低い場合の送電電力 P は送配電電圧を V，負荷電流を I，負荷力率を $\cos\varphi$ とすれば

$$P=\sqrt{3}\,VI\cos\varphi \tag{1.6}$$

となり，送電電力は送配電線の許容電流で決定されることとなる．

【例題1.3】　三相3線式1回線送電線路において，送電端および受電端の線間電圧をそれぞれ V_s および V_r，その間の相差角を δ とすると，送電されている有効電力を表す式として，正しいのは次のうちどれか．ただし，電線1条のリアクタンスは X で，そのほかの定数は無視するものとする．

（1）$\dfrac{V_s V_r}{X}\cos\delta$　（2）$\dfrac{V_s V_r}{X}\sin\delta$　（3）$\dfrac{V_s V_r}{X}\sin\delta+\dfrac{V_r^2}{2X}\sin 2\delta$

（4）$\dfrac{V_s V_r}{X}\tan\delta$　（5）$\dfrac{V_s V_r}{X}\sin^2\delta$

【解】　（2）

〔解き方〕受電端相電圧 $\dot{E}_r$ を基準ベクトルにとると**図1.7**のようになり，受電端電流 $\dot{I}_r$ は

$$\dot{I}_r=\frac{\dot{E}_s-\dot{E}_r}{\mathrm{j}X}=\frac{E_s(\cos\delta+\mathrm{j}\sin\delta)-E_r}{\mathrm{j}X}=\frac{E_s\sin\delta}{X}-\mathrm{j}\frac{E_s\cos\delta-E_r}{X}$$

そこで，送電電力 P は $\dot{E}_r$ と $\dot{I}_r$ の有効分電流の積であるから

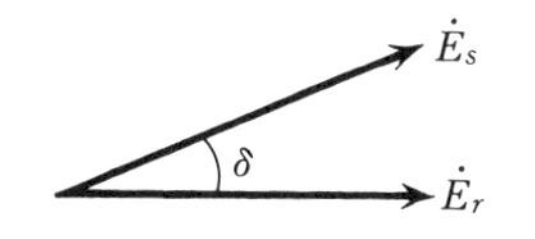

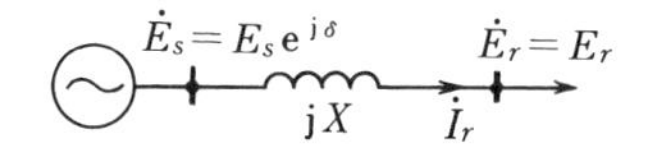

図 1.7

$$P = 3E_r \times (\dot{I}_r \text{ の実数分}) = 3\frac{E_r E_s}{X}\sin\delta = \frac{V_s V_r}{X}\sin\delta$$

となり，(2)が正解となる．

1.6　電力系統の特異現象と小規模分散形電源との連系

1.　フリッカと障害対策　送配電線にアーク炉，溶接機などの変動負荷が接続されると，その負荷電流による線路の電圧降下のため電圧変動が発生する．この電圧変動は頻繁に繰り返されると電灯や蛍光灯の明るさにちらつきが生じ，著しい場合は人に不快感を与え，これを**フリッカ**(flicker)と呼んでいる．人に最も認識が著しいのは白熱電灯であり，それによりフリッカの許容値(ΔV_{10})が定められている．

フリッカ障害の対策には次の方法がある．

(1)　アーク炉，溶接機などの運転条件を改善してフリッカの発生を軽減する．

(2)　発生源への供給を短絡容量の大きな電源系統に変更する．

(3)　発生源への供給を専用線あるいは専用変圧器で行う．

(4)　電源側に直列コンデンサを，負荷側に SVC を挿入する．

(5)　アーク炉用変圧器に直列に可飽和リアクトルを挿入する．

(6)　アーク炉などフリッカ負荷がある場合は三巻線補償変圧器を設置する．

【例題 1.4】　次の［　　］に適当な答を記入せよ．

相対的に［　(ア)　］容量の小さい地点からアーク炉負荷に電力を供給する場合に，供給変電所の母線電圧が変動してほかの一般需要家の照明装置などにちらつきを生じ，見ている人の眼に不快感を与える．これを［　(イ)　］障害という．この対策としては，電源側に直列［　(ウ)　］を挿入する，アーク炉用変圧器に直列［　(エ)　］を挿入する，アーク炉用の送電線あるいは変圧器を［　(オ)　］にして供給するなどの方法が考えられる．

【解】　（ア）短絡，（イ）フリッカ，（ウ）コンデンサ，（エ）可飽和リアクトル，（オ）専用

2.　高調波現象と障害対策　近年，需要家で使用する機器に変換装置（サイリスタ・ダイオードなど），アーク炉，サイクロコンバータ，交流電力調整機器など交流波形をひずませる高調波を多く含んでいるものが広く使用され，電力系統の高調波含有率が増加する傾向にある．

この高調源が電力系統および負荷機器に与える影響としては

（1）電力系統では電力機器の損失増大による過熱，異常騒音と振動，焼損，容量性負荷での高調波電流の過大による機器の過熱，電力用コンデンサ（付属直列リアクトル）や周波数変換所フィルタの過負荷，過熱など

（2）負荷機器では過大な高調波電流の注入による電力用コンデンサ（付属直列リアクトル）の過負荷，過熱，ラジオ・テレビの音響装置の雑音・映像のちらつきなど

（3）共通として通信線の誘導障害，波形ひずみによる保護継電器の誤動作や制御装置の制御不安定，測定計器の指示不良など悪影響を与えるもの

がある．

高調波障害の対策としては

（1）高調波発生源，つまり各装置から発生する高調波電流を規定値（例：総合高調波電流5%程度）に抑えること．具体的には

a．変換装置の相数を増加（多パルス変換装置）する．

b．過大な位相制御を避け（位相シフト），制御角の相関ばらつきを低減する．

c．高力率コンバータを組み合せる．

d．転流リアクトル（AC，DCリアクトル）を設置する．など

（2）高調波フィルタ（アクティブフィルタ含む）を設置する．

（3）高調波発生負荷の専用線から供給する．

（4）コンデンサの直列リアクトルの共振点を外す．

（5）短絡容量の大きな系統から受電する．

などがある．

【例題1.5】　次の［　　］に適当な答を記入せよ．

近年，サイリスタの普及などにより，交流系統の高調波含有率が増加し，通信線に対する［（ア）］や進相用コンデンサの［（イ）］などの障害が懸念される．この高調波減少対策としては，①整流器の［（ウ）］の増加および位相シフト，②［（エ）］の挿入，③［（オ）］系統からの受電などが考えられる．

【解】　（ア）　誘導障害，（イ）　過熱(過負荷)，（ウ）　相数，（エ）　フィルタ，（オ）　短絡容量の大きな(大容量電源)

3.　小規模分散形電源との連系　近年，エネルギーの有効活用，エネルギー源の多様化などの観点から新しい発電技術の開発が積極的に推進され，太陽光発電，風力発電などの自然エネルギー，燃料電池発電，電力貯蔵用新形電池(NAS電池など)などの新発電技術，熱・電気を供給して総合エネルギー効率の向上を図るコージェネレーションシステムが適用されてきている．これら新しい電源は供給の安定性，信頼度の確保のため電力会社の電力系統と連系して運転する場合が多く，特に発電規模が小さいことから，多くは配電線と連系される．この分散形電源の連系により分散形電源故障時などの一般需要家への影響，電力会社側設備の保守・保安時の影響などが予想され，個々のケースに応じた技術的検討や対策が必要である．この観点から，「系統連系技術要件」が，「電技解釈(保安)」並びに「ガイドライン(電力品質)」に定められ，これに基づいて設置されている．

問　題

1.1　送電技術の発達経過について説明せよ．

1.2　配電技術の発達経過について説明せよ．

1.3　架空線と地中線を比較して述べよ．

1.4　次の文章は，電力需給と供給予備力に関する記述である．文中の［　］に当てはまる最も適切なものを解答群の中から選べ．

電力需給は，一般に［（1）］バランスと［（2）］バランスとで表現される．［（1）］バランスとは，需要の最大と供給能力を比較するもので，供給能力が需要を上回る分を供給予備力といい，これは供給信頼度に関わるものである．

また，［（2）］バランスは，月別・年度別に電力供給量の電源別の分担を決めるもので，発電所の運用計画などに役立てられる．

保有すべき供給予備力は，需給変動，［（3）］などを考慮して算出される．このうち，需給変動は，景気変動によって生じる需要変動(持続的需要変動)と，日々の需要変動及び電源の（４）や出水変動による供給力の低下を含む需給変動(偶発的需要変動)に分類される．（３）が増強されると，供給量不足時に電力融通が可能となり，増強前に比べて必要な供給予備力は（５）．

〔解答群〕

(イ)　変わらない	(ロ)　計画外停止	(ハ)　電力市場規模
(ニ)　燃料	(ホ)　最大電力	(ヘ)　小さくなる
(ト)　地域間連系線の容量	(チ)　設備	(リ)　質的
(ヌ)　電力量	(ル)　大きくなる	(ヲ)　開発遅延
(ワ)　最大電力量	(カ)　人員体制	(ヨ)　定期検査

出典：令和4年度第二種電気主任技術者一次試験法規科目

1.5　次の文章は，送電電圧と送電電力に関する記述である．文中の□に当てはまる最も適切なものを解答群の中から選べ．

三相3線式送電線路で，高い電圧が採用される理由を考察する．送電線は単導体一回線とし，送電端線間電圧をV，線路電流をI，送電端力率を$\cos\varphi$，送電端送電電力をP，Pに対する線路の電力損失の割合である送電損失率をλ，送電距離をL，電線1条の抵抗と断面積をRとA，全電線合計の質量をG，その質量密度をσ，その体積低効率をρとする．また，線路は抵抗とリアクタンスのみで表現され，三相が平衡しており，表皮効果を無視すると次式が成立する．なお，単位系はすべてSI単位系で表示されているものとする．

$$P = \boxed{(1)} \tag{1}$$

$$\lambda = \frac{3RI^2}{P} \tag{2}$$

$$R = \boxed{(2)} \tag{3}$$

$$G = \boxed{(3)} \tag{4}$$

式(1)と(4)より，

$$\frac{P}{G} = \frac{VI\cos\varphi}{\sqrt{3}\sigma AL} \tag{5}$$

であるから，式(5)を二乗し，式(2)，(3)を代入すると，

$$\frac{P^2}{G^2} = \frac{V^2\lambda P\cos^2\varphi}{\boxed{(4)}} \tag{6}$$

さらに，式(6)に式(4)を代入すると，式(7)が得られる．

$$P = V^2 G\lambda \boxed{(5)} \tag{7}$$

よって，距離，質量及び電力損失率が同じ送電線を利用すると，送電電力は線間電圧の二乗に比例することになる．

〔解答群〕

(イ)　$\dfrac{\cos\varphi}{3\sigma\rho L}$　　(ロ)　$\sqrt{3}\sigma AL$　　(ハ)　$\dfrac{\rho L}{A}$

（ニ）　$3VI\cos\varphi$　　（ホ）　$\sqrt{3}\sigma AL^2$　　（ヘ）　$\dfrac{\cos\varphi}{3\sigma\rho L^{3/2}}$

（ト）　$3\sigma\rho AL^3$　　（チ）　$3\sigma AL$　　（リ）　$3\sigma\rho AL^2$

（ヌ）　$\dfrac{\rho L^2}{A}$　　（ル）　ρAL　　（ヲ）　$\sqrt{3}VI\cos\varphi$

（ワ）　$VI\cos\varphi$　　（カ）　$\dfrac{\cos^2\varphi}{3\sigma\rho L^2}$　　（ヨ）　$9\sigma^2\rho AL^3$

出典：平成30年度第二種電気主任技術者一次試験電力科目

1.6　電線太さが同一の三相3線式200 V配電線と単相2線式100 V配電線とがある．こう長，負荷電力および力率が等しいとき，三相3線式配電線と単相2線式配電線との線路損失の比はいくらか．正しい値を次のうちから選べ．

（1）$\dfrac{1}{\sqrt{3}}$　（2）$\dfrac{1}{2}$　（3）$\dfrac{1}{4}$　（4）$\dfrac{1}{6}$　（5）$\dfrac{1}{8}$

1.7　送電電力，負荷の力率，送電距離および電力損失が等しいとき，100/200 V単相3線式の所要電線総量は，100 V単相2線式の何倍か．正しい値を次のうちから選べ．ただし，単相3線式と単相2線式とで，同じ材質の電線を用いるものとし，また，単相3線式の中性線と外線の太さは同じものとする．

（1）$\dfrac{1}{2}$　（2）$\dfrac{1}{3}$　（3）$\dfrac{2}{3}$　（4）$\dfrac{3}{4}$　（5）$\dfrac{3}{8}$

1.8　**図問1.8**のように電源容量200 MW，送電容量200 MW，負荷容量150 MWの二つの系統がある．両系統を図のように負荷側で連系した場合，各負荷の供給信頼度を量的に表す電力不足確率および電力量不足確率は，連系線の送電容量の大きさによりどのような値となるか，次の（1）および（2）の場合について計算せよ．

ただし，各系統は，自系統の発電力に余裕のある分だけを他系統に融通するものとし，発電機および送電線の事故確率をそれぞれ0.03および0.01とする．

（1）　$P=0$ MWの場合　　（2）　$P=60$ MWの場合

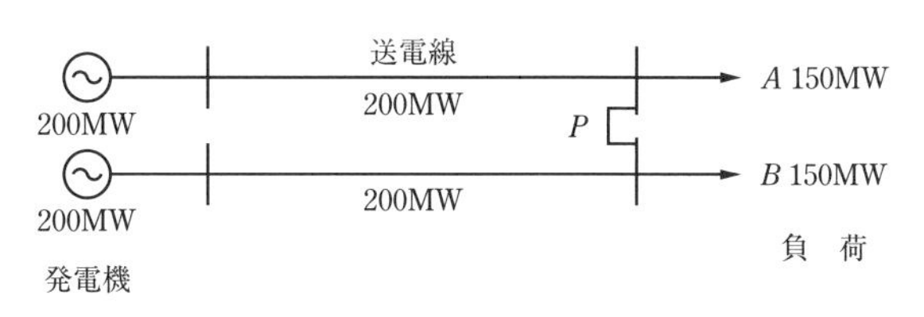

図問1.8

1.9　アーク式電気炉など変動負荷に電力を供給する場合の電圧フリッカ防止対策について述べよ．

1.10　次の文章は，高調波対策に関する記述である．文中の［　　］に当てはまる最も適切なものを解答群の中から選べ．

ダイオード及びサイリスタを用いた［（1）］負荷は，各種次数の高調波電流を発生する．電気設備及び機器に及ぼす高調波の影響は，以下のように分類される．

・機器への高調波電流の流入による異音，過熱，振動，焼損など

・機器への高調波電圧の印加による誤制御，誤動作など

このような影響が生じる場合があることから，配電系統の6.6 kV母線における高調波電圧総合ひずみ率の管理目標値を5%，特別高圧系統の高調波電圧総合ひずみ率の管理目標値を［（2）］とし，これを維持するため，「高圧又は特別高圧で受電する需要家の高調波抑制対策ガイドライン」による高調波電流抑制のための技術要件が定められている．

高調波電流の抑制対策は，機器から発生する高調波電流そのものを低減する方法と，機器から発生した高調波電流を需要家内の設備に［（3）］させ，外部に流出する量を低減する方法の2種類がある．

具体的には，前者においては高調波発生源である電力変換装置の［（4）］，後者においては需要家内への受動［（5）］などの設置といった方法がある．

〔解答群〕

（イ）　3%	（ロ）　単パルス化	（ハ）　6%
（ニ）　フィルタ	（ホ）　線形	（ヘ）　分流
（ト）　制御	（チ）　多パルス化	（リ）　分圧
（ヌ）　小パルス化	（ル）　非線形	（ヲ）　反線形
（ワ）　充電	（カ）　9%	（ヨ）　コイル

出典：令和3年度第二種電気主任技術者一次試験法規科目

1.11　次の文章は，「電気設備技術基準の解釈」に基づく分散型電源の系統連系設備に関する記述である．文中の［　］に当てはまる最も適切なものを解答群の中から選べ．

a）［（1）］とは，分散型電源を連系している電力系統が事故等によって系統電源と切り離された状態において，当該分散型電源が発電を継続し，線路負荷に有効電力を供給している状態をいう．

b）高圧の電力系統に分散型電源を連系する場合は，分散型電源を連系する配電用変電所の配電用変圧器において，［（2）］を生じさせないこと．ただし，当該配電用変電所に保護装置を施設する等の方法により分散型電源と電力系統との［（3）］をとることができる場合は，この限りではない．

c）特別高圧の電力系統に分散型電源を連系する場合（スポットネットワーク受電方式で連系する場合を除く．），一般送配電事業者が運用する電線路等の事故時等に，他の電線路等が［（4）］になるおそれがあるときは，系統の変電所の電線路引出口等に［（4）］検出装置を施設し，電線路等が［（4）］になったときは，同装置からの情報に基づき，分散型電源の設置者において，分散型電源の［（5）］を適切に抑制すること．

〔解答群〕

（イ）　単独運転	（ロ）　無負荷	（ハ）　協調
（ニ）　出力	（ホ）　電圧	（ヘ）　連絡

(ト)　逆向きの潮流	(チ)　軽負荷	(リ)　並列運転
(ヌ)　周波数	(ル)　自立運転	(ヲ)　同期
(ワ)　温度上昇	(カ)　横流	(ヨ)　過負荷

出典：令和２年度第二種電気主任技術者一次試験法規科目

第2章 送配電線路の電気的特性

2.1 線路定数

送配電線路は図**2.1**のように抵抗 R，インダクタンス L，静電容量(キャパシタンス)C，漏れコンダクタンス(リーカンス)g の四つの定数からなる連続した電気回路である．送配電線路の電気的特性，たとえば電圧降下，受電電力，電力損失，安定度などを計算するには，この四つの定数を知らなければならない．これらの定数を**線路定数**(line constant)といい，電線の種類，太さ，電線配置により定まり，送配電電圧，電流，力率などによってほとんど左右されない．

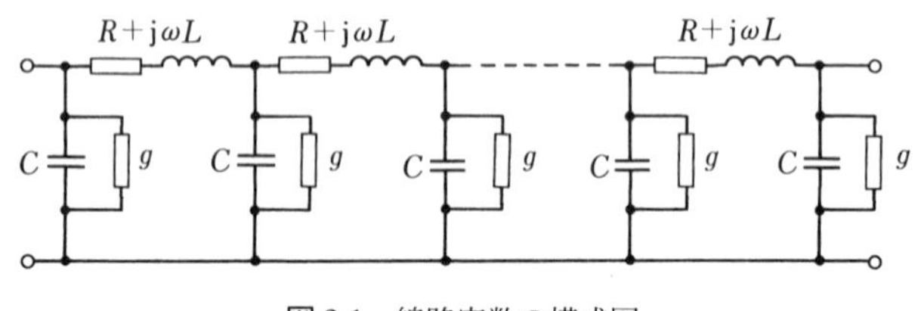

図**2.1**　線路定数の構成図

1. 抵　　抗(resistance)　　図**2.2**に示すような一様な断面図をもつ直線導体

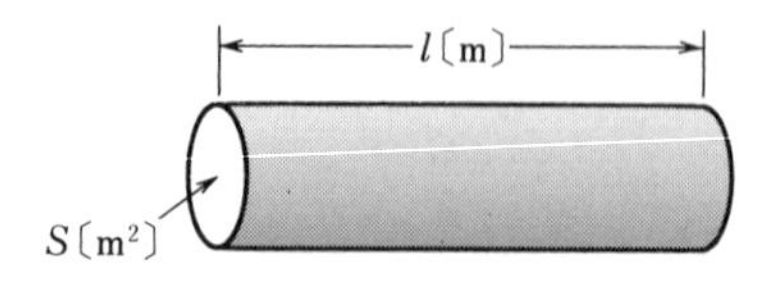

図**2.2**　直線導体の抵抗

の抵抗 R〔Ω〕は，その長さ l〔m〕に比例し，断面積 S〔m²〕に反比例するので次式で表される．

$$R=\rho\frac{l}{S} \tag{2.1}$$

ただし，ρ：抵抗率〔Ω・m〕

ここで抵抗率 ρ は，その物質の種類および温度によって決まる定数である．

式(2.1)で l を m，S を mm² で表すと，ρ〔Ω/(m・mm²)〕は

軟銅線　1/58，　硬銅線　1/55，　硬アルミ線　1/35

となる．

抵抗率 ρ の逆数を**導電率**(conductivity)といい，標準軟銅の導電率(20℃における抵抗率が 1/58〔Ω/(m・mm²)〕，密度が 8.89 のもの)を 100%として，電線などの導電率の比較を行う．導電率が大きいほど抵抗は小さくなる．

なお，硬銅線および硬アルミ線の導電率はそれぞれ次のようになる．

硬銅線　97%，　硬アルミ線　61%

式(2.1)は単線の場合の抵抗で，より線の場合は中心の導体の周りにより合されているので，中心導体に比べて若干長くなり，単線に比べ抵抗が大きくなる．この割合を**より込率**(lay ratio)といい，通常は 2%程度である．電線に交流が流れると電流は断面全体にわたって一様に流れず，中心ほど流れにくくなり，表面に近くなるほど多く流れる(**図 2.3**)．この現象を**表皮効果**(skin effect)といい，このため抵抗が増加する．**表皮深さ** δ は角速度を ω，透磁率を μ，抵抗率を ρ，導電率を σ とすれば次式で表される．

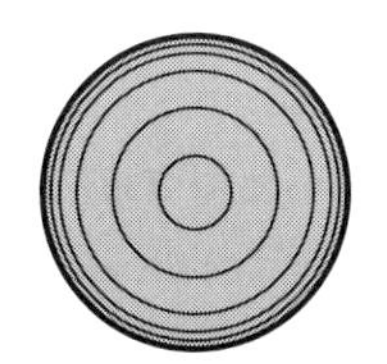

図 2.3　導体の表皮効果

$$\delta=\sqrt{\frac{2\rho}{\omega\mu}}=\sqrt{\frac{2}{\omega\mu\sigma}} \tag{2.2}$$

したがって，表皮効果は，周波数が高いほど，電線の導電率が大きいほど，比

透磁率の大きいほど大きくなる．鋼心アルミより線は，中心が比透磁率が大きく，抵抗の大きい鋼線であるので，アルミの部分にのみ電流が流れるとみてよい．

また，多導体は，同じ相の電線を分割しているから，表皮効果の影響が少なくなる導体であるといえる．

電線の抵抗は，温度が上昇するにつれて増加する．いま，標準温度 t_0〔°C〕(普通 20°C)における抵抗を R_0〔Ω〕とすれば，t〔°C〕における抵抗を R_t〔Ω〕は標準温度における温度係数を α とするとき次式で表される．

$$R_t = R_0\{1+\alpha(t-t_0)\} \quad 〔\Omega〕 \tag{2.3}$$

ここで，温度係数 α は標準温度における値であるが，任意の温度 t〔°C〕における標準軟銅線の温度係数 α_t は

$$\alpha_t = \frac{1}{234.5+t} \tag{2.4}$$

で表される．

なお，標準温度 20°Cにおける温度係数 α_{20} は硬銅線で 0.00381，硬アルミ線では 0.0040 である．

【例題 2.1】　電線の表皮効果に関する次の記述のうち，誤っているのはどれか．

（1）電線の中心部より外側のほうが電流密度が高い．

（2）電力損失が増える．

（3）周波数が高いほど小さくなる．

（4）電線が太いほど大きくなる．

（5）電線の導電率が大きいほど大きくなる．

【解】　（3）

〔解説〕 式(2.2)より $\omega=2\pi f$，つまり f(周波数)が高いほど表皮深さ δ が小さくなり表皮効果が大きくなる．

2. インダクタンス(inductance)　インダクタンスは電線に1Aを流したとき，電線に鎖交する磁束数であり，一般に電線1条の単位長あたりの作用インダクタンス L_n〔mH/km〕は次式で表される．

$$L_n = \left(\frac{\mu_s}{2}+2\log_e\frac{D}{r}\right)\times 10^{-1} = 0.05\mu_s + 0.4605\log_{10}\frac{D}{r} \quad 〔\mathrm{mH/km}〕 \tag{2.5}$$

ただし，μ_s：比透磁率，D：線間距離〔m〕，r：電線半径〔m〕

なお，三相線路で**図 2.4** のように 3 線間の距離 D_{12}，D_{23} および D_{31} が等しくない場合の線間距離 D は等価的に

$$D=\sqrt[3]{D_{12}\cdot D_{23}\cdot D_{31}} \tag{2.6}$$

とし，式(2.5)に代入することにより，1 線の中性点に対する作用インダクタンスとして計算ができる．

作用インダクタンス L_n の概数は電圧階級に無関係で，架空線は 1.3 mH/km 程度，ケーブルは 0.2〜0.4 mH/km 程度である．

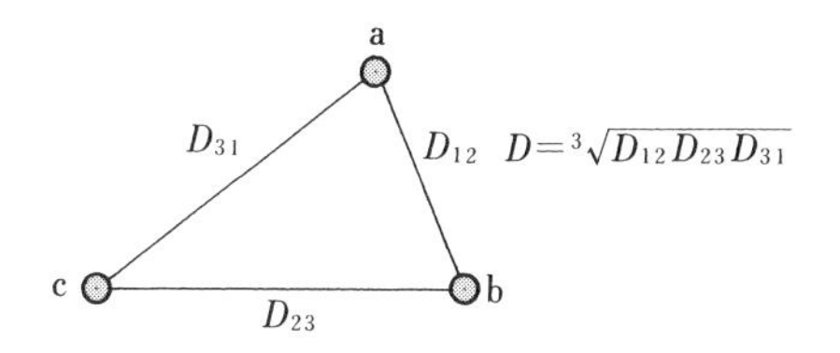

図 2.4 線間間隔が等しくない三相送電線

【例題 2.2】 架空送電線路における作用インダクタンス L_n は

$$L_n=0.05\mu_s+0.4605\log_{10}\frac{D}{r}$$

として表される．この式の説明として，正しいのは次のうちどれか．

（1） μ_s は透磁率で，銅やアルミニウムの電線では 1 である．

（2） $\log_{10}$ は自然対数を表す．

（3） r は電線半径〔mm〕，D は線間距離〔m〕を表す．

（4） L_n の単位は mH/km である．

（5） 多導体の場合，同一断面積の単導体に比べ大きな値となる．

【解】 （4）

〔解説〕 μ_s は比透磁率，$\log_{10}$ は常用対数，r の単位は m であり，多導体の場合は半径が等価的に大きくなり，L_n は小さくなる．

三相 3 線式 1 回線送電線の送電線の正相および零相インダクタンスは大地を帰路とする 1 線のインダクタンス L_1 と 2 線を一括して大地を帰路とする 1 線のインダクタンス L_2 を測定することにより求めることができる．いま，大地を帰路とする 1 線の自己インダクタンスおよび相互インダクタンスをそれぞれ L_e と

L_e' とすると，測定したインダクタンス L_1 と L_2 は次式で表される．

$$L_1 = L_e \tag{2.7}$$

$$L_2 = (L_e + L_e')/2 \tag{2.8}$$

式(2.7)，(2.8)から相互インダクタンス L_e' は

$$L_e' = 2L_2 - L_1 \tag{2.9}$$

したがって，正相インダクタンス L は1線と中性点に対するインダクタンスであるから

$$L = L_e - L_e' = 2(L_1 - L_2) \tag{2.10}$$

また，零相インダクタンス L_0 は，3線を一括して大地を帰路とする1線あたりのインダクタンスであるから次式で求めることができる．

$$L_0 = L_e + 2L_e' = 4L_2 - L_1 \tag{2.11}$$

3.　静電容量(capacitance)　　静電容量は電線に1Vを加えたときの電線に蓄えられる電荷であり，一般に電線1条の単位長あたりの作用静電容量 C〔μF/km〕は次式で表される．

$$C = \frac{\varepsilon_s}{2\log_e(D/r)} \times \frac{1}{9} = \frac{0.02413\varepsilon_s}{\log_{10}(D/r)} \quad [\mu\mathrm{F/km}] \tag{2.12}$$

ただし，ε_s：比誘電率，D：線間距離〔m〕，r：電線半径〔m〕

比誘電率 ε_s の値は架空線は1，ケーブルは3.5〜3.7である．

なお，式(2.12)の D はインダクタンスの項で述べたように，三相電線が等間隔に配置された場合の線間距離であり，図2.4のようにそれぞれが D_{12}，D_{23}，D_{31} の線間路離の場合の等価線間距離 D としては式(2.6)を用いればよい．つまり

$$D = \sqrt[3]{D_{12},\ D_{23},\ D_{31}} \tag{2.13}$$

また，静電容量には**図2.5**のように対地静電容量 C_s と線間静電容量 C_m があり，この場合の1線と中性点に対する作用静電容量 C は

$$C = C_s + 3C_m \tag{2.14}$$

で表される．

作用静電容量 C の概数は架空線では0.008〜0.01 μF/km，ケーブルでは0.3〜0.7 μF/km である．

4.　漏れコンダクタンス(リーカンス)(leakance)　　がいし表面の漏れ電流と

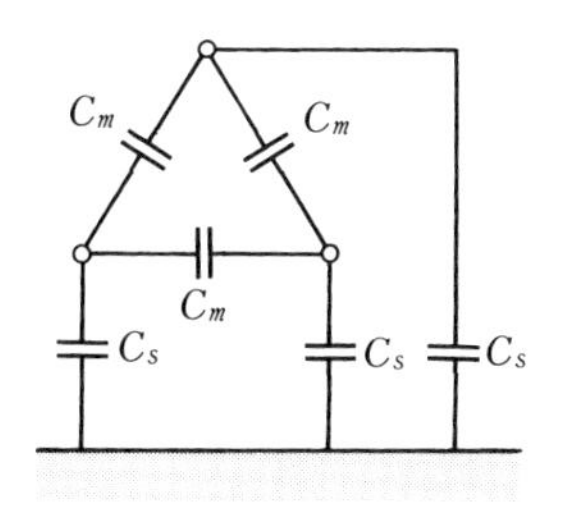

図 2.5 三相送電線の静電容量

か，コロナ放電の際の漏れ電流に相当するコンダクタンスを漏れコンダクタンス(リーカンス)という．一般には，晴天はもちろん雨天でも，漏れ電流は少ないので，無視して計算する場合が多い．

5. 多導体の線路定数 多導体のインダクタンスは，n 導体では往路，帰路にそれぞれ $+i/n$〔A〕，$-i/n$〔A〕の電流が流れるとして求められる．

いま，多導体を構成する各導体を**素導体**というが，これの半径を r〔m〕，素導体数を n，素導体間隔を l〔m〕とする多導体の等価半径 r_e〔m〕は

$$r_e=\sqrt[n]{rl^{n-1}} \quad \text{〔m〕} \tag{2.15}$$

で表される．一般に，n 導体方式の作用インダクタンスは，$\mu_s=1$，$D\gg l\gg r$ が成立すると仮定すると次式で表される．

$$L_n=\frac{0.05}{n}+0.4605\log_{10}\frac{D}{\sqrt[n]{rl^{n-1}}} \quad \text{〔mH/km〕} \tag{2.16}$$

この式(2.16)より，**図 2.6(a)**，**(b)**のような複導体，4 導体の場合は

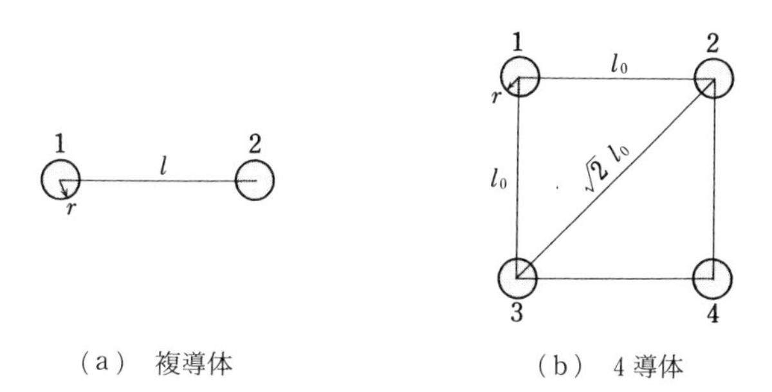

(a) 複導体　　(b) 4 導体

図 2.6 多導体の配置図

複導体　$L_{2n}=\dfrac{0.05}{2}+0.4605\log_{10}\dfrac{D}{\sqrt{rl}}$　〔mH/km〕　(2.17)

4導体　$L_{4n}=\dfrac{0.05}{4}+0.4605\log_{10}\dfrac{D}{\sqrt[4]{rl^3}}$　〔mH/km〕　(2.18)

l_0を図2.6(b)の一辺の間隔とすれば，4導体の場合の素導体相互間の平均距離lは

$$\begin{aligned} l &= \sqrt[3]{l_0\times\sqrt{2}\,l_0\times l_0} \\ &= \sqrt[6]{2}\,l_0 \end{aligned} \tag{2.19}$$

$$\therefore\quad L_{4n}=\frac{0.05}{4}+0.4605\log_{10}\frac{D}{\sqrt[4]{\sqrt{2}\,rl_0^3}}$$

同様にn導体方式の静電容量の一般式は次式で表される．

$$C_n=\frac{0.02413}{\log_{10}\dfrac{D}{\sqrt[n]{rl^{n-1}}}}\quad〔\mu\mathrm{F/km}〕 \tag{2.20}$$

この式(2.20)より複導体と4導体の静電容量C_{2n}およびC_{4n}は

$$C_{2n}=\frac{0.02413}{\log_{10}\dfrac{D}{\sqrt{rl}}}\quad〔\mu\mathrm{F/km}〕 \tag{2.21}$$

$$C_{4n}=\frac{0.02413}{\log_{10}\dfrac{D}{\sqrt[4]{rl^3}}}\quad〔\mu\mathrm{F/km}〕 \tag{2.22}$$

となる．以上のことから，多導体の線路定数は単導体に比べインダクタンスLが約20～30%減少し，静電容量は逆に約20～30%増加する．

2.2　送電特性と等価回路

送電線路は**2.1**で述べたように，線路定数R，L，C，gが線路に沿って一様に分布した回路であるので，送受電端電力，電流，電圧，電力損失などを計算するには分布定数回路として取り扱われなければならない．

しかし，中距離や短距離送電線路では線路定数を集中した集中回路として取り扱っても大きな誤差がないので，集中定数回路として取り扱われる．

1.　短距離送電線路　線路のこう長が20 km程度以下の場合は抵抗とリア

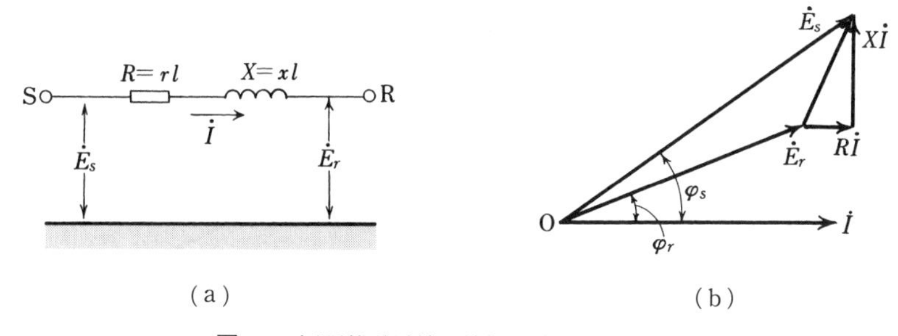

図 2.7 短距離送電線の等価回路とベクトル図

クタンスが集中していると考え，静電容量 C と漏れコンダクタンス g は無視する．この場合等価回路と送受電端の電圧，電流ベクトル図は**図 2.7** となる．このベクトル図から，送電端電圧 $\dot{E}_s$，受電端電圧 $\dot{E}_r$ および線電流 $\dot{I}$ の関係は

$$\dot{E}_s=\dot{E}_r+(R+\mathrm{j}X)\dot{I} \tag{2.23}$$

となる．

いま，線路が非常に短い場合には $\varphi_r \fallingdotseq \varphi_s$ とすれば次式となる．

$$\begin{aligned} E_s&=\sqrt{(E_r\cos\varphi_r+RI)^2+(E_r\sin\varphi_r+XI)^2} \\ &\fallingdotseq E_r+I(R\cos\varphi_r+X\sin\varphi_r) \end{aligned} \tag{2.24}$$

また受電端電力 P_r，送電端電力 P_s は受電端の線間電圧を V_r とすれば，それぞれ

$$P_r=\sqrt{3}\,V_rI\cos\varphi_r \tag{2.25}$$

$$P_s=\sqrt{3}\,V_rI\cos\varphi_r+3RI^2 \tag{2.26}$$

となる．

2. 中距離送電線路　線路のこう長が 20〜200 km 程度になると静電容量の影響が無視できなくなり，R，X，Y の集中定数回路として取り扱う．この場合の等価回路としてアドミタンス $\dot{Y}$ を中央に一括集中した T 回路とするか，二分して両端に集中した π 回路の二つがある．ここではそれぞれについて述べる．

a. T 回 路　この回路の等価回路と電圧，電流のベクトル図は**図 2.8 (a)**，**(b)** となり，このベクトル図から各部の電圧，電流および線路定数の関係は次式となる．

$$\dot{E}_c=\dot{E}_r+\frac{\dot{Z}}{2}\dot{I}_r \tag{2.27}$$

$$\dot{I}_c=\dot{Y}\dot{E}_c \tag{2.28}$$

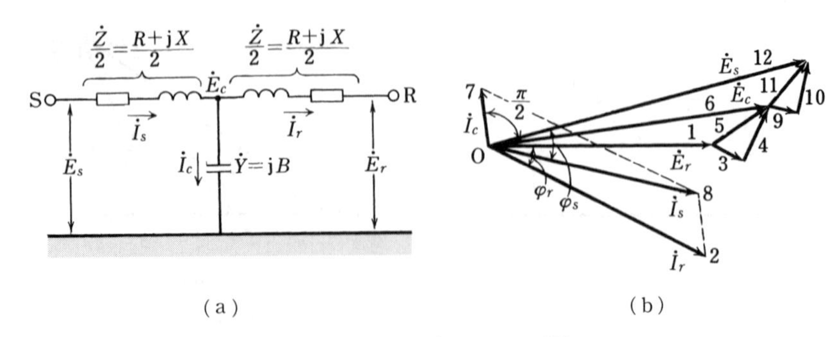

図 **2.8**　T形回路とベクトル図

$$\dot{I}_s = \dot{I}_r + \dot{I}_c = \left(1 + \frac{\dot{Z}\dot{Y}}{2}\right)\dot{I}_r + \dot{E}_r\dot{Y} \qquad (2.29)$$

$$\dot{E}_s = \dot{E}_c + \frac{\dot{Z}}{2}\dot{I}_s = \left(1 + \frac{\dot{Z}\dot{Y}}{2}\right)\dot{E}_r + \dot{Z}\left(1 + \frac{\dot{Z}\dot{Y}}{4}\right)\dot{I}_r \qquad (2.30)$$

b.　π　回　路　　この回路の等価回路と電圧，電流のベクトル図は**図 2.9**（**a**），（**b**）となり，この場合の各部の電圧，電流および線路定数の関係は次式となる．

$$\dot{I}_{cr} = \dot{E}_r\frac{\dot{Y}}{2} \qquad (2.31)$$

$$\dot{I} = \dot{I}_{cr} + \dot{I}_r = \dot{E}_r\frac{\dot{Y}}{2} + \dot{I}_r \qquad (2.32)$$

$$\dot{E}_s = \dot{E}_r + \dot{Z}\dot{I} \qquad (2.33)$$

$$\dot{I}_s = \dot{I} + \dot{I}_{cs} \qquad (2.34)$$

$$\dot{E}_s = \left(1 + \frac{\dot{Z}\dot{Y}}{2}\right)\dot{E}_r + \dot{Z}\dot{I}_r \qquad (2.35)$$

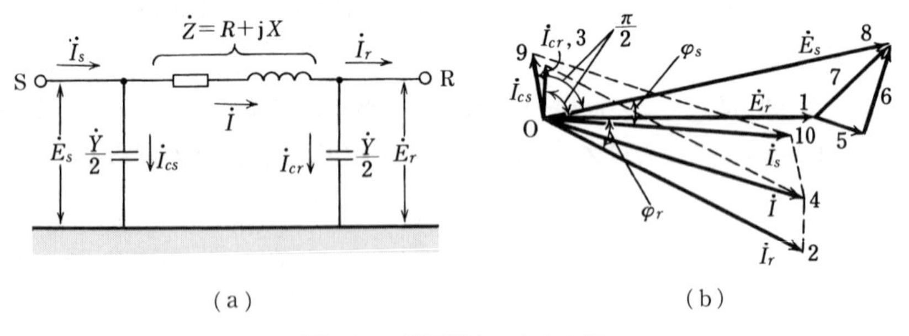

図 **2.9**　π 形回路とベクトル図

$$\dot{I}_s=\left(1+\frac{\dot{Z}\dot{Y}}{2}\right)\dot{I}_r+\dot{Y}\left(1+\frac{\dot{Z}\dot{Y}}{4}\right)\dot{E}_r \tag{2.36}$$

わが国の送電線は1区間で200 km程度以上のものはほとんどないから，線路の等価回路として一般にπ回路の等価回路が多く用いられている．

3.　長距離送電線路　こう長が200 km程度以上の長距離になると，線路定数は短，中距離のように集中して取り扱うことができなくなる．つまり，線路定数が線路に沿って一様に分布して取り扱うことが必要となる．

いま送電線路単位長さごとの直列インピーダンス$\dot{z}=r+\mathrm{j}x$〔Ω/m〕，並列アドミタンス$\dot{y}=g+\mathrm{j}b$〔S/m〕とすると，送電線路の微小部分をとっても**図2.10(a)**のような回路の連続となる．したがって，長距離送電線路の等価回路は同図(**b**)のようになる．

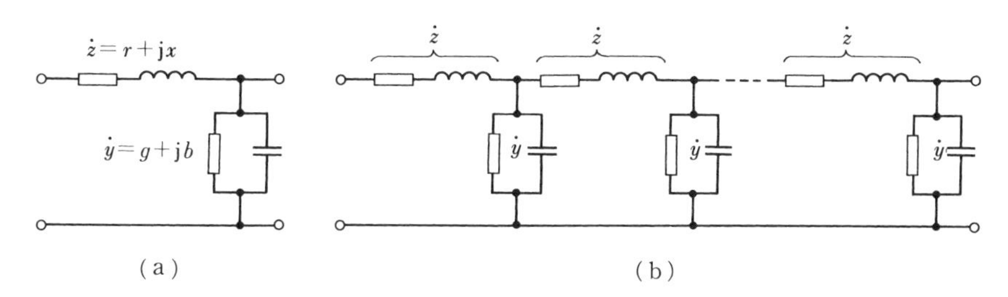

図2.10　長距離送電線の等価回路

こう長lの送電端から任意の距離xにおける点の電圧$\dot{E}_x$および電流$\dot{I}_x$を求めると

$$\dot{E}_x=\dot{E}_r\cosh\dot{\gamma}(l-x)+\dot{Z}_0\dot{I}_r\sinh\dot{\gamma}(l-x) \tag{2.37}$$

$$\dot{I}_x=\frac{\dot{E}_r}{\dot{Z}_0}\sinh\dot{\gamma}(l-x)+\dot{I}_r\cosh\dot{\gamma}(l-x) \tag{2.38}$$

ただし，$\dot{Z}_0=\sqrt{\dot{z}/\dot{y}}$，$\dot{\gamma}=\sqrt{\dot{z}\dot{y}}$

ここで，$\dot{Z}_0$を**特性インピーダンス**(characteristic impedance)または**波動インピーダンス**(surge impedance)といい，$\dot{\gamma}$を**伝搬定数**(propagation constant)という．

式(2.37)，(2.38)において送電端電圧，電流を受電端電圧，電流で表すと次式になる．

$$\dot{E}_s=\dot{E}_r\cosh\dot{\gamma}l+\dot{I}_r\dot{Z}_0\sinh\dot{\gamma}l \tag{2.39}$$

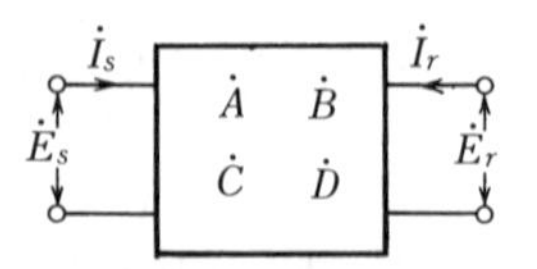

図 2.11　四端子定数回路

$$\dot{I}_s=\frac{\dot{E}_r}{Z_0}\sinh\dot{\gamma}l+\dot{I}_r\cosh\dot{\gamma}l \tag{2.40}$$

4.　四端子定数　　図 2.11 のように送受電端に二つの端子をもち，線路定数が両端子からみても対称で，起電力を保有していない回路は四端子回路として取り扱うことができる．したがって，送受電端の電圧，電流の関係は次のように表される．

$$\dot{E}_s=\dot{A}\dot{E}_r+\dot{B}\dot{I}_r \tag{2.41}$$

$$\dot{I}_s=\dot{C}\dot{E}_r+\dot{D}\dot{I}_r \tag{2.42}$$

ただし，$\dot{A}$，$\dot{B}$，$\dot{C}$，$\dot{D}$：四端子定数

四端子定数 $\dot{A}$，$\dot{B}$，$\dot{C}$，$\dot{D}$ の間には，常に $\dot{A}\dot{D}-\dot{B}\dot{C}=1$ の関係がある．

この四端子定数を用いると，機器が接続された場合，あるいは定数の異なる送電線路が接続された場合などの取扱いが非常に簡単となる．

短距離，中距離および長距離送電線路の送受電端電圧，電流の関係を四端子定数で表すと次のようになる．

a.　短距離送電線路の場合　　式(2.23)と式(2.41)，(2.42)より

$$\dot{A}=1,\quad \dot{B}=\dot{Z},\quad \dot{C}=0,\quad \dot{D}=1$$

b.　中距離送電線路の場合　　T 回路は式(2.29)，(2.30)より

$$\dot{A}=1+\frac{\dot{Z}\dot{Y}}{2},\quad \dot{B}=\dot{Z}\left(1+\frac{\dot{Z}\dot{Y}}{4}\right),\quad \dot{C}=\dot{Y},\quad \dot{D}=1+\frac{\dot{Z}\dot{Y}}{2}$$

π 回路は式(2.35)，(2.36)より

$$\dot{A}=1+\frac{\dot{Z}\dot{Y}}{2},\quad \dot{B}=\dot{Z},\quad \dot{C}=\dot{Y}\left(1+\frac{\dot{Z}\dot{Y}}{4}\right),\quad \dot{D}=1+\frac{\dot{Z}\dot{Y}}{2}$$

c.　長距離送電線路の場合　　式(2.39)，(2.40)より

$$\dot{A}=\dot{D}=\cosh\dot{\gamma}l,\quad \dot{B}=Z_0\sinh\dot{\gamma}l,\quad \dot{C}=\frac{1}{Z_0}\sinh\dot{\gamma}l$$

上記から明らかなように，回路が対称な場合 $\dot{A}=\dot{D}$ の関係がある．

【例題 2.3】　次の表は四端子定数を表したものである．空欄に適当な答を記入せよ．

回路＼回路定数	$\dot{Z}_1$（直列）	$\dot{Z}_2$（並列）	$\dot{Z}_1$（直列），$\dot{Z}_2$（並列）
$\dot{A}$	1	1	（エ）
$\dot{B}$	$\dot{Z}_1$	（イ）	（オ）
$\dot{C}$	0	（ウ）	$1/\dot{Z}_2$
$\dot{D}$	（ア）	1	1

【解】　（ア）　1，　（イ）　0，　（ウ）　$1/\dot{Z}_2$，　（エ）　$1+\dot{Z}_1/\dot{Z}_2$，　（オ）　$\dot{Z}_1$

〔解き方〕　各回路を式(2.41)，(2.42)に当てはめて，四端子定数 $\dot{A}$，$\dot{B}$，$\dot{C}$，$\dot{D}$ を求めればよい．

5.　フェランチ現象と発電機自己励磁現象　負荷の力率は一般に遅れ力率であるから，相当大きな負荷がかかっているときは，電流 $\dot{I}$ は電圧 $\dot{E}_r$ より位相が遅れているのが普通である．このように遅れ電流 $\dot{I}$ が送電線や変圧器の抵抗やリアクタンスを流れると，**図 2.12(a)**のように，受電端電圧 $\dot{E}_r$ は送電端電圧 $\dot{E}_s$ より低くなる．しかし，この電流が無負荷または負荷が少ない場合には，遅れ負荷電流よりも充電電流が大きく進み電流となり，この場合は同図(**b**)のように，受電端電圧 $\dot{E}_r$ が送電端電圧 $\dot{E}_s$ よりも高くなる．この現象を**フェランチ現象**(Ferranti effect)といい，送電線のこう長が長いほど，リアクタンスが大きいほど著しくなる．また，この効果は架空送電線路の受電端に地中送電線路が接続

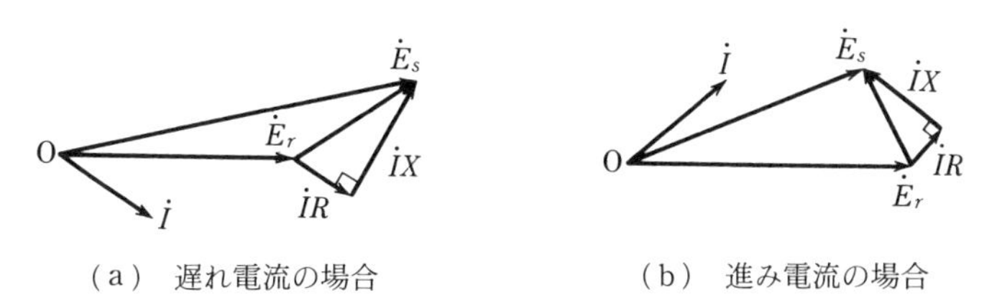

（a）　遅れ電流の場合　　（b）　進み電流の場合

図 2.12　電流と送受電端電圧の関係

されている場合のほうが，接続されていない場合よりも起こりやすい．

【例題 2.4】 1相分の等価回路が，**図 2.13** のように表される無負荷の地中送電線路がある．

$L=30$ mH，$C=40$ μF で，電源の周波数が 50 Hz であるとき，この線路ではフェランチ現象により，受電端電圧は送電端電圧に対して何%上昇するか．

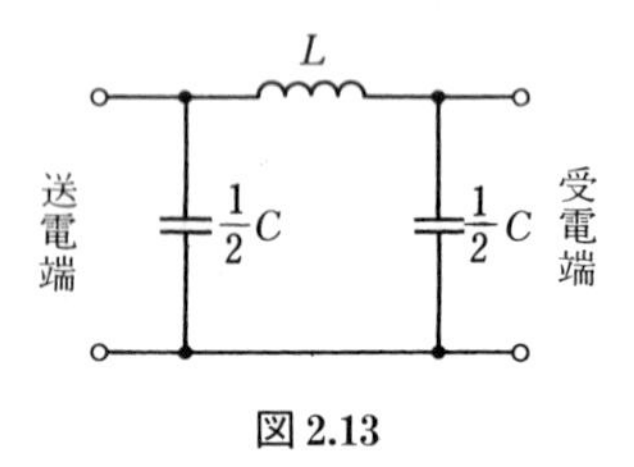

図 2.13

【解】 送電端電圧を $\dot{E}_s$，受電端電圧を $\dot{E}_r$ とすれば

$$\dot{E}_r=\dot{E}_s\times\frac{1/(\mathrm{j}\omega C/2)}{\mathrm{j}\omega L+\dfrac{1}{\mathrm{j}\omega\dfrac{C}{2}}}=\dot{E}_s\frac{1}{1-\omega^2\dfrac{LC}{2}} \tag{1}$$

$$\therefore\quad\left|\frac{\dot{E}_r}{\dot{E}_s}\right|=\frac{1}{1-\omega^2\dfrac{LC}{2}}=\frac{1}{1-(100\pi)^2\dfrac{30\times10^{-3}\times40\times10^{-6}}{2}}\fallingdotseq1.06 \tag{2}$$

受電端電圧は6%送電端電圧より上昇する．

また，長距離送電線路に発電機が接続されているとき，無負荷または負荷が少ないときは進み電流が発電機に流れる．この進み電流による発電機の**電機子反作用**(armature reaction)が界磁に対し，増磁作用の働きをして発電機の端子電圧が異常に上昇することがある．この現象を発電機の**自己励磁現象**(self-excitation phenomenon)といい，短絡比の小さい銅機械や電機子反作用が大きく，容量の小さなものは，この自己励磁現象を起こしやすいので使用に際して十分に検討する必要がある．この自己励磁現象を起こさない条件として，線路の充電特性曲線の勾配が発電機の無負荷飽和曲線の勾配よりも大きいことが必要である．自己励磁現象の防止対策としては，複数の発電機に充電電流を分担させる方法や受電端に分路リアクトルを接続する方法などがある．

2.3 電 圧 降 下

1. 単一負荷の電圧降下(voltage drop) 抵抗やリアクタンスが集中した場合の電圧降下 v は式(2.24)より

$$\text{単相2線式} \quad v = V_s - V_r = 2I(R\cos\theta + X\sin\theta) \tag{2.43}$$

$$\text{三相3線式} \quad v = V_s - V_r = \sqrt{3}\,I(R\cos\theta + X\sin\theta) \tag{2.44}$$

また，三相3線式配電線の負荷端に電圧 V〔kV〕，電力 P〔kW〕および力率 $\cos\theta$ の負荷が接続されている場合の線路の電圧降下 v〔V〕は次式で表される．

$$v = \frac{P}{V}(R + X\tan\theta) \tag{2.45}$$

次に，これらの電圧降下率と電圧変動率について述べる．

a. 電圧降下率 送電端電圧 V_s と受電端電圧 V_r の差(電圧降下)と受電端電圧 V_r との比の百分率を電圧降下率という．

$$\text{電圧降下率}\ \varepsilon = \frac{V_s - V_r}{V_r} \times 100 = \frac{v}{V_r} \times 100 \quad [\%] \tag{2.46}$$

したがって，三相3線式の場合の電圧降下率 ε_3〔%〕は次のように表される．

$$\varepsilon_3 = \frac{\sqrt{3}\,I(R\cos\varphi_r + X\sin\varphi_r)}{V_r} \times 100 \quad [\%] \tag{2.47}$$

b. 電圧変動率(voltage regulation) 無負荷時の受電端電圧 V_{0r} と全負荷時の受電端電圧 V_r との差と受電端電圧 V_r との比の百分率を電圧変動率という．

$$\text{電圧変動率} = \frac{V_{0r} - V_r}{V_r} \times 100 \quad [\%] \tag{2.48}$$

電圧降下の計算式は，電圧降下の計算はもちろん，電力損失や電線の太さを計算する際の基礎となる重要な計算式である．実際の計算にあたっては I，R，X などがそのまま与えられなく，受電端電力，受電端電圧および負荷力率が与えられることがあり，その場合は，これらから電流 I を求めて計算する必要がある．

【例題 2.5】 三相3線式1回線配電線路の末端に遅れ力率80%の平衡三相負荷がある．変電所引出し口の電圧が6 600 V 負荷の端子電圧が6 000 V のとき負荷電力〔kW〕はいくらか．ただし，電線1条の抵抗は1.4 Ω，リアクタンスは1.8 Ω とし，そのほかの線路定数は無視するものとする．

【解】　配電線の電圧降下 v〔V〕は線電流を I とすれば式(2.44)より

$$v=6\,600-6\,000=600=\sqrt{3}\,I(R\cos\varphi_r+X\sin\varphi_r)$$
$$=\sqrt{3}\,I(1.4\times0.8+1.8\times\sqrt{1-0.8^2}) \qquad (1)$$

$$\therefore\quad \text{線電流}\ I=\frac{600}{2.20\sqrt{3}}\fallingdotseq157.5\ \text{A} \qquad (2)$$

したがって，求める負荷電力(受電端電圧) P_r は

$$P_r=\sqrt{3}\,V_rI\cos\varphi_r=\sqrt{3}\times6\,000\times157.5\times0.8\times10^{-3}\fallingdotseq1\,310\ \text{kW}$$

2.　多数負荷の電圧降下　**図2.14** のように二つの負荷がある場合の電圧降下を正確に求めるには $\dot{E}_1$ と $\dot{E}_2$ 間の位相差を考慮しなければならなく，計算は著しく複雑となる．

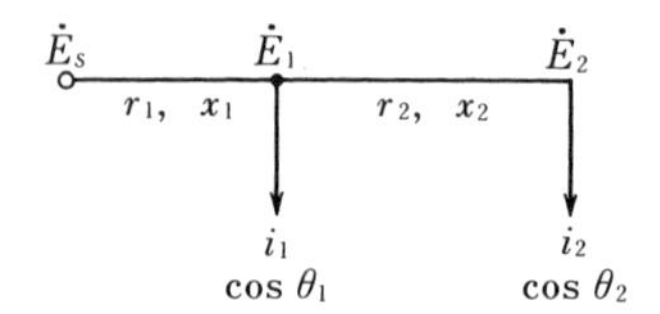

図2.14　二つの負荷の電圧降下

しかし，$\dot{E}_1$ と $\dot{E}_2$ の位相差はごくわずかであるので，$\dot{E}_1$ と $\dot{E}_2$ を同相として取り扱っても実用上差し支えない．このように考えると次の二つ求め方がある．

（1）　各負荷が単独にある場合の電圧降下を求め，これを重ね合せる方法

（2）　各区間の合成電流を求め，各区間ごとの電圧降下を求め，これを重ね合せる方法

a.　重ねの定理による方法　**図2.15** のように，i_1，i_2 がそれぞれ単独にあると考えて，それぞれの電圧降下を1線あたり，v_1 および v_2 とすれば

$$v_1=i_1(r_1\cos\theta_1+x_1\sin\theta_1) \qquad (2.49)$$

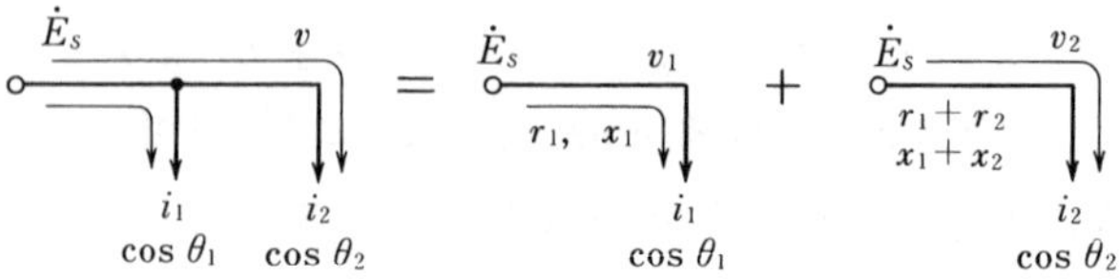

i_1 と i_2 がそれぞれ単独であるとする．

図2.15　重ねの定理による方法

$$v_2 = i_2\{(r_1 + r_2)\cos\theta_2 + (x_1 + x_2)\sin\theta_2\} \tag{2.50}$$

となる．したがって，E_s と E_2 間の電圧降下 v は次のようになる．

$$v = v_1 + v_2 = i_1(r_1\cos\theta_1 + x_1\sin\theta_1) + i_2\{(r_1 + r_2)\cos\theta_2 + (x_1 + x_2)\sin\theta_2\} \tag{2.51}$$

この場合，注意しなければならないのは抵抗およびリアクタンスは，それぞれ電源から負荷点までの値を使用しなければならない．また，E_1 までの電圧降下を求めるには i_1，i_2 が単独に E_1 の位置にあると考えて計算すればよい．

b. 各区間の電流から求める方法　E_s と E_1 間の電流 $\dot{I}$ は $\dot{i}_1$ と $\dot{i}_2$ のベクトル和となるから，**図 2.16** から I は次のようにして求めることができる．

$$I = \sqrt{(\text{有効分電流})^2 + (\text{無効分電流})^2} \tag{2.52}$$

有効分電流は電圧と同相の電流であるから図 2.16 で Oa，無効分電流は電圧と直角の電流であるから ab である．この図から

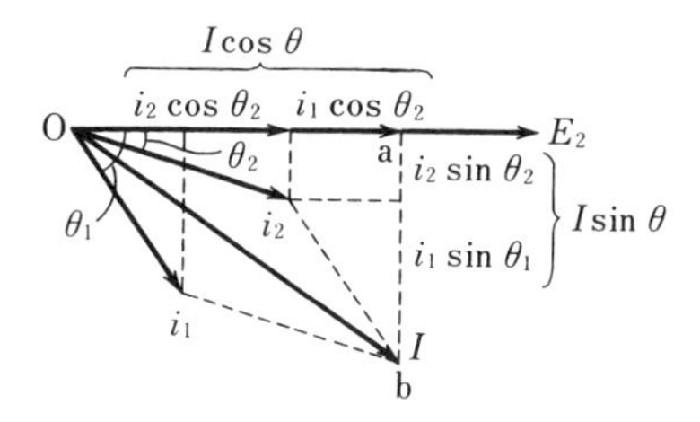

図 2.16 各区間の電流による方法

$$\text{有効分電流} = i_1\cos\theta_1 + i_2\cos\theta_2 \tag{2.53}$$

$$\text{無効分電流} = i_1\sin\theta_1 + i_2\sin\theta_2 \tag{2.54}$$

となる．ここで，E_s と E_1 間および E_1 と E_2 間の電圧降下をそれぞれ v_1'，v_2' とすれば

$$v_1' = Ir_1\cos\theta + Ix_1\sin\theta = r_1(I\cos\theta) + x_1(I\sin\theta) \tag{2.55}$$

$$v_2' = i_2r_2\cos\theta_2 + i_2x_2\sin\theta_2 = r_2(i_2\cos\theta_2) + x_2(i_2\sin\theta_2) \tag{2.56}$$

$$\therefore\quad v = v_1' + v_2' = \{r_1(I\text{ の有効分電流}) + r_2(i_2\text{ の有効分電流})\} + \{x_1(I\text{ の無効分電流}) + x_2(i_2\text{ の無効分電流})\} \tag{2.57}$$

以上は，負荷がいくつあっても同じである．

【例題 2.6】　**図 2.17** のように点 A から点 P_1 および P_2 の負荷に三相 3 線式

1回線配電線路がある．点 P_1 の負荷電流が 40 A，負荷力率が 0.6(遅れ)であり，また，点 P_2 の負荷電流が 50 A，負荷力率が 0.8(遅れ)であるとき，線間電圧〔V〕は AP_2 間においてどれだけ降下するか．ただし，AP_1 間および P_1P_2 間の電線1条あたりのインピーダンスは，それぞれ 0.04＋j0.02 Ω および 0.03＋j0.015 Ω とし，また，A，P_1，P_2 各点における電圧の間の相差角はきわめて小さいとして計算して差し支えない．

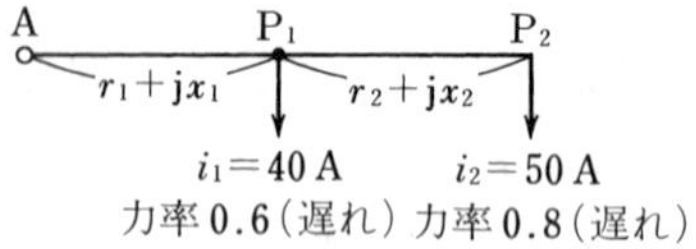

A　P_1　P_2

r_1+jx_1　r_2+jx_2

$i_1=40$ A　$i_2=50$ A

力率 0.6（遅れ）　力率 0.8（遅れ）

図 2.17

【解】　重ねの定理による方法で求めてみよう．i_1 と i_2 がそれぞれ単独にあるとし，それぞれの電圧降下を v_1，v_2 とすれば，三相3線式であるから

$$v_1=\sqrt{3}\,i_1(r_1\cos\varphi_1+x_1\sin\varphi_1)$$
$$=\sqrt{3}\times 40(0.04\times 0.6+0.02\times\sqrt{1-0.6^2})$$
$$\fallingdotseq 2.77\ \text{V} \qquad (1)$$
$$v_2=\sqrt{3}\,i_2\{(r_1+r_2)\cos\varphi_2+(x_1+x_2)\sin\varphi_2\}$$
$$=\sqrt{3}\times 50\{(0.04+0.03)\times 0.8+(0.02+0.015)\times\sqrt{1-0.8^2}\}$$
$$\fallingdotseq 6.67\ \text{V} \qquad (2)$$

となる．したがって，AP_2 間の電圧降下 v は v_1+v_2 の和であるから

$$v=v_1+v_2\fallingdotseq 2.77+6.67=9.44\ \text{V} \qquad (3)$$

3.　平等分布負荷　　図 2.18 のような平等分布負荷の電圧降下は，全負荷が全長の 1/2 のところに集中したと考えた場合の電圧降下に等しくなる．これは同図において x 点の線路電流 I_x は両端の電流を I_1，I_2，線路の距離を L とすれば

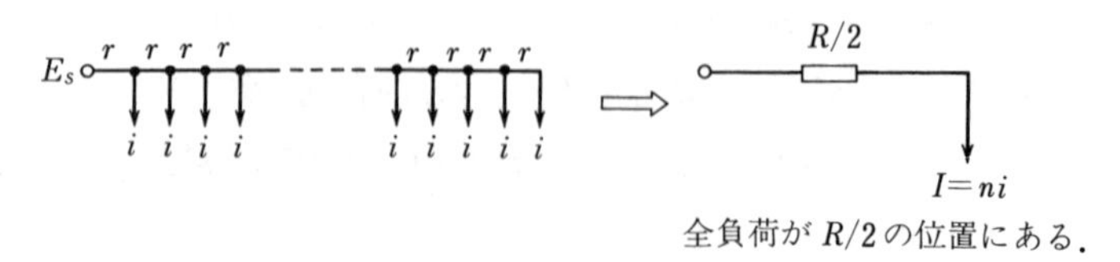

図 2.18　平等分布負荷の電圧降下

$$I_x = \int_x^L i\mathrm{d}x + I_2 = i(L-x) + I_2 \tag{2.58}$$

となり，$x=0$ とすれば $I_x=I_1$ となるので $i=(I_1-I_2)/L$ となり

$$I_x = \frac{I_1-I_2}{L}(L-x) + I_2 = I_1 - \frac{x}{L}(I_1-I_2) \tag{2.59}$$

となる．$\mathrm{d}x$ 部分の電圧降下 $\mathrm{d}v$ は

$$\mathrm{d}v = KI_x r\mathrm{d}x \tag{2.60}$$

ただし，K：配電方式によって異なる定数(三相3線式：$\sqrt{3}$，単相2線式：2，単相3線式：1)

となるから，これを0から L まで積分すれば求める電圧降下となる．つまり

$$\begin{aligned} v &= \int_0^L KI_x r\mathrm{d}x = Kr\int_0^L \left\{I_1 - (I_1-I_2)\frac{x}{L}\right\}\mathrm{d}x \\ &= Kr\left[I_1 x - \frac{x^2}{2L}(I_1-I_2)\right]_0^L = KrL\left\{I_2 + \frac{1}{2}(I_1-I_2)\right\} \end{aligned} \tag{2.61}$$

つまり式(2.61)で I_1-I_2 は平等負荷の全電流を示しており，それが $\frac{rL}{2}$ の点に集中していることを示している．

【例題 2.7】　**図 2.19** は配電線の区間 A，B を示したものである．点 A および点 B を通過する電流はそれぞれ I_a および I_b で，途中は平等分布負荷である．AB 間の電線1条あたりの抵抗を r とするとき，AB 間の電線1条あたりの電圧降下を求めよ．

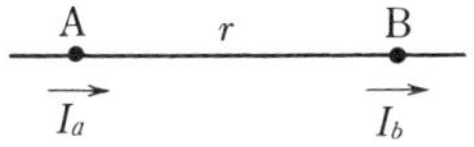

A　r　B
I_a　I_b

図 2.19

【解】　AB 間の距離を L，B に向かって A からの距離を x としたときの点の電流 I_x は式(2.59)より

$$I_x = I_a - \frac{x}{L}(I_a - I_b) \tag{1}$$

となる．したがって，求める電圧降下 v は r_e を単位長さあたりの抵抗とすれば

$$v = \int_0^L I_x r_e \mathrm{d}x = r_e\int_0^L \left\{I_a - \frac{x}{L}(I_a-I_b)\right\}\mathrm{d}x = r_e\left[I_a x - \frac{x^2}{2L}(I_a-I_b)\right]_0^L$$

$$=\frac{r_e L}{2}(I_a+I_b)=r\left\{I_b+\frac{1}{2}(I_a-I_b)\right\} \qquad (2)$$

4. ループ式線路の電圧降下　**図 2.20** のようなループ式線路の電圧降下を求める方法には，ループのままで解く方法と供給点(点 A)で切り分けて解く方法がある．いずれの場合も次の順序で求めればよい．

（a） 任意の区間の電流の大きさと向きを仮定する．

（b） 仮定した電流をもとに，各区間の電流の大きさと向きを決める．

（c） 電圧降下の式を作り，それにより仮定した電流を求める．

（d） 各区間の電流を求め，それにより各区間の電圧降下，電力損失などを求める．

いま，**図 2.21** のような点Fから線間電圧 102 V をもって供給する直流2線式のループ配電線路の各点の電圧を上記手順によって求めてみよう．

（a） F から A に向かう電流を I_x と仮定すれば，各区間の電流の大きさと方向は**図 2.22** のようになる．

（b） 次に電圧降下の式として，左回りを一巡させて 0 とすると

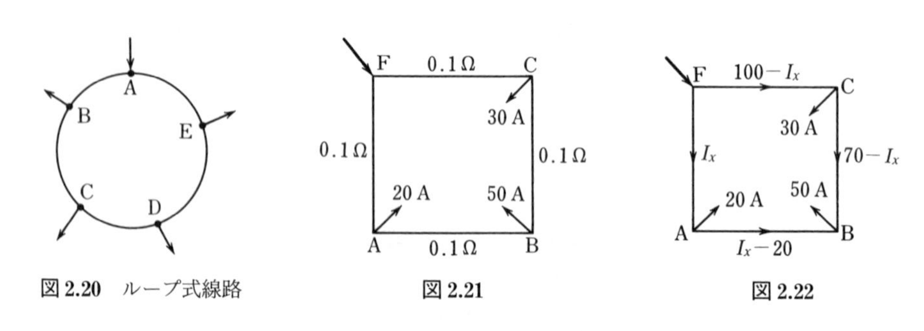

図 2.20　ループ式線路　　**図 2.21**　　**図 2.22**

$$v_{FA}+v_{AB}-v_{BC}-v_{CF}=0.1I_x+0.1(I_x-20)-0.1(70-I_x)-0.1(100-I_x)$$
$$=0$$
$$I_x+I_x-20-70+I_x-100+I_x=0$$
$$\therefore \quad I_x=\frac{190}{4}=47.5 \text{ A}$$

この電流から $I_{AB}=I_x-20=27.5$A，$I_{FC}=100-I_x=52.5$A，$I_{CB}=70-I_x=22.5$A として各部の電流を求めることができる．

（c） 求める各点の電圧は点Fの電圧より点Fからの線路の電圧降下を差し引いたものであるから

$$V_A=102-0.1I_x=102-0.1\times47.5=97.25\ \mathrm{V}$$

$$V_B=V_A-0.1I_{AB}=97.25-0.1\times27.5=94.5\ \mathrm{V}$$

$$V_C=102-0.1I_{FC}=102-0.1\times52.5=96.75\ \mathrm{V}$$

となる．

2.4 送 電 容 量

送配電線路には送りうる電力には限界がある．送電容量は短距離線路では電線の安全電流，電圧降下，送電損失などから抑えられ，長距離線路ではこれらのほかに安定度，調相設備容量などによって決定される．ここでは長距離送電線の送電容量を電力円線図を用いて求めてみよう．

三相送電線路の1相分を**図2.23(a)**のようにRとXからなる回路とする．このときの送・受電端電圧，電流のベクトル図は図(**b**)となる．いま，受電端電流$\dot{I}_r$を受電端電圧$\dot{E}_r$と同相の電流$\dot{I}_1$と$\dot{E}_r$と$\pi/2$の成分$\dot{I}_2$に分ける．このとき送電端電圧$\dot{E}_s$は

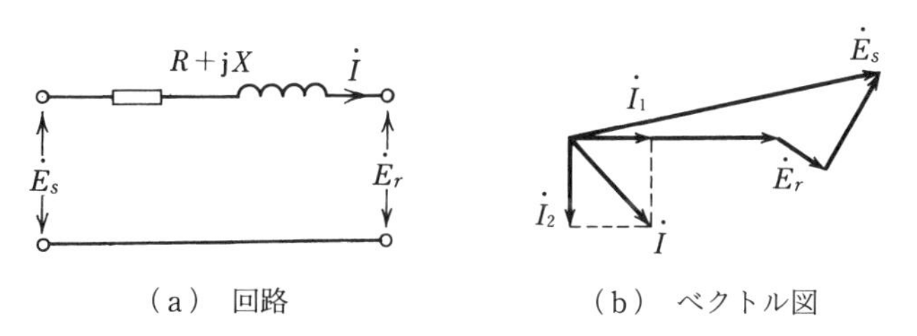

（a） 回路　　（b） ベクトル図

図2.23 R，X送電線(C，g無視)

$$E_s{}^2=(E_r+RI_1+XI_2)^2+(XI_1-RI_2)^2 \tag{2.62}$$

となる．この式を展開し，$Z^2=R^2+X^2$とおくことによって

$$E_s{}^2=E_r{}^2+I_1{}^2(R^2+X^2)+I_2{}^2(R^2+X^2)+2E_r(RI_1+XI_2) \tag{2.63}$$

$$\frac{E_r{}^2}{Z^2}+I_1{}^2+I_2{}^2+2\frac{E_r}{Z^2}(RI_1+XI_2)=\frac{E_s{}^2}{Z^2} \tag{2.64}$$

$$\left(I_1+\frac{E_rR}{Z^2}\right)^2+\left(I_2+\frac{E_rX}{Z^2}\right)^2+\frac{E_r^2}{Z^2}-\left\{\frac{E_r^2(R^2+X^2)}{Z^4}\right\}$$

$$=\left(I_1+\frac{E_rR}{Z^2}\right)^2+\left(I_2+\frac{E_rX}{Z^2}\right)^2=\frac{E_s^2}{Z^2} \tag{2.65}$$

そこで，P_r を受電端有効電力，Q_r を受電端無効電力とすれば

$$I_1=\frac{P_r}{E_r},\qquad I_2=\frac{Q_r}{E_r} \tag{2.66}$$

となるから，これを式(2.65)に代入すると次の式が得られる．

$$\left(\frac{P_r}{E_r}+\frac{E_rR}{Z^2}\right)^2+\left(\frac{Q_r}{E_r}+\frac{E_rX}{Z^2}\right)^2=\frac{E_s^2}{Z^2} \tag{2.67}$$

$$\therefore\quad \left(P_r+\frac{E_r^2R}{Z^2}\right)^2+\left(Q_r+\frac{E_r^2X}{Z^2}\right)^2=\frac{E_s^2E_r^2}{Z^2} \tag{2.68}$$

この式(2.65)は P を横軸，Q を縦軸とした場合の円の方程式を表す．つまり，**図 2.24** のように中心を $\left(-\frac{E_r^2R}{Z^2},\ -\frac{E_r^2X}{Z^2}\right)$ の第4象限とし，半径を $\frac{E_sE_r}{Z}$ の円であり，これを**受電端電力円線図**と呼んでいる．この円から，受電端の最大電力 P_m は P 軸で一番長い点 OP_{rm} であるから

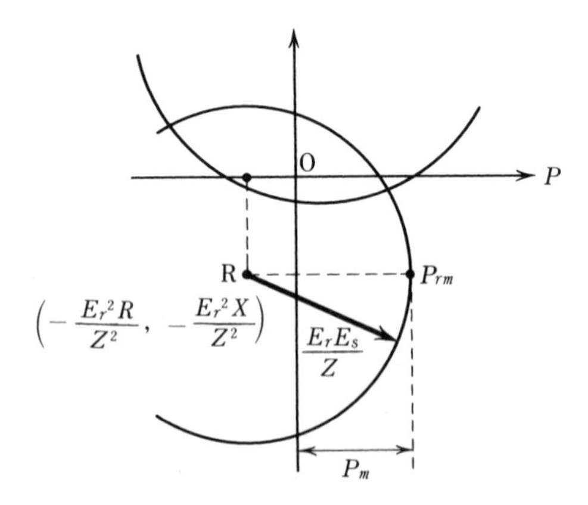

図 2.24　受電端電力円線図

$$P_m=\frac{E_sE_r}{Z}-\frac{E_r^2R}{Z^2} \tag{2.69}$$

となる．

この P_m は**受電端極限電力**と呼んでいる．線路の抵抗 R がリアクタンス X に

比べて無視できる場合の受電端極限電力 P_m は次のように表される．

$$P_m = \frac{E_s E_r}{\sqrt{R^2+X^2}} - \frac{E_r^2 R}{R^2+X^2} \fallingdotseq \frac{E_s E_r}{X} \tag{2.70}$$

つまり，現行の送電方式のように $E_s E_r$ がほぼ等しい定電圧送電では，極限受電電力は送電電圧の 2 乗に比例し線路のリアクタンスに逆比例することとなる．

この電力円線図で求められるのは次のことである．

（a）　送電線の最大受電電力 P_m を求められる．

（b）　受電端負荷が指定されると，必要な調相設備の容量が求められる．

これは調相設備および負荷の無効電力をそれぞれ Q_C，Q_L とすれば，受電端で必要な無効電力 Q_r は円線図上の値であるから次の関係式を満足しなければならない．

$$Q_r = Q_L + Q_C \qquad \therefore \quad Q_C = Q_r - Q_L$$

つまり，電力円線図上では**図 2.25** において $P_r = P_L$ に対応した Q_r と負荷 P_L に対した負荷の無効電力 Q_L の両者の差から NM の長さの遅れ無効電力 Q_C の調相容量が必要となる．

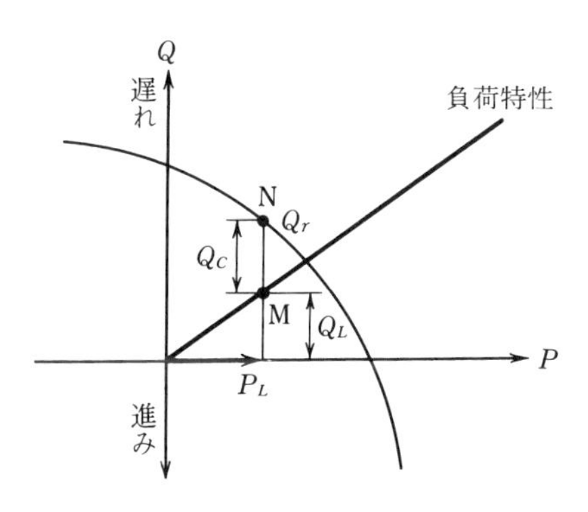

図 2.25　調相設備容量

（c）　受電端負荷が指定されれば，送電端電圧と受電端電圧の間の位相差 θ が求められる．

これは，受電円上の点 $(P_r,\ Q_r)$ から円中心に引いた直線と $\theta=0$ の直線の角度として求められる．

（d）　受電端の運転力率が求められる．これは受電円上の点 $(P_r,\ Q_r)$ から

P_r，Q_r を求め，力率は $Q_r/P_r=\tan\theta_r$ の関係から得られる．

これらのほかに送電端電力円線図 $\left\{中心\left(\frac{E_s{}^2R}{Z^2}\right),\ 半径\frac{E_sE_r}{Z}\right\}$ から送電端電力，無効電力および力率が求められ，両円線図より送電損失，送電効率を求めることができる．

【例題 2.8】　こう長 100 km，送電端電圧 66 kV，受電端電圧 60 kV の定電圧三相1回線の送電線路がある．線路の直列インピーダンスは $\dot{Z}=0.177+\mathrm{j}0.482\ \Omega/\mathrm{km}$ で静電容量を無視するものとすれば，この送電線路の受電端の最大電力は何 kW となるか．

【解】　受電端電力円線図で説明する．1線と中性線とからなる等価単相回路において，負荷電流 I，その有効分 I_1，無効分 I_2 として受電端の電力を P_{1r}，無効電力を Q_{1r} とすれば $I_1=P_{1r}/E_r$，$I_2=Q_{1r}/E_r$ であるから

$$E_s{}^2=(E_r+I_1r+I_2x)^2+(I_1x-I_2r)^2 \tag{1}$$

$$\therefore\quad \left(P_{1r}+\frac{E_r{}^2r}{Z^2}\right)^2+\left(Q_{1r}+\frac{E_r{}^2x}{Z^2}\right)^2=\left(\frac{E_sE_r}{Z}\right)^2 \tag{2}$$

この円の方程式より一相当りの受電端最大電力 $P_{1r\max}$ は

$$\therefore\quad P_{1r\max}=\frac{E_sE_r}{Z}-\frac{E_r{}^2r}{Z^2} \tag{3}$$

この式に $r=0.177\times100=17.7\ \Omega$，$x=0.482\times100=48.2\ \Omega$，$z=\sqrt{r^2+x^2}=\sqrt{17.7^2+48.2^2}\fallingdotseq51.3\ \Omega$ を代入して三相分の $P_{r\max}$ を求めると

$$\therefore\quad P_{r\max}=3P_{1r\max}=\frac{66\times60}{51.3}\times10^3-\frac{60^2\times17.7}{51.3^2}\times10^3\fallingdotseq53\,000\ \mathrm{kW} \tag{4}$$

送電容量は円線図によって求められるが，およその目安を得る方法として固有送電容量および送電容量係数法がある．

1.　固有送電容量　受電端負荷がどんな値であれば，最も理想的な送電ができるかという考え方に立ち，送電電圧と送電電力との関係を求めようとするのが**固有負荷法**である．すなわち，送電線の受電端をサージインピーダンスで接続した状態の負荷(**固有負荷**と呼ぶ)を送電容量の基準にするものである．

これによって求められる固有送電容量 P_N は次の式で表される．

$$P_N=\frac{V^2}{Z_W}=\frac{V^2}{\sqrt{(L/C)}\times10^3}\quad〔\mathrm{MW}〕 \tag{2.71}$$

ただし，Z_W＝サージインピーダンス$(=\sqrt{L/C})$〔Ω〕，V：送電電圧〔kV〕，L：インダクタンス〔mH/km〕，C：静電容量〔μF/km〕

2.　送電容量係数法　円線図上に示される最大受電電力にある係数を掛けて実用上の送電電力を求める方法である．送電容量 P_R〔kW〕は受電端電圧（線間）を V_r〔kV〕，送電線のこう長を l〔km〕とすれば次式で表される．

$$P_R=k\frac{V_r^2}{l}\quad〔\mathrm{kW}〕\tag{2.72}$$

ただし，k：送電容量係数（66 kV 級：600，110 kV 級：800，154 kV 級：1 200）

3.　送受電端電圧間の相差角　抵抗分を無視した送電線の送電電力 P は次の式で表される．

$$P=\frac{V^2}{X}\sin\theta\quad〔\mathrm{MW}〕\tag{2.73}$$

ただし，V：送電電圧〔kV〕，θ：線路の送受電端電圧相差角

この式の θ を送電容量係数法で求めて，送電容量の基準とする方法である．つまり，x/l は km あたりの送電線のリアクタンス〔Ω〕とすれば

$$\sin\theta=k\frac{x}{l}\times10^{-3}$$

となり，安定度が厳しくなる 60 Hz 系統の場合はこれに標準定数$(2\pi fL=120\pi\times1.2\times10^{-3}=0.452\,\Omega/\mathrm{km})$を代入すれば

66 kV 級　$\theta=16°$，　110 kV 級　$\theta=21°$，　154 kV 級　$\theta=33°$

を得る．これらの線路相差角は線路こう長に無関係であり，各電圧階級の送電容量の極限相差角と考えることができる．

2.5　安　　定　　度

送電系統が不変負荷またはきわめて徐々に変化する負荷のもとにおいて，継続的に送電しうる能力を**定態安定度**(static stability)といい，これに対して，送電系統がある条件下において安定に運転している際に，突然急激なじょう乱の起こったときにも再び平衡状態を回復しうる能力を**過渡安定度**(transient stability)という．安定度を保ちうる範囲内の極限の送電電力をそれぞれ**定態安定極限電力**，

過渡安定極限電力という．自動電圧調整装置(AVR)などの自動制御装置があって安定度を向上させるように働いている場合は，自動制御装置を有する場合の定態安定度，過渡安定度と呼び，前者を**動態安定度**(dynamic stability)と呼んでいる．

安定度は送電系統中に含まれる同期機において，機械軸に作用する機械的入力と巻線に作用する電気的出力との平衡の問題である．

1. 定態安定度　**図2.26**のように一つの発電機がリアクタンス X を介して無限大母線に接続される送電系統における場合を考える．この場合の電流 $\dot{I}$ は発電機端子の電圧を $\dot{V}_t = V_t e^{j\delta}$ 無限大母線の電圧を $\dot{V}_b = V_b$ とすれば

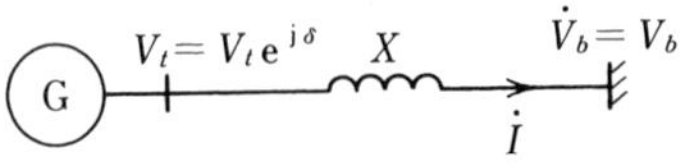

図2.26　1機-無限大母線系統

$$\dot{I} = \frac{\dot{V}_t - \dot{V}_b}{jX} = \frac{V_t e^{j\delta} - V_b}{jX} = \frac{V_t \cos\delta + j V_t \sin\delta - V_b}{jX} \tag{2.74}$$

$$= \frac{V_t \sin\delta}{X} - j\frac{V_t \cos\delta - V_b}{X} \tag{2.75}$$

となる．したがって，送電電力 P は V_b と $\dot{I}$ の有効分の積で表されるから次式となる．

$$P = V_b \times \dot{I} \text{ の有効分} = \frac{V_t V_b}{X} \sin\delta \tag{2.76}$$

つまり，送電電力はリアクタンスに逆比例し，送電電圧の2乗に比例することを表している．また，この式は送電電力が両端の電圧位相差角とともに増加するが $\delta = 90°$ で最大となり(**図2.27**)，それ以上の相差角になると減少することを示

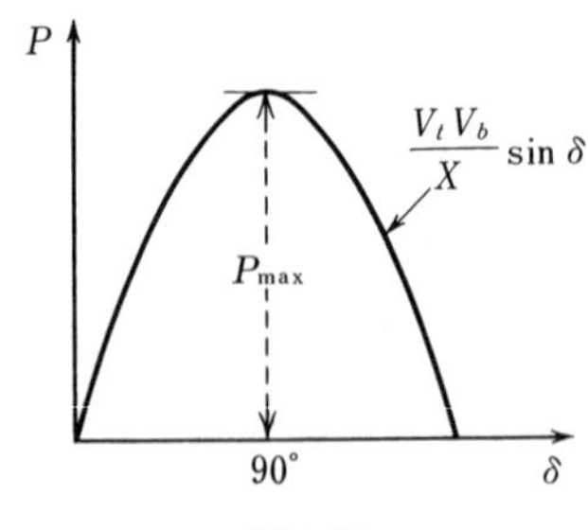

図2.27

しており，$\delta=90^\circ$ の最大電力 $P_{\max}$ は定態安定極限電力と一致する．

【例題 2.9】　三相3線式1回線送電線路において，送電端および受電端の線間電圧をそれぞれ V_s および V_r，その間の相差角を δ とすると，送電されている有効電力を表す式を求めよ．ただし，電線1条のリアクタンスは X で，そのほかの定数は無視するものとする．

【解】　V_r を基準ベクトルとすれば，受電電流 $\dot{I}_r$ は

$$\dot{I}_r=\frac{V_s e^{j\delta}-V_r}{\sqrt{3}\,jX}=\frac{V_s}{\sqrt{3}\,X}\sin\delta-j\frac{V_s\cos\delta-V_r}{\sqrt{3}\,X} \tag{1}$$

受電端皮相電力 $P_r+jQ_r=\sqrt{3}\,V_r\bar{\dot{I}}_r=\dfrac{V_sV_r}{X}\sin\delta+j\dfrac{V_sV_r\cos\delta-V_r^2}{X}$

$$\therefore\quad P_r=\frac{V_sV_r}{X}\sin\delta \tag{2}$$

通常，定態安定度を考える場合，発電機の内部誘導起電力は瞬時的には負荷変化に応動して変化しないと考えているが，応答度が速く，不感帯のきわめて小さい，いわゆる連続動作形のAVRでは，発電機の内部誘導起電力は瞬時の負荷変化に応動し変化しうるので，定態安定度はかなり向上する．特に，発電機が進み力率運転している場合，安定領域は著しく拡大され，極限位相角は120～130°まで増加することが可能となる．

2.　過渡安定度　過渡安定度は送電系統で故障があった場合でも運転しうる度合を表す安定度である．

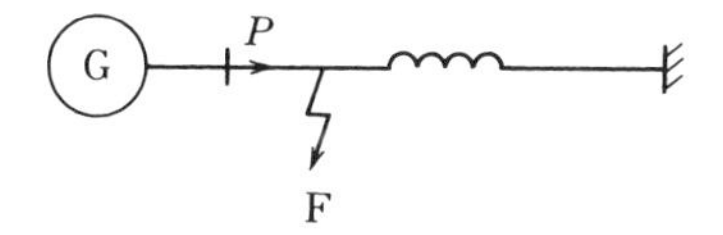

図 2.28　送電系統

いま，**図 2.28** のような1機-無限大母線系統の点Fで故障が起きたとしたときの発電機の動揺を等面積法で調べてみよう．このときの故障前，故障中，故障後の電力-相差角曲線は**図 2.29(a)**のように表される．

つまり，故障前，故障中，故障後に応じて送電電力 P は3段階に変化する．いま，発電機の機械的入力を P_M とすれば，故障前には電気的出力 $P_e=P_m$ の点aのところで運転しているが，故障が起こると点bに移り，相差角 δ は δ_1 から

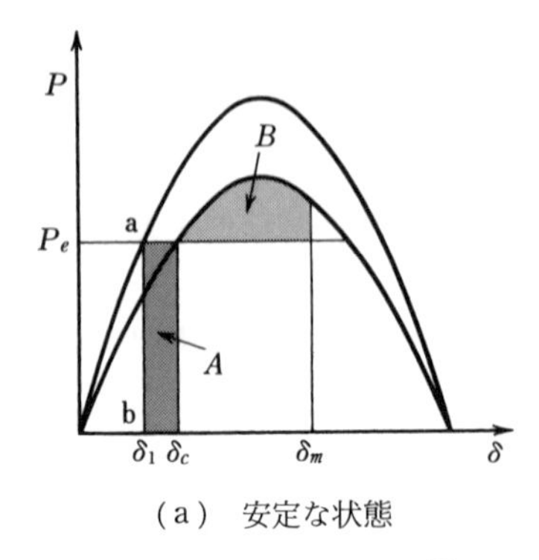

（a）　安定な状態

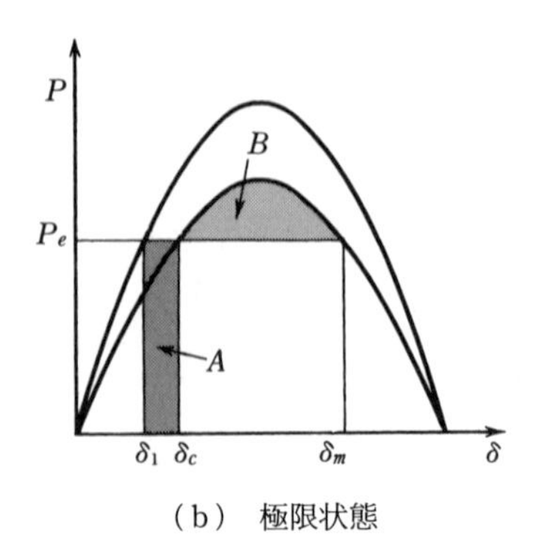

（b）　極限状態

図2.29　電力-相差角曲線

増加し，故障除去時に δ_c まで達し，さらにこれを超えて δ_m まで増加し続ける．δ_m の値は $\delta_1 \to \delta_c$ までの面積 A と $\delta_c \to \delta_m$ までの面積 B が等しくなる条件から求められ，安定な状態では B の面積に余裕がある場合であるが，この系統が安定を保つための極限状態が同図(**b**)のように $A=B$ となった状態であり，$A>B$ となると不安定な状態となる．

過渡安定度の解法としては古典的な電力動揺時のエネルギーが一定であるという条件により，前図のように求める**等面積法**(equal area method)と微小時間ごとに区切って計算する**段段法**(step by step method)がある．近年は，ディジタルコンピュータを使用した多機系統の動特性解析や固有値を求める系統解析が多く用いられている．

3.　安定度向上対策　　安定度向上対策の基本は，安定度問題が深刻にならないうちに送電電圧の高電圧化，送電線の新設，増設といった対策が最も望ましいが経済性，環境などによっておのずと制約がある．

ここでは，安定度向上対策の基本的考え方を等面積法で述べる．図2.28のような1機-無限大系統における発電機の送電電力 P_e は送電線のリアクタンスを $\mathrm{j}X$，送電端，受電端の電圧を V_s，V_r，その相差角を δ とすれば式(2.76)，つまり

$$P_e=\frac{V_s V_r}{X}\sin\delta \tag{2.77}$$

で表され，上式は故障の種類に応じて伝達リアクタンス X がその都度変ると考えれば，送電系統がどんな状態でもなりたつ式といえる．

また，1機-無限大系統において送電線の途中で故障が発生した場合の発電機の有効電力，相差角曲線は図2.29となる．ここで，発電機が安定に運転を継続させるためには図の濃いグレー部で示される面積の加速エネルギー A，つまり

$$A=\int_{\delta_1}^{\delta_c}(P_m-P_e)\mathrm{d}\delta \tag{2.78}$$

が薄いグレー部で示される面積の減速エネルギー B，つまり

$$B=\int_{\delta_c}^{\delta_m}(P_e-P_m)\mathrm{d}\delta \tag{2.79}$$

より小さければよい．安定度向上対策はすべて $B>A$ を実現させる方法であると考えてよい．つまり

（a） 送電電圧の高電圧化と送電線の新設・増設を図る．

（b） 変圧器，発電機および送電線のリアクタンスを小さくする．

（c） 直列コンデンサを採用し，発電機間の直列リアクタンス(伝達リアクタンス)を補償させる．

（d） 発電機に制動巻線を設け過渡リアクタンスを小さくする．

（e） 中間調相設備を設けて広位相角送電方式を採用する．

（f） 速応性のよいAVRや調速機を採用し電圧，周波数変動，入出力不均衡の軽減を図る．

（g） 高速度の継電器や遮断器を採用することによって，加速エネルギーを小さくさせる．

（h） 直流連系，直流送電を採用する．

(第**10**章の**10.3**の「電力系統の脱調現象と安定度向上対策」参照)

2.6 電 力 損 失

架空電線路で生じる電力損失の大部分は導体の抵抗損であり，このほか，高電圧送電線路ではコロナ損，がいしの漏れ損などがある．地中電線路では導体の抵抗損のほか，金属シースに発生するシース損(渦電流損およびシース回路損)および絶縁体中の誘電損がある．

1. 抵 抗 損(resistance loss ; ohmic loss)　送配電線の抵抗 R〔Ω〕に電流 I

〔A〕が流れるとジュール熱 I^2R〔W〕が発生し，抵抗損(オーム損)となる．この抵抗損は電気方式によって異なるが，ここでは代表的な単相2線式と三相3線式について算出し，これらの電力損失の軽減対策などについて述べる．

a. 単相2線式　いま**図2.30**のように負荷端電圧を V，電力を P，力率を $\cos\theta$ とすれば負荷電流 I_1 は次式で表される．

$$I_1 = \frac{P}{V\cos\theta}\ \text{〔A〕} \tag{2.80}$$

したがって，電線の抵抗損 P_{e1}〔W〕は，電線が2条あるから

$$P_{e1} = 2I_1^2R = 2\left(\frac{P}{V\cos\theta}\right)^2 R = \frac{2P^2R}{V^2\cos^2\theta}\ \text{〔W〕} \tag{2.81}$$

となる．

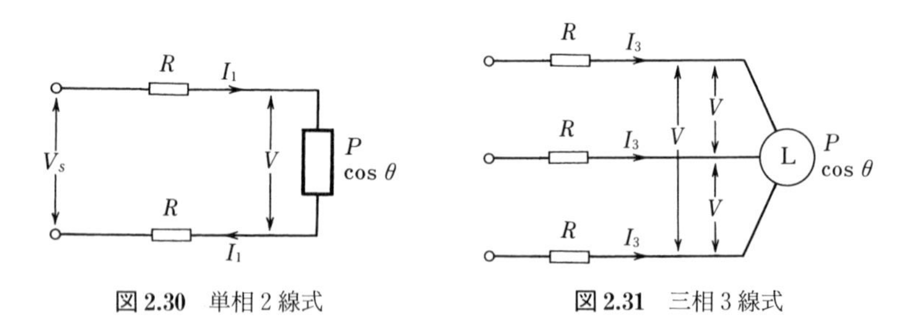

図2.30　単相2線式　　**図2.31**　三相3線式

b. 三相3線式　**図2.31**のように負荷端電圧を V，電力を P，力率を $\cos\theta$ とすれば負荷電流 I_3〔A〕は次式で表される．

$$I_3 = \frac{P}{\sqrt{3}\,V\cos\theta}\ \text{〔A〕} \tag{2.82}$$

したがって，電線の抵抗損 P_{e3}〔W〕は，電線が3条あるから

$$P_{e3} = 3I_3^2R = 3\left(\frac{P}{\sqrt{3}\,V\cos\theta}\right)^2 R = \frac{P^2R}{V^2\cos^2\theta}\ \text{〔W〕} \tag{2.83}$$

で表される．

以上の式から抵抗損の特性をまとめると，その損失は線路抵抗に比例するとともに線路電流と負荷電力の2乗に比例し，負荷電圧と負荷力率の2乗に反比例する．

これらの電力損失(抵抗損) P_e と受電端電力 P の比を**電力損失率**というが，単

相2線式および三相3線式の電力損失率をそれぞれ p_1，p_3 とすれば

$$p_1=\frac{p_{e1}}{P}=\frac{2PR}{V^2\cos^2\theta} \tag{2.84}$$

$$p_3=\frac{p_{e3}}{P}=\frac{PR}{V^2\cos^2\theta} \tag{2.85}$$

となる．

なお，平等分布負荷の抵抗損は，全電流が全こう長の1/3のところに集中したと考えた場合の損失に等しくなる．

【例題2.10】 電線太さが同一の三相3線式200 V配電線と単相2線式100 V配電線とがある．こう長，負荷電力および力率が等しいとき，三相3線式配電線と単相2線式配電線の線路損失の比を求めよ．

【解】 負荷電力を P〔W〕，力率を $\cos\theta$，電線1条あたりの抵抗を R〔Ω〕とすると，単相2線式，三相3線式の電流 I_1，I_3 はそれぞれ

$$I_1=\frac{P}{100\cos\theta} \tag{1}$$

$$I_3=\frac{P}{200\sqrt{3}\cos\theta} \tag{2}$$

となる．そこで，それぞれの線路損失を P_{e1}，P_{e3} とすれば

$$p_{e1}=2I_1^2R=\frac{2P^2R}{100^2\cos^2\theta} \tag{3}$$

$$p_{e3}=3I_3^2R=\frac{P^2R}{200^2\cos^2\theta} \tag{4}$$

ゆえに，求める両方式の線路損失の比は次式となる．

$$\frac{p_{e3}}{p_{e1}}=\frac{\dfrac{P^2R}{200^2\cos^2\theta}}{\dfrac{2P^2R}{100^2\cos^2\theta}}=\left(\frac{100}{200}\right)^2\times\frac{1}{2}=\frac{1}{8} \tag{5}$$

2. 損失係数 配電線路のように，負荷が時間的にも季節的にも絶えず変動しており，多くの需要家がある場合の線路の損失電力量は**1.**のような単純な方法で求められない．損失のなかには I^2R で表される抵抗損のほかに，変圧器の鉄損があるので次の損失係数を使って求める方法が採用される．

損失係数は，ある期間(1日，1カ月，1カ年)中の平均電力損失と最大電力損失(最大電力時の損失電力)の比の百分率，すなわち

$$\text{損失係数}\ H=\frac{\text{平均電力損失〔kW〕}}{\text{最大電力損失〔kW〕}}\times 100\ \% \tag{2.86}$$

で表す．したがって，求める平均電力損失は，最大電力損失と損失係数の積となるので，この平均電力損失に期間の時間数を掛ければ，その期間中の損失電力量となる．

なお，損失係数 H と負荷率 F には次式で示される関係がある．

$$H=\alpha F+(1-\alpha)F^2 \tag{2.87}$$

ただし，α：負荷の種別によって定まる定数0.1〜0.4

3.　コロナ損(corona loss)　　公称電圧77 kV以下の送電線で普通の電線の太さおよび線間距離ではコロナはほとんど発生しない．また，送電線の設計上もコロナ損が大きくならない値で設計するから，超高圧以上の送電線以外はこれを考慮しなくてもよい(コロナ損の詳細は第**4**章の**4.4**参照)．

4.　その他の損失　　がいし漏れ損はがいし中の誘電体のヒステリシス損および表面の漏れに基づく損失で，特に著しく汚損された部分以外はきわめてわずかである．そのほか変電所内設備，つまり変圧器および調相設備の損失がある．

5.　電力損失の軽減対策　　送配電系統の電力損失軽減の考え方は線路の抵抗損と変圧器の銅損および鉄損が主なものであるから，抵抗損および銅損を減らすには線路電流の減少および電線抵抗を減らすことを考えればよい．また，鉄損を減らすには，鉄損の少ない変圧器を用いればよい．このことから電力損失の軽減対策としては

(1)　送配電電圧の昇圧(格上げ)

(2)　電力用コンデンサの設置

(3)　電線の張換え(太線化)，分割，こう長の短縮

(4)　負荷中心に供給点を導入する．

(5)　配電では単相3線式の採用とバランサ設置，負荷電流の不平衡是正，ループ配電，ネットワーク方式の採用および負荷力率の改善

などがあげられる．

【例題2.11】　　三相3線式送電線において，力率 $\cos\theta_1$ および(遅れ)の負荷 W_1〔kW〕に供給しているときの線路損失が L_1〔kW〕であった．力率が $\cos\theta_2$(遅れ)に，負荷が W_2〔kW〕に変化したときの線路損失を求めよ．

【解】　負荷電圧を V〔kV〕，負荷 W_1〔kW〕，W_2〔kW〕のときの線路電流を I_1〔A〕，I_2〔A〕，電線1条あたりの抵抗を R〔Ω〕としたときの線路損失 L_1〔W〕，L_2〔W〕は

$$W_1=\sqrt{3}\,VI_1\cos\theta_1 \qquad \therefore \quad I_1=\frac{W_1}{\sqrt{3}\,V\cos\theta_1} \tag{1}$$

$$W_2=\sqrt{3}\,VI_2\cos\theta_2 \qquad \therefore \quad I_2=\frac{W_2}{\sqrt{3}\,V\cos\theta_2} \tag{2}$$

$$L_1=3I_1^2R=\frac{W_1^2}{V^2\cos^2\theta_1}R \tag{3}$$

$$L_2=3I_2^2R=\frac{W_2^2}{V^2\cos^2\theta_2}R \tag{4}$$

そこで，式(3)から R/V^2 を求めて式(4)に代入すれば

$$L_2=\frac{W_2^2}{\cos^2\theta_2}\cdot\frac{R}{V^2}=L_1\left(\frac{W_2}{W_1}\right)^2\left(\frac{\cos\theta_1}{\cos\theta_2}\right)^2 \tag{5}$$

となる．つまり，線路損失は負荷電力の2乗に比例し，力率の2乗に逆比例する．

問　　　題

2.1　三相3線式架空電線路の線間距離がそれぞれ D_1，D_2 および D_3 の場合，等価線間距離として，正しいのは次のどれか．

（1）$\dfrac{D_1D_2+D_2D_3+D_3D_1}{D_1+D_2+D_3}$　（2）$\sqrt{D_1D_2+D_2D_3+D_3D_1}$

（3）$\sqrt{D_1^2+D_2^2+D_3^2}$　（4）$\sqrt[3]{D_1D_2D_3}$　（5）$\sqrt[3]{D_1^3+D_2^3+D_3^3}$

2.2　電気導体として使用されるアルミニウムの導電率〔%〕として，正しいのは次のうちのどれか．

（1）50　（2）60　（3）70　（4）80　（5）100

2.3　**図問2.3** に示すように，対地静電容量 C_e〔F〕，線間静電容量 C_m〔F〕からなる定格電圧 E〔V〕の三相1回線のケーブルがある．

今，受電端を開放した状態で，送電端で三つの心線を一括してこれと大地間に定格電圧 E〔V〕の $\dfrac{1}{\sqrt{3}}$ 倍の交流電圧を加えて充電すると全充電電流は90 Aであった．

次に，二つの心線の受電端・送電端を接地し，受電端を開放した残りの心線と大地間に定格電圧 E〔V〕の $\dfrac{1}{\sqrt{3}}$ 倍の交流電圧を送電端に加えて充電するとこの心線に流れる充電電流は45 Aであった．

次の(a)及び(b)の問に答えよ．

ただし，ケーブルの鉛被は接地されているとする．また，各心線の抵抗とインダクタンスは無視するものとする．なお，定格電圧及び交流電圧の周波数は，一定の商用周波数とする．

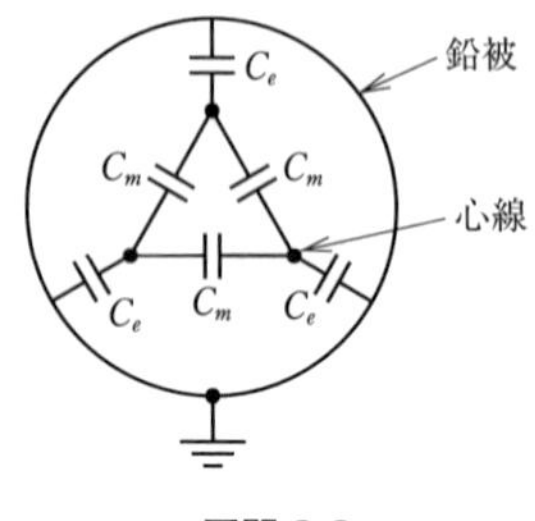

図問 2.3

(a) 対地静電容量 C_e〔F〕と線間静電容量 C_m〔F〕の比 $\dfrac{C_e}{C_m}$ として，最も近いものを次の（1）～（5）のうちから一つ選べ．

（1） 0.5　（2） 1.0　（3） 1.5　（4） 2.0　（5） 4.0

(b) このケーブルの受電端を全て開放して定格の三相電圧を送電端に加えたときに1線に流れる充電電流の値〔A〕として，最も近いものを次の（1）～（5）のうちから一つ選べ．

（1） 52.5　（2） 75　（3） 105　（4） 120　（5） 135

出典：平成29年度第三種電気主任技術者試験電力科目

2.4 次の文章は，架空送電線路に関する記述である．

架空送電線路の線路定数には，抵抗，作用インダクタンス，作用静電容量，（ア）コンダクタンスがある．線路定数のうち，抵抗値は，表皮効果により（イ）のほうが増加する．また，作用インダクタンスと作用静電容量は，線間距離 D と電線半径 r の比 D/r に影響される．D/r の値が大きくなれば，作用静電容量の値は（ウ）なる．

作用静電容量を無視できない中距離送電線路では，作用静電容量によるアドミタンスを1か所又は2か所にまとめる（エ）定数回路が近似計算に用いられる．このとき，送電端側と受電端側の2か所にアドミタンスをまとめる回路を（オ）形回路という．

上記の記述中の空白箇所(ア)～(オ)に当てはまる組合せとして，正しいものを次の（1）～（5）のうちから一つ選べ．

	（ア）	（イ）	（ウ）	（エ）	（オ）
（1）	漏れ	交流	小さく	集中	π
（2）	漏れ	交流	大きく	集中	π
（3）	伝達	直流	小さく	集中	T
（4）	漏れ	直流	大きく	分布	T

（5）　伝達　　直流　　小さく　　分布　　π

出典：令和2年度第三種電気主任技術者試験電力科目

2.5　送電系統に接続された同期発電機の自己励磁現象が起こりにくいのは，どのような場合か．正しいものを次のうちから選べ．

（1）　発電機の電機子反作用が小さい場合

（2）　発電機の容景が小さい場合

（3）　無負荷の場合

（4）　線路の並列静電容量が大きい場合

（5）　短絡比が小さい場合

2.6　送電線のフェランチ現象に関する問である．三相3線式1回線送電線の一相が**図問2.6**のπ形等価回路で表され，送電線路のインピーダンス$\mathrm{j}X = \mathrm{j}200\ \Omega$，アドミタンス$\mathrm{j}B = \mathrm{j}0.800\ \mathrm{mS}$とし，送電端の線間電圧が66.0 kVであり，受電端が無負荷のとき，次の(a)及び(b)の問に答えよ．

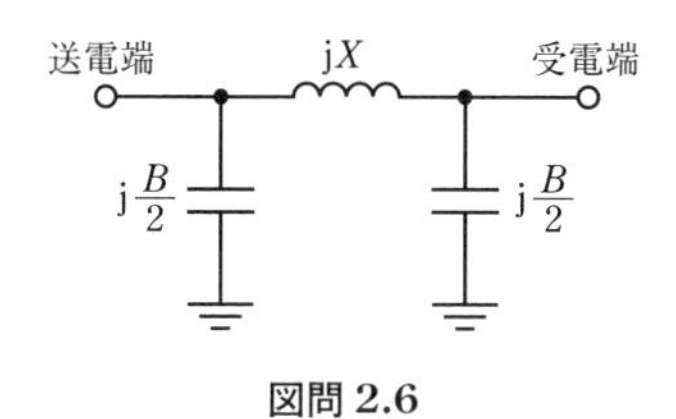

図問 2.6

(a)　受電端の線間電圧の値〔kV〕として，最も近いものを次の(1)～(5)のうちから一つ選べ．

（1）　66.0　　（2）　71.7　　（3）　78.6　　（4）　114　　（5）　132

(b)　1線当たりの送電端電流の値〔A〕として，最も近いものを次の(1)～(5)のうちから一つ選べ．

（1）　15.2　　（2）　16.6　　（3）　28.7　　（4）　31.8　　（5）　55.1

出典：令和元年度第三種電気主任技術者試験電力科目

2.7　次の［　　］の中に適当な答を記入せよ．

（1）　同期発電機の自己励磁現象は，発電機に［　　］性負荷を接続すると，発電機に［　　］が流れ，その電流による［　　］が界磁に対し，［　　］作用をして発電機の［　　］を上昇させる現象をいう．

（2）　電力系統において，［　　］がきわめて緩やかな場合に安定に送電しうる度合を［　　］という．これに対して電力系統がある条件下で安定に送電しているときに，急激なじょう乱があっても，再び安定状態を回復して送電できる度合を［　　］といい，その安定を保ちうる範囲の［　　］を［　　］極限電力という．その値は，じょう乱の種類，場所，継続時間や系統構成などによって異なる．

2.8　周波数50 Hzの三相3線式1回線の送電線において，大地を帰路とする1線のインダクタンスを測定したところ2.4 mH/kmであって，さらに，2線を一括して大地を帰路とするインダクタンスを測定したところ1.8 mH/kmであった．この送電線の正相リアクタンス〔Ω/km〕，零相リアクタンス〔Ω/km〕を求めよ．

2.9　三相3線式1回線の送電線路がある．いま，受電端を開放した状態で，3線を一括して大地との静電容量を測定したところC_1〔F〕であった．次に，2線を接地した状態で，残りの1線と大地と静電容量を測定したところC_2〔F〕であった．作用静電容量の値〔F〕として，正しいのは次のうちどれか．

（1）$C_1+\dfrac{3}{2}C_2$　　（2）$\dfrac{1}{2}(8C_1+3C_2)$　　（3）$\dfrac{1}{3}(C_1+3C_2)$

（4）$\dfrac{1}{6}(2C_1+9C_2)$　　（5）$\dfrac{1}{6}(9C_2-C_1)$

2.10　次の文章は，図に示す長距離送電線と変圧器が直列に接続された送電系統の四端子定数に関する記述である．文中の□に当てはまる最も適切なものを解答群の中から選びなさい．

長距離送電線の四端子定数は［（1）］モデルから求められる．長距離送電線の［（2）］を$\dot{Z}_c$，［（3）］を$\dot{\gamma}$，送電線路の長さをlとし，変圧器は変圧比を1：n，励磁インピーダンスを$\dot{Z}_0$，漏れインピーダンスを$\dot{Z}_1$とする．また，$\dot{E}_s$及び$\dot{I}_s$，$\dot{E}_m$及び$\dot{I}_m$，$\dot{E}_r$及び$\dot{I}_r$はそれぞれ端子s，m，rの相電圧及び電流であり，

$$\begin{bmatrix}\dot{E}_s\\ \dot{I}_s\end{bmatrix}=\begin{bmatrix}\dot{A}_1 & \dot{B}_1\\ \dot{C}_1 & \dot{D}_1\end{bmatrix}\begin{bmatrix}\dot{E}_m\\ \dot{I}_m\end{bmatrix},\ \begin{bmatrix}\dot{E}_m\\ \dot{I}_m\end{bmatrix}=\begin{bmatrix}\dot{A}_2 & \dot{B}_2\\ \dot{C}_2 & \dot{D}_2\end{bmatrix}\begin{bmatrix}\dot{E}_r\\ \dot{I}_r\end{bmatrix},\ \begin{bmatrix}\dot{E}_s\\ \dot{I}_s\end{bmatrix}=\begin{bmatrix}\dot{A} & \dot{B}\\ \dot{C} & \dot{D}\end{bmatrix}\begin{bmatrix}\dot{E}_r\\ \dot{I}_r\end{bmatrix}$$

である．

長距離送電線の四端子定数のうち$\dot{A}_1$，$\dot{B}_1$は

$$\dot{A}_1=\cosh\dot{\gamma}l,\ \dot{B}_1=\boxed{（4）}$$

となる．次に変圧器の四端子定数のうち$\dot{B}_2$，$\dot{D}_2$は

$$\dot{B}_2=\frac{\dot{Z}_1}{n},\ \dot{D}_2=\boxed{（5）}$$

となる．次に送電系統全体の四端子定数のうち$\dot{C}$は

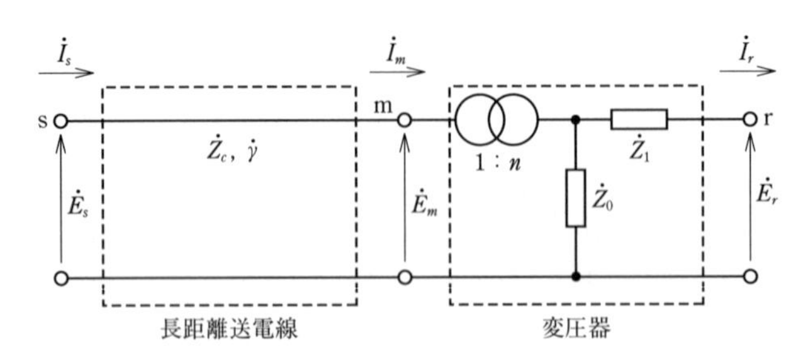

図問 2.10

$$\dot{C}=\frac{\sinh\dot{\gamma}l}{n\times\dot{Z}_c}+\frac{n\times\cosh\dot{\gamma}l}{\dot{Z}_0}$$

となる．

〔解答群〕

(イ)　$\frac{1}{n}\left(1+\frac{\dot{Z}_0}{\dot{Z}_1}\right)$	(ロ)　分布定数	(ハ)　$-\dot{Z}_c\cosh\dot{\gamma}l$
(ニ)　$n\left(1+\frac{\dot{Z}_1}{\dot{Z}_0}\right)$	(ホ)　線路インピーダンス	(ヘ)　伝搬定数
(ト)　特性インピーダンス	(チ)　$\dot{Z}_c\sinh\dot{\gamma}l$	(リ)　$n\left(1+\frac{\dot{Z}_0}{\dot{Z}_1}\right)$
(ヌ)　$\dot{Z}_c\cosh\dot{\gamma}l$	(ル)　伝達インピーダンス	(ヲ)　位相速度
(ワ)　伝搬速度	(カ)　集中定数	(ヨ)　非線形

出典：平成26年度第二種電気主任技術者一次試験電力科目

2.11　**図問 2.11** のように点Bおよび点Cにおいて負荷に電力を供給している三相3線式1回線配電線路ABCがある．点Bの負荷電流が50 A，力率が0.7(遅れ)であり，また，点Cの負荷電流が100 A，力率が0.8(遅れ)であるとき，点Cにおける線間電圧〔V〕はいくらか．正しい値を次のうちから選べ．

ただし，点Aにおける線間電圧は6 600 V，AB間およびBC間の距離はそれぞれ2 kmおよび1 km，電線1条あたりのインピーダンスは0.30＋j0.35 Ω/kmとする．また，点A，BおよびCにおける電圧の相差角はきわめて小さいものとして計算して差し支えない．

（1）　6 150　（2）　6 200　（3）　6 290　（4）　6 330　（5）　6 410

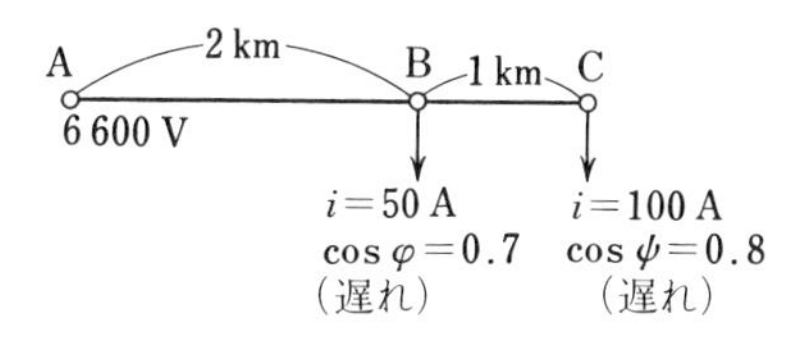

図問 2.11

2.12　次の文章は，電力系統の過渡安定度の判別法の一つの等面積法に関する記述である．文中の[　]に当てはまる最も適切なものを解答群の中から選べ．

電力系統における過渡安定度の基本的な説明には，**図問 2.12** の等面積法が多く用いられる．この図で，地絡等の故障中は発電機の機械入力 P_m が電気出力 P_e より大きいため，この発電機の[（1）]し，相差角 δ は[（2）]．

次いで，一定時間後(相差角 δ_c)で故障が除去されると，以降，電気出力 P_e が機械入力 P_m を上回り，発電機の[（3）]し始める．

この間も δ は増加するが，図の面積 $V_k<V_p$ であれば，δ が δ_u に達する前にその最大値に

達し，以降，δはその最大値［（4）］．すなわち，安定と判定される．

一方，$V_k > V_p$であればδはδ_uを越え，以降，δは増大して［（5）］．この場合は，不安定(脱調)と判定される．

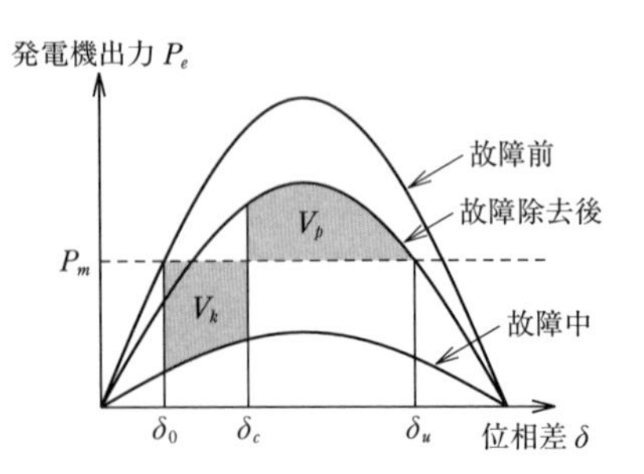

図問 2.12　過渡安定度と等面積法

〔解答群〕

(イ)	回転数は振動	(ロ)	大きく振動する	(ハ)	180 度まで進み止まる
(ニ)	増大する	(ホ)	電流は振動	(ヘ)	回転数は減少
(ト)	乱調する	(チ)	から減少する	(リ)	電流は減少
(ヌ)	発散する	(ル)	電圧は振動	(ヲ)	脈動する
(ワ)	回転数は増大	(カ)	に留まる	(ヨ)	からδ_cまで移行する

出典：令和4年度第二種電気主任技術者一次試験電力科目

2.13　**図問 2.13** のように，高圧配電線路と低圧単相2線式配電線路が平行に施設された設備において，1次側が高圧配電線路に接続された変圧器の2次側を低圧単相2線式配電線路のS点に接続して，A点及びB点の負荷に電力を供給している．S点における線間電圧を 107 V，電線1線当たりの抵抗及びリアクタンスをそれぞれ 0.3 Ω/km 及び 0.4 Ω/km としたとき，次の(a)及び(b)の問に答えよ．なお，計算においては各点における電圧の位相差が十分に小さいものとして適切な近似を用いること．

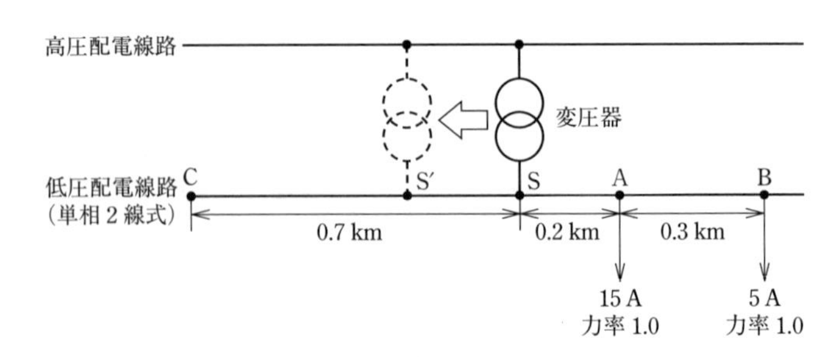

図問 2.13

(a) B点におけるS点に対する電圧降下率の値〔%〕として，最も近いものを次の(1)～(5)のうちから一つ選べ．ただし，電圧降下率はB点受電端電圧基準によるものとする．

(1) 1.57　(2) 3.18　(3) 3.30　(4) 7.75　(5) 16.30

(b) C点に電流20 A，力率0.8(遅れ)の負荷が新設されるとき，変圧器を移動して単相2線式配電線路への接続点をS点からS′点に変更することにより，B点及びC点における線間電圧の値が等しくなるようにしたい．このときのS点からS′点への移動距離の値〔km〕として，最も近いものを次の(1)～(5)のうちから一つ選べ．

(1) 0.213　(2) 0.296　(3) 0.325　(4) 0.334　(5) 0.528

出典：令和3年度第三種電気主任技術者試験電力科目

2.14　**図問2.14**のような6.6 kVの三相3線式2回線の配電線路がある．A，BおよびCの各点における負荷電流はそれぞれ80 A，20 Aおよび100 Aで，電圧変動に関係なく一定とし，負荷の力率はいずれも100%である．開閉器Sを投入した場合

(ア)　開閉器を流れる電流〔A〕はいくらか．また，

(イ)　線路損失〔kW〕はいくら減少するか．

正しい値を組み合せたものを次のうちから選べ．

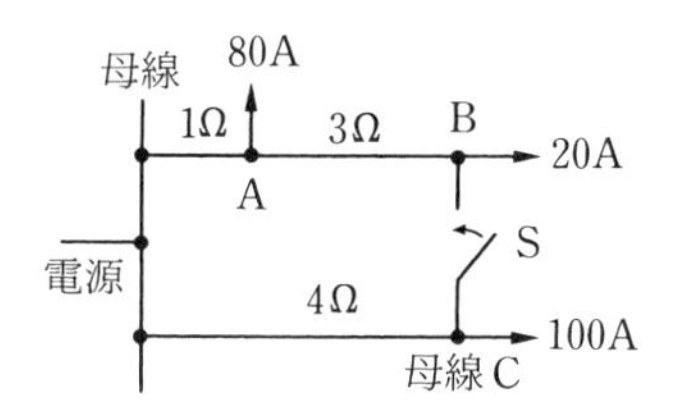

図問2.14

ただし，線路の各部分の1線あたりのインピーダンスは図示のとおりで，いずれも無誘導抵抗のみとする．

(1) (ア) 20,　(イ) 7.2　(2) (ア) 20,　(イ) 14.4

(3) (ア) 30,　(イ) 7.2　(4) (ア) 30,　(イ) 21.6

(5) (ア) 40,　(イ) 21.6

2.15　直径3.2 mmの硬鋼線を使って三相3線式平衡負荷10.95 kWに電気を供給する場合，電圧降下を2.5 V以下にしたい．線路の長さを何mまで延ばすことができるか．正しい値を次のうちから選べ．

ただし，負荷端子電圧を200 Vとし，力率は0.8とする．また，硬鋼線の抵抗率を1/55〔$\Omega/(m \cdot mm^2)$〕とし，線路リアクタンスは無視する．

(1) 11.7　(2) 20.2　(3) 25.2　(4) 32.5　(5) 35.0

2.16　こう長25 kmの三相3線式2回線送電線路に，受電端電圧が22 kV，遅れ力率0.9

の三相平衡負荷 5 000 kW が接続されている．次の(a)及び(b)の問に答えよ．ただし，送電線は2回線運用しており，与えられた条件以外は無視するものとする．

(a) 送電線1線当たりの電流の値〔A〕として，最も近いものを次の(1)～(5)のうちから一つ選べ．ただし，送電線は単導体方式とする．

(1) 42.1　(2) 65.6　(3) 72.9　(4) 126.3　(5) 145.8

(b) 送電損失を三相平衡負荷に対し5% 以下にするための送電線1線の最小断面積の値〔mm^2〕として，最も近いものを次の(1)～(5)のうちから一つ選べ．ただし，使用電線は，断面積 1 mm^2，長さ 1 m 当たりの抵抗を $\frac{1}{35}$ Ω とする．

(1) 31　(2) 46　(3) 74　(4) 92　(5) 183

出典：令和2年度第三種電気主任技術者試験電力科目問16

2.17　図問 2.17 は，三相3線式変電設備を単線図で表したものである．

現在，この変電設備は，a 点から 3 800 kV・A，遅れ力率 0.9 の負荷 A と，b 点から 2 000 kW，遅れ力率 0.85 の負荷 B に電力を供給している．b 点の線間電圧の測定値が 22 000 V であるとき，次の(a)及び(b)の問に答えよ．

なお，f 点と a 点の間は 400 m，a 点と b 点の間は 800 m で，電線1条当たりの抵抗とリアクタンスは 1 km 当たり 0.24 Ω と 0.18 Ω とする．また，負荷は平衡三相負荷とする．

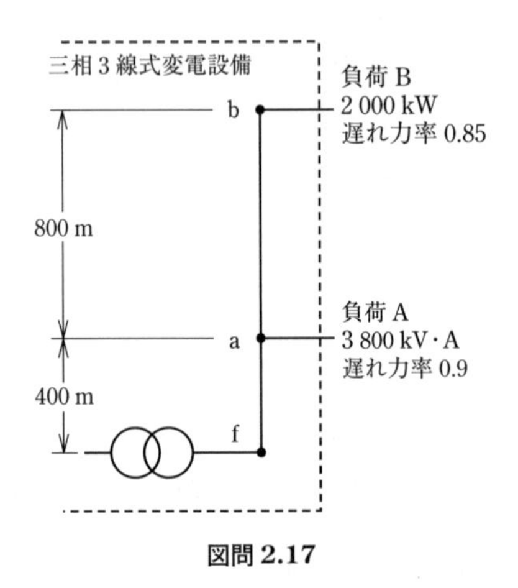

図問 2.17

(a) 負荷 A と負荷 B で消費される無効電力の合計値〔kvar〕として，最も近いものを次の(1)～(5)のうちから一つ選べ．

(1) 2 710　(2) 2 900　(3) 3 080　(4) 4 880　(5) 5 120

(b) f-b 間の線間電圧の電圧降下 V_{fb} の値〔V〕として，最も近いものを次の(1)～(5)のうちから一つ選べ．

ただし，送電端電圧と受電端電圧との相差角が小さいとして得られる近似式を用いて解答すること．

（1） 23　（2） 33　（3） 59　（4） 81　（5） 101

出典：平成27年度第三種電気主任技術者試験電力科目

2.18　次の文章は，送電容量に関する記述である．文中の［　　］に当てはまる最も適切なものを解答群の中から選べ．

送電線路により送電できる有効電力の最大値（本問題では「送電容量」という）は様々な制約を考慮して定められているが，それぞれの制約によって，送電容量を増加させるための対策は異なる．

電線温度の制約で定まる送電容量を増加させる方法としては，断面積が大きい電線や耐熱性の高い電線を用いることで，電線の［（1）］を大きくする方法がある．

送電線路に多導体を採用すると，断面積の合計値が同一である単導体の送電線路に比べ，送電線路の［（2）］が減少することから，過渡安定性，定態安定性（小じょう乱同期安定性），［（3）］の制約から定まる送電容量も増加する．送電線路の［（2）］を減少させる方法としては，多導体の採用のほかに，並列して使用する回線数を増やす方法や，［（4）］の採用も考えられる．

電圧階級を上げると，電線温度の制約によって定まる送電容量は電圧に比例して増加する．また，ある位相差角のときに送電できる有効電力が電圧の［（5）］にほぼ比例することから，電圧階級を上げることにより，過渡安定性，定態安定性（小じょう乱同期安定性）の制約から定まる送電容量も増加させることができる．

〔解答群〕

（イ） 線間距離	（ロ） コロナ電圧	（ハ） 三乗
（ニ） 電圧安定性	（ホ） 一乗	（ヘ） 弛度
（ト） 周波数上昇	（チ） 直列コンデンサ	（リ） リアクタンス
（ヌ） 直列リアクトル	（ル） 対地静電容量	（ヲ） 並列コンデンサ
（ワ） 二乗	（カ） 周波数低下	（ヨ） 許容電流

出典：令和元年度第二種電気主任技術者一次試験電力科目

2.19　送電系統の安定度向上対策として，誤っているのは次のうちどれか．

（1） 系統のリアクタンスを低減するため，多導体を採用する．

（2） 事故時には，高速度遮断を行い，さらに高速度再閉路を行う．

（3） 送電線路に直列コンデンサを挿入する．

（4） 送電線路に中間開閉所を設置する．

（5） 火力および原子力発電設備に大容量ユニットを採用する．

2.20　**図問 2.20** に示すように，線路インピーダンスが異なるA，B回線で構成される154 kV系統があったとする．A回線側にリアクタンス5%の直列コンデンサが設置されているとき，次の(a)及び(b)の問に答えよ．なお，系統の基準容量は，10 MV・Aとする．

(a) 図に示す系統の合成線路インピーダンスの値〔%〕として，最も近いものを次の（1）～（5）のうちから一つ選べ．

（1） 3.3　（2） 5.0　（3） 6.0　（4） 20.0　（5） 30.0

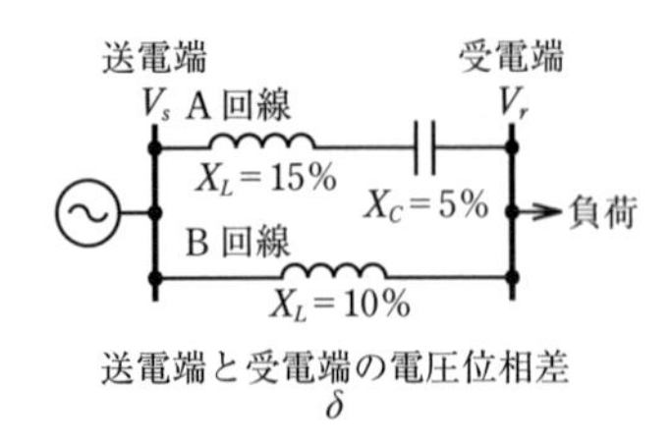

図問 2.20

(b) 送電端と受電端の電圧位相差 δ が 30 度であるとき，この系統での送電電力 P の値〔MW〕として，最も近いものを次の (1)～(5) のうちから一つ選べ.

ただし，送電端電圧 V_s，受電端電圧 V_r は，それぞれ 154 kV とする.

(1) 17　(2) 25　(3) 83　(4) 100　(5) 152

出典：平成 27 年度第三種電気主任技術者試験電力科目

2.21 三相 3 線式配電線路の受電端に遅れ力率 0.8 の三相平衡負荷 60 kW (一定) が接続されている. 次の (a) 及び (b) の問に答えよ.

ただし，三相負荷の受電端電圧は 6.6 kV 一定とし，配電線路のこう長は 2.5 km，電線 1 線当たりの抵抗は 0.5 Ω/km，リアクタンスは 0.2 Ω/km とする. なお，送電端電圧と受電端電圧の位相角は十分小さいものとして得られる近似式を用いて解答すること. また，配電線路こう長が短いことから，静電容量は無視できるものとする.

(a) この配電線路での抵抗による電力損失の値〔W〕として，最も近いものを次の (1)～(5) のうちから一つ選べ.

(1) 22　(2) 54　(3) 65　(4) 161　(5) 220

(b) 受電端の電圧降下率を 2.0% 以内にする場合，受電端でさらに増設できる負荷電力 (最大) の値〔kW〕として，最も近いものを次の (1)～(5) のうちから一つ選べ. ただし，負荷の力率 (遅れ) は変わらないものとする.

(1) 476　(2) 536　(3) 546　(4) 1 280　(5) 1 340

出典：令和元年度第三種電気主任技術者試験電力科目

2.22 次の文章は，送電系統の損失低減対策に関する記述である. 文中の□に当てはまる最も適切なものを解答群の中から選べ.

送電系統の電力損失は線路の抵抗損と変圧器の銅損及び鉄損が主なものである. このため，電力損失の低減には，線路電流の (1) と電線，変圧器の電気抵抗の低下が有効であり，具体的な電力損失の低減対策としては次の方法がある.

① 送電電圧の (2)
② (3) の設置
③ 電線の太線化，こう長の短縮，同線数の増加
④ (4) に変電所を導入
⑤ 変圧器の鉄心に方向性けい素鋼板，アモルファスなどの材料の採用

⑥　並列運転している変圧器の［（5）］制御

〔解答群〕

（イ）　電力用コンデンサ	（ロ）　消弧リアクトル	（ハ）　電圧
（ニ）　位相	（ホ）　維持	（ヘ）　変電所近辺
（ト）　降圧	（チ）　台数	（リ）　変動
（ヌ）　昇圧	（ル）　一定間隔	（ヲ）　増大
（ワ）　需要地近辺	（カ）　直列リアクトル	（ヨ）　減少

出典：令和4年度第二種電気主任技術者一次試験電力科目

第3章 送配電線路の機械的特性

3.1 電線のたるみ

電線は夏季には強い日射と高い温度にさらされ，冬季には低い温度と地域によって氷雪が付着する．また，夏から秋にかけて台風により暴風雨を受けることとなる．このような条件で安全に運転するには，電線は適切な**たるみ**(dip)をとらなければならない．

つまり，夏季に電線を強く張ってたるみを小さくすると，冬季になって温度が低下し電線が縮み，たるみは一層小さくなり張力が増加し，これに氷雪が付着すると電線が断線するおそれがある．逆に，冬季に電線を緩く張ってたるみを大きくすると，夏季になって温度が上昇し電線が伸びるとたるみは一層大きくなり，道路，鉄道，通信線，建造物などの横断箇所でこれらに接近して危険を生じ，また，台風などにより線間短絡を起こす原因ともなる．

架空電線は，最高温度のときたるみが最も大きくなり，地表上の高さが最も小さくなるので，このときでも十分な対地絶縁を確保する必要がある．普通，年平均温度に対して，最高・最低温度はそれぞれ30°C高い温度，30°C低い温度としている．年平均温度は，わが国では地域によって異なり，**表3.1**のように北海道

表3.1 地方別最高，平均，最低温度〔°C〕

地　域　別	最高	平均	最低
九州，中国，四国，関西，東海，関東	45	15	−15
東北，信越，北陸	40	10	−20
北海道	40	5	−30

で5℃，東北，信越，北陸で10℃，関東以西では15℃となっている．

電線のたるみは，電線の材質が一様で，たわみ性があるものとみなせば，**カテナリ曲線**(catenary curve)となるが，一般に，たるみが径間長の10%以内のときは，放物線とみなしても実用上差し支えない．ここでは，たるみ D をカテナリ曲線の近似式から求めることとする．

電線支持点に高低差のない径間の場合，**図3.1**において，点Oを原点とするカテナリ曲線 y は a を最低地上高とすれば次式で表される．

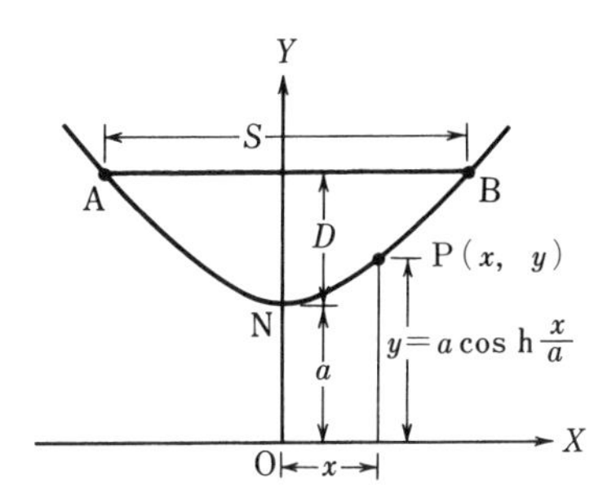

図3.1 電線のたるみ

$$y = a\cosh\frac{x}{a} \tag{3.1}$$

この式(3.1)をテーラ展開すると

$$y = a\left(1 + \frac{x^2}{2!\,a^2} + \frac{x^4}{4!\,a^4} + \frac{x^6}{6!\,a^6} + \cdots\right) \tag{3.2}$$

となる．実際の送電線路では，たるみ D〔m〕が径間 S〔m〕に比べてはなはだしく小さいため，上式の3項以下を無視してよいから

$$y = a + \frac{x^2}{2a} \tag{3.3}$$

となる．式(3.3)は放物線の式である．a は前述のように最低地上高で，T を電線の水平張力〔kg〕，W を電線単位長あたりの重量〔kg/m〕とすれば $a = T/W$〔m〕で表される．よって径間中央Nから x〔m〕の水平距離にある電線上の点Pにおける張力 T_x〔kg〕は次式で表される．

$$T_x = T\cosh\left(\frac{W}{T}x\right) \tag{3.4}$$

いま，原点をOからNに移動すれば $y=x^2/2a$ となり，$x=S/2$(S：径間〔m〕)を代入してたるみ D〔m〕を求めると次の公式が得られる．

$$D=\frac{x^2}{2a}=\frac{(S/2)^2}{2(T/W)}=\frac{WS^2}{8T}\quad \text{〔m〕} \tag{3.5}$$

この式で，W は単位長あたりの電線重量であるが，この荷重には電線自重 W_c，風圧荷重 W_w，氷雪荷重 W_i，氷雪の付着したときの風圧荷重 W_{iw} があり，W_c および W_i は垂直方向に，そのほかの荷重は水平方向に作用する．

風圧荷重は甲種，乙種および丙種に分かれており，甲種は夏季において風速40 m/sを最大風速として風圧を計算したものを基礎としており，丙種は冬季において風圧を1/2として計算したものである．また，乙種は氷雪の多い地方で電線に氷雪が付着(厚さ6 mm，比重0.9)し，風圧を1/2として計算したものである．

これらの風圧荷重の適用としては，甲種は①高温季におけるわが国の全地方，②低温季において最大風圧の生じやすい地方(北海道，青森，秋田，山形，新潟などの海岸地方)に適用される．乙種は氷雪の多い地方の低温季に適用される．また，丙種は氷雪の多い地方以外の地方で低温季に適用される．したがって，氷雪の多い地方では高温季は甲種が適用され，低温季は乙種が適用されるが，いずれか大きいほうの荷重をとることとなる．ただ，低温季で最大風圧を生じやすい地方では甲種が適用される．

1.　高温季荷重　　年平均気温において，電線重量と電線投影面積1 m² につき100 kg(多導体では90 kg)の水平風圧との合成荷重をとる．風圧 W_w〔kg/m〕および合成荷重 W_s〔kg/m〕は**図3.2(a)**より次式となる．

$$W_w = p_w d \times 10^{-3} \tag{3.6}$$

$$W_s = \sqrt{W_w^2 + W_c^2} \tag{3.7}$$

ただし，p_w：水平風圧〔kg/m²〕，d：電線外径〔mm〕，W_c：電線重量〔kg/m〕

2.　低温季荷重　　最低気温において，電線重量と電線の投影面積1 m² につき夏季の1/2である50 kg(多導体では45 kg)の水平風圧との合成荷重をとる．

氷雪の多い地方では電線に付着する氷雪を考えるときは，電線の周囲に厚さ6

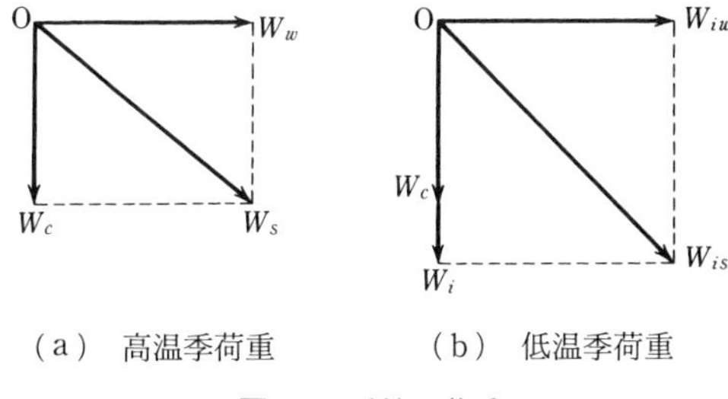

（a）　高温季荷重　　　（b）　低温季荷重

図 3.2　電線の荷重

mm あるいはそれ以上の厚さで比重 0.9 の氷雪が付着したものとして，氷雪荷重および被氷雪線への風圧をあわせて考える．このときは同図(**b**)のように電線風圧 W_{iw}，氷雪荷重 W_i，合成荷重 W_{is} は次式で表される．

$$W_{iw}=p_{iw}(d+2b)\times10^{-3}\quad[\text{kg/m}]\tag{3.8}$$

$$W_i=0.9\pi b(d+b)\times10^{-3}\quad[\text{kg/m}]\tag{3.9}$$

$$W_{is}=\sqrt{(W_c+W_i)^2+W_{iw}{}^2}\quad[\text{kg/m}]\tag{3.10}$$

ただし，p_{iw}：水平風圧〔kg/m²〕，b：着氷雪の厚さ〔mm〕，W_c：電線重量〔kg/m〕

たるみと張力の計算は高温季荷重と低温季荷重を比較して，最も厳しい状態におかれる場合に電線張力が最大使用張力となり，そのときのたるみ D_s は W_s を合成荷重〔kg/m〕，T_s を最大使用張力〔kg〕とすれば次式から求められる．

$$D_s=\frac{W_sS^2}{8T_s}\quad[\text{m}]\tag{3.11}$$

このときのたるみは，風が吹いているときであるので，電線は斜めの方向に振れたときのたるみである．

各条件下の張力は，そのときの荷重条件や弾性伸びなどを考えて求め，式(3.11)からたるみが計算できる．架空工事の際は，たるみ-張力曲線図を作っておいて，架線区間の平均径間からそれに対する張力を求める．数径間中では最大径間でたるみを決めるのが普通で，上記の張力に対する最大径間のたるみでもって緊線をする．たるみは無風時，架線工事の際の気温における斜めたるみである．

【例題 3.1】　電線支持点に高低差がない径間 200 m の特別高圧架空電線路において，直径 10 mm，自重 0.5 kg/m の硬銅線の周囲に，厚さ 6 mm，比重 0.9

の氷雪が付着した．これに垂直投影面積1 m² あたり50 kg の風圧が作用するときの1 m あたりの風圧荷重および電線荷重を求めよ．また，この架空電線のたるみを求めよ．ただし，電線の引張荷重は44 kN とする．

【解】　（1）1 m あたりの風圧荷重：1 m あたりの氷雪が付着したときの風圧荷重 W_{iw} は投影面積1 m² あたりの風圧を p_{iw}〔kg/m²〕，電線外径および氷雪の厚さをそれぞれ d〔mm〕，b〔mm〕とすれば次式で求められる．

$$W_{iw}=p_{iw}(d+2b)\times10^{-3}=50\times(10+2\times6)\times10^{-3}=1.1\ \text{kg/m} \qquad (1)$$

（2）1 m あたりの電線重量：電線自体の荷重を W_c，氷雪の荷重を W_i とすれば，1 m あたりの電線重量の垂直分荷重はこれらの和であるから

$$W_c+W_i=0.5+0.9\times\pi\times6\times(10+6)\times10^{-3}\fallingdotseq0.77\ \text{kg/m} \qquad (2)$$

したがって，求める1 m あたりの電線荷重 W_{is}〔kg/m〕は

$$W_{is}=\sqrt{(W_c+W_i)^2+W_{iw}{}^2}=\sqrt{0.77^2+1.1^2}\fallingdotseq1.34\ \text{kg/m} \qquad (3)$$

となる．

（3）架空電線のたるみ：式(3.11)で求めればよいが，T_s は電線の水平張力であるが，これは電線の引張荷重÷安全率，以下の張力が必要である．なお，電線の安全率は，技術基準の解釈に硬銅線および耐熱銅合金線は2.2以上，そのほかの電線（アルミ線，鋼心アルミより線など）は2.5以上と定められているので $T_s=44/2.2=20$kN とすればよい．したがって求めるたるみ D〔m〕は

$$D=\frac{W_{is}S^2}{8T_s}=\frac{9.8\times1.34\times200^2}{8\times20\times10^3}\fallingdotseq3.28\ \text{m}$$

3.2　電線の実長と温度変化

1．電線の実長　電線の実長を L〔m〕とすると，径間 S〔m〕との間に次の関係式がある．

$$L=S+\frac{8D^2}{3S}\ \text{〔m〕} \qquad (3.12)$$

式(3.12)は，電線の実長が径間 S より $8D^2/3S$ だけ長くなることを示している．この大きさは径間 S に対して0.2〜0.3%程度の小さいもので，支持点の高低差や径間の特に大きい場合でも，1%を超えることはほとんどない．

【例題 3.2】 図 **3.3** のような同一高さ，同一張力で架線された 2 径間のたるみが D_1，D_2 である．いま，中央の支持点で電線が外れたとき次の値を求めよ．

（1） たるみ D はいくらか．

（2） 電線の張力荷重は元の何倍となるか．

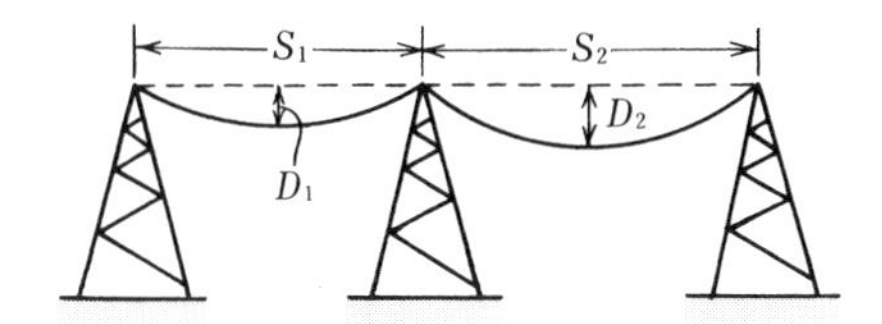

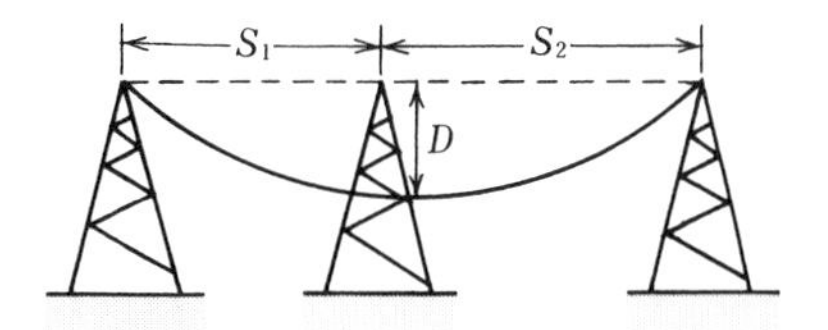

図 **3.3**

ただし，径間を S_1，S_2 とし，電線の長さは張力によって変化しないものとする．

【解】 （1） 支持点が外れる前，後では電線の実長は変化しないから

$$S_1+\frac{8D_1^2}{3S_1}+S_2+\frac{8D_2^2}{3S_2}=(S_1+S_2)+\frac{8D^2}{3(S_1+S_2)} \quad (1)$$

$$\frac{D_1^2}{S_1}+\frac{D_2^2}{S_2}=\frac{D^2}{(S_1+S_2)} \quad (2)$$

となる．したがって，求める D は

$$\therefore \quad D=\sqrt{\left(1+\frac{S_2}{S_1}\right)D_1^2+\left(1+\frac{S_1}{S_2}\right)D_2^2} \quad (3)$$

となる．たとえば，径間の等しい場合は，$S_1=S_2$，$D_1=D_2$ であるから $D=2D_1$ となり，2 倍のたるみとなる．

（2） 題意により電線の張力はどこも一様で，電線の最低点の水平方向の張力は等しいとして，支持点の外れる前の値 T は

$$D_1=\frac{WS_1^2}{8T} \qquad T=\frac{WS_1^2}{8D_1} \quad (1)$$

となる．また支持点が外れた後の値 T' は

$$D=\frac{W(S_1+S_2)^2}{8T'} \qquad T'=\frac{W(S_1+S_2)^2}{8D}=T\frac{D_1}{S_1^2}\times\frac{(S_1+S_2)^2}{D} \quad (2)$$

となる．したがって，求める T'/T は

$$\therefore \quad \frac{T'}{T}=\left(1+\frac{S_2}{S_1}\right)^2\frac{D_1}{D} \tag{3}$$

たとえば，径間の等しい場合は $S_1=S_2$，$D_1/D=1/2$ であるから 2 倍の張力となる．

2.　電線たるみの温度変化　　電線は，電流の増加や気温の上昇によって膨張して伸びる．いま，電線の温度上昇を t〔°C〕，線膨張係数を α とすれば，電線の実長は次式のように L_1 から L_2 に変化する．

$$L_2=L_1(1+\alpha t) \tag{3.13}$$

温度上昇前後のたるみをそれぞれ D_1，D_2〔m〕とすれば

$$L_1=S+\frac{8D_1^2}{3S} \tag{3.14}$$

$$L_2=S+\frac{8D_2^2}{3S} \tag{3.15}$$

となる．この 2 式を式(3.13)に代入して整理すれば

$$S+\frac{8D_2^2}{3S}=\left(S+\frac{8D_1^2}{3S}\right)(1+\alpha t)\fallingdotseq S+\frac{8D_1^2}{3S}+S\alpha t$$

$$D_2^2=D_1^2+\frac{3}{8}\alpha tS^2$$

$$\therefore \quad D_2=\sqrt{D_1^2+\frac{3}{8}\alpha tS^2} \quad \text{〔m〕} \tag{3.16}$$

【例題 3.3】　　径間 50 m で，たるみ 1 m に架線した架空送電線路がある．大気の温度が 35°C降下した場合，この線路のたるみ〔m〕はいくらかになるか求めよ．ただし，電線の線膨張係数は 1°Cにつき 1.7×10^{-5} とし，張力による電線の伸縮は無視するものとする．

【解】　　温度降下前の電線実長 L_1〔m〕は径間，たるみをそれぞれ S，D_1 とすれば式(3.14)より

$$L_1=S+\frac{8D_1^2}{3S}=50+\frac{8\times1^2}{3\times50}\fallingdotseq 50.0533\ \text{m} \tag{1}$$

温度降下後の電線実長 L_2〔m〕は温度降下値，線膨張係数をそれぞれ t，α とすれば式(3.13)より

$$L_2=L_1(1+\alpha t)=50.0533\{1+1.7\times10^{-5}\times(-35)\}\fallingdotseq50.0235\ \mathrm{m} \qquad (2)$$

したがって，求めるたるみ D_2 は式(3.15)より

$$L_2=S+\frac{8D_2^2}{3S} \qquad (3)$$

$$\therefore\quad D_2=\sqrt{\frac{(L_2-S)3S}{8}}=\sqrt{\frac{(50.0235-50)\times3\times50}{8}}\fallingdotseq0.66\ \mathrm{m} \qquad (4)$$

となる．一方，たるみ D_2 を式(3.16)の近似式で求めると

$$D_2=\sqrt{D_1^2+\frac{3}{8}\alpha tS^2}=\sqrt{1^2+\frac{3}{8}\times1.7\times10^{-5}\times(-35)\times50^2}\fallingdotseq0.66\ \mathrm{m} \qquad (5)$$

となり，その結果は変らない．

3.　温度変化による水平張力変動　いま，たるみを D〔m〕，電線重量を W〔kg/m〕，径間を S〔m〕とすれば，式(3.11)より電線の水平張力 T〔kg〕は

$$T=\frac{WS^2}{8D} \qquad (3.17)$$

となる．温度変化があった場合の水平張力の変動は電線の実長の変化によって影響を受けるので，電線実長 L〔m〕を求めると式(3.12)より

$$L=S+\frac{8D^2}{3S}\quad〔\mathrm{m}〕 \qquad (3.18)$$

となる．そこで，温度が T_1〔°C〕から T_2〔°C〕に変ったときの電線実長 L'〔m〕は

$$L'=L\{1+\alpha(T_2-T_1)\} \qquad (3.19)$$

となる．このときのたるみを D'〔m〕とすれば

$$L'=S+\frac{8D'^2}{3S} \qquad (3.20)$$

$$\therefore\quad D'=\sqrt{(L'-S)\frac{3S}{8}} \qquad (3.21)$$

となる．そこで，求める温度 T_2〔°C〕のときの水平張力 T'〔kg〕は式(3.11)より

$$T'=\frac{WS^2}{8D'} \qquad (3.22)$$

となる．したがって，水平張力の変動 $\varDelta T$ は式(3.22)と式(3.17)の差であるから

$$\Delta T = T' - T = \frac{WS^2}{8}\left(\frac{1}{D'} - \frac{1}{D}\right) \tag{3.23}$$

【例題 3.4】　径間 300 m のところに張られた架空送電線がある．そのたるみを冬に測ったところ，気温 −10℃，無風・無氷雪状態で 6 m であった．このとき，水平張力はいくらあったか．また，夏において，気温 35℃，風のないときには，この電線のたるみおよび水平張力はどのように変るか．ただし，電線 1 m あたりの重量は 1.32 kg，温度による線膨張係数は 1℃につき 0.000019 とし，張力による電線の伸長は無視するものとする．

【解】　冬期の水平張力 T は式(3.17)に，$W=1.32$ kg/m，$S=300$ m，$D=6$ m を代入すればよいから

$$T = \frac{WS^2}{8D} = \frac{1.32 \times 300^2}{8 \times 6} = 2\,475 \text{ kg} \tag{1}$$

このときの電線の長さ L〔m〕は式(3.18)より

$$L = S + \frac{8D^2}{3S} = 300 + \frac{8 \times 6^2}{3 \times 300} = 300.32 \text{ m} \tag{2}$$

となる．夏期に温度が 35℃に上昇ときの実長 L' は式(3.20)より

$$L' = L\{1 + \alpha(T_2 - T_1)\} = 300.32\{1 + 0.000019 \times (35 - (-10))\}$$
$$\fallingdotseq 300.577 \text{ m} \tag{3}$$

このときのたるみを D'〔m〕とすれば式(3.21)により

$$D' = \sqrt{(L' - S)\frac{3S}{8}} = \sqrt{(300.577 - 300)\frac{3 \times 300}{8}} \fallingdotseq 8.057 \text{ m} \tag{4}$$

また，このときの水平荷重 T'〔kg〕は式(3.22)より

$$T' = \frac{WS^2}{8D'} = \frac{1.32 \times 300^2}{8 \times 8.057} \fallingdotseq 1\,843 \text{ kg} \tag{5}$$

したがって，冬と夏のたるみ変化 ΔD〔m〕と水平張力の変化 $\Delta T'$ は

$$\Delta D = D' - D = 8.057 - 6 = 2.057 \text{ m} \tag{6}$$

$$\Delta T' = T' - T = 1\,843 - 2\,475 = -632 \text{ kg} \tag{7}$$

つまり，冬期の気温 −10℃の水平張力は 2 457 kg，夏期の気温 35℃のたるみは冬期に比べて 2.057 m 増加し，また，水平張力は 632 kg 減少する．

次に電線支持点に高低差のある径間の場合を考える．このとき両支持点 A，B

の高低差を H〔m〕，径間水平距離 S〔m〕とすると架空電線の最低点の位置は次のようにして求まる（**図 3.4**）．いま，電線の最低点 N_0 と左右の支持点の水平距離を S_1，S_2，電線の水平張力および単位長あたりの重量をそれぞれ T および W とすると AA′ 間のたるみ D_0 は

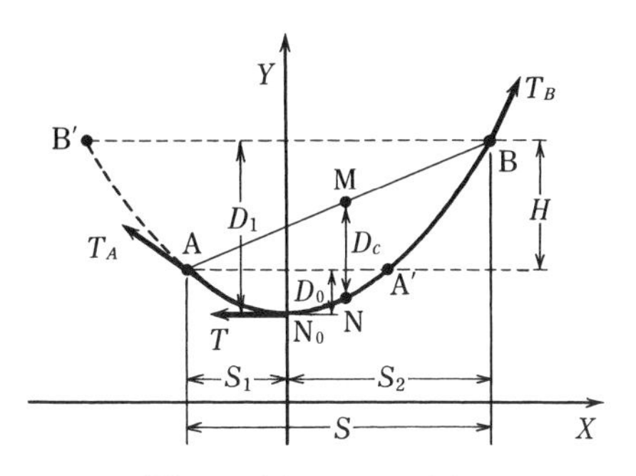

図 3.4　高低差のある径間

$$D_0=\frac{W(2S_1)^2}{8T}=\frac{WS_1{}^2}{2T}\quad〔\mathrm{m}〕\tag{3.24}$$

同様に，BB′ 間のたるみ D_1 は

$$D_1=\frac{W(2S_2)^2}{8T}=\frac{WS_2{}^2}{2T}\quad〔\mathrm{m}〕\tag{3.25}$$

この式(3.24)，(3.25)から両端支持点 B，A 間の高さ H は

$$H=D_1-D_0=\frac{W}{2T}(S_2{}^2-S_1{}^2)=\frac{W}{2T}(S_2+S_1)(S_2-S_1)\quad〔\mathrm{m}〕$$

そこで $S=S_1+S_2$，$S_2=S-S_1$ を上式に代入して S_1 を求めると

$$S_1=\frac{1}{2}S-\frac{TH}{WS}\quad〔\mathrm{m}〕\tag{3.26}$$

となり，架空電線の最低点の位置は低支持点 A から水平距離で S_1〔m〕のところにある．また，電線の支持点が同一高さ（$H=0$）とすれば，このときのたるみ D_c は

$$D_c=\frac{WS^2}{8T}\tag{3.27}$$

となり式(3.5)に一致する．この式(3.27)を式(3.26)に代入すると

$$S_1=\frac{1}{2}S-\frac{TH}{WS}=\frac{S}{2}\left(1-\frac{H}{4D_c}\right)$$

となる．したがって，電線の低支持点Aからのたるみ D_0 は式(3.24)から

$$D_0=\frac{WS_1^2}{2T}=\frac{WS^2}{8T}\left(1-\frac{H}{4D_c}\right)^2=D_c\left(1-\frac{H}{4D_c}\right)^2 \tag{3.28}$$

また，A，Bにおける張力 T_A および T_B には次の関係がある．

$$T_A=T+WD_0, \qquad T_B=T+W(D_0+H) \tag{3.29}$$

3.3　支持物の強度計算

支持物の設計を行うには，まず支持物に加わる荷重条件を明確にしておく必要がある．その主なものは，風圧荷重および電線張力による荷重で，これに支持物自体および電線などの重量が荷重として加わる．

1.　支持物に加わる荷重　支持物に加わる荷重には，垂直荷重，水平縦荷重および水平横荷重の3種がある．

a.　垂直荷重　支持物の自重，電線そのほかの架渉線(架空地線など)の重量，電線張力の垂直分力，付着した氷雪，がいし，腕金など付属品の重量などである．

b.　水平縦荷重　線路方向の荷重で，支持物への風圧，電線そのほかの架渉線の不平均張力などである．

c.　水平横荷重　支持物，電線そのほかの架渉線の風圧，電線路の水平角による電線張力の水平分力，断線によるねじり力などである．

これらの荷重の概要を示したのが**表3.2**である．

ここでは代表的な風圧荷重および電線張力による荷重について述べる．

2.　風圧荷重　風圧荷重は，夏から秋にかけての台風を想定した高温季風圧荷重(4～11月)と，冬から春にかけての季節風を想定した低温季風圧荷重(12～3月)の2種がある．

物体に作用する風圧 p[kg/m²] および風圧力 P[kg] は，風速を v[m/s]，物体の受風面積を A[m²] とすれば，風圧の基本式は次のように表される．

$$p=\rho v^2 c/2, \qquad P=pA \tag{3.30}$$

表 3.2　荷重条件の組合せ

鉄塔種類	条件	風　向	想定荷重の組合せ									
			垂直荷重		水平横荷重				水平縦荷重			
			W_i	W_c	H_i	H_c	H_a	q	H_i'	P_1	P_2	q'
直線・角度鉄塔	常時	線路に直角または 60°	○	○	○	○	○					
		線路に平行	○	○			○		○			
	異常時	線路に直角	○	○	○	○	○	○			○	○
		線路に平行	○	○			○	○	○		○	○
引留鉄塔	常時	線路に直角	○	○	○	○				○		
		線路に平行	○	○					○	○		
	異常時	線路に直角	○	○	○	○		○		○		○
		線路に平行	○	○				○	○	○		○
耐張鉄塔	常時	線路に直角	○	○	○	○				○		
		線路に平行	○	○					○	○		
	異常時	線路に直角	○	○	○	○		○			○	○
		線路に平行	○	○				○	○		○	○

〔備考〕　W_i：鉄塔重量，W_c：電線・がいしの重量，電線張力の垂直分力，H_i：鉄塔風圧，H_c：電線・がいしなどの風圧，H_a：電線張力の水平分力，q：断線によるねじり力，H_i'：鉄塔風圧，P_1：不平均張力，P_2：断線による不平均張力，q'：断線によるねじり力

〔注〕　○印は想定荷重として同時に考慮すべきものを示す．

ただし，ρ：空気密度(高温季 0.115，低温季 0.125)，c：空気抵抗係数(物体によって定まる定数)

高温季風圧荷重は，基準風速を台風の平均値 40 m/s とした場合の風圧とし，低温季風圧荷重は高温季風圧荷重の 1/2 であるから式(3.18)から

高温季荷重は

$$p=0.115\times40\times40\times c/2 \tag{3.31}$$

低温季荷重は

$$p/2=0.125\times v^2\times c/2 \tag{3.32}$$

式(3.32)に式(3.31)を代入すると，$v^2=(40^2\times0.115)/(0.125\times2)$となり

$$\therefore\quad v\fallingdotseq27\ \mathrm{m/s} \tag{3.33}$$

表 3.3　各種鉄塔の風圧荷重

〔単位：kg/m²〕

塔　高〔m〕	形　鋼　鉄　塔		鋼　管　鉄　塔	
	普通鉄塔	超高圧鉄塔	普通鉄塔	超高圧鉄塔
40 以上	290	310	170	180
50　〃	310	330	180	190
60　〃	330	350	190	200
70　〃	—	370	—	210
80　〃	—	390	—	220

となる．つまり，冬季の風圧荷重は風速 27 m/s で設計されることとなる．

a.　鉄塔の風圧荷重　　各種鉄塔の高温季荷重は**表 3.3** のとおりであり，低温季荷重は高温季荷重の 1/2 となっている．表 3.3 は鉄塔の前後 2 面に加わる荷重の合成値を示すので，鉄塔設計上の受風面積は骨組 1 面のみの垂直投影面積となる．

b.　電線・地線・がいしの風圧荷重

（1）　**電線・地線**　　高温季　100 kg/m²，低温季　50 kg/m²

ただし，多導体の場合は，10%低減させる．すなわち，高温季は 1 条あたり 90 kg/m²，低温季は 1 条あたり 45 kg/m² とする．

（2）　**が い し**　　高温季　140 kg/m²，低温季　70 kg/m²

〔想定荷重の適用〕　　鉄塔各部に作用する応力は次に示す想定する荷重が作用するものとし，風が電線路と直角の方向に加わる場合と，電線路の方向に加わる場合に分けて計算する．

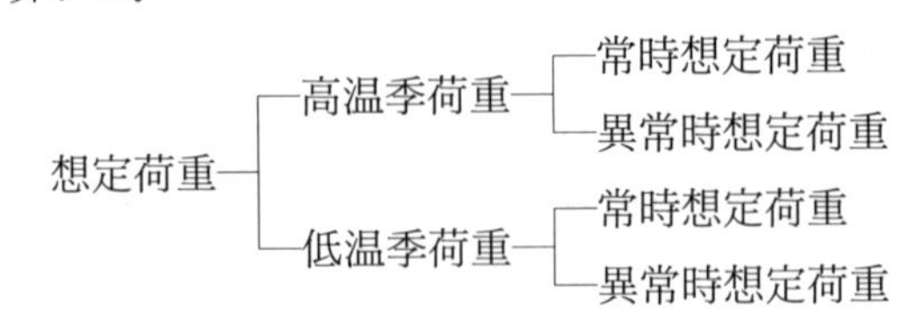

このうち，**常時想定荷重**とは，架渉線の切断を考慮しない場合の荷重をいい，**異常時想定荷重**は，架渉線の切断を考慮した場合である．

また，想定荷重は垂直荷重，水平横荷重，水平縦荷重をそれぞれ次のように組み合せて強度計算に用いる．

垂 直 荷 重：鉄塔重量，がいし，電線の重量，電線の被氷の重量，電線張力

の垂直分力

水平横荷重：鉄塔風圧，電線・がいしなどに加わる風圧，電線張力の水平分力，断線によるねじり力

水平縦荷重：鉄塔風圧，不平均張力，断線による不平均張力，ねじり力

支持物の設計荷重としてはすべての架渉線が断線した場合を想定するのではなく，架渉線の相の総数に応じて想定断線を規定した荷重としている．

3. 電線の張力による荷重　高温季，低温季においてそれぞれの想定最大張力を求める．

a. 水平角度荷重，垂直角度荷重　図3.5(a)，(b)の場合の水平分力 H〔kg〕および垂直分力 V〔kg〕は次式で求められる．

$$H=2P\sin(\alpha/2) \quad \text{〔kg〕} \tag{3.34}$$

$$V=P(\tan\delta_1+\tan\delta_2) \quad \text{〔kg〕} \tag{3.35}$$

ただし，P：電線の想定最大張力〔kg〕，α：電線の水平角度〔°〕，δ：電線の垂直角度〔°〕

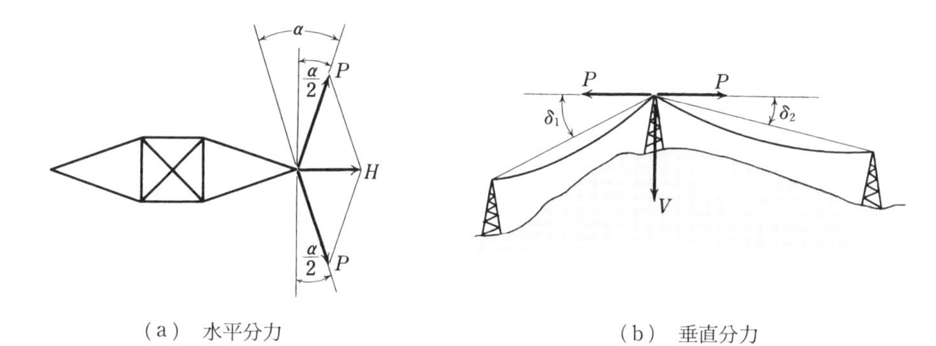

（a） 水平分力　　（b） 垂直分力

図3.5 電線の張力荷重

b. 不平均張力　引留形，耐張形，補強形については，次の不平均張力が，その鉄塔のすべての支持点に加わるものとする．

引 留 形：想定最大張力の全量

耐 張 形：想定最大張力の 1/3

補 強 形：想定最大張力の 1/6

c. 断線時の不平均張力およびねじり力　ある支持物の片側径間で電線の

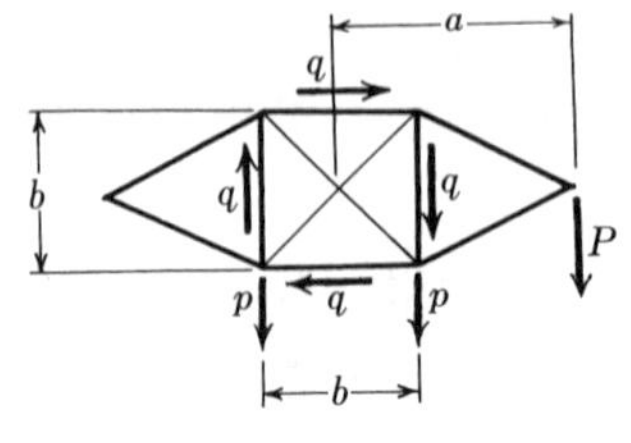

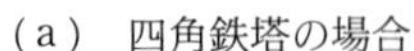

（a）四角鉄塔の場合

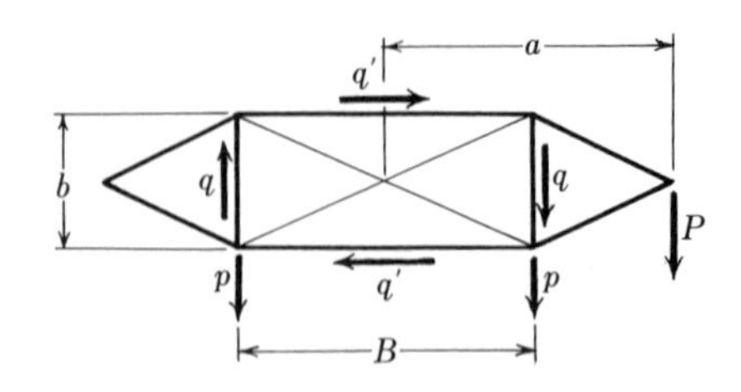

（b）長方形鉄塔の場合

図 3.6　不平均張力とねじり力

断線が発生すると，その支持物は反対側径間から電線張力 P〔kg〕の作用を受ける．この張力 P は図 **3.6** のように2個の不平均張力 p と4個のねじり力 q，q' とに分解される．その大きさは四角鉄塔の場合は式(3.36)，長方形鉄塔の場合は式(3.37)で表される．

$$p=\frac{P}{2} \qquad q=\frac{a}{2b}P \tag{3.36}$$

$$p=\frac{P}{2} \qquad q=\frac{Ba}{B^2+b^2}P \qquad q'=\frac{ba}{B^2+b^2}P \tag{3.37}$$

4.　支持物・がいし・電線の重量による荷重　これらの荷重は垂直方向の荷重として作用する．支持物の重量は各パネルごとに，電線の重量は荷重径間(両側径間長の 1/2)の重量とし，これにがいしおよび架線金具の重量を加える．また，低温季荷重のときは，電線に比重 0.9，厚さ 6 mm の氷雪が付着したものとして重量を算出する．送電線に加わる電線質量，風圧荷重および氷雪質量による荷重を合計した荷重と電線質量による荷重の比を**負荷(荷重)係数**と呼んでいる．

以上のようにして，支持物に加わる荷重条件が定まったならば，これらの荷重によって支持物の各部材に生ずる応力を算出し，代数的に加算して部材応力を求める．次に部材応力に対する部材の強度を定め，支持物の基礎強度計算に用いる．

【例題 3.5】　架空電線路において，支持物に加わる設計荷重についての次の記述のうち，誤っているのはどれか．

（1）電線，鉄塔などに加わる風圧荷重は，冬季と夏季とで異なる．

（2）冬季は，氷雪の付着を考慮する必要がある．

（3）すべての架渉線が断線した場合に生ずる不平均張力を考慮する必要が

ある．

（4）　電線路が水平角度をもつ場合，水平角度荷重を考慮する必要がある．

（5）　支持物の位置に著しい高低差がある場合，その架渉線張力による垂直分力を考慮する必要がある．

【解】　（3）

〔解説〕　すべての架渉線が断線した場合を想定し支持物を設計すると，支持物があまりに大きくなり経済性を阻害することとなる．そこで，設計上，架渉線の相の総数に応じ断線数を決めており，たとえば4回線以下の場合は任意の1相，5回線以上の場合は任意の2相が断線するものとして設計される．

3.4　支線の強度計算

1.　支線の役割　支持物には**3.3**で述べた荷重が加わるが，これらの荷重の一部を分担し，これらの荷重による支持物の倒壊，傾斜などを防止するのが支線の役目であり，電線の引留箇所，両側の直線部分で，架線条数や径間の差が大きく不平均張力のある箇所，線路が水平角度5度を超えて曲がっており，水平横分力のある箇所，直線路で線路を補強する箇所などに取り付けられる．

架空電線路の支持物に支線を設ける場合は，支線の安全率は原則として2.5以上で，素線には直径が2 mm以上で，かつ引張強さ0.69 kN/mm²以上の亜鉛めっき鉄線，鋼線などの金属線を用い，3条以上より合せなければならない．道路を横断する支線の地表上の高さは原則として5 m以上とする必要がある．また，高低圧架空電線の支持物に施設する支線で，電線と接触するおそれのあるものは原則的にその上部にがいしを入れなければならない．ただし，電気設備技術基準の解釈では，木柱の支線の安全率は1.5でよく，鉄塔にはより支線を用いてはならないと定められている．

2.　支線の種類　支線には**図3.7**のように普通支線，水平支線，共同支線，Y支線，弓支線などがある．

3.　支線の強度計算　**図3.8**のような支線の強度Tを求めよう．いま，電線の水平張力をP〔kg〕とすれば，この張力を支線が支えなければならないから，支線と支持物のなす角度をθとすれば

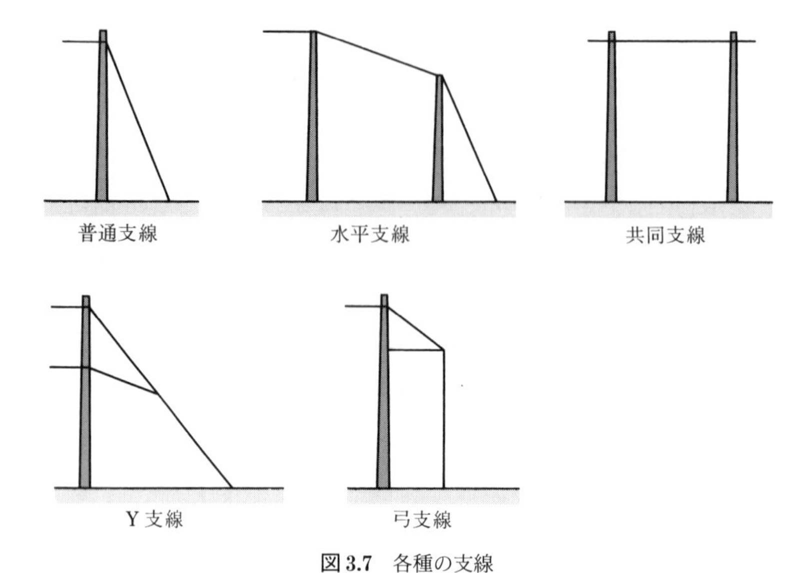

図3.7　各種の支線

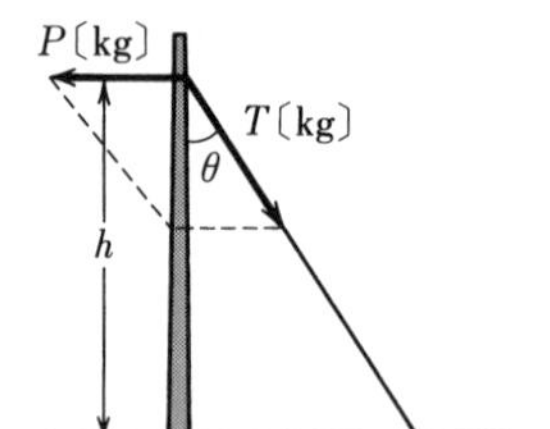

図3.8　支線の強度計算

$$P = T\sin\theta$$

$$\therefore \quad T = \frac{P}{\sin\theta} \quad \text{〔kg〕} \tag{3.38}$$

となる．θ の代りに支線の取付け高さ h〔m〕と支線の根開き L〔m〕が与えられるが，$\sin\theta = L/\sqrt{h^2+L^2}$ となるから，これを式(3.38)に代入して

$$T = \frac{P}{\sin\theta} = \frac{P\sqrt{h^2+L^2}}{L} \quad \text{〔kg〕} \tag{3.39}$$

を得ることができる．

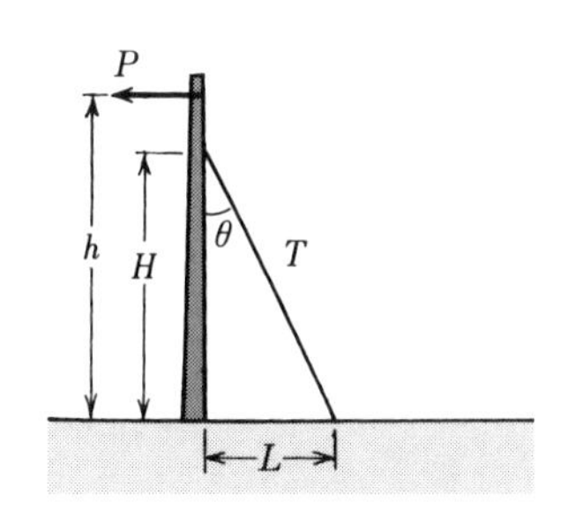

（a）　電線が 1 本の場合

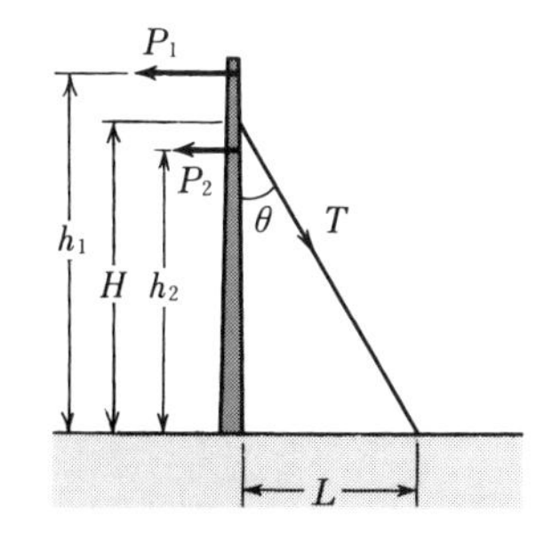

（b）　電線が 2 本の場合

図 3.9　支線の取付け点が異なる場合

支線は電線の荷重点に取り付けることが理想であるが，実際にはこのように取り付けることは困難で，**図 3.9**(**a**)，(**b**)のように電線の荷重点より取付け点が異なっているのが一般的である．このような場合の支持張力 T を求めてみよう．

a.　電線が 1 本で支線の取付け点が異なる場合〔図 3.9(a)〕　この場合は，水平張力 P とその高さ h との積 Ph と，支線張力 T の水平分力 $T\sin\theta$ と，その取付け点の高さ H との積 $TH\sin\theta$ が等しくなる．すなわち

$$Ph = TH\sin\theta$$

$$\therefore \quad T = \frac{Ph}{H\sin\theta} \tag{3.40}$$

ここで，支線の取付け高 H〔m〕と根開き L〔m〕で表すと

$$T = \frac{Ph}{H}\frac{\sqrt{H^2+L^2}}{L} = \frac{Ph\sqrt{H^2+L^2}}{HL} \quad \text{〔kg〕} \tag{3.41}$$

b.　電線が 2 本で支線の取付け点が異なる場合〔図 3.9(b)〕　この場合は，水平張力 P_1，P_2 とその高さ h_1，h_2 の積の和 $P_1h_1+P_2h_2$ と，支線張力 T の水平分力 $T\sin\theta$ と，その取付け点の高さ H との積 $TH\sin\theta$ と等しくなる．

$$P_1h_1+P_2h_2 = TH\sin\theta \tag{3.42}$$

$$\therefore \quad T = \frac{P_1h_1+P_2h_2}{H\sin\theta} = \frac{(P_1h_1+P_2h_2)\sqrt{H^2+L^2}}{HL} \quad \text{〔kg〕} \tag{3.43}$$

c.　支持物が傾斜している場合(図 3.10)　この場合の力の関係は三角形 ABC を構成しているので，三角形の正弦の法則より

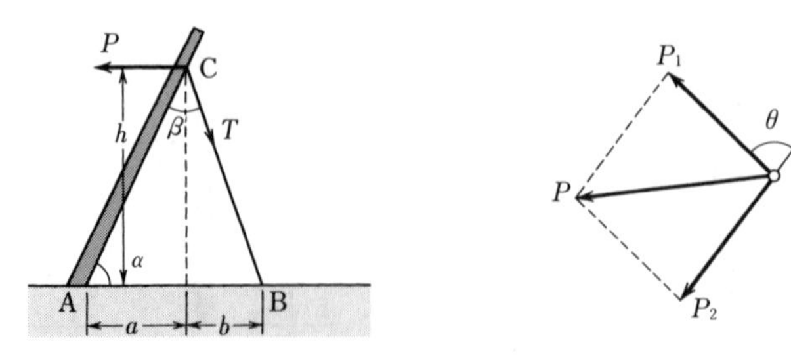

図 3.10　傾斜している支持物

$$\frac{T}{\sin\alpha}=\frac{P}{\sin\beta}, \quad \therefore \quad T=P\frac{\sin\alpha}{\sin\beta} \tag{3.44}$$

となる．いま，根開きを図 3.10 のように a，b，取付け点高さ(垂直)を h とすれば △ABC の正弦法則から

$$\frac{\sqrt{h^2+b^2}}{\sin\alpha}=\frac{a+b}{\sin\beta}, \quad \therefore \quad \frac{\sin\alpha}{\sin\beta}=\frac{\sqrt{h^2+b^2}}{a+b} \tag{3.45}$$

となる．これを式(3.44)に代入すれば求める支線の強度は次式となる．

$$T=P\frac{\sin\alpha}{\sin\beta}=P\frac{\sqrt{h^2+b^2}}{a+b} \tag{3.46}$$

なお，両径間に張力の差があり，曲線路の場合の電線の水平張力 P は図 3.10 の右のベクトルから求めればよい．

【例題 3.6】　**図 3.11** において，電線の水平張力が P〔kg〕である場合，支線の張力〔kg〕として，正しいのは次のうちどれか．

（1）$P\dfrac{\sin\alpha}{\sin\beta}$　（2）$P\dfrac{\sin\beta}{\sin\alpha}$　（3）$P\dfrac{\sin\beta}{\cos\alpha}$

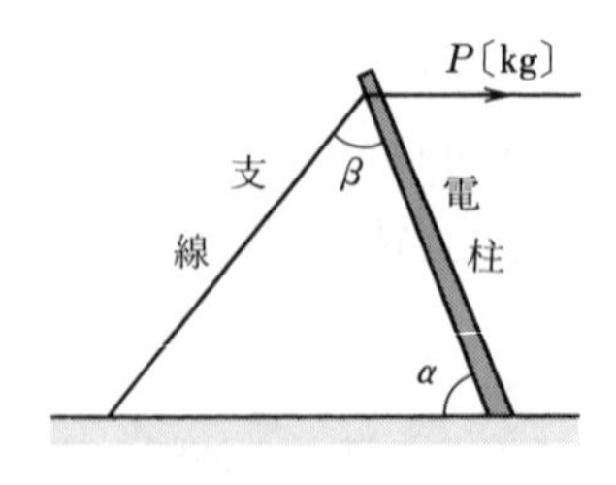

図 3.11

（4）　$P\dfrac{\cos\alpha}{\cos\beta}$　　（5）　$P\dfrac{\cos\beta}{\cos\alpha}$

【解】　（1）

いま，支線張力を T とすれば支線，電柱，根開きの三角形より，それぞれの張力のベクトルより，支線張力 T は三角形の正弦法則から

$$\frac{T}{\sin\alpha}=\frac{P}{\sin\beta} \tag{1}$$

$$\therefore\quad T=P\frac{\sin\alpha}{\sin\beta} \tag{2}$$

4.　支線条数の計算　支線条数 n は前記で求めた支線強度を T〔kN〕，支線の素線の引張強さを F〔kN/mm^2〕，支線の安全率を f，支線の素線の断面積を D〔mm^2〕，支線より合せによる引張荷重減少係数を k とすれば次式で求められる．

$$n=\frac{Tf}{FDk} \tag{3.47}$$

【例題 3.7】　**図 3.12** のように高圧，低圧電線を併架する木柱がある．この電線路の引留箇所に支線を設けた．この支線の素線の条数を求めよ．

ただし，支線は直径 2.3 mm の亜鉛めっき鋼線(引張強さを 1.225 kN/mm^2)を素線に使用して支線より合せによる引張荷重減少係数を 0.95 とし支線の安全率を 1.5 とする．また，電線の水平張力は高圧電線 9.8 kN，低圧電線 3.92 kN とする．

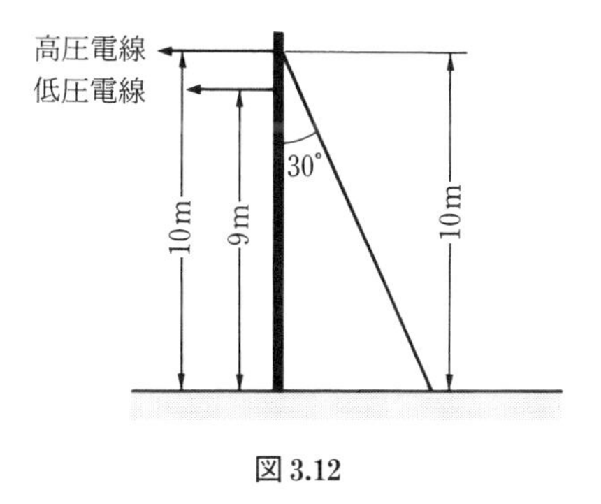

図 3.12

【解】　この場合は電線が 2 本で支線の取付け点が高圧線と同じであるから，支線強度 T〔kN〕は式(3.43)から

$$T=\frac{P_1h_1+P_2h_2}{h_1\sin\theta}=\frac{9.8\times10+3.92\times9}{10\times\sin30^\circ}\fallingdotseq26.66\ \text{kN}$$

いま，支線の安全率を f，より合せによる引張荷重減少係数を k，支線の素線の引張強さを F〔kN/mm²〕，支線の素線の断面積を D〔mm²〕とすれば求める支線の条数 n は式(3.47)から

$$n=\frac{Tf}{FDk}=\frac{26.66\times1.5}{1.225\times\pi(2.3)^2/4\times0.95}\fallingdotseq8.27\longrightarrow9\text{ 条}$$

問　　題

3.1　**図問3.1** のような高低差のない支持点A，Bで，径間長 S の架空送電線において，架線の水平張力 T を調整してたるみ D を10%小さくし，電線地上高を高くしたい．

この場合の水平張力の値として，正しいのは次のうちどれか．ただし，両側の鉄塔は十分な強度があるものとする．

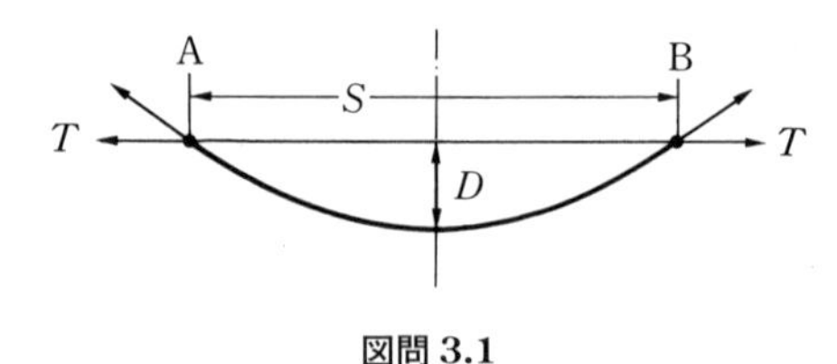

図問3.1

（1）0.9^2T　（2）$0.9T$　（3）$\dfrac{T}{\sqrt{0.9}}$　（4）$\dfrac{T}{0.9}$　（5）$\dfrac{T}{0.9^2}$

3.2　架空電線路における電線のたるみに関する次の記述のうち，誤っているのはどれか．

（1）たるみは，径間に比例する．

（2）たるみを大きくすると，電線に加わる張力は小さくなる．

（3）たるみは，一般に夏季に最大となる．

（4）たるみは，一般に冬季に最小となる．

（5）たるみの算定には，電線の自重だけではなく，氷雪や風などによる荷重を考える必要がある．

3.3　架空電線路における電線のたるみ決定要因に関して，直接関係のないものは，次のうちどれか．

（1）電線の単位長重量　（2）電線の断面積　（3）電線の弾性係数

（4）電線の抵抗温度係数　（5）電線の線膨張係数

3.4　架空電線を200 mの径間に架設したところ，たるみは5 mであった．たるみを6 mにするためには，いくら電線を送り込めばよいか．正しい値を次のうちから選べ．

（1）　8 cm　（2）　10 cm　（3）　12 cm　（4）　15 cm　（5）　18 cm

3.5　支持点の高さが同じで径間距離150 mの架空電線路がある．電線の質量による荷重が20 N/m，線膨張係数は1℃につき0.000 018である．電線の導体温度が−10℃のとき，たるみは3.5 mであった．次の(a)及び(b)の問に答えよ．ただし，張力による電線の伸縮はないものとし，その他の条件は無視するものとする．

(a)　電線の導体温度が35℃のとき，電線の支持点間の実長の値〔m〕として，最も近いものを次の（1）～（5）のうちから一つ選べ．

（1）　150.18　（2）　150.23　（3）　150.29　（4）　150.34　（5）　151.43

(b)　(a)と同じ条件のとき，電線の支持点間の最低点における水平張力の値〔N〕として，最も近いものを次の（1）～（5）のうちから一つ選べ．

（1）　6 272　（2）　12 863　（3）　13 927　（4）　15 638　（5）　17 678

出典：令和3年度第三種電気主任技術者試験電力科目

3.6　次の□の中に適当な答を記入せよ．

送電線の鉄塔の設計に際して考慮する荷重には，（ア）荷重，（イ）荷重および水平横荷重がある．これらのうち，水平横荷重は，支持物，（ウ）などに加わる（エ）荷重と電線路の（オ）荷重とからなっている．

3.7　架空電線路において，支持物に加わる設計荷重について次の記述のうち，誤っているのはどれか．

（1）　電線，鉄塔などに加わる風圧荷重は，冬季と夏季と同じである．

（2）　冬季は，氷雪の付着を考慮する必要がある．

（3）　すべての架渉線が断線した場合に生ずる不平均張力を考慮する必要がない．

（4）　電線路が水平角度をもつ場合，水平角度荷重を考慮する必要がある．

（5）　支持物の位置に著しい高低差がある場合，その架渉線張力による垂直分力を考慮する必要がある．

3.8　次の文章は，送電線の自然災害に対する設計に関する記述である．文中の□に当てはまる最も適切なものを解答群の中から選びなさい．

送電鉄塔の荷重設計で支配的なのは，通常は強風又は着氷雪荷重であり，一般的な建築物が地震荷重である点と異なる．これは鉄塔がトラス構造物で建築物に比べて軽いことに加えて架渉線を有していることによる．

風荷重の基本となる設計風速は，10分間平均風速を用いる場合と（1）を用いる場合がある．前者の値は夏から秋にかけての台風を想定した高温季では（2）m/s，冬から春にかけての季節風を想定した低温季では，氷雪の付着を考慮し，高温季の荷重の$\frac{1}{2}$となる風速値としている．

着氷雪荷重には，風荷重と重畳する（3）を対象とした着雪荷重，標高の高い山岳地で発生する着氷荷重，降雪が多い地域で対策が必要な積雪荷重があり，それぞれ過去の観測記録や設計実績に基づいて適切な値を設定する．

また，電線においては，電線に付着した氷雪が羽根状となって風を受けて電線が自励振動する［（4）］や，電線に付着した氷雪が脱落して電線が跳ね上がる［（5）］があり，相間短絡などの電気事故が発生しないように対策が取られている．

〔解答群〕

（イ）ギャロッピング	（ロ）ねじれ振動	（ハ）サブスパン振動
（ニ）40	（ホ）最大風速	（ヘ）乾形着雪
（ト）コロナ振動	（チ）微風振動	（リ）60
（ヌ）湿形着雪	（ル）27	（ヲ）中間風速
（ワ）瞬間風速	（カ）スリートジャンプ	（ヨ）50

出典：平成27年度第二種電気主任技術者一次試験電力科目

3.9　**図問 3.9** のような引留(角度)柱の支線に加わる張力として，正しいのは次のうちどれか．

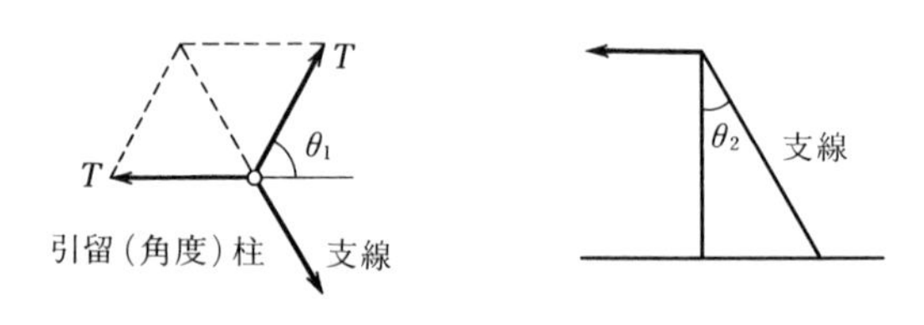

図問 3.9

（1）$\dfrac{2T\sin(\theta_1/2)}{\sin\theta_2}$　（2）$\dfrac{2T\cos\theta_1}{\sin\theta_2}$　（3）$\dfrac{2T\cos(\theta_1/2)}{\sin\theta_2}$

（4）$\dfrac{2T\sin\theta_1}{\sin\theta_2}$　（5）$2T\cos\theta_1\cdot\sin\theta_2$

3.10　高圧架空電線路の支持物として，**図問 3.10** のような張力で架線された電線を引き留める木柱に電気設備技術基準に適合する支線を施設する場合，支線の素線条数は，最低限

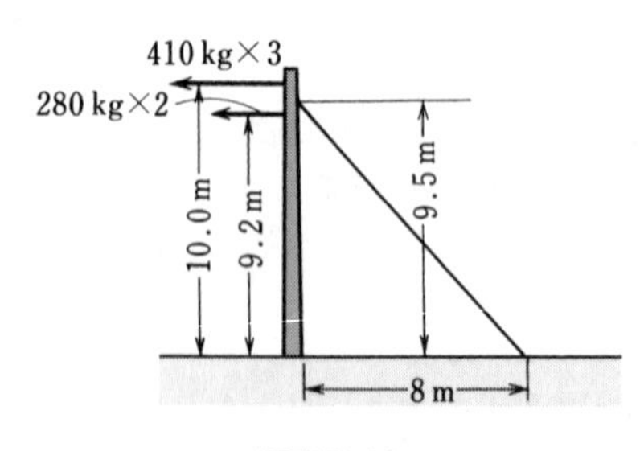

図問 3.10

度いくらにしなければならないか．正しい値を次のうちから選べ．

ただし，支線の素線1条あたりの引張荷重を440 kgとし，また，支線のより合せにより引張荷重の減少係数を0.9とする．

（1） 3　（2） 5　（3） 7　（4） 9　（5） 11

3.11　**図問3.11**に示すように，電線A，Bの張力を，支持物を介して支線で受けている．電線A，Bの張力の大きさは等しく，その値をTとする．支線に加わる張力T_1は電線張力Tの何倍か．最も近いものを次の(1)～(5)のうちから一つ選べ．

なお，支持物は地面に垂直に立てられており，各電線は支線の取付け高さと同じ高さに取付けられている．また，電線A，Bは地面に水平に張られているものとし，電線A，B及び支線の自重は無視する．

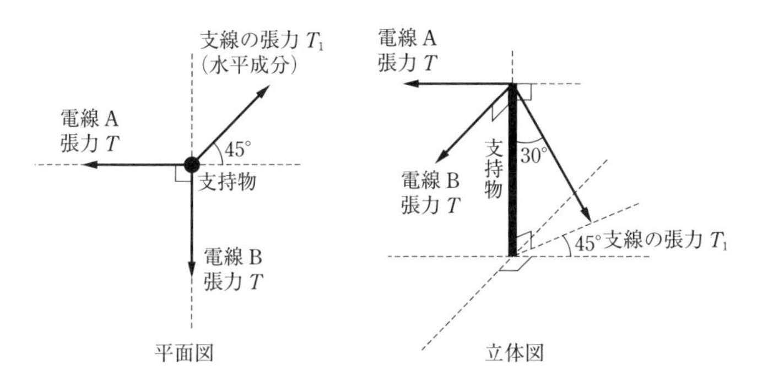

図問3.11

（1） $\dfrac{1}{2}$　（2） $\dfrac{\sqrt{2}}{2}$　（3） $\sqrt{2}$　（4） 2　（5） $2\sqrt{2}$

出典：令和元年度第三種電気主任技術者試験電力科目

第4章 架空送電線路

4.1 架空送電線路の構成

架空送電線路は，電力の流通設備としての電気的性能と，厳しい自然条件にも耐える機械的性能とを兼ね備えて，発電所で発生した電力を効率よく，安全確実にしかも経済的に輸送しなければならない．架空送電線路は，電線，支持物，がいし，架空地線などで構成される．電力を輸送する電線は送電損失の少ないものでなければならない．また，電線を支持する支持物は強固なもので危険のない状態にしておかなければならない．支持物に電線を保持させる絶縁物としてのがいしは，電流が漏れないように電線を大地から絶縁しなければならないし，架空送電線が雷撃の際に事故を起こさないように，架空地線などで雷防護が行われる．

架空送電線路は，支持物，電線，がいし，架空地線などで構成される．

1. 支 持 物　支持物としては鉄塔，鉄柱，鉄筋コンクリート柱，木柱などが使用される．

支持物は，一般に電圧が高くなるに従い架渉線相互の間隔が大きくなり，使用電線も太くなる傾向にある．したがって，支持物自体の形状も送電電圧に比例して大きくなり，これに作用する荷重も増大する．わが国における支持物の使い方としては一般に電圧 66 kV 以上の送電線路には鉄塔が，33 kV 以下の送配電線路には鉄柱，鉄筋コンクリート柱，木柱が使用される．本章では鉄塔，鉄柱について述べる．

a. 鉄塔の種類

（1） 形状による分類　四角鉄塔，方形鉄塔，えぼし鉄塔，門形鉄塔，回転

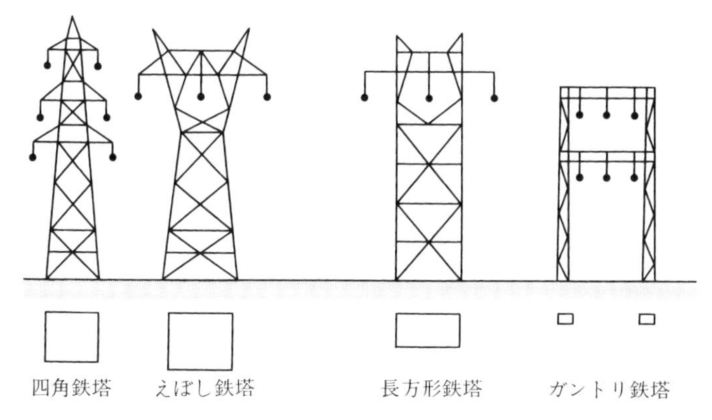

図 4.1　鉄塔の種類

鉄塔，MC 鉄塔，支線鉄塔などがある(**図 4.1**)．

四 角 鉄 塔：普通一般に使用されている鉄塔で四面同形のもの．

方 形 鉄 塔：相対する 2 面が同形のもの．

えぼし鉄塔：鉄塔主体の中腹部が狭くなった形状のもので，長径間，1 回線設計の鉄塔などによく使用される．

門 形 鉄 塔：ガントリ鉄塔(gantry tower)ともいわれ，鉄道，電車線，道路などをまたいで使用される鉄塔である．

回 転 鉄 塔：鉄塔主体の中腹部以上と以下との断面が 45° 回転したもの．

MC　鉄　塔：主柱材にコンクリート充てん鋼管を，腹材に中空の鉄管を使用した鉄塔である．

支 線 鉄 塔：鉄塔主体の最下部をヒンジとし，想定荷重を支線で分担する構造のもので，アメリカ，ヨーロッパの超高圧送電線に使用されている．

なお，近年，美観を考慮したデザインや塗装を施した環境調和鉄塔が採用されている．

（2）　**使用目的による分類**　　標準鉄塔と特殊鉄塔があり，前者は送電線路の標準径間に対して設計された鉄塔で，後者は標準鉄塔以外の鉄塔で川越え，谷越えなどの長径間箇所，そのほかの分岐などで標準鉄塔を使用できない箇所に適用するように設計された鉄塔である．標準鉄塔はさらに次のように分類される．

（a）　**直線形鉄塔**　　電線路の直線部に使用されるものをいい，線路にわずかの水平角度のある箇所にも使用するため，水平角を3°以下として設計する鉄塔．

（b）　**角度形鉄塔**　　電線路に水平角度がある箇所に使用されるもので，水平角度が20°以下として設計された鉄塔を軽角度鉄塔，30°以下として設計された鉄塔を重角度鉄塔といっている．

（c）　**引留形鉄塔**　　全架渉線を引き留める箇所に使用する．

（d）　**耐張形鉄塔**　　支持物の両側の径間差が大きく，著しい不平均張力を生ずるおそれのある箇所に使用するもので，電線路の補強を目的に使用される．

（e）　**補強形鉄塔**　　電線路の補強のために使用するもので，耐張形鉄塔以外のものをいう．

【例題4.1】　送電用支持物に関する次の記述のうち，誤っているのはどれか．

（1）　直線形は，送電線路の直線部分に使用するものである．

（2）　角度形は，送電線路に水平角度または垂直角度のある箇所で使用するものである．

（3）　引留形は，全架渉線を引き留める箇所に使用するものである．

（4）　耐張形は，送電線路の補強のために使用するものである．

（5）　補強形は，送電線路の補強のために使用するもので，耐張形以外のものである．

【解】　（2）

〔解説〕 角度形は送電線路に水平角度がある箇所に使用するものであり，垂直角度のある箇所は誤りである．

b.　鉄塔の設計

（1）　**標準径間**　　鉄塔の標準径間は電圧，回線数，電線の種類および太さ，鉄塔の構造，気象ならびに地形，用地事情などを検討し，経済的な径間を選定する．わが国において採用している標準径間の例を**表4.1**に示す．

（2）　**鉄塔の装柱**　　鉄塔の装柱は，電線と支持物の絶縁間隔を考慮し，電線および地線の配置を決める．電線間隔は，設計径間長と電線の風による横振れ，架渉線に着氷雪のおそれがある地域では，スリートジャンプ† などによる架渉線

† 本節の **2.** の **d.** 参照

表 4.1 標準径間の例

電 圧〔kV〕	標準径間〔m〕
77 以下	200～250
110～187	250～300
220～275	300～350
500	350～500

表 4.2 鉄塔の根開き

鉄塔種類	根 開 き
直線鉄塔 または 軽角度鉄塔	鉄塔高さ 1/7～1/4.5
重角度鉄塔 または 引留鉄塔	鉄塔高さ 1/5.5～1/4

の運動範囲を検討し，混触を防止するようにしなければならない．

（3） **鉄塔の根開き**　鉄塔の根開きは，鉄塔の種類と荷重の大小，鉄塔の高さ，使用鋼材の種類，さらに地質，用地事情などを総合し，経済的に定める(**表 4.2**)．

（4） **想定荷重**　支持物の設計に必要な想定荷重は **3.4** で述べたとおりであり，その具体的な値は電気設備技術基準ならびに JEC に支持物に加わる想定荷重の標準値が示されている．

c. 鉄柱の種類　鉄柱は送電用のほか配電線，通信線，電車線用など多方面に使用されているが，送電用として現在用いられているものは，形式上では四角鉄柱，三角鉄柱，鋼板組立柱(パンザーマスト)，鋼管鉄柱があり，四角鉄柱が多く用いられる．

また，使用目的では鉄塔と同様，標準鉄柱，特殊鉄柱があり，標準鉄柱はさらに直線鉄柱，角度鉄柱，引留鉄柱，耐張鉄柱に分かれている．標準鉄柱における標準径間は 250 m 以内である．

なお，鉄柱はその強度の関係上 66～77 kV 1 回線用または 22～33 kV 以下の 2 回線用の電線路に使用するのが一般的である．

2. 架空電線と種題

a. 電線の性能と種類

（1） **電線の具備条件**　架空送電線路に使用する電線は次の具備条件を保有することが必要となる．

（a） 導電率が大きいこと(単線で，単金属の純度が高いほど大きくなる)．

（b） 機械的強度および伸びが大きいこと．

（c） 耐久性があること．

（d） 比重(密度)が小さく，安価であること．

（e） 架線が容易なこと．

なお，電線の絶縁はがいしで保つこととなるため，電線の具備条件とはならないことに注意を要する．

（2） **電線の種類**　以上の条件を具備している電線としては銅線とアルミ線がある．架空送電用の電線としては，一般に可とう性を増すために裸より線が多く使用されるが，耐熱性をよくしたり，引張強さを大きくするため合金線が用いられる．ただし，合金線は単金属の場合より導電率が低下する欠点を有する．

主な電線は次のとおりである．

（a） **硬銅より線(HDCC)**　硬銅線を各層交互反対方向に緊密に同心円により合せたもので，導電率が97%と高く，機械的強度そのほかの性能も優れ，送電電圧77 kV 以下の送電線に古くから広く用いられている．

（b） **鋼心アルミより線(ACSR)**　**図4.2**に示すように電線の中心部に引張強度の大きい鋼より線を用い，その周囲に比較的導電率のよい(約61%)硬アルミ線をより合せた構造となっている．硬銅線に比べ導電率は小さいが，機械的強度が大きく，軽く，同一抵抗の硬銅線に比べて電線の外径が大きいのでコロナ臨界電圧が高く，価格も安いため，高電圧の送電線用電線に多く用いられており，最近では77 kV 以下の線路にも使用されている．

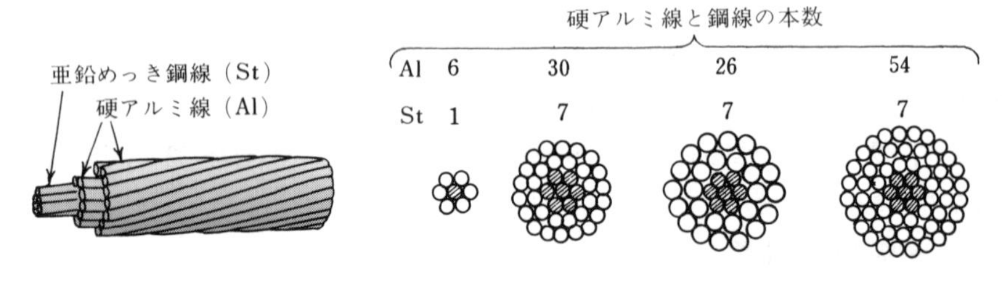

図4.2　鋼心アルミより線(ACSR)

ただし，アルミニウムは，銅より軟質で傷つきやすいから建設工事の際，取扱いには十分注意を要する．

（c） **鋼心耐熱アルミ合金より線(TACSR)**　この電線はACSRの硬アルミ線の代りにアルミに極少量のジルコニウムを添加した耐熱アルミ合金線を使用したもので，耐熱性に優れている．この電線は許容電流を大きくとれるために，送電用地の取得困難と大容量送電が必要な超高圧以上の高電圧送電線に多く採用されている．

（d）　**アルミ合金線**　アルミの機械的強度を大きくしたイ号アルミ合金が，鋼心イ号アルミ合金より線として長径間および架空地線に使用される．

（e）　**亜鉛めっき鋼より線**　導電率が小さく腐食しやすいが，機械的強度が大きいため，導電率があまり問題とならない架空地線に使用される．

（f）　**アルミ被鋼線**　機械的強度の大きい鋼線に適度な導電率をもたせたアルミを融着した電線で，通信線への電磁誘導軽減対策として架空地線に用いられている．

（3）　**電線の安全電流**　電線の性能に悪影響を及ぼさない温度(最高許容温度)に対する電流をいい，電線の安全電流を決定する要因としては電線の材質，構造，表面の状況，周囲温度，日射状態，風雨などがあげられる．

許容電流 I の式としては，架空線の使用温度範囲内では，電線の負荷電流による熱損失 I^2R と電線の周囲へ対流によって放散する熱量 $\pi dlkt$ が等しいとして求められる．

$$I^2R=\pi dlkt \qquad \therefore \quad I=\sqrt{\frac{\pi dlkt}{R}} \tag{4.1}$$

ただし，d：電線外径〔m〕，l：電線の長さ〔m〕，t：温度上昇〔°C〕，k：熱放散係数(周囲温度，風速，日射量によって定まる係数)，R：最終温度における長さ l の電線の抵抗〔Ω〕

硬銅より線や鋼心アルミより線などの最高許容温度は，短時間では100°Cとしているが，長時間連続使用では，電線の引張強さなどが幾分低下したり，電線の接続部分が劣化するなどを考慮に入れて，90°Cが推奨されている．このときの許容電流を**連続許容電流**といい，故障時そのほかで30分～1時間程度使用のときは100°Cとしてよく，このときの許容電流を**短時間許容電流**という．夏季と冬季の周囲温度はそれぞれ40°C，25°Cとしており，冬季が15°C低いため冬季の許容電流は夏季より約15%大きくなる．

鋼心耐熱アルミ合金より電線(TACSR)は耐熱性に富み，最高許容温度は連続150°C，短時間180°Cとなり，許容電流はHDCCやACSRより40～60%増加する(**表4.3**)．なお，一部の送電線に連続130°C，短時間150°Cで設計された

表 4.3　ACSR と TACSR の許容電流の比較

〔単位：A〕

電　線 太　さ 〔mm²〕	ACSR		TACSR Ⅰ		TACSR Ⅱ	
	連　続	短時間	連　続	短時間	連　続	短時間
	90℃	100℃	130℃	150℃	150℃	180℃
330	713	803	1 011	1 129	1 129	1 284
410	829	936	1 183	1 323	1 323	1 508
610	1 043	1 180	1 499	1 679	1 679	1 918
810	1 237	1 404	1 788	2 006	2 006	2 296

TACSR を使用しているものもある．

【例題 4.2】　抵抗が等しい場合において，鋼心アルミより線を硬銅より線と比較した記述として，誤っているのは次のうちどれか．

（1）導電率が低い．　　（2）引張荷重が大きい．

（3）傷がつきにくい．　（4）コロナを発生しにくい．

（5）直径が大きい．

【解】　（3）

〔解説〕アルミニウムは硬度が銅に比べて小さいため，傷がつきやすい．

b. 多 導 体(bundle conductor)　送電線で1相に2本以上の電線を適度な間隔に配置したものを多導体と呼び，普通2〜6本の導体を20〜90 m ごとに設けられたスペーサで30〜50 cm 間隔に並列に架設する方式で(**図 4.3**)，主に超高圧以上の送電線に多く用いられている．特に，1相が2本で構成された電線を

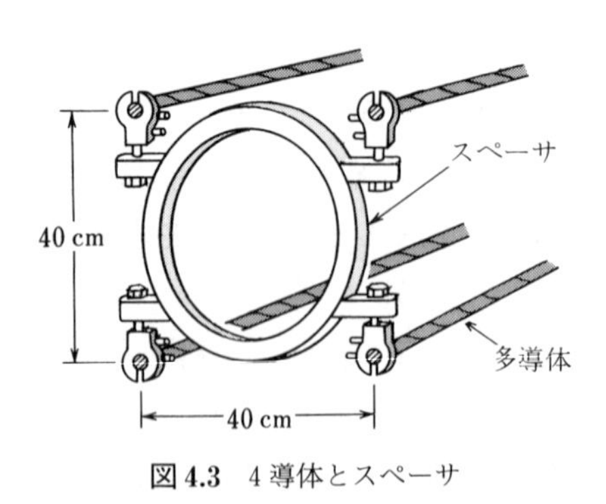

図 4.3　4導体とスペーサ

複導体(double conductor)と呼んでいる．多導体(複導体)は単導体に比べ次のような利点があるため，高電圧の長距離大容量送電線に適用されている．

（1）　単導体と合計断面積が等しい多導体は，表皮効果が少ないので，電流容量が多くとれ，送電容量が増加する．

（2）　電線のインダクタンスが減少し，また静電容量が増加する．

（3）　電線表面の電位傾度を低減できるので，コロナ開始電圧が高くなり，コロナ損失，雑音障害を防止できる(同一太さの電線でのコロナ開始電圧は単導体に比べ複導体で 1.07 倍，4 導体で 1.27 倍となる)．

（4）　インダクタンスが小さくなるので系統安定度が向上する．

ただし，スペーサの取付けなど込み入った構造となるため機械的挙動が複雑となり風圧や氷雪荷重が増加する．また，架線金具および電線付属品など鉄塔部材が大きくなり，建設費が増加するなどの欠点がある．

c.　電線の太さの選定　電線の太さの選定にあたっては，経過地の気象そのほかの外部条件を考慮し，電力損失，コロナ，許容電流，電圧降下などの電気的特性と機械的強度と重量，耐振性，工事上の取扱いなどの機械的特性および耐食性，価格などについて検討し，経済的で信頼度の高い電線を選定する．以下，主な要素について説明する．

（1）　**許容電流**(allowable current)　電線に電流が流れると温度が上昇し，ある限度以上に高くなると引張強さなどの性能が低下するので，電線の性能に悪影響を及ぼさない温度限度(**最高許容温度**)で使用しなければならない．この限度の電流を許容電流または**安全電流**という．許容電流は，電線の材質，構造，表面の状況，周囲温度，日射状態，風雨などにより異なる．電線は負荷電流はもちろん，故障電流に対しても，電線の性能低下を生じないよう許容電流の大きさを適度にしなければならない．

（2）　**電圧降下および電力損失**　負荷の電圧はできるかぎり定格電圧で使用することがよい．このため，配電線路では電圧降下の限度(202±20 V，101±6 V)を決めて，それに見合った太さの電線を使用する．また，電力損失も極力少ないように太い電線を使用するが，経済性などを考慮して太さを決める．

（3）　**機械的強度**　架空線には第 3 章で述べた種々の荷重がかかるが，これらの荷重に対して断線することがないよう，保安上から電気設備技術基準の解釈

表 4.4　機械的強度による電線の最小太さ

電線の使用電圧	電線の強さと太さ
特別高圧（架空線）	22 mm² の硬銅より線またはこれと同等以上の強さおよび太さのより線
高　　圧（架空線）	直径 5 mm（市街地外は 4 mm）の硬銅線またはこれと同等以上の強さおよび太さのもの
低　　圧（架空線）	300 V 以下直径 2.6 mm の硬銅線 300 V 超過直径 5 mm の硬銅線
低　圧（屋内配線）	直径 1.6 mm の軟銅線またはこれと同等以上の強さおよび太さのもの

で**表 4.4** のような太さの限度が決められている．

（4）　**コ ロ ナ**（corona）　　高電圧送電線ではコロナの発生によって電力損失，ラジオ雑音，近接通信線の誘導障害などを与えるので，送電電圧に応じて必要な外径の電線や，多導体を採用して，コロナの発生を限度（AC 21 kV/cm）以内とする．

（5）　**耐 食 性**　　海岸地帯や有害なガスを発生する工場地帯などを通過する場合は，耐食性の高い電線もしくは防食した電線を使用する必要がある．

（6）　**経 済 性**　　電線の断面積を経済的に選ぶには，線路の建設費に対する金利，償却費，維持費の合計と，線路の送電電力に対する電力損失に相当する損失額との合計が最小となるようにする．これを**ケルビンの法則**といい，「電線の単位長さあたりに失われる年間電力量の価格」と「電線の単位長さあたりの年経費」が等しい場合，最も経済的となる．

d.　架空地線（ground wire）　　送電線路の頂部に張られた架空地線は，雷に対する電線の直撃を防止するために設けられたものであるが，このほか通信線に対する電磁誘導の遮へい線の役目もする．雷に対する遮へい効果は架空地線の導電率が高いほど，塔脚の接地抵抗が低いほど大きくなるので，逆フラッシオーバの発生確率が減少する．

また，電線に雪や氷が付着すると**スリートジャンプ**（sleet jump）や**ギャロッピング**（galloping）といった現象が発生しやすくなる．前者は着氷雪の脱落によって電線が上方に跳躍するものであり，後者は着氷雪などによって，電線の断面が非対称となり，これに強い水平風が当たると浮揚力が発生し，着氷雪の位置によっては，この浮揚力と電線の張力による復元力とが作用しあって自励振動を生じて，電線が上下に振動する現象である．ギャロッピングはカルマン渦による電線振動として知られ，微風振動とは異なり，比較的周波数が低く，振幅が大きいため，しばしば送電線の線間短絡故障の原因となる．ギャロッピングの対策としては，送電線の適切な位置にダンパを取り付ける方法あるいは送電線の相間にスペーサを取り付ける方法などが採用されている．

3．がいし(insulator)　がいしは，その構造，用途によって懸垂がいし，ピンがいし，長幹がいしおよび支持がいしに大別される．一般に，懸垂がいしが広く使用されており，長幹がいしは特殊箇所に使用され，ピンがいしは33 kV以下の木柱送配電電線にわずかに使用される．支持がいしのうち，主にラインポストがいしが送電線に使用される．

a．がいしの具備条件　がいしは，電線を支持物から絶縁するために用いられるから，十分な機械的強さを有し，しかも電気的には絶縁の任務を果たさなければならない．このようながいしの具備条件は次のとおりである．

（1）常規電圧はもちろん，地絡故障などの内部異常電圧に耐えること．

（2）十分な機械的強度を有していること．

（3）長年にわたって電気的，機械的劣化が少ないこと．

（4）温度の急変に耐え，吸湿しないこと．

（5）価格が安価であること．

がいしを構成する磁器は，粘土および陶石を主成分として粉砕混合し，水とこね合せたものを成形し乾燥のうえ，その表面にうわぐすりを塗って焼成したものである．

b．がいしの種類

（1）懸垂がいしと長幹がいし，スモッグ(耐霧)がいし

（a）**懸垂がいし**　懸垂がいしには図4.4に示すクレビス形とボールソケット形がある．わが国ではほとんどクレビス形が用いられていたが，近年，超高圧送電用として引張強度の大きいボールソケット形が広く用いられるようになってきた．懸垂がいしは可鍛鋳鉄製のキャップと円板形の磁器と鋼製ピンをセメントで接着したもので，使用電圧に応じた適度な個数を連結し，がいし連として用いる．クレビス形はキャップの上部がクレビスになっており，ほかのがいしのピン部を差込みコッタボルトで連結している．ボールソケット形はキャップの凹部

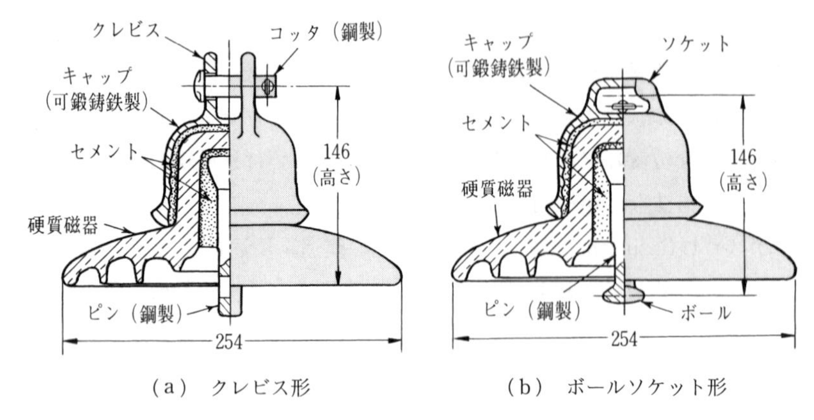

（a）　クレビス形　　　　（b）　ボールソケット形

図 4.4　懸垂がいしの構造

にほかのがいしのボール付きピンを差込み割ピンで止めるもので，直径 250 mm および 180 mm が標準とされている．500 kV 送電線路では，電線サイズが大きくなるとともに強度の大きい直径 280 mm，320 mm などの大形懸垂がいしが用いられている．

（b）　**長幹がいし**　　長幹がいしは**図 4.5** のように中実の磁器体の両端に連結金具が付いており，使用電圧によって長さが違っている．長幹がいしは塩害地域の発変電所母線引留用や 66〜154 kV 送電線路用として使用され，66 kV 以上

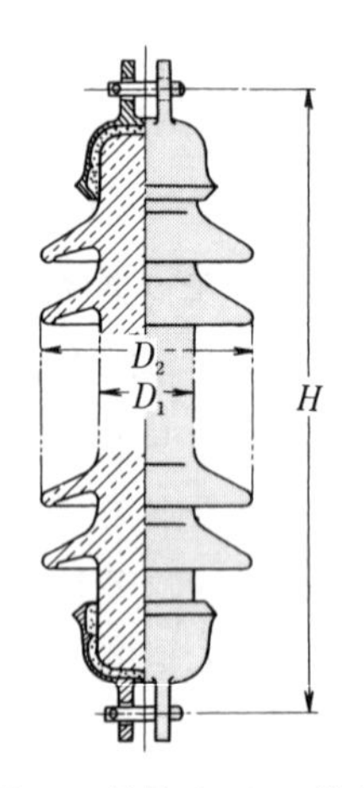

図 4.5　長幹がいしの構造

の送電線路では，2 個以上を連結して用いられることがある．

このがいしは経年劣化がなく，表面漏れ距離が長く，がいし裏面のひだがないので塩じんによるがいし汚損は少なく，また雨に洗われやすく，雨洗効果が大きいので，耐霧性に優れている．ただ，機械的強度に弱い欠点があり，架線工事のときにはていねいに取り扱わなければならない．

（c） **スモッグ(耐霧)がいし**　　このがいしは長幹がいしと同様，がいしの表面漏れ距離が長く，塩分やじんあいが付着しても耐電圧が高い特徴があるので，塩害地域で用いられる(第 8 章の **8.5** 参照)．

（2） **ピンがいしとラインポストがいし**

（a） **ピンがいし**　　ピンがいしは**図 4.6** のような構造をしており，通信用，配電用から送電用までのものがあり，過去には木柱線路や鉄柱線路の 66 kV 以下のものに多く用いられていた．このがいしは送電電圧による使用号数の選定と互換性に乏しく，劣化率も大きいので，近年は懸垂がいしがこれにとって代り，33 kV 以下の送電線にわずかに使用されているにすぎない．

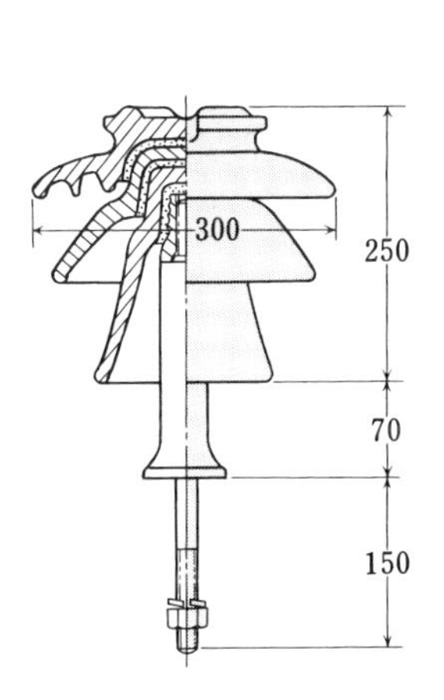

図 4.6　ピンがいしの構造

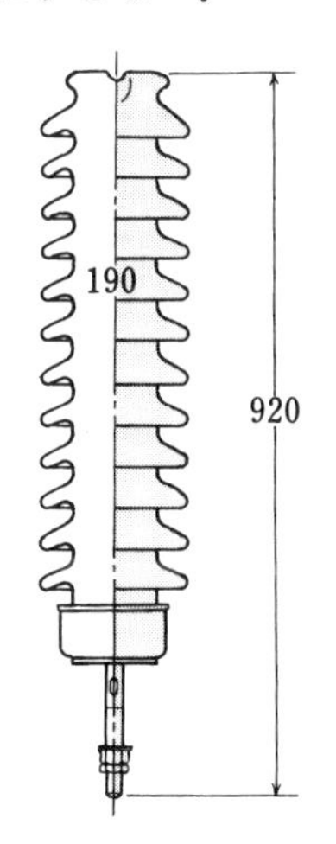

図 4.7　ラインポストがいしの構造

（b） **ラインポストがいし**　　ラインポストがいしは**図 4.7** のように，鉄構や床面に直立固定する構造となっており，長幹がいしと同様な中実の磁器体の頭部に，導体の溝があり，バイント線で結んで使用される．特徴は長幹がいしと同様 77 kV 以下の送電線路の懸垂箇所に用いられる．

表 4.5　電圧階級別がいし個数

公称電圧〔kV〕	11～22	33	66～77	110～154	187	220	275	500
がいし個数	2～3	3	4～5	7～10	10～11	12～13	15～16	28～30

c.　がいし個数の決定　送電線のがいし個数は想定した開閉サージおよび持続性異常電圧，つまり内部異常電圧(内雷)に対して十分な絶縁を確保できるように決められる．そこでがいし連の絶縁は降雨時に最も低下するので，このとき地絡故障が発生し開閉サージが発生したときでも絶縁を保たなければならない．つまり開閉サージ波高値と開閉サージに対する注水耐圧特性，および持続性異常電圧(実効値)と，それに対する商用周波注水耐圧特性(実効値)の二つを比較してがいしの個数の大きい方をとり，それにがいしの保守に必要な1個を加えて，一連のがいし個数とする(**表 4.5**)．一般には，持続性異常電圧の絶縁裕度が大きいので，がいし個数はすべて開閉サージによって決まる．

なお，懸垂がいし連の各がいしに加わる分担電圧は一様ではなく，電線側が最大，途中で最小，接地側でやや大となっている．

d.　がいし装置のアークホーン　送電線の絶縁強度を前述のように定めても，雷そのほかの原因によるがいしのフラッシオーバを皆無とすることはむずか

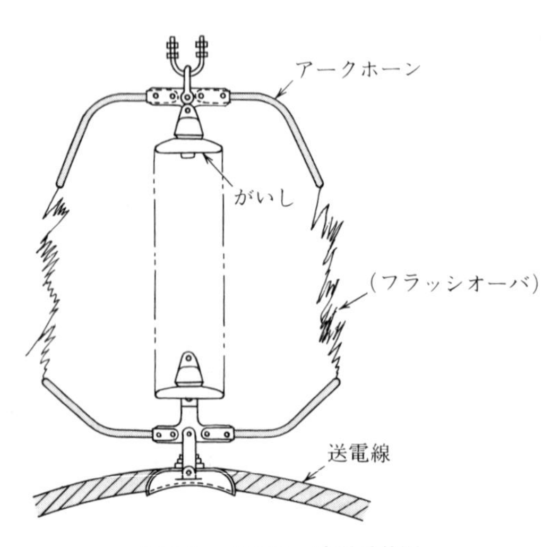

図 4.8　154 kV 一連懸垂装置

しい．がいし連にフラッシオーバが発生しても，がいし破損を防ぐために**図 4.8**のようなアークホーンを施設し，がいしにアークが沿絡した場合に，これをホーン間に発生させ沿面フラッシオーバを防ぐようにしている．また，コロナ遮へいとして雑音防止の効果もあわせて期待する場合には**シールドリング**(shielding ring)を取り付ける場合もある．なお，がいしにアークホーンを取り付けたときには1～2個のがいしの増結を図る必要がある．

4.2　架空送電線のねん架

架空送電線路の電線の線間距離が等しくないと，各線のインダクタンスや静電容量が異なることになる．このため，電圧，電流が不平衡になるほか，変圧器の中性点に残留電圧が発生する．

いま，静電容量のみが不平衡の場合の変圧器の中性点の残留電圧 $\dot{E}_0$ を求めてみよう．**図 4.9**のように各相の対地静電容量を C_a，C_b，C_c，各相の電圧を E_a，E_b，E_c 中性点インピーダンスを $\dot{Z}_N$ とすれば

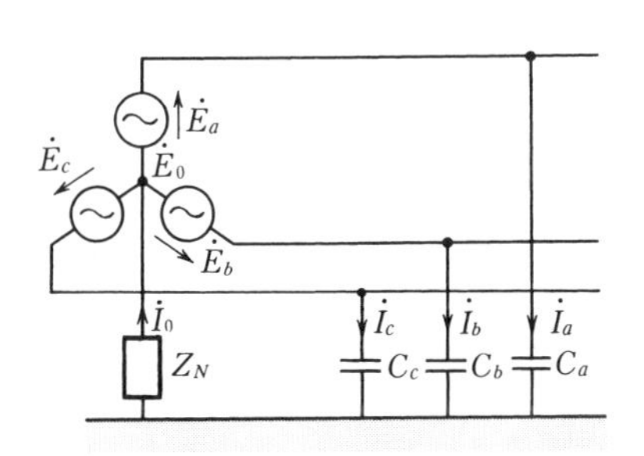

図 4.9　対地静電容量

$$\dot{I}_a = \mathrm{j}\omega C_a(\dot{E}_a + \dot{E}_0) \tag{4.2}$$

$$\dot{I}_b = \mathrm{j}\omega C_b(\dot{E}_b + \dot{E}_0) \tag{4.3}$$

$$\dot{I}_c = \mathrm{j}\omega C_c(\dot{E}_c + \dot{E}_0) \tag{4.4}$$

$$\dot{I}_a + \dot{I}_b + \dot{I}_c = \dot{I}_0 = \frac{\dot{E}_0}{\dot{Z}_N} \tag{4.5}$$

式(4.2)～(4.4)を式(4.5)に代入して残留電圧 $\dot{E}_0$ を求めると

$$\mathrm{j}\omega C_a(\dot{E}_a+\dot{E}_0)+\mathrm{j}\omega C_b(\dot{E}_b+\dot{E}_0)+\mathrm{j}\omega C_c(\dot{E}_c+\dot{E}_0)=\frac{\dot{E}_0}{\dot{Z}_N}$$

$$\therefore\quad \dot{E}_0=\mathrm{j}\frac{\omega(C_a\dot{E}_a+C_b\dot{E}_b+C_c\dot{E}_c)}{\dfrac{1}{\dot{Z}_N}-\mathrm{j}\omega(C_a+C_b+C_c)} \tag{4.6}$$

そこで，非接地の場合は $\dot{Z}_N=\infty$ となるから式(4.6)は

$$\dot{E}_0=-\frac{C_a\dot{E}_a+C_b\dot{E}_b+C_c\dot{E}_c}{C_a+C_b+C_c} \tag{4.7}$$

となり，さらに三相電圧が平衡している場合は残留電圧 $\dot{E}_0$ は

$$\dot{E}_0=-\frac{C_a+a^2C_b+aC_c}{C_a+C_b+C_c}\dot{E}_a$$

ただし，$a=-\dfrac{1}{2}+\mathrm{j}\dfrac{\sqrt{3}}{2}$，$a^2=-\dfrac{1}{2}-\mathrm{j}\dfrac{\sqrt{3}}{2}$

$$\therefore\quad E_0=|\dot{E}_0|=\frac{\sqrt{C_a{}^2+C_b{}^2+C_c{}^2-C_aC_b-C_bC_c-C_cC_a}}{C_a+C_b+C_c}\times\frac{V}{\sqrt{3}} \tag{4.8}$$

ただし，V：線間電圧

と表すことができる．

【例題 4.3】　154 kV，50 Hz の三相3線式送電線において，電線1線あたりの対地静電容量がそれぞれ次のとおりであった．

$$C_a=0.935\ \mu\mathrm{F},\qquad C_b=0.95\ \mu\mathrm{F},\qquad C_c=0.95\ \mu\mathrm{F}$$

中性点が開放されている場合の中性点の残留電圧を求めよ．

【解】　中性点開放時の残留電圧を $\dot{E}_0$ とすれば線電流は

$$\dot{I}_a=\mathrm{j}\omega C_a(\dot{E}_a+\dot{E}_0),\qquad \dot{I}_b=\mathrm{j}\omega C_b(\dot{E}_b+E_0),\qquad \dot{I}_c=\mathrm{j}\omega C_c(\dot{E}_c+\dot{E}_0)$$

となる．一方，中性点が開放されているから中性点に流れる線電流の和は0であるから

$$\dot{I}_a+\dot{I}_b+\dot{I}_c=\mathrm{j}\omega C_a(\dot{E}_a+\dot{E}_0)+\mathrm{j}\omega C_b(\dot{E}_b+\dot{E}_0)+\mathrm{j}\omega C_c(\dot{E}_c+\dot{E}_0)=0$$

$$\therefore\quad \dot{E}_0=-\frac{C_a\dot{E}_a+C_b\dot{E}_b+C_c\dot{E}_c}{C_a+C_b+C_c} \tag{1}$$

この式に $\dot{E}_a=E$，$\dot{E}_b=a^2E$，$\dot{E}_c=aE$ を代入して E_0 の絶対値を求めると式(4.8)から

$$E_0=\frac{\sqrt{C_a{}^2+C_b{}^2+C_c{}^2-C_aC_b-C_bC_c-C_cC_a}}{C_a+C_b+C_c}\times E \tag{2}$$

題意によって $E=\dfrac{154}{\sqrt{3}}\times10^3\text{V}$，$C_a=0.935\ \mu\text{F}$，$C_b=C_c=0.95\ \mu\text{F}$ であるから残留電圧 E_0 は

$$E_0=\frac{\sqrt{0.935^2+0.95^2+0.95^2-0.935\times0.95-0.95^2-0.95\times0.935}}{0.935+0.95+0.95}\times\frac{154}{\sqrt{3}}\times10^3\fallingdotseq470\ \text{V} \tag{3}$$

式(4.8)において，各相の静電容量が平衡すれば分子の $\sqrt{\ }$ のなかは 0 となり $\dot{E}_0=0$ となる．特に，中性点が消弧リアクトル接地の場合，この残留電圧が大きいと消弧リアクトルのリアクタンスと線路の静電容量が並列共振状態となっているため，中性点に常時電流が流れ，電力損失を生ずるとともに，周囲の通信線に静電誘導障害を与えることとなる．これをなくするには各種の静電容量 C_a，C_b，C_c を平衡にすればよい．

つまり，**図 4.10** に示すように全区間を 3 等分し，各相に属する電線の位置が一巡するようにねん架を行うと，インダクダンスや静電容量が相等しくなり電気的不平衡を防ぎ，線路の中性点に現れる残留電圧を減少させるとともに，付近の通信線の誘導障害を低減させることができる．

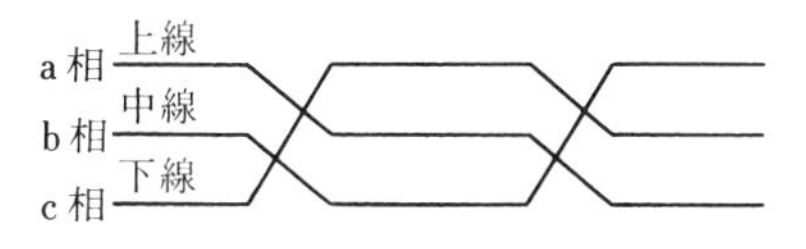

図 4.10　送電線のねん架

【例題 4.4】　例題 4.3 において，中性点に消弧リアクトルの共振タップを使用した場合，常時，中性点に流れる電流および電位は何 V となるか．

ただし，消弧リアクトルの損失を 2％とし，上記以外の定数は無視する．

【解】　消弧リアクトルは 3 線の対地静電容量と共振するリアクトル ωL を有するので，周波数を題意で 50 Hz とすれば

$$\omega L=\frac{1}{\omega(C_a+C_b+C_c)}=\frac{1}{100\pi(0.935+0.95+0.95)\times10^{-6}}\fallingdotseq1\,123\ \Omega \tag{1}$$

また，消弧リアクトルの損失は 2％であるから，等価直列抵抗 R は

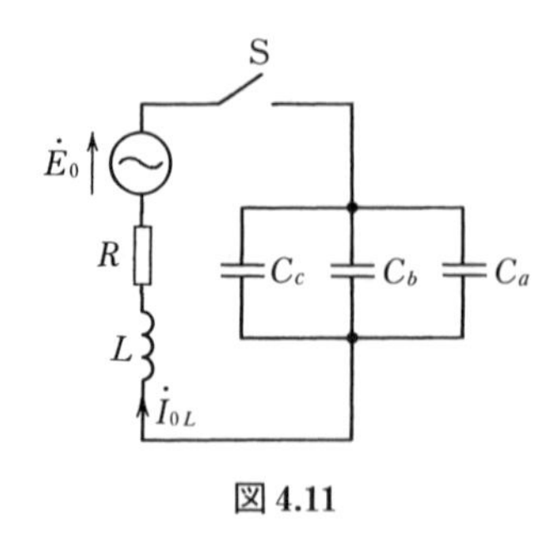

図 **4.11**

$$R = 1\,123 \times 0.02 \fallingdotseq 22.5\ \Omega \tag{2}$$

この場合の等価回路は図 **4.11** のようになる．

消弧リアクトルの共振タップを使用したとき，中性点に常時流れる電流 $\dot{I}_{0L}$ は，等価回路においてスイッチSを閉じたときの消弧リアクトル電流に等しいから

$$\dot{I}_{0L} = \frac{\dot{E}_0}{R + \mathrm{j}\left\{\omega L - \dfrac{1}{\omega(C_a + C_b + C_c)}\right\}} = \frac{\dot{E}_0}{R} = \frac{470}{22.5} \fallingdotseq 21\ \mathrm{A} \tag{3}$$

また中性点の電位 $\dot{E}_{0L}$ は消弧リアクトルの電圧降下であるから

$$\dot{E}_{0L} = \dot{I}_{0L} \times (R + \mathrm{j}\omega L)$$

$$\therefore\quad E_{0L} = I_{0L}\sqrt{R^2 + (\omega L)^2} = 21\sqrt{22.5^2 + 1\,123^2} \fallingdotseq 23\,600\ \mathrm{V} \tag{4}$$

となり，大きな電圧が表れる．

常時中性点に流れる電流 21 A，中性点電位 23.6 kV　　(答)

4.3　電線振動とその対策

1.　電線振動の原因　　電線に生ずる振動で最も起きやすいのは，微風による振動である．比較的緩やか(毎秒数 m 程度)で一様な風が電線に直角に当たると電線の風下側にカルマン渦を生じ，これにより電線に生じる交番上下の周波数が電線の径間，張力および重さによって定まる固有振動数に一致すると共振振動となり定常的な振動が発生する．これが電線の微風振動で長期間続くと，電線の支持点であるクランプ取付け付近で，繰り返し応力を受け，疲労劣化して断線するようになる．この微風振動の特徴は

(a) 一般に直径に対して重量の軽い電線(ACSR など)に起こりやすい.

(b) 支持物間の径間が長く電線の張力が大きいほど起こりやすい.

(c) 懸垂箇所は，耐張箇所よりその被害が発生しやすい.

(d) 早朝や日没などで周囲に山や林のない平たん地で起こりやすい.

などであり，振動によって断線した断面は鋭い刃物で切った形状で，電線に直角で，しかも断面収縮がない特徴を有している.

2. 電線振動の防止法　電線振動による断線を防ぐ方法としては次のようなものがある.

a. アーマロッド(armour rod)　この装置は**図 4.12** のように電線支持点(**懸垂クランプ**)を中心にして，電線と同種の線で，両端に向かって適当なテーパをもった 1〜3 m の長さのものを 8〜10 本を巻き付けたものである. このアーマロッドはアルミ電線を使用した懸垂箇所に多く用いられる.

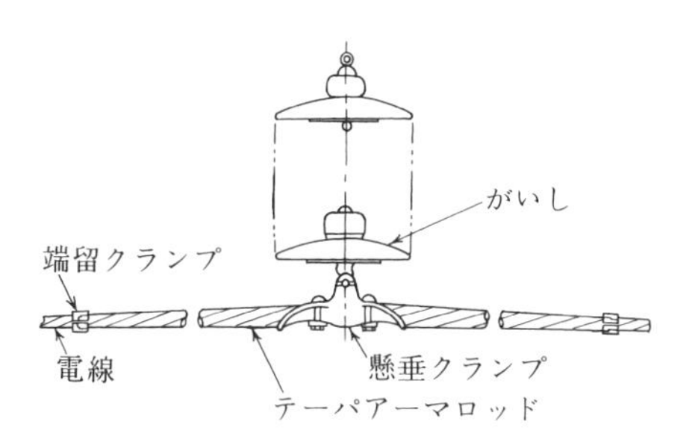

図 4.12　テーパアーマロッド

b. ストックブリッジダンパ　懸垂クランプからループの長さの 1/2〜1/3 の距離のところに，**図 4.13** のように鋼線の両端に鉄のおもりをつけたものを取り付け，電線の振動エネルギーを吸収して振動を防止する.

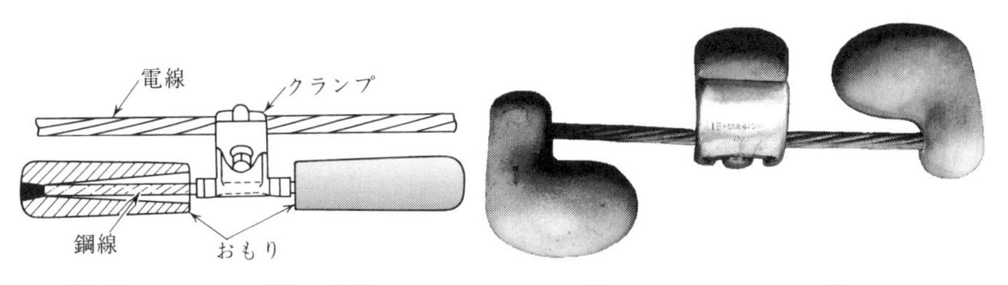

図 4.13　ストックブリッジダンパ

図 4.14　トーショナルダンパ

c.　トーショナルダンパ(torsional damper)　　図**4.14**のように鋼線の両端になす形のおもりを互いに反対方向に取り付けたもので，電線の上下振動を減衰しやすいねじり振動に変えて，振動エネルギーを吸収するものである．

d.　ベートダンパ　　図**4.15**のように電線支持点の付近に適度な長さの添線をつけたもので，この添線によって振動エネルギーを吸収させたもので，架空地線に多く用いられる．

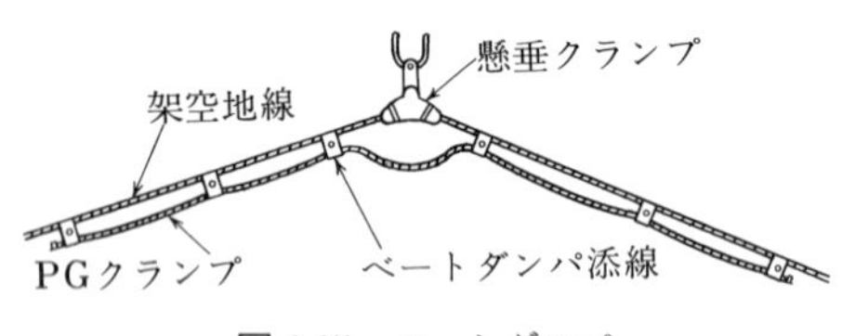

図**4.15**　ベートダンパ

3.　電線振動のループ長　　電線振動のループ長 l〔m〕は次式によって計算できる．まず，電線の固有振動数 f_c〔Hz〕は

$$\text{電線の固有振動数}\ f_c=\frac{1}{2l}\sqrt{\frac{Tg}{W}} \tag{4.9}$$

ただし，T：電線張力〔kg〕，g：重力の加速度(9.8 m/s²)，W：電線の単位長重量〔kg/m〕

一方，風速 v による強制振動数 f_w〔Hz〕は

$$\text{風速}\ v\ \text{の強制振動数}\ f_w=k\frac{v}{d} \tag{4.10}$$

ただし，d：電線の外径〔mm〕，k：vd/e(e は粘性に関するもの)の関数で，普通，$k=185$ としてよい．

したがって，共振時は $f_c=f_w$ のときであるから

$$\frac{1}{2l}\sqrt{\frac{Tg}{W}}=k\frac{v}{d}\qquad\therefore\quad l=\frac{d}{2kv}\sqrt{\frac{Tg}{W}} \tag{4.11}$$

【例題 4.5】　　電線の微風振動の発生しやすい場合についての記述として，誤っているのは次のうちどれか．

（1）　電線が軽いほど発生しやすい．

（2）　径間が短いほど発生しやすい．

（3）　硬銅より線よりも鋼心アルミより線に発生しやすい．

（4）　早朝や日没時に発生しやすい．

（5）　周囲に山や林のない平たん地で発生しやすい．

【解】　（2）

〔解説〕　電線の微風振動は，電線が全径間にわたって同じであるとき，電線が軽く，長径間の箇所，早朝や日没時，風速，風向が一定の微風で平たん地に発生しやすい．よって径間の短いのは誤りである．

4.4　コロナ発生とその対策

送電電圧として約100 kVを超える送電線路を設計する場合に，コロナの発生が電線の太さを決めるうえで重要となる．すなわち，送電電圧に対して細い電線を用いると，その表面の電位の傾きが空気の絶縁耐力を超え，コロナ放電を開始する．このため，①送電線近傍のラジオ雑音や電波障害を与える．②コロナ損を生じ，送電効率を低下させる．③コロナ雑音(corona noise)による電力線搬送装置の機能低下，消弧リアクトル接地系統において消弧能力を低下させる．④電線振動や導体の腐食を発生させるなどのコロナ障害を与える．ただし，コロナの発生により，送電線の異常電圧進行波の波高値を早く減衰させる利点もある．

1.　コロナ臨界電圧　　コロナが発生する最小の電圧をコロナ臨界電圧といい，空気の絶縁耐力が破壊されるときの電位の傾きは標準の気象状態(20°C，1013 hPa)で約30 kV/cm(波高値)である．つまり，直流では約30 kV/cmが破壊電圧であるが，交流では実効値で$30/\sqrt{2}\fallingdotseq 21$ kV/cmが破壊電圧となる．

コロナ臨界電圧は，電線の表面状態，太さ，線間距離などによって異なり雨天や小さな電線ほど臨界電圧は低くなり，コロナが発生しやすくなる．鋼心アルミより線は，同じ抵抗の硬銅より線に比して外径が大きいのでコロナ発生の点でも有利となる．

電線の表面の性質や天候などに関する係数を考慮した単導体を用いた三相送電線のコロナ臨界電圧E_0は次式で与えられる．

$$E_0=48.8m_0m_1\delta^{2/3}\left(1+\frac{0.301}{\sqrt{r\delta}}\right)r\log_{10}\frac{D}{r}\quad〔\mathrm{kV}〕\tag{4.12}$$

ただし，m_0：電線の表面係数，m_1：天候係数(晴天時 1.0，雨天時 0.8)，r：電線の半径〔cm〕，D：線間距離〔cm〕，δ：相対空気密度($=0.290p/(273+t)$，p：気圧〔hPa〕，t：気温〔°C〕⇒1013 hPa，20°C で $\delta=1.0$)

なお，多導体では電荷が素導体に分割されるため，単導体のように太い電線を用いなくても，電線表面の電位の傾きを低くできる．しかし素導体周囲の電界分布は一様でなく，多導体の中心と素導体の中心とを結ぶ直線上，素導体の内側で最小，外側で最大となる．

2.　コロナ損(corona loss)　　コロナ損は種々の実験式が提案されているが，代表的なピークの式を示すと次式になる．

$$P=\frac{241}{\delta}(f+25)\sqrt{\frac{d}{2D}}(E-E_0)^2\times10^{-5}\quad〔\mathrm{kW/km},\ 1\phi〕\qquad(4.13)$$

ただし，f：周波数〔Hz〕，d：電線の外径〔cm〕，D：線間距離〔cm〕，E：電線の対地電圧〔kV〕，E_0：コロナ臨界電圧〔kV〕(実効値)，δ：相対空気密度

3.　コロナ雑音の防止法　　まず送電線側の対策としては

(1)　電線の最大表面電位傾きが 15 kV/cm 以下となるよう相導体に外径の大きな鋼心アルミより線または多導体を用いる．

(2)　電線架線時に電線を傷つけないようにする(表面状態を良好に保つ)．

(3)　がいしに導電性物質を塗布したり，がいし装置の金具はできるだけ突起物をなくし丸味をもたせ，遮へい環(シールドリング)を用いる．

(4)　送電線の特定の場所で発生したコロナ雑音が，電線上を伝搬して，広範囲に障害を及ぼさないよう，電線にブロック装置を取り付ける．

(5)　配電線に雑音が侵入する場合は，交さ箇所の配電線を遮へいケーブル化するとか，地下埋設して移行雑音を下げる．

ラジオの受信側の対策としては

(1)　受信アンテナを送電線から離す．

(2)　放送波を増幅して分配する共同受信方式とする．

(3)　受信アンテナに指向性をもたせる．

【例題 4.6】　　次の［　　］の中に適当な答を記入せよ．

空気が絶縁破壊を起こす電位の傾きは，標準気象状態で約［ (ア) ］〔kV/cm〕(波高値)である．電線表面のごく近い点の電位の傾きが，この値に達したとき

[（イ）]が発生し，そのときの電圧を[（ウ）]と呼ぶ．この値は，単導体を用いた三相送電線では

$$E_0=48.8m_0m_1\delta^{3/2}\left(1+\frac{0.301}{\sqrt{\delta r}}\right)r\log_{10}\frac{D}{r}\quad 〔\mathrm{kV}〕$$

で表される．ただし，m_0 は[（エ）]係数，m_1 は天候係数，δ は相対[（オ）]，r は電線半径〔cm〕，D は線間距離〔cm〕である．

【解】　（ア） 30，（イ） コロナ放電，（ウ） コロナ臨界電圧，（エ） 電線の表面，（オ） 空気密度

4.5 テレビゴースト障害とその対策

一般に大きなビルや多導体送電線のように導体数が多い送電線，山間部などの近傍で，建物や送電線のルートの放送局側にある地域のテレビ受像が二重写しになることがある．これは放送局の反対側を経過している建物や送電線の電線に反射した放送波が，時間的にわずかに遅れて受信機に入るため二重写しになる現象で，これを**テレビゴースト**と呼んでいる．この現象は放送波の電界強度が弱い地域あるいは建物や送電線の反射波が強い場合に二重像の陰のほうが強くなり見えにくくなる．

このテレビゴーストの対策としては，建物や送電線ルートを極力電波方向と平行に選ぶことが望ましく，受信側としては

（1） 性能(指向性)のよいアンテナに取り換える．

（2） アンテナの位置，高さ，方向をゴーストが少なくなるよう選ぶ．

（3） テレビの障害が多い場合には，影響のない地点に共同アンテナを設け共同受信方式とする．

4.6 架空送電線路の建設・保守

1. 架空送電線路の建設　送電線路の建設を行うには，まず送電上必要な線路の電圧，回線数，支持物および電線の種類などを決定したうえ，地図および航空写真などによって線路の経過地を選定する．

次に，この条件のもとに測量を行い，支持物の位置および形を決定する．こうして支持物，電線，がいしなどの種類，数量などが決定されると所要材料を発注する．

一方，工事に対する出願手続を行い，現場においては用地そのほかの交渉を進め，材料配給所，工事事務所などを定めて工事準備をする．さらに工事請負業者の選定を行ったうえ，材料の入荷を待って工事に着手する．

送電線路の建設は調査測量，支持物の建設および電線の架設に大別される．送電線の良否はその調査に負うといっても過言ではなく，調査にあたっては，建設工事，および将来の保守，供給信頼度の確保，気象条件など重要な要素を配慮してルート選定を行う必要がある．近年は工事の機械化が進み，特に資材の運搬に索道やヘリコプタの使用，工事の大規模化に伴う機械工具の使用など新しい技術が採用されている．

a.　調査，測量　　線路の経過地選定および測量は送電線建設の基本となるものであるから，経済的で信頼度の高い送電線路となるように綿密に調査実施する必要がある．

線路経過地の選定には，まず地図(普通5万分の1)上で計画を立て，主として設計上または技術基準上問題となるような箇所について現地を概略踏査し，計画ルートの適否を調査する．重要な送電線路では，踏査以前にヘリコプタまたは飛行機による調査が行われる．概略踏査によって経過地の大筋を決めたのち，綿密な現地踏査を行い，支持物敷地，地質などについても調査する．

測量は現地踏査により選定した予定線に基づき実施するもので，中心測量，平面測量，支持物敷地測量，特殊箇所の測量，付帯調査に分けられる．

b.　支持物の建設　　測量結果をもとに細部の設計が完了すると，用地手配，資材手配を行って，官庁申請や，横断箇所の出願を行い，それら諸出願の認可を待って工事に着手する．工事の順序は，工事用仮設備を設置し，資材工具類の運搬，基礎工事，鉄塔組立工事，整地工事を行う．

c.　架線工事　　鉄塔の組立が終了すると，次に架線工事に入る．支持物の建設と同様，大サイズ電線，多導体化が進んでおり，そのため，架線工法も種々検討が加えられ，張力8～10t程度の架線工事が可能となっている．架線工事は延線工事と緊線工事に大別される．

2. UHV 送電の建設　年々増え続ける電力需要に対応して，電力を安定に効率よく送電する 1 000 kV(UHV：Ultra High Voltage)送電が建設され，一部が運開し，現在 500 kV で運転を行っている．UHV 送電は現行最高電圧の倍となる世界最高級の高電圧で大容量・大電流の設備に加え，わが国は地理的に南北に細長い島国で，台風など厳しい気象条件で，かつ，人家が密集している国土であるなど設計・建設に際しては多くの困難があった．1 000 kV 設計送電線の建設に際しての最大課題は地域環境への影響を考慮して極力，設備のコンパクト化を図ることであった．このため系統解析による絶縁技術の合理化，8 導体方式電線の採用，鉄塔用鋼材に新高張力鋼の導入など新しい技術開発の結果，**図 4.16** のように現行の 500 kV 鉄塔をやや上回る規模のコンパクトなものとなり建設が促進され，新潟から山梨にいたる南北ルートのこう長約 187 km と，福島から群馬にいたる東西ルートのこう長約 239 km が 1999 年までに完成し，現在 500 kV で運転中である．

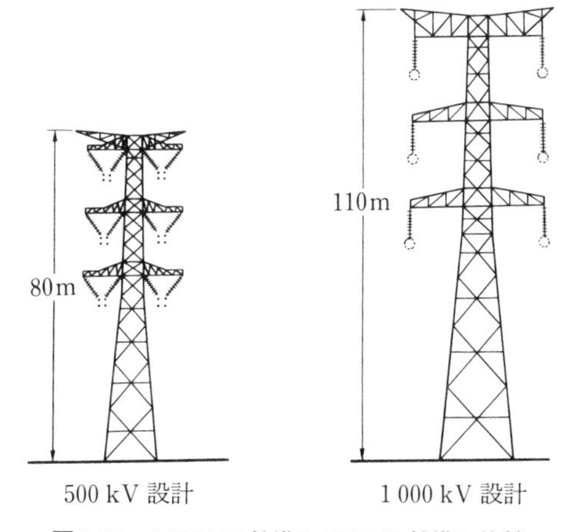

図 4.16　1 000 kV 鉄塔と 500 kV 鉄塔の比較

また，1 000 kV の昇圧に必要な UHV 変電機器は，変電所が山岳地域に建設されるため輸送上の制約や環境との調査に配慮して，送電設備を同様にできるだけコンパクトな設備とするほか，地震・塩害などわが国独特の環境条件，および大容量・大電流である系統条件を考慮した変圧器 1 相の 2 分割輸送・現地組立技術，遮断器の抵抗投入・遮断方式，高速接地開閉器(HSGR)，ガスブッシング

図4.17　UHV機器の試験場全景図

および高性能酸化亜鉛形避雷器など新しい技術開発が行われている．この新技術を実証するため新榛名変電所(群馬県)構内で約4年間にわたり，**図4.17**に示す実規模相当のUHV機器の実証試験が行われ，ほぼ所期の試験結果が得られUHV昇圧の見通しが得られている．なお，1 000 kV系統の運転開始の時期は電力需要の動向，電源開発の状況などにもよるが，21世紀初頭をめざし，諸準備が進められている．

3.　架空送電線の保守　　架空送電線路は，山岳地帯，平野部や市街地とあらゆる地帯を経過しているので，これらの設備の保守は安定した電力供給面はもとより安全面でも重要となってくる．つまり，送電線の保守の目的は

（1）　送電線による停電事故を起こさないこと．

（2）　万一，事故が発生しても直ちに設備の自復性が十分得られる状態にしておくこと．

（3）　設備がもてる機能を十分に発揮できる状態にしておくこと．

保守は線路の巡視，点検調査，保守作業に大別される．

線路の巡視には大きく分けて，一定期間ごとに行う日常巡視と，事故が発生したときに行う事故巡視がある．これらの巡視は線路に沿って，あるいは近接して設置してある巡視路を，徒歩によって行われるが，普通，巡視はヘリコプタによって空中巡視が併用され，地上，空中両面から細密な巡視が行われる．

設備の点検としてはがいしと架線金具の点検があり，不良がいし点検(検出)，金具類の点検，支持物の点検がある．また，電線・架空地線の点検がある．

保守作業としてはがいし洗浄，がいし交換がある．

4.　架空送電線の事故原因と対策

a.　事故原因　　架空送電線の雷害事故は全事故の 45〜50%を占め最も多い．次に風や氷雪害事故で 15〜20%，公衆の故意，過失(クレーン車接近など)や樹木や鳥獣の接触事故がいずれも 7〜8%程度を占める．

b.　事故の標定　　事故点を早急に発見することは，設備の状況把握，復旧を要する場合の対応などで重要となってくる．故障点を表示する故障点標定装置(**フォルトロケータ**：fault locater)が送電線路の両端の発変電所などに設置されている．装置の原理として，故障サージを利用する方法，衝撃波を印加する方法とがあるが，ここでは後者について述べる．**図 4.18** に示すように，パルス発生装置(測定点)から人工衝撃波を印加し，故障点からの反射到着までの往復時間をブラウン管に描かせ標定する方法で，系統構成が単純で分岐のない線路に適する．

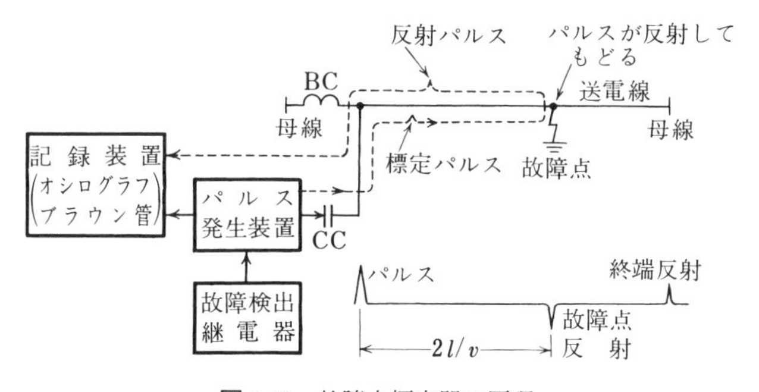

図 4.18　故障点標定器の原理

いま，測定点から故障点までの距離を l とし，パルスの速度を v とすると，パルスの往復時間 t は

$$t=\frac{2l}{v} \qquad \therefore \quad l=\frac{vt}{2} \tag{4.14}$$

となり，故障点までの距離 l が求まる．

また，154 kV 以下の線路には雷撃時に故障電流で動作する標識布が用いられる．つまり送電線に雷撃時に動作標示する標識布をある間隔で鉄塔の主柱材に取り付ける方法が，事故箇所の早期発見として採用されている．

c.　事故対策　　雷害対策としては，**8.3** に示すような架空地線による遮へい保護および塔脚接地抵抗の低減を基本として送電線の不平衡絶縁方式や送電用避雷装置の採用などが，塩害対策としては **8.5** に示すような，がいし増結による絶縁強化，耐塩がいしの採用などが，雪害対策としては電線相互間隔の改善，オフセットの採用，高抗張力電線の使用，難着雪リング，相関スペーサの取付けおよび電線へ大電流を通電して氷雪を溶解するなどの防止対策が行われている．

4.7　直　流　送　電

電気が最初に使われたころには，直流が一般需要家の供給に使用されていた．ところが，直流では直流発電機の整流問題があり，高電圧で大電力を発生することは困難であるとともに，負荷側で使用する電動機は直流より交流のほうが安価で，堅牢で使いやすい特徴をもっていた．また，大きな電力を輸送する場合，可能なかぎり電圧を高めて送電したほうが効率よく輸送できるが，その際，直流では交流の変圧器のように経済的に電圧を変圧できない送電技術上の面から交流送電が普及していった．しかし，直流送電は交流送電にない利点があるため，わが国でも，異周波系統間の連系，北海道-本州間の直流送電連系などに採用され，将来は長距離大容量，系統安定度の向上や短絡電流抑制の対策などに適用することが検討されている．

1.　直流送電の利点と欠点　　直流送電は交流送電に比べて次のような利点がある．

（1）　リアクタンスの影響がないため，交流送電のような安定度の問題がなく電線の熱的許容電流の限度まで送電することができる．

（2）　大地に対する絶縁強度を交流の $1/\sqrt{2}$ まで低減できるので，絶縁強度が同一の場合は $\sqrt{2}$ 倍の電圧で送電することができる．また，コロナ損も少ない．

（3）　交流のように充電電流が流れないため，誘電損失が発生しないとともに，補償用の分路リアクトルを設置する必要がない．

（4）　使用導体数が2条と少なくてすみ，大地を帰路とした場合は，さらに1

条ですむので，送電線の建設費が安くなる(特に高電圧長距離送電やケーブル送電で有利となる).

（5）　周波数に無関係となり，異周波連系が容易で，しかも短絡電流を増加させないで系統を連系することができる.

（6）　変換装置のゲート制御によって潮流制御を迅速かつ容易に行うことができる.

ただし，直流送電は次のような欠点も有している.

（1）　交直変換装置が必要で，しかも交流側に調相設備を設けなければならないので，建設費が高くなるとともに運転，保守に手間がかかる.

（2）　変換装置から高調波や高周波が発生し，周辺のラジオや通信線に誘導障害を与えるとともに，大地帰路方式では周辺の埋設物に電食を与える.

（3）　直流用の遮断器の製作が困難なため，多端子構成はむずかしいなど電力系統構成の自由度が低い.

【例題 4.7】　直流送電の利点を述べた次の記述のうち，誤っているものはどれか.

（1）　線路の建設費が安い.

（2）　安定度問題がない.

（3）　非同期連系ができる.

（4）　高調波や高周波の障害対策は不要である.

（5）　直流連系しても，短絡容量は増大しない.

【解】　（4）

〔解説〕 交直変換装置を有しているため，高調波や高周波が発生するので，フィルタの設置などの障害対策が必要となる.

2. 直流送電の回路構成　直流送電の基本的な回路構成は図 **4.19** に示すように，変換用変圧器，順変換器，直流リアクトル，直流送電線路，逆変換器，変

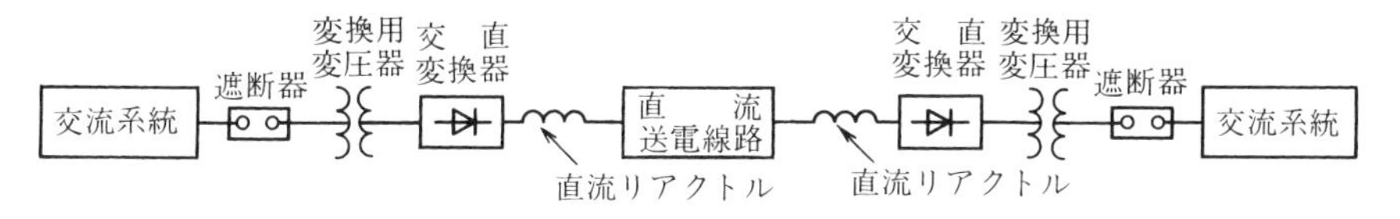

図 **4.19**　直流送電の系統構成

換用変圧器によって構成されている．順・逆変換器の交流側には発生する無効電力を呼吸する調相設備ならびに高調波を吸収する交流フィルタが設置されている．また，直流側にも高調波を吸収する直流フィルタが設置されている．遮断器は交流側のみで直流側は大部分の場合設置されていない．

直流送電の要は**変換装置**(converter)である．変換装置は交流電力と直流電力の変換を行い，変換用変圧器，ゲート点弧装置，制御保護装置，そのほかの補助装置などから構成される．現在，実用化されている変換装置は他励式であり，位相制御によって交流から直流へ電力を変換する**順変換器**(rectifier)としても，またその逆の変換をする**逆変換器**(inverter)としても動作する．変換器のバルブ接続はバルブの逆耐電圧，変換器の利用率などから，**図4.20**に示す三相ブリッジ接続が基本となっている．図中 T_1 ～ T_6 を主バルブ，T_B をバイパスバルブと呼び，変換器の直流端子と交流端子の間につながれたバルブまたはバルブ群を主アームという．

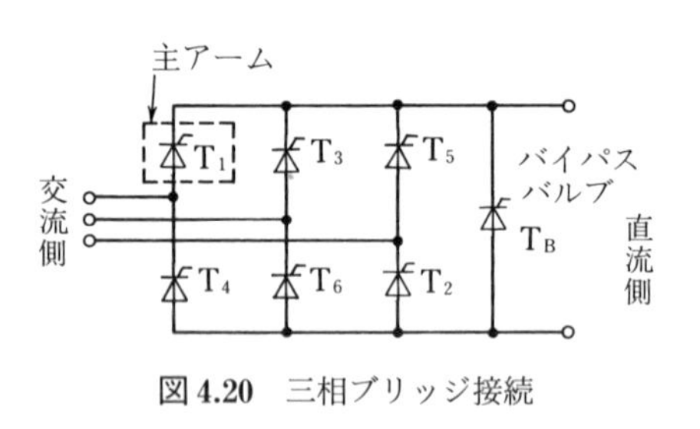

図4.20　三相ブリッジ接続

3.　直流送電の制御　　直流送電の制御は基本的には順・逆変換装置のゲートパルスの位相制御で行われ，交流系統の常時の電圧変動に対して変換装置の力率の悪化を避けるために変換用変圧器のタップ制御が二次的に行われる．制御方式には，定電流制御，定余裕角制御，定電圧制御，定電力制御などが使用されるが，基本となるのは定電流制御と定余裕角制御または定電圧制御である．わが国の直流送電(50 Hz・60 Hz 連系用，北本直流送電用)では，順変換装置には定電流制御付きの定電力制御を，また逆変換装置には定余裕角制御付きの定電圧制御が採用されている．以下，主要な基本制御について述べる．

a.　定電流制御(ACR)　　この制御は直流電流を一定値にする制御であって，定常時は順変換装置の ACR が動作しているが，順変換装置の交流側電圧の大巾低下などにより直流電流を一定値に維持できなくなり，18～20%程度(電流マージン相当)に低下したとき逆変換器のACRが動作するようになっている.

b. 定余裕角制御(AδR) 逆変換装置が転流失敗を起こさせず，正常な運転を続けるために必要な余裕角を保つ制御を定余裕角制御(AδR)という。つまり，逆変換装置が転流失敗なしに正常運転を継続するには，制御進み角β〔$\pi-\alpha$(制御角)〕は**重なり角** u(転流中に同時に電流が流れる期間)より大きいだけでなく，一定の余裕角δを含めて$u+\delta$より大きくして制御する必要がある.

c. 定電圧制御(AVR) 直流電圧を一定にする制御であって，直流電圧の検出点を送電端または受電端とする2とおりの方法がある.

d. 定電力制御(APR) 交流側の電力を一定にする制御であり，ACRで送受電端の交流電圧が一定であればこの制御となる.交流系統の電圧変動があるときでも直流電力を一定値に制御するためには交流側の電力を検出し，設定値との差でACRを動作させればAPRとなる.

直流送電用変換器は順・逆変換とも位相制御のため有効電力の60%程度の遅れ無効電力を必要とするので，進相無効電力を供給してこれを補償しなければならない.無効電力は制御角αが大きいほど増加するので，変換用変圧器のタップを調整し，制御角を小さくする必要がある.

4. 直流送電の適用箇所と適用例 適用箇所としては，①安定度が問題となる大容量長距離架空送電線，②充電容量が問題となる大容量海底ケーブル送電線，③異周波数系統の連系，④短絡・地絡電流の抑制，などに適している.実際には，交流系統の技術上の弱点を直流送電の利点で補って用いている場合が多い.

わが国での適用例としては佐久間，新信濃および東清水周波数変換所の異周波数連系，北海道-本州間の北本および四国-関西間の紀伊水道の直流送電連系，北陸-中部間の南福光変電所・連系所のBTB連系がある(**表4.6**).

a. 佐久間周波数変換所 異周波連系用の周波数変換所で，当初(1965年運開)水銀アーク変換器1群150 MWを2群，計300 MWで1993年水冷式サイリスタに更新し50 Hzと60 Hzの交流275 kV系統の間を連系している.50 Hz系統と60 Hz系統間の電力潮流は発電機の切換えと異なり，常時いずれの方向へも自由に送受電でき，緊急時(系統の周波数が0.4 Hz低下した場合)には自動的に一定値の電力を受電できるようになっている.

表 4.6　わが国の直流送電(周波数変換所含む)

名　　称	佐久間 FC	新信濃 FC	東清水 FC	南福光 BTB	北本直流 連系設備	紀伊水道直 流連系設備
送電電力〔MW〕	300	600	300	300	600	1 400
交流系統電圧〔kV〕	275	275	154/275	500	275	500
直流電圧〔kV〕	±125	±125	±125	±125	±250	±250
直流電流〔A〕	1 200	1 200	1 200	1 200	1 200	3 500
送電方式	—	—	—	—	双極導体帰路	双極導体帰路
送電線路〔km〕 架空式(ケーブル)	—	—	—	—	124(43)	102(51)
変換装置	水冷式	油，水冷式	水冷式	水冷式	空，水冷式	水冷式
運転開始年	1965(1993)	1977(1993)	2006	1999	1979(1993)	2000
	異周波数連系			BTB 連系	直流送電	直流送電

b.　新信濃周波数変換所　　佐久間周波数変換所と同じ目的で 50 Hz と 60 Hz の交流 275 kV 系統を異周波連系している周波数変換所である。

佐久間周波数変換所と異なっているのは当初から変換装置に油冷式のサイリスタを使用し，1 群 300 MW となっていることであり，その後 1993 年に水冷却式のサイリスタ 1 群 300 MW を増設している。

c.　北海道-本州間直流連系　　北海道と本州間を海底ケーブル 43 km を含む 167 km の直流線路(直流電圧 250 kV)で連系し，容量 300 MW の空冷式サイリスタ変換装置が使用され，その後 1993 年に水冷式サイリスタ 300 MW が増設

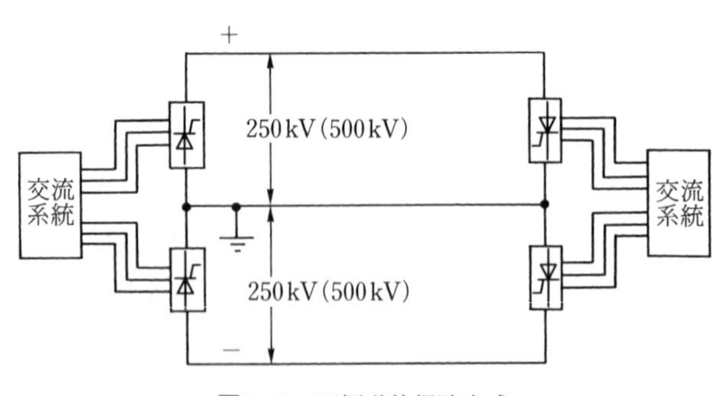

図 4.21　双極導体帰路方式

されている．現在の直流線路の電気方式は**図 4.21** のような送電電圧±250 kV，双極導体帰路方式で構成され，本線は 600 mm^2 鉄線外装鉛被 OF ケーブル 2 条と帰路 500 mm^2 鉄線外装鉛被 CV ケーブルが採用されている．また，北本連系設備は常時，北海道系統と本州 50 Hz 系統の周波数偏差に応じ連系電力を制御し，主に北海道系統の周波数制御に利用されている．

d. 南福光変電所・連系所 北陸地域と中部地域間の交流ループ系統の潮流調整として，南福光変電所・連系所に 2 台の交直変換器で送電線を介さない BTB(Back to Back)方式の直流連系設備が 1999 年に水冷式サイリスタ 300 MW で運用を開始した．この連系設備には北陸系統が単独となった緊急時に北陸系統と中部系統の周波数偏差に応じ連系電力を制御し，北陸系統の周波数を調整する周波数制御機能を有している．

e. 紀伊水道直流連系 橘湾火力発電所の発生電力の一部送電と，四国と関西の連系強化を図るため四国阿南変換所と関西紀北変換所を結ぶ世界最大級の直流連系設備の一部が 2000 年に送電電圧±250 kV(最終±500 kV)，容量 1 400 MW(最終 2 800 MW)で運開した．直流線路は**図 4.22** のような電気方式と送電ルートで構成され，本線はこう長 102 km の架空・地中混在線路で，このうちケーブル部分は 3 000 mm^2 OF ケーブル 2 条と帰路線 2 条から構成されている．

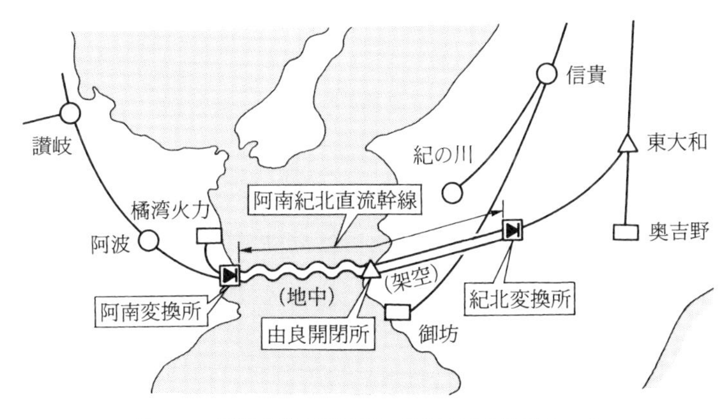

図 4.22 紀伊水道直流連系の電気方式と送電ルート

問　　　　題

4.1　架空送電線路に用いる電線の具備条件で，一般に問題にしなくてもよいものは，次のうちどれか.

（1）　導電率　（2）　機械的強度　（3）　耐久性

（4）　加工性　（5）　絶縁性能

4.2　架空送電線により線を使う理由として，正しいのは次のうちどれか.

（1）　可とう度を増大させるため　（2）　表皮電流を減少させるため

（3）　抗張力を増大させるため　（4）　コロナ臨界電圧を上昇させるため

（5）　放熱性能を増大させるため

4.3　次の事項のうち，架空送電線路に使用される電線の安全電流を決める場合に無関係なものはどれか.

（1）　電線の材質　（2）　支持がいし　（3）　周囲温度

（4）　日　　射　（5）　風

4.4　裸硬銅線の安全電流を決定する連続最高許容温度〔℃〕として，正しいのは次のうちどれか.

（1）　45　（2）　60　（3）　90　（4）　120　（5）　150

4.5　電線に関する次の記述のうち，誤っているのはどれか.

（1）　合金線では，ほかの金属が含まれる割合が大きいほど，引張強さが大きくなる.

（2）　合金線の導電率は，単金属の場合より低下する.

（3）　加工回数の多いほど導電率は低下する.

（4）　純度の高いほど導電率は大きい.

（5）　より線の導電率は，単線より大きい.

4.6　高圧架空配電線路に使用される電線の太さを決める要素として，関係のないものは次のうちどれか.

（1）　許容電流　（2）　電圧降下　（3）　電力損失

（4）　機械的強度　（5）　コロナ開始電圧

4.7　近年の架空送電線路では鋼心アルミより線(ACSR)がよく用いられるが，同一の送電容量の硬銅より線(HDCC)を使用する場合に比べての利点を述べた次の記述のうち，誤っているのはどれか.

（1）　硬銅より線よりも重量が軽くなる.

（2）　硬銅より線に比べ機械的強度が大きい.

（3）　硬銅より線より外径が小さく，風圧荷重を小さくできる.

（4）　硬銅より線よりもたるみを小さくして使用できる.

（5）　硬銅より線を採用するよりも一般に建設費が安い.

4.8　次の文章は，架空送電線の多導体方式に関する記述である.

送電線において，1相に複数の電線を［（ア）］を用いて適度な間隔に配置したものを多導体と呼び，主に超高圧以上の送電線に用いられる．多導体を用いることで，電線表面の電位の傾きが［（イ）］なるので，コロナ開始電圧が［（ウ）］なり，送電線のコロナ損失，雑音障害を抑制することができる．

多導体は合計断面積が等しい単導体と比較すると，表皮効果が［（エ）］．また，送電線の［（オ）］が減少するため，送電容量が増加し系統安定度の向上につながる．

上記の記述中の空白箇所(ア)，(イ)，(ウ)，(エ)及び(オ)に当てはまる組合せとして，正しいものを次の(1)～(5)のうちから一つ選べ．

	(ア)	(イ)	(ウ)	(エ)	(オ)
(1)	スペーサ	大きく	低く	大きい	インダクタンス
(2)	スペーサ	小さく	高く	小さい	静電容量
(3)	シールドリング	大きく	高く	大きい	インダクタンス
(4)	スペーサ	小さく	高く	小さい	インダクタンス
(5)	シールドリング	小さく	低く	大きい	静電容量

出典：平成30年度第三種電気主任技術者試験電力科目

4.9　架空送電線路に関連する設備に関する記述として，誤っているものを次の(1)～(5)のうちから一つ選べ．

(1)　電線に一様な微風が吹くと，電線の背後に空気の渦が生じて電線が上下に振動するサブスパン振動が発生する．振動エネルギーを吸収するダンパを電線に取り付けることで，この振動による電線の断線防止が図られている．

(2)　超高圧の架空送電線では，スペーサを用いた多導体化により，コロナ放電の抑制が図られている．スペーサはギャロッピングの防止にも効果的である．

(3)　架空送電線を鉄塔などに固定する絶縁体としてがいしが用いられている．アークホーンをがいしと併設することで，雷撃等をきっかけに発生するアーク放電からがいしを保護することができる．

(4)　架空送電線への雷撃を防止するために架空地線が設けられており，遮へい角が小さいほど雷撃防止の効果が大きい．

(5)　鉄塔又は架空地線に直撃雷があると，鉄塔から送電線へ逆フラッシオーバが起こることがある．埋設地線等により鉄塔の接地抵抗を小さくすることで，逆フラッシオーバの抑制が図られている．

出典：令和2年度第三種電気主任技術者試験電力科目

4.10　66 kV送電線路に用いられる250 mm懸垂がいしの一連の個数の概数として，正しいのは次のうちどれか．

(1)　4～5　(2)　6～7　(3)　8～9　(4)　10～11　(5)　12～13

4.11　送電線路に関する次の施設のうち，フラッシオーバによるがいし破損を防止するものはどれか．

(1)　架空地線　(2)　埋設地線　(3)　接地棒
(4)　アークホーン　(5)　アーマロッド

4.12　架空送電線路の電線のねん架の効果を述べた次の記述のうち，誤っているのはどれか．

（1）　各線のインダクタンスを等しくする．
（2）　各線の静電容量を等しくする．
（3）　コロナの発生を抑制する．
（4）　中性点に現れる残留電圧を減少させる．
（5）　付近の通信線に対する誘導障害を低減させる．

4.13　送電線にダンパを取り付ける目的として，正しいのは次のうちどれか．

（1）　電線のはね上りの防止　　（2）　電線の横振れの防止
（3）　懸垂がいしの傾斜の防止　　（4）　電線の微風振動の防止
（5）　電線の過熱の防止

4.14　次の文章は送電線の振動に関する記述である．文中の［　　］に当てはまる最も適切なものを解答群の中から選べ．

比較的緩やかな一様な風が，電線と直角に当たると電線の背後に［（1）］ができて鉛直方向の周期的な力が電線に働き，これが［（2）］固有振動数と一致すると微風振動が発生する．全振幅は数センチメートル以下と小さいが，電線が長い間繰り返し応力を受けて，電線を構成する素線が切れることがあり，さらに断線に至る可能性がある．微風振動は径間が長い場合や，直径が大きい割に重量の軽い電線の場合，具体的には［（3）］などの場合に発生しやすい．

電線に氷雪が付着して強風が当たると，付着した氷雪の［（4）］が原因となって揚力が発生し，自励振動を生じて電線が上下に大きく振動する．これをギャロッピングという．一方，電線の下面に水滴がつくと［（5）］がさかんに発生する．電線から帯電した水の粒子が射出するためその反作用で電線の振動を誘発する．これを［（5）］振動といい無風の場合に発生しやすい．

〔解答群〕

（イ）　アーク　　（ロ）　鋼心アルミより線　　（ハ）　粒径
（ニ）　カルマン渦　　（ホ）　低周波交流磁界　　（ヘ）　飛散
（ト）　気流の　　（チ）　コロナ　　（リ）　帯電
（ヌ）　硬銅より線　　（ル）　非対称性　　（ヲ）　滴下
（ワ）　圧力脈動　　（カ）　電線の機械的　　（ヨ）　系統の電気的

出典：平成28年度第二種電気主任技術者第一次試験電力科目

4.15　次の事項のうち，架空送電線のコロナ臨界電圧に無関係なものはどれか．

（1）　電線の太さ　　（2）　電線の材質　　（3）　電線表面の状態
（4）　気象条件　　（5）　複導体方式の採用

4.16　次の文章は，コロナ損に関する記述である．

送電線に高電圧が印加され，［（ア）］がある程度以上になると，電線からコロナ放電が発生する．コロナ放電が発生するとコロナ損と呼ばれる電力損失が生じる．コロナ放電の発生を抑えるには，電線の実効的な直径を［（イ）］するために［（ウ）］する，線間距離を［（エ）］する，などの対策がとられている．コロナ放電は，気圧が［（オ）］なるほど起こりやすくなる．

上記の記述中の空白箇所(ア)～(オ)に当てはまる組合せとして，正しいものを次の(1)～(5)のうちから一つ選べ．

	(ア)	(イ)	(ウ)	(エ)	(オ)
(1)	電流密度	大きく	単導体化	大きく	低く
(2)	電線表面の電界強度	大きく	多導体化	大きく	低く
(3)	電流密度	小さく	単導体化	小さく	高く
(4)	電線表面の電界強度	小さく	単導体化	大きく	低く
(5)	電線表面の電界強度	大きく	多導体化	小さく	高く

出典：令和5年度第三種電気主任技術者上期試験電力科目

4.17　次の文章は，直流送電方式の利点と課題に関する記述である．文中の［　］に当てはまる最も適切なものを解答群の中から選べ．

洋上風力や離島と本土系統を直流送電で連系する場合には，交流送電における海底ケーブルの［（1）］の制約を受けずに送電電力を高めることができ，誘電体損失も小さいという特徴がある．また，架空送電においては，直流は交流に比べ対地電圧を低くすることができ，一般に鉄塔の高さを低くすることができる．例えば，交流送電と直流送電において，送電電力及び送電損失がそれぞれ等しい場合，直流中性点接地2線式(双極式)における送電線の対地電圧は，交流三相3線式の対地波高電圧に比べて［（2）］倍となる．ただし，各導体の抵抗の値は同じで，交流の場合，力率は1とする．

一方で，交直変換装置を必要とし，交流系統の電圧で転流動作を行う［（3）］変換器を用いる場合には，常に［（4）］を消費する．このため，交流側には［（4）］を補償する設備が必要である．直流は交流のように電流零点を通過しないため，事故電流を抑制又は遮断するには，交直変換装置の制御により行うか，大容量高電圧の［（5）］が必要となる．

〔解答群〕

(イ)	有効電力	(ロ)	直流リアクトル	(ハ)	ジュール熱
(ニ)	進み無効電力	(ホ)	充電電流	(ヘ)	$\frac{1}{\sqrt{2}}$
(ト)	$\frac{1}{2}$	(チ)	電食	(リ)	直流遮断器
(ヌ)	遅れ無効電力	(ル)	他励式	(ヲ)	周波数
(ワ)	直流断路器	(カ)	$\frac{\sqrt{3}}{2}$	(ヨ)	自励式

出典：令和元年度第二種電気主任技術者一次試験電力科目

第5章 地中送電線路

5.1 地中送電線路の構成と特徴

送電線路は一般に架空線で施設されるが，用地事情，保安上，法規上からの制約，美観そのほか周囲環境への配慮から，都市部およびその近郊を中心に地中送電線が採用される傾向となってきた．地中送電の送電電圧は供給信頼度を考慮し，他設備を含めた経済性から決定されるが，わが国の地中送電電圧は 11〜33 kV を中心とした時代から 66〜77 kV となり，さらに，110〜220 kV あるいは 154〜275 kV へと適用範囲が拡大し，さらに，2000 年に 500 kV 長距離地中送電線が適用されている．

地中送電系統の中性点接地方式としては，初期は中性点非接地方式が多かったが，保護継電方式の発達などから，現在では，高抵抗接地方式またはケーブルの対地充電電流を補償する補償リアクトル接地方式となっている．また，220〜275 kV の超高圧系統では直接接地方式が採用され，保護継電器はパイロット方式など信頼度の高いものが設置されている．

特に，近年大都市においては大規模な高電圧地中送電系統が形成されているが，これらの系統では，同程度の距離の架空送電線に比べて，フェランチ効果(Ferranti effect)によって無負荷時の受電端電圧が高くなる傾向があり，また，無負荷時の線路を遮断器で電源から切り離した場合の残留電圧が大きいので，遮断器を再投入した場合に大きな開閉異常電圧が発生する可能性があり，絶縁設計上特に配慮する必要がある．

1. 地中送電系統の構成　地中送電線路の系統構成としては，くし形式，放射状式，環状式，多端子ユニット式，スポットネットワーク式に分けられる．

a.　くし形式　　図 5.1 のように，一次変電所から出た線路が途中の二次変電所を次々にくし形に通過しながら電力供給する方式で，変電所の線路両端に遮断器が設けられている．この方式は初期の時代に採用された方式で，一つのくし形系統の途中に接続される各変電所がほかのくし形系統の変電所と連系されるようになると，系統はだんだん複雑化してくる．そのため，比較的低次電圧の複雑な系統をくし形式で構成することは，線路の多様化，保護継電方式の複雑化など種々の欠点があり，現在ではあまり採用されていない．

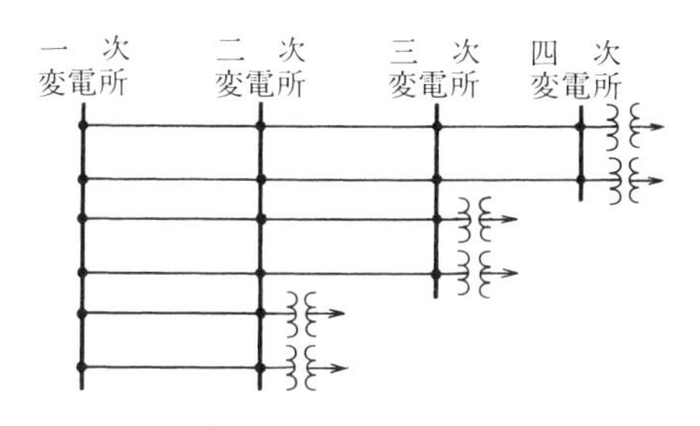

図 5.1　くし形式の例

b.　放射状式　　図 5.2 のように，一次変電所から線路が放射状に出て，おのおの二次変電所とか需要家に別々に供給する方式で，放射状部分にはくし形式とか，後述の多端子式が用いられることもある．この方式は，高電圧地中系統の基本形式として採用されている重要な方式である．

c.　環状式（ループ式）　　図 5.3 のように一つの親変電所といくつかの受電

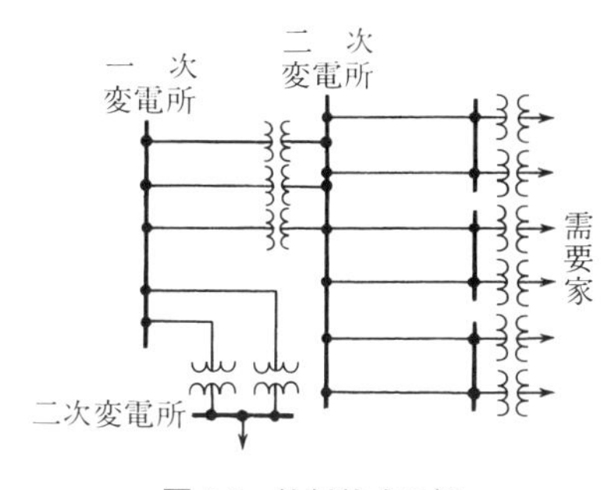

図 5.2　放射状式の例

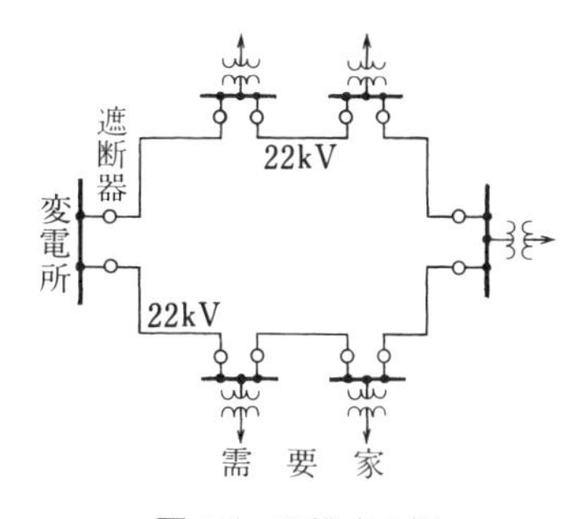

図 5.3　環状式の例

側変電所を同一電圧の線路で環状で結ぶ方式で，線路に事故が生じても，その区間のみを遮断し，無停電供給が可能となる．適用としては，高い信頼度が要求され，しかも需要家が集中している場合で，たとえば都市部のビルディングとかコンビナート工場などの供給に用いられる．

d.　多端子ユニット式　　図 **5.4** のように，くし形式に似ているが，くし形式の場合，線路は 2 変電所母線間の連絡線になっているが，この場合の線路は変圧器に直結しており，遮断器は電源変電所の出口にのみ設けた方式(ユニット方式)である．この方式は，送電線 1 回線事故時でもほかの 2 回線で負荷が分担できるので，きわめて信頼度が高く，かつ負荷の増加に従って順次増設できる経済的な方式で，都心部の負荷供給用として多く採用されている．

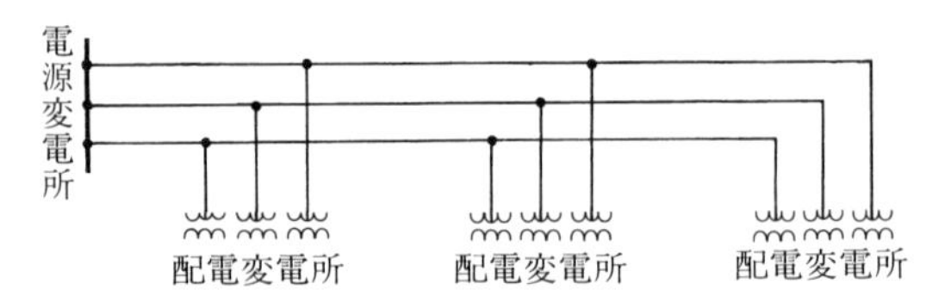

図 5.4　多端子ユニット式の例

e.　スポットネットワーク式　　多端子式に似ているが，この方式では**図 5.5** のように，線路や受電側変圧器に故障が起きると変圧器の二次側ネットワークプロテクタが働いて，事故線と変圧器を切り離す．この場合，負荷は二次側で並列されているので，ほかの変圧器より無停電供給される．故障が複旧すると自動的にプロテクタが働き，二次側に接続される．適用としては，都心部のビル供給として用いられ，変圧器の一次側は特別高圧，二次側は低圧ないし高圧である．

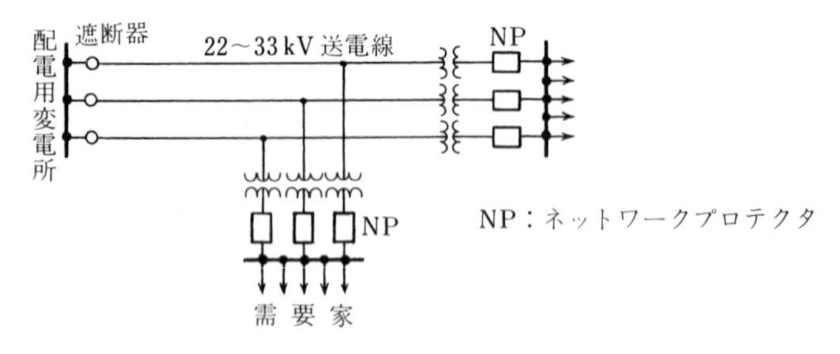

図 5.5　スポットネットワーク方式の例

なお，この方式の詳細は第 **6** 章の **6.5** で述べることとする．

2.　地中送電線路の特徴　地中送電線路は架空電線路に比べると，多数回線を同一ルートに布設することが可能であること，環境との調和が容易であり，さらに風雨や雷など天候に左右されることが少なく，万一断線などがあっても人畜や建物に触れないため周辺への影響もほとんどないなどの利点を有する．この反面，同じ太さの導体では送電容量が小さく，建設に長期間かかり，建設費も高価となり，変圧器等を設置スペースが歩道などに必要となるなどの欠点を有する．これらをまとめたのが**表 5.1** である．

表 5.1　地中送電線と架空送電線の比較

項　目	地　中　送　電　線	架　空　送　電　線
送電容量	小	大
事　　故	雷，風雨，氷雪などによる設備事故は少ないが，事故が発生すると，復旧に長時間を要する	雷，風雨，氷雪など自然現象の影響を受けやすく事故が多い．事故発見は容易で復旧が簡単で短時間となることが多い
安　　全	直接人に触れないので安全である	樹木やクレーン車などに接触しやすい
保　　守	距離も比較的短かく，作業時に送電停止がなく点検，保安が比較的容易である	気中絶縁に依存している関係上，点検，保守がやりにくい
建 設 費	大	用地事情にもよるが一般に小
環境調和	良好	困難

このことから地中送電線路は法規制限，保安上の制約，用地取得上，架空送電線が作りえない場所などに限定されているとはいえ，都市化の進展によって地中送電線路の建設が急速に拡大してきている．

5.2　電力ケーブルの種類と特性

電力ケーブルの主要部分は，導体と導体を取り巻く絶縁層および絶縁層を保護し，かつ電気的遮へいを行う金属シースから構成される．その外周は，内部層を補強し，電気的・化学的腐食を防止する防食層が施される．数本以上のより線をあわせた導体には軟銅が用いられ，小容量ケーブルではアルミが用いられる．

1.　ケーブルの種類　　電力ケーブルは大別するとソリット形と圧力形に分けられ，絶縁物としては油浸紙と絶縁油の組合せが多く使用されていたが，近年は154 kV以下でゴム，プラスチック系，特にCVケーブルを代表とするポリエチレン系が多くなってきている．絶縁物を保護する金属シースは，以前は鉛被が多く使用されていたが，アルミ被が一般的となっている．金属シースを腐食から守るため防食層として，以前はアスファルト系，多種の無機，有機繊維のものが使用されていたが，現在ではクロロプレンゴム，ポリ塩化ビニル，ポリエチレンなどが使用されている．外装としては鋼帯，鉄線，銅線，ステンレス線，アルミ線などが用いられている．**表5.2**にケーブルの種類とその適用電圧を示す．

a.　ベルトケーブル　　**図5.6**のように導体上に絶縁紙を巻き，単心は1条，

表5.2　ケーブルの種類と適用電圧

分　類	ケーブルの種類		適用電圧	連続最高温度〔°C〕
ソリッド形	紙系	ベルトケーブル	11 kV 級以下	70
		H ケーブル	33 kV 級以下	70
		SL ケーブル	33 kV 級以下	70
	合成ゴム樹脂系	ブチルゴムケーブル	33 kV 級以下	80
		ポリエチレンケーブル	275 kV 級以下	90
圧　力　形	OF ケーブル		66 kV 級以上	80
	パイプ形 OF ケーブル		66 kV 級以上	80
	パイプ形ガス圧ケーブル		66 kV 級以上	80

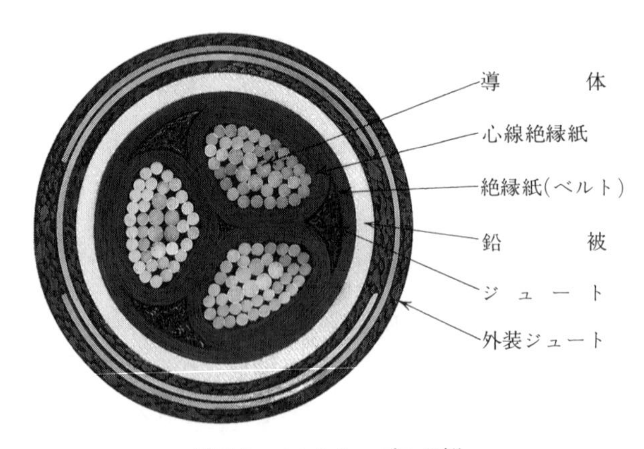

図5.6　ベルトケーブルの例

3心は3条，介存物とともに円形により合せ，さらに絶縁紙(ベルト)を巻いたうえ，コンパウンド(粘度の高い絶縁油)を含浸して鉛被を施す．導体は，単心の場合は円形，2心，3心は半円形，扇形となっている．鉛被を保護するため必要に応じて外装を施すが，外装の種類に応じて鉛被ケーブル，ジュート巻ケーブル，外装ケーブルなどがある．このケーブルは外径が小さく，構造が簡単で経済的であるが，構造上，絶縁耐力が低く低電圧で使用される．

b. Hケーブル　ベルトケーブルの特性をよくするため，導体に絶縁紙を巻いた心線の外周に金属化紙または銅テープの遮へいを施したものである．

c. SLケーブル　**図5.7**のようにHケーブルの金属化紙の代りに鉛被を施したもの，つまり鉛被単心ケーブルを3条より合せ，外装はビニル，クロロプレン，ゴムシースあるいは鋼帯外装としたものである．このケーブルは，電気的絶縁が良好であり，比較的油抜けも起こりにくく，機械的にもベルトケーブルに比べて強いため22～33 kV級に多く用いられてきた．

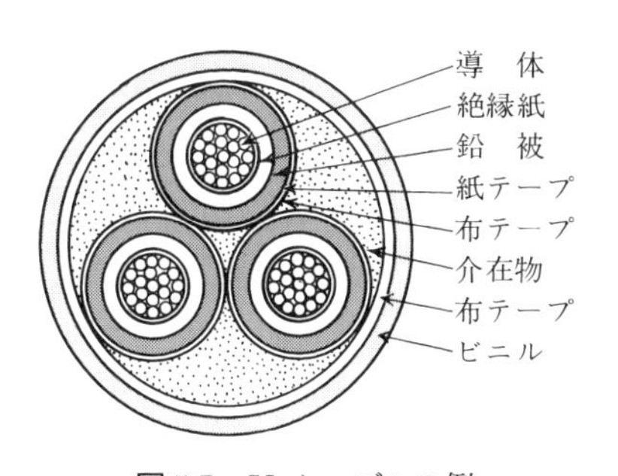

図5.7　SLケーブルの例

d. ブチルゴムケーブル(BNケーブル)　絶縁物にブチルゴム，保護被覆にクロロプレンを使用したケーブルであるが，現在はほとんど使用されていない．

e. ポリエチレンケーブル　ポリエチレンケーブルは優れた絶縁性能を有しているが，熱に弱い欠点があり，これを改良したものが架橋ポリエチレン絶縁ビニルシースケーブル(CVケーブル)である．このケーブルは絶縁物に熱特性のよい架橋ポリエチレンを保護皮膜にビニルを用いたケーブルである(**図5.8**)．

CVケーブルの特徴は，次のとおりである．

(1)　軽量であり，絶縁性能も良好である．

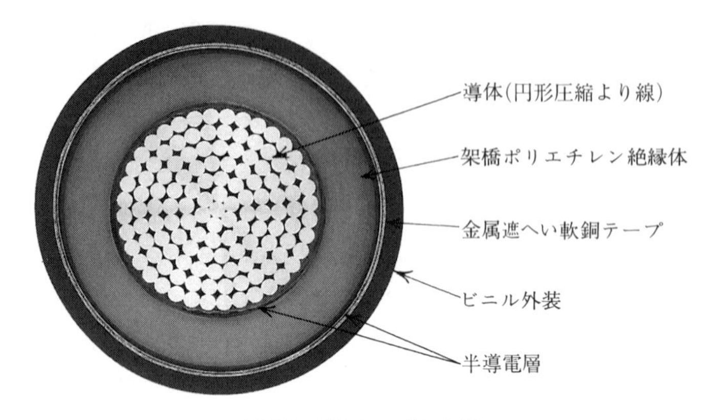

図5.8　CVケーブルの例

（2）　絶縁物の比誘電率が小さいため，誘電体損失が小さい．

（3）　機械的なたわみ性に富んでおり，接続作業が容易である．

（4）　油を使用していないため，保守，点検に優れている．

（5）　導体の最高許容温度が高いため，電流容量が大きい．

（6）　比較的低電圧で時間がかかり発生する水トリー現象† が初期にみられた．

しかし，近年，その対策としてシース外部からの透水を低減する乾式架橋方式が開発され，製造技術と品質管理の向上に伴い同現象は少なくなってきた．

このため高低差の大きい場所とか，振動の多い場所などを含め広く使用されている．現在はOFケーブルに代って66～275 kV級の新設ケーブルのほとんどに適用されて，500 kV級の実用化が図られ，長距離の負荷供給線路〔新豊州線(断面積：2 500 mm^2，長さ：40 km)〕が2000年に実現している．

CVケーブルのうち，各線心にビニルシースを施した単心ケーブル3条をより合せた構造のトリプレックス形(CVT)ケーブルは3心共通シース形に比べて熱抵抗が小さいため放熱がよく，許容電流が10%程度大きくなる．また，ケーブル重量が軽く，かつ曲げやすく，端末処理が容易となるので作業性がよく，熱伸縮の吸収が容易で，人孔(マンホール)寸法の縮小が可能である．

† 絶縁物中に水分が含まれると枝状となって進展する現象で，半導電層の突起部などから発生する界面水トリーと，絶縁体内に異物やボイドがあると，これを中心にして蝶ネクタイのように発生するボウタイトリーがあり，ともに周波数加速性がある．

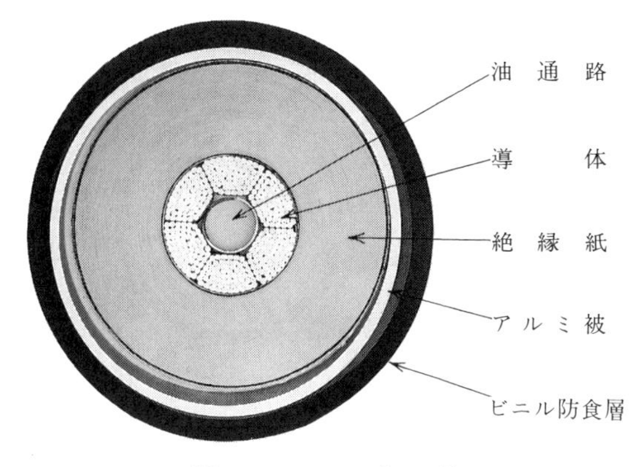

図5.9 OFケーブルの例

f. 油入ケーブル（OFケーブル） 図5.9のように，ケーブル内の油圧を常時大気圧以上の圧力をもった粘度の低い鉱油を油通路に流し，ソリッド形ケーブルの欠点である絶縁体内の空げき（ボイト）の発生を防ぎ，絶縁耐力の強化を図ったケーブルである．ケーブルの保護被覆（シース）としては鉛被とアルミ被があるが，後者は前者に比べ機械的強度が大きく，油圧を高くでき軽量となり，かつ電気抵抗が小さく，誘導遮へい効果が大きいなどから金属シースの主流を占めるようになってきた．このケーブルは許容電流も大きく，漏油した場合でも警報装置によって発見できる利点を有するが，給油設備を必要とし保守・点検に多くの人手を要する難点をもっている．このケーブルは66 kV級以上500 kVまで広範囲の高電圧ケーブルとして広く用いられている．

g. パイプ形油入ケーブル（POFケーブル） 図5.10のように，ソリッドケーブルと同じ方法で作ったケーブルを鋼管に収め，絶縁油を約15 kg/cm^{2}の圧力で充てんしたものである．このケーブルは電気的に安定しており，220～500 kV級の高電圧ケーブルとして採用されている．また，充てん油を冷却循環させることによって，比較的容易に送電容量を増大させることができ，引込み径間を大きくとれ，給油設備は1箇所だけ給油可能であるなどの特徴を有している．ただ，絶縁油を大量に必要とし，特殊な給油設備を設けなければならない欠点がある．

h. パイプ形ガス圧ケーブル POFケーブルの油圧の代りに窒素ガスを

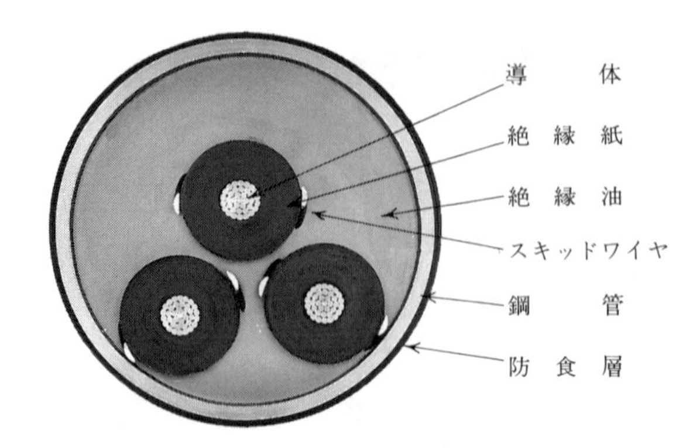

図 5.10　POF ケーブルの例

圧入したケーブルである.

【例題 5.1】　図 5.11 の 6 600 V トリプレックス形 CV ケーブルの構造図において，(ア)および(イ)に記入する字句として，正しいものを組み合せたのは次のうちどれか.

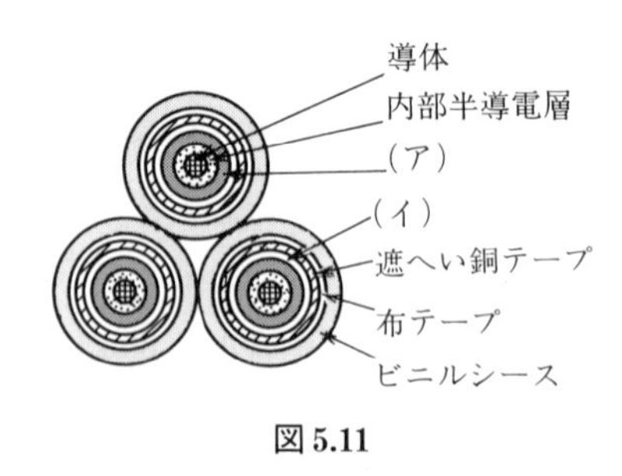

図 5.11

（1）（ア）ブチルゴム絶縁体　（イ）絶縁紙
（2）（ア）ブチルゴム絶縁体　（イ）外部半導電層
（3）（ア）絶縁紙　（イ）鋼帯外装
（4）（ア）架橋ポリエチレン絶縁体　（イ）外部半導電層
（5）（ア）架橋ポリエチレン絶縁体　（イ）絶縁紙

【解】　（4）

〔解説〕 (ア)には架橋ポリエチレン絶縁体が，(イ)には外部半導電層が用いられる.

2.　ケーブルの電気的特性

a.　ケーブルの線路定数　　ケーブルは架空線と異なった電気的特性を有するので，その取扱いには十分注意を要する．特に静電容量が大きくなるので，軽負荷時の系統電圧上昇など地中系統は系統運用に大きな影響を与えることとなる．以下，ケーブルの電気的特性について述べる．

（1）　**導体の抵抗**　　ケーブルの導体は軟銅より線が用いられ，その抵抗は一般に20℃における直流に対する値で示される．しかしながら導体に交流が流れると，**2.1** で述べた表皮効果や次の近接効果があるので，これらの効果を考慮する必要がある．一般的にはケーブルの導体は互いに接近して平行に置かれるが，これら導体に交流を流した場合，電流の向きが反対ならば反発力が働き，電流の向きが同じならば吸引力が働くので，導体内の電流分布が偏り，電流密度は不均一となり，導体の抵抗が増加する．この現象を**近接効果**(proximity effect)と呼んでいる．

（2）　**静電容量**　　ケーブルの静電容量 C は次式で与えられる．

$$C=\frac{0.02413\varepsilon_s}{\log_{10} D/d} \quad [\mu\mathrm{F/km}] \tag{5.1}$$

ただし，ε_s：絶縁物の比誘電率，D：絶縁体外径〔mm〕，d：導体外径〔mm〕

この式で ε_s は架空線では1であるが，ケーブルの場合は油浸紙＝3.4～3.9，ポリエチレン＝2.3，ブチルゴム＝4.0 となるので，架空線に比べこの分だけでも 2.3～4.0 倍大きくなる．また，分母の D/d は架空線に比べて極端に小さくなり，結果として架空線の静電容量に比べて数十倍大きくなり，その値は構造によっても異なるが，0.3～0.7 μF/km(20℃)程度の大きさとなる．

ケーブル導体1条あたりの静電容量を作用静電容量というが，**図 5.12** のよう

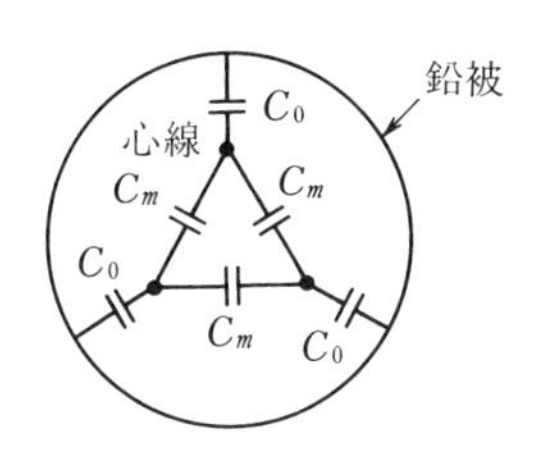

図 5.12　ケーブルの静電容量

な各導体と鉛被間の静電容量を C_0〔F〕，各導体間の静電容量を C_m〔F〕とした3心ケーブルの作用静電容量 C_n〔F〕を求めてみよう．

C_m を Δ-Y 変換した場合の中性点に対する静電容量は $3C_m$ となるから，導体1条あたりの大地に対する静電容量，つまり，作用静電容量 C_n は $3C_m$ と C_0 が並列した値となるから

$$C_n = 3C_m + C_0 \quad \text{〔F〕} \tag{5.2}$$

となる．

【例題 5.2】　3心ケーブルの静電容量を**図 5.13** の a，b 間で測定した．その結果，同図**(a-1)**の接続の場合には C_1〔μF〕，同図**(b-1)**の接続の場合には C_2〔μF〕であった．このケーブルに線間電圧 V〔V〕，周波数 f〔Hz〕の三相平衡電圧を加圧した場合の充電電流を求めよ．

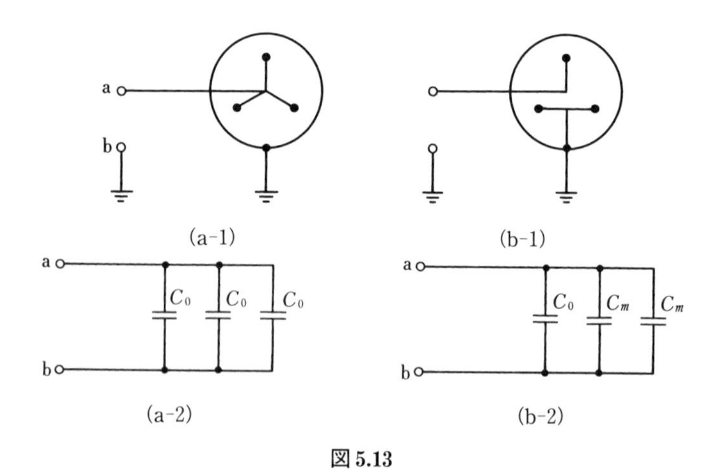

図 5.13

【解】　3心ケーブルの静電容量は各導体間の C_m〔μF〕と各線と対地間の C_0〔μF〕とからなる．同図(a-1)の場合の C_1〔μF〕は3線一括と対地間の静電容量であるから同図**(a-2)**より次式で示される．

$$C_1 = 3C_0 \quad \text{〔μF〕} \tag{1}$$

同図(b-1)の場合は2線を接地し，ほかの1線と大地間で静電容量を測定すると C_2〔μF〕であるから，同図**(b-2)**より次式で示される．

$$C_2 = C_0 + 2C_m \quad \text{〔μF〕} \tag{2}$$

上の2式より C_0〔μF〕と C_m〔μF〕を求めると

$$C_0=\frac{C_1}{3} \quad 〔\mu F〕 \tag{3}$$

$$C_m=(C_2-C_0)/2=(3C_2-C_1)/6 \quad 〔\mu F〕 \tag{4}$$

となる．次に，充電電流を求める場合に使用するケーブルの静電容量は，導体と中性点に対する作用静電容量 C_n であるから式(5.2)から

$$C_n=3C_m+C_0=\frac{3C_2-C_1}{2}+\frac{C_1}{3}=\frac{9C_2-C_1}{6} \quad 〔\mu F〕 \tag{5}$$

となる．したがって，ケーブルに三相平衡電圧(線間電圧) V〔V〕，周波数 f〔Hz〕が印加されたときの求める充電電流 I_c〔A〕は

$$I_c=2\pi fC_n\times10^{-6}\times\frac{V}{\sqrt{3}}=2\pi f\left(\frac{9C_2-C_1}{6}\right)\frac{V}{\sqrt{3}}\times10^{-6} \quad 〔A〕 \tag{答}$$

（3）**インダクタンス**　ケーブルの作用インダクタンス L_n は次式で与えられる．

$$L_n=0.05+0.4605\log_{10}\frac{D}{r} \quad 〔mH/km〕 \tag{5.3}$$

ただし，D：導体間の中心距離〔mm〕，r：導体半径〔mm〕

ケーブルの作用インダクタンス L_n は架空線に比べ D/r が小さいから約1/3〜1/6と小さくなっている．その値の概数は構造によって異なるが，0.2〜0.4 mH/km程度である．

b.　ケーブルの充電電流，充電容量　ケーブルの充電電流 I_c〔A〕は静電容量を C〔μF〕，使用電圧(線間電圧)を V〔kV〕とすれば次式で表される．

$$I_c=\omega C\frac{V}{\sqrt{3}}\times10^{-3} \quad 〔A〕 \tag{5.4}$$

ただし，$\omega=2\pi f$ (f：周波数〔Hz〕)

上式はケーブルでは静電容量 C が大きいうえ，使用電圧が高くなるにつれて充電電流 I_c が大きくなり，有効電流を送電することの制約になることを示している．また，ケーブルの充電容量 Q_c〔kVA〕は次式で示される．

$$Q=\sqrt{3}\,VI_c=\omega CV^2\times10^{-3} \quad 〔kVA〕 \tag{5.5}$$

【例題5.3】　電圧77 kV，周波数60 Hz，こう長6 kmの三相3線式1回線

地中送電線路がある．ケーブルの心線1線あたりの静電容量を0.4 μF/km とすれば，この線路の三相無負荷充電電流〔A〕および充電容量〔kVA〕を求めよ．

【解】　ケーブルの作用静電容量 C〔μF〕はこう長6 km であるから

$$C=0.4\times6=2.4\ \mu\mathrm{F} \tag{1}$$

となる．したがって，求める充電電流 I_c〔A〕は式(5.4)より

$$I_c=2\pi fC\frac{V}{\sqrt{3}}\times10^{-3}=120\pi\times2.4\times\frac{77}{\sqrt{3}}\times10^{-3}\fallingdotseq40.2\ \mathrm{A} \tag{2}$$

また，充電容量 Q_c〔kVA〕は $I_c=40.2$ A であるから式(5.5)より

$$Q_c=\sqrt{3}\,VI_c=\sqrt{3}\times77\times40.2=5\,361\ \mathrm{kVA} \tag{3}$$

となる．

c.　ケーブルの損失と許容電流

（1）　**ケーブルの損失**　ケーブルの温度上昇をきたす損失には抵抗損，誘電体損，シース損(シース回路損および渦電流損)がある．このうち，抵抗損は導体に電流を流すことによるジュール損であり，誘電体損は，絶縁体に紙，ブチルゴム，ポリエチレンなどの誘電体を使用するために発生する損失である．誘電体損があるので，ケーブルに電圧を印加した際の充電電流にはわずかであるが有効分が含まれる．シース損には，線路の長手方向に流れる電流によって鉛被など金属シースにシース電圧が誘導し，この電流によるシース回路損と，金属シース内に発生する渦電流損がある．送電電流が増加するとシース損は増加し，単心ケーブルより3心ケーブルはシース内に三相導体は収納されているので，合成磁束が相殺し合いシースの鎖交磁束が少なくなりシース電圧が小さくなる．また，クロスボンド接地方式を採用すると常時シース電圧およびシース損を低減することができる．なお，架空送電線と地中送電線を接続している系統において架空送電線から地中送電線に雷サージが進入した場合，金属シースにもサージ電流が発生するので注意を要する．

（2）　**ケーブルの許容電流**　ケーブルの許容電流はほかの機器および電線の場合と同様に，この程度ならばそのケーブルの絶縁物に悪影響を与えないと考えられる許容最高温度によって定められる．つまり，損失などによるケーブルの温度上昇によって決まるが，土壌の熱抵抗，周囲温度，布設方法，ケーブル条数などによって影響を受ける．各種ケーブルの導体最高許容温度〔℃〕を示したのが**表**

表 5.3　導体最高許容温度〔°C〕

種　別	導体最高許容温度		
	常　時	短時間	瞬　時
ソリッドケーブル	70	85	220
ブチルゴムケーブル	80	90	230
CV ケーブル	90	105	230
OF ケーブル	80	90	150
POF ケーブル	80	90	150

5.3 である．同表で常時，短時間および瞬時はケーブルの許容電流の種類を示し，同表の数値はそれらの許容電流を算出する際の導体最高許容温度である．許容電流を決める際の通電時間は常時許容電流では永久的に連続した時間，短時間許容電流では線路事故時の潮流調整の操作に必要な数分〜数時間，瞬時許容電流では線路事故の際に流れる 2 秒程度としている．

ケーブルは，外径に比べてその長さが非常に長いので，導体に発生した熱はケーブルの軸と直角な方向に放射状に放散される．そのため熱容量は比較的小さく，約 4 時間程度で温度上昇最終値の 90%に達する．

いま，直接埋設式および管路布設式の常時許容電流は，ケーブルの最高許容温度を T_1〔°C〕，大地の基底温度を T_2〔°C〕，ケーブル導体から基底温度帯にいたる全熱抵抗を R_{th}〔(°C·cm)/W〕，ケーブル導体からの発生熱量 W〔W〕とすれば

$$W=\frac{T_1-T_2}{R_{\mathrm{th}}}\quad \text{〔W〕} \tag{5.6}$$

となる．導体に流れる電流を I〔A〕，導体抵抗を r〔Ω〕，線心数を n とすれば

$$W=nI^2 r\quad \text{〔W〕} \tag{5.7}$$

となる．この両式から許容電流 I〔A〕を求めると次式となる．

$$I=\sqrt{\frac{T_1-T_2}{nrR_{\mathrm{th}}}} \tag{5.8}$$

実際には，発生熱量として W のほかに誘電体損 W_d が加わるから，求める許容電流 I は次式となる．

$$I=\sqrt{\frac{1}{nr}\left(\frac{T_1-T_2}{R_{\mathrm{th}}}-W_d\right)}\ \ 〔\mathrm{A}〕 \tag{5.9}$$

なお，誘電体損 W_d は，周波数を f〔Hz〕，静電容量を C〔μF/km〕，線間電圧を V〔kV〕，誘電正接を $\tan\delta$，線心数を n とすれば次式で与えられる．

$$W_d=2\pi fCn\frac{V^2}{3}\tan\delta\times10^{-5}\ \ 〔\mathrm{W/cm}〕 \tag{5.10}$$

この誘電体損は，ケーブルに電圧を加えたときの充電電流のうちの有効損失であり，これが絶縁体の損失となるもので，絶縁の優れているものはこれが小さく，良好なケーブルといえる．

【例題 5.4】　地中電線路において，電力ケーブルの線心数 n，交流導体実効抵抗 r〔Ω/cm〕，導体最高許容温度 T_1〔°C〕，大地の基礎温度 T_2〔°C〕，誘電損による温度上昇 T_d〔°C〕，ケーブル導体から地表面までの全熱抵抗 R_{th}〔(°C•cm)/W〕としたとき，電力ケーブルの許容電流 I〔A〕を表す式として，正しいのは次のうちどれか．

（1）　$I=\sqrt{\dfrac{T_2-T_1-T_d}{n\cdot r\cdot R_{\mathrm{th}}}}$　　（2）　$I=\sqrt{\dfrac{T_1-T_2+T_d}{n\cdot r\cdot R_{\mathrm{th}}}}$

（3）　$I=\sqrt{\dfrac{T_1-T_2-T_d}{n\cdot r\cdot R_{\mathrm{th}}}}$　　（4）　$I=\dfrac{1}{n\cdot r\cdot R_{\mathrm{th}}}\sqrt{T_1-T_2-T_d}$

（5）　$I=\dfrac{1}{n\cdot r\cdot R_{\mathrm{th}}}\sqrt{T_1-T_2+T_d}$

【解】　（3）

〔解説〕　発熱量＝放熱量から

$$n\cdot r\cdot I^2=\frac{T_1-T_2-T_d}{R_{\mathrm{th}}}\qquad\therefore\quad I=\sqrt{\frac{T_1-T_2-T_d}{n\cdot r\cdot R_{\mathrm{th}}}} \tag{1}$$

3.　ケーブルの許容電流増大法　　ケーブルの許容電流を増加する方法としては，次の方法がある．

①　ケーブル自体の性能を高めシース回路損を低くする．

②　ケーブルの絶縁物として比誘電率 ε_s や $\tan\delta$ の小さなものを採用する．

③　ケーブルの導体を太くする．

④　ケーブルの条数を増やす(ただし，1条あたりの許容電流は小さくなる)．

⑤ 土壌に水分を含ませ熱抵抗を小さくする．

⑥ ケーブルを外部より冷却する．

ここでは，代表的な強制冷却方法について述べる．

強制冷却方式には，大別して外部冷却方式と内部冷却方式がある．

a. 外部冷却方式　**図 5.14**（a），（b）に示すようにケーブルを外部から冷却するもので，管路式の管路を利用して冷却水を循環させる**直接水冷方式**と，冷却水通路を別に設けて間接的に冷却する**間接水冷方式**がある．

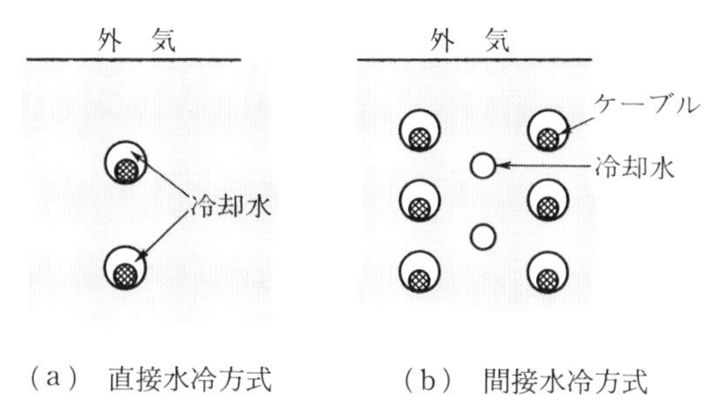

（a） 直接水冷方式　　（b） 間接水冷方式

図 5.14　外部冷却方式

このうち図（a）は長距離線路にも適用でき，送電容量も大幅に増加する．OF ケーブル，プラスチックケーブルなどは，水に浸漬し，この水を循環させ，POF ケーブルではパイプ内の油を循環冷却するので，ほかのケーブルに比べ有利となる．図（b）は，従来から多く用いられており，ケーブルに近接してパイプを設け，この中に水を通してケーブルを間接的に冷却している．

ケーブルを冷却する場合考えなければならないのは，同一管路でも地中に配置されている場所によってケーブルの放熱効果が異なることである．

たとえば，**図 5.15** のような管路のすべて同一種類で同サイズのケーブルを布設し各ケーブルに許容電流を流したとき，放熱効果が最大となるのは（ア）で，次に（イ）となり，最小は（ウ）である．つまり，地表面からの日射の影響を考えないとしたとき，ケーブルの許容電流の大きさは（ア）>（イ）>（ウ）の順位となる．

b. 内部冷却方式　ケーブルの内部に冷却媒体を通す方式で，油入ケーブルでは絶縁油を冷却媒体として油通路を循環冷却させ，プラスチックケーブルでは水を冷却媒体として導体中心部の通路を循環させている．この方式は非常に効

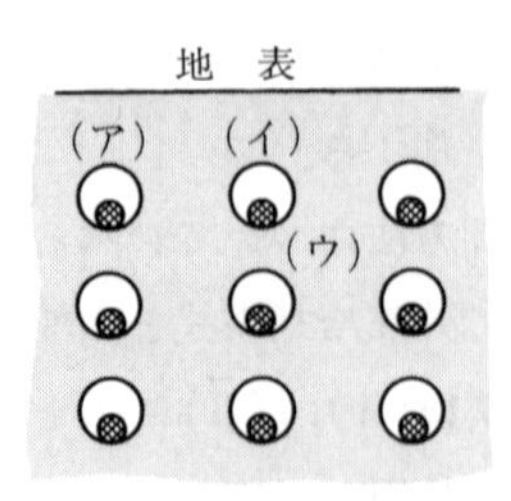

図5.15

率のよい方式であるが，導体内部の冷却通路の太さに限度があり，比較的短距離線路に有効である．

【例題5.5】　地中ケーブルの許容電流増大法に関する次の記述のうち，誤っているのはどれか．

（1）　シース回路損を低減する．

（2）　誘電正接の小さい絶縁物を用いる．

（3）　導体の寸法を大きくする．

（4）　ケーブルを外部から冷却する．

（5）　表皮効果を利用して，電流を導体表面に集中させる．

【解】　（5）

〔解説〕　ケーブルは（5）と逆に表皮効果による発熱を防ぐため導体を分割することがある．

5.3　電力ケーブルの布設方式，付属装置

1.　ケーブルの布設方式　地中電線路の布設方式としては直埋式，管路式および暗きょ式が一般に用いられている．部分的には架空式，専用橋式が用いられることもある．いずれの方式を適用するかは，その得失を十分比較して定めなければならない．

a.　直　埋　式　直埋式は，大地中に線路を直接埋設する方式である．わが国では**図5.16**のように，線路保護のため土管とかコンクリートトラフなどに収めて埋設しており，埋設深さは土冠（どかむり）と呼び，電気設備技術基準の解釈

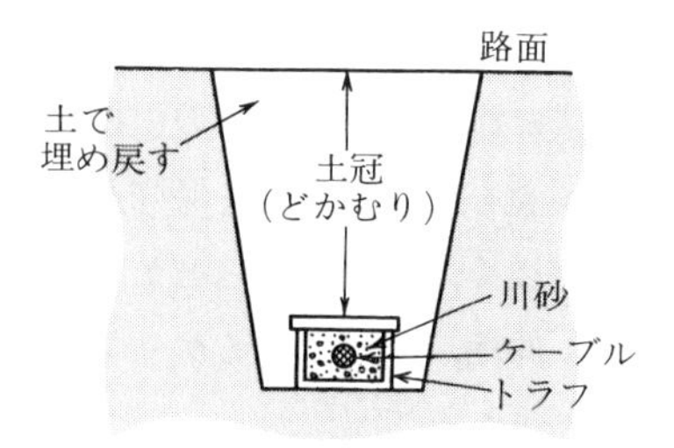

図 5.16 直接埋設式

では「一般の場所は 60 cm 以上，重量物の圧力を受けるおそれのある場所は 1.2 m 以上としなければならない」と定められている.

この方式は，ケーブル布設の都度地面を掘削する必要があるので，布設条数が少なく，増設の見込みの少ない場所で，歩道や構内などの硬質舗装でない場所や，線路の重要度の低い場所などに採用される．この方式の特徴は，管路式に比べ，工事費が安く，ケーブルの熱放散がよく，したがって許容電流が大きく，ケーブルの途中接続が可能であるから，ケーブルの融通性があり，多少の屈曲部は布設に支障がなく，工事期間が短いなどの長所がある．一方，ケーブルの損傷を受けやすく，ケーブルの引換え，増設が困難，保守点検が不便などの短所がある.

b. 管 路 式　管路式は，**図 5.17** のように鉄筋コンクリート管(ヒューム管)，アスベスト・セメント管，鋼管，硬質ビニル管などの管を継ぎ合せて数条〜10 数条埋設し，所定の長さごとにマンホール(一般に 100〜250 m ごと)を設け，その中にケーブルを引き入れ接続する方式である．この方式はケーブル条数

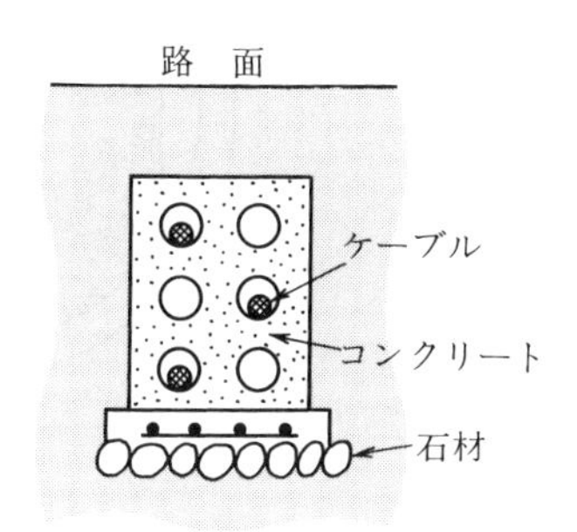

図 5.17 管路式

の多い場合，舗装種別，交通事情などから，増設が困難な場合などに用いられる．

この方式の特徴は，直埋式に比べ，ケーブルの引換え，増設が容易，故障復旧が比較的容易，ケーブルの損傷を受けにくい，保守点検に便利などの利点がある．工事費が大きく，工事期間が長く，条数が多いとケーブルの許容電流が小さく，ケーブルの融通性が少なく，伸縮，振動によるケーブル金属シースの疲労，管路の湾曲が制限されるなどの欠点がある．

c.　暗きょ式　　暗きょ式とは，**図 5.18** のように適当な深さに設けられたコンクリート造の暗きょ(洞道)の中に，支持金具などでケーブルを布設する方式である．この方式は発変電所の構内などケーブル条数の特に多い箇所，いくつかの事業体の埋設物が入り込む箇所(共同溝)，道路舗装などの関係から再掘削ができず，トンネル式によって施工する必要のある場合などに適用される．この方式の特徴は，換気設備が設けられるので熱放散がよく，したがって許容電流が大きく，多条数布設に便利であるなどの利点がある．一方，工事費が非常に大きく，工事期間が長いなどの欠点がある．

暗きょ式の一種である共同溝式は上下水道，ガス，電話，電力など共同の地下溝を造るもので，都市施設として重要な意義をもっている．

なお，電気設備技術基準の解釈では「高圧または特別高圧の地中電線路を管またはトラフに収めて施設する場合は，おおむね 2 m の間隔で物件の名称，管理

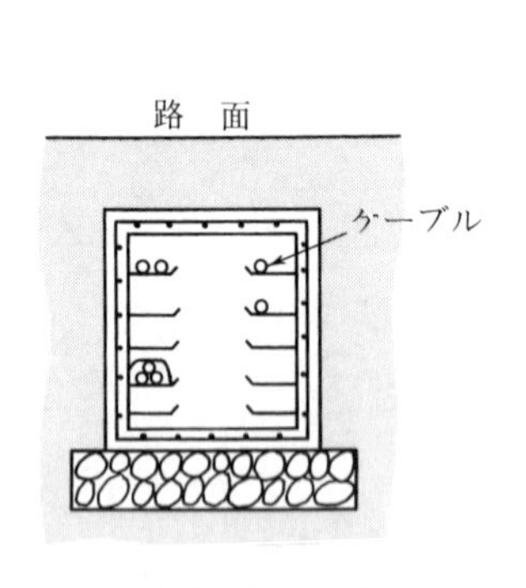

(a)　暗きょ式

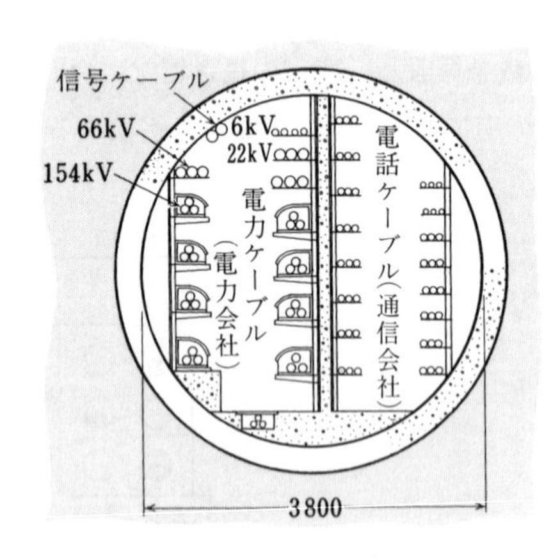

(b)　共同溝の例

図 5.18　暗きょ式

表 **5.4** ケーブルの布設方式の得失

布設方式	利　点	欠　点
直埋式	(1) 工事費が少ない (2) 熱放散がよく，許容電流が大きい (3) ケーブルの融通性がある (4) 工事期間が短い	(1) 外傷を受けやすい (2) ケーブルの引換え，増設が困難 (3) 保守点検が不便
管路式	(1) ケーブルの引換え，増設が容易 (2) 外傷を受けにくい (3) 故障復旧が比較的容易 (4) 保守点検が便利	(1) 工事費が大きい (2) 許容電流が小さい (3) ケーブルの融通性が小さい (4) 工事期間が長い (5) 伸縮，振動によるシースの疲労大
暗きょ式	(1) 熱放散がよく，許容電流が大きい (2) 多条数布設に便利	(1) 工事費が非常に大きい (2) 工事期間が長い

者，電圧および埋設年を表示しなければならない」と定められている．

以上，各布設方式の得失をまとめると**表 5.4** となる．

発変電所の引出口など多条数のケーブル布設には，発熱効果および点検保守面から，暗きょ式が用いられる．

【例題 5.6】 地中電線路の布設方式に関する記述として，誤っているのは次のうちどれか．

(1) 地中電線路の布設方式として，暗きょ式，管路式および直埋式が一般に用いられている．

(2) 暗きょ式は，直埋式に比べて，保守が容易である．

(3) 直埋式は，発変電所の引出口など多条数を布設する場合に用いられる．

(4) 直埋式は，管路式に比べて，ケーブルが外傷を受けやすい．

(5) 直埋式は，布設条数が少ない場合に用いられることが多い．

【解】 (3)

〔解説〕 直埋式は布設の都度地面を掘削する必要があるため，布設条数が少なく増設の見込みの少ない場所に採用される．

2. ケーブルの付属装置 電力ケーブルの必要とする機能を保持させ，施工と保守点検に便利なように次の付属装置が用いられている．

a. ケーブルの接続部 電力ケーブルの接続には大別して**中間接続**と**終端接続**とがあり，接続に用いられる装置は中間接続箱，終端接続箱などといわれる．

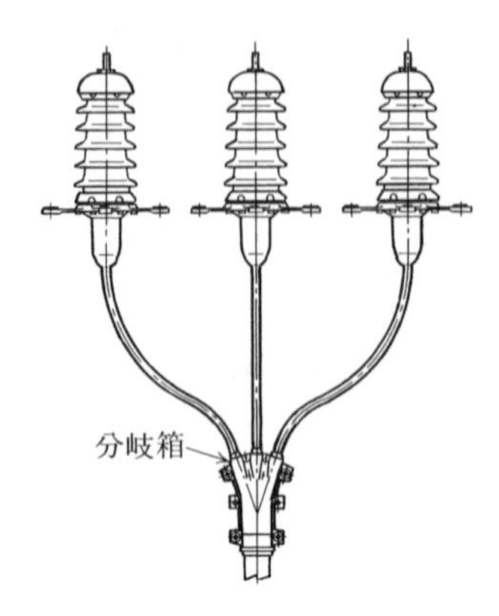

図 5.19　ケーブルの終端接続箱

図 5.19 はこれらの接続箱の一例を示す．中間接続はケーブル相互を接続することであるが，その方法によって**普通接続**，**絶縁接続**，**油止め接続**，**分岐接続**などに区別される．

普通接続は単にケーブル部分と同じ性質をもたせるものであるが，絶縁接続は単心ケーブルにおいて両側ケーブルの金属シース間を絶縁する方式である．油止め接続は OF ケーブルが長大となるとき給油区間を分割し，ケーブルの金属シースに過大な油圧† が加わるのを防ぐ目的に設けるものである．

終端接続はケーブルと架空線，電気機器または屋内配線とを接続するためのもので，**気中終端接続**，**油中終端接続**，**ガス中終端接続**の区別がある．油中終端接続は変圧器などの油絶縁機器とケーブルとを，外気に触れずに直接接続するために用いられる．この方式を用いた変圧器を**エレファントブッシング変圧器**と呼び，充電部が露出せず，かつ占有空間を小さくできる利点がある．ガス中終端接続は SF_6 ガス(六ふっ化硫黄ガス)を使用するガス絶縁開閉装置(GIS)と接続する場合に用いられる．また，ケーブル端部の電気力線は，遮へい層の端部に集中し，絶縁破壊の原因となるのでストレスコーンで電気力線を均一にすることにより電気的ストレスの緩和を図っている．

† i)　静油圧：布設高低差，油槽により加えられる圧力などによる油圧．
　ii)　過渡油圧：電流の投入，遮断により生ずる油圧．ケーブルには，i)とii)の重畳した油圧がかかる．

b.　給油装置　　OF ケーブル，POF ケーブルに必要な油圧を一定に保たせ，ケーブルの絶縁機能を維持させる目的で給油装置が設けられる．この装置には**重力油槽**と**圧力油槽**の 2 種類がある．

重力油槽はケーブルより高い位置に油槽を設け，油の重力による圧力を利用するもので，ケーブルの負荷変動に伴う油量の変化は，油槽内の金属セルによって調節される．

圧力油槽は，窒素ガスを充てんしたセルを油槽内に取り入れて，油槽壁とセルの間に絶縁油を満たしたもので，セルの圧力によって，この絶縁油がケーブル中の油量の変化に応動し，ケーブルの油圧を一定範囲に保持する．最近は，重力油槽に代って油圧を一定にする定圧力油槽が多く用いられている．この装置は圧縮空気やおもりなどの外力を用いて油圧を一定に保持する方式である．**図 5.20** に給油設備の基本構成を示す．給油槽には警報発信装置を取り付け，油量または油圧が設定範囲から外れると，異常として警報を発するようになっている．

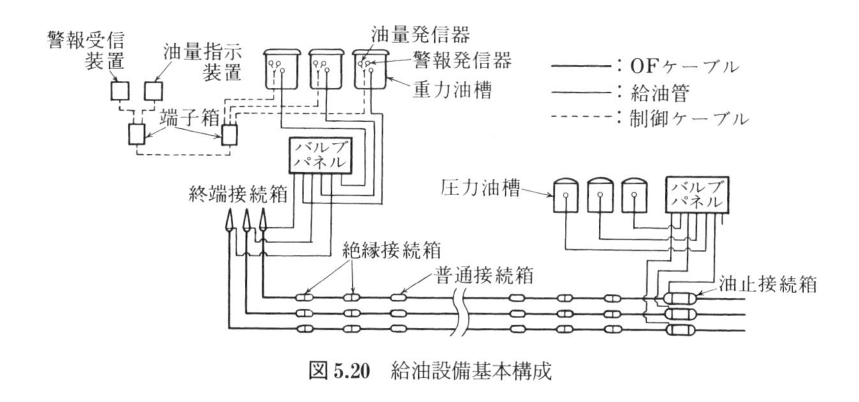

図 5.20　給油設備基本構成

5.4　地中送電線路の建設・保守

1.　地中送電線路の建設　　経過地，ケーブル，布設方式は相関連するので，建設費，安全面，保守運用面，工期など総合判断のうえ選定される．

（1）　経過地の選定は，こう長が短いルートを選ぶことを基本とするが，具体的には将来の送電系統計画，交通の状況，道路の湾曲あるいは高低差，地盤状況，土壌熱抵抗，河川軌道横断箇所などを勘案して選定される．

（2） 布設方式の選定は，将来の新増設，補修などの総合経済性，事故復旧時間などサービス面，工事の際の地元への影響など環境保全面などを勘案して選定される．都市部では共同溝を積極的に活用することも大切なことである．

（3） ケーブルの選定は，送電容量，負荷の条件，布設条件，付属品などを総合的にみて検討しなければならない．一般に，高低差のある場所にはCVケーブル，OFケーブル，POFケーブルが適しており，振動の多い場所ではCVケーブルが適している．ケーブル導体には一般に軟銅より線が用いられているが，軽量を要する架空ケーブルにはアルミより線も用いられる．

土木工事としてマンホール，管路および洞道があげられる．

（1） マンホールはケーブル引入れ，引抜きおよび接続を行うため暗きょまたは管路の中間に配置され，ケーブル引入れ可能長さにあわせた位置としなければならなく，他埋設物の有無，交通事情などを総合的に検討して定められる．

（2） 管路は将来にわたってケーブルの引入れ，引抜きが安全に行えると同時に，ケーブル防護材でもあることを考慮しておかなければならない．管路材には合成樹脂管，鉄筋コンクリート管および石綿セメント管などが用いられ，特に外傷防止などで強度を要する場合には鋼管が用いられる．管路のこう長は，マンホール設置位置，ケーブル引入れなどの施工面から検討を行い決められる．

（3） 洞道はその施工方法によって，開削洞道，シールド洞道，推進管，沈埋洞道に大別できる．道路など掘削が可能な場合は，開削施工により，方形断面の洞道を造るのが一般である．都市の過密によって，交通，路面使用問題などから，主要道路における工事は，多くがシールド工法† を採用しなければならない．

2.　地中送電線路の保守（絶縁劣化測定法，事故点測定法）　地中送電線路の保守としては巡視，点検手入，検査，操作，防護立合，補修作業，事故処理などがある．ここでは，保守上重要なケーブルの絶縁劣化測定法と事故点測定法について述べる．

a.　ケーブルの絶縁劣化測定法　ケーブルの絶縁劣化を検出するための測

† 地上から掘り下げた基地から鋼製のシールド掘進機を，油圧ジャッキで地中に押し込み，中の土を掘り出しながらトンネルの内壁となるセグメントを組み立て，円形のトンネルを造っていく工法．

定法は古くから研究されているが，測定原理別にみると直流高圧法(絶縁抵抗法)，部分放電法(コロナ法)，直流分法，誘電正接法(誘電体力率法)に大別される．いずれも絶縁劣化の状態を測定するには有効であるが，複雑な絶縁状態を完全に判定することはむずかしく，いくつかの方法で測定し総合的に判定する必要がある．

（1） **直流高圧法(絶縁抵抗法)**　メガー(megger)で測定できる適切な電圧をケーブルの導体，シース間に印加し，このとき回路に流れる電流の成分† の大きさ，特性の形状から絶縁状態を推定する方法である(**図 5.21**)．

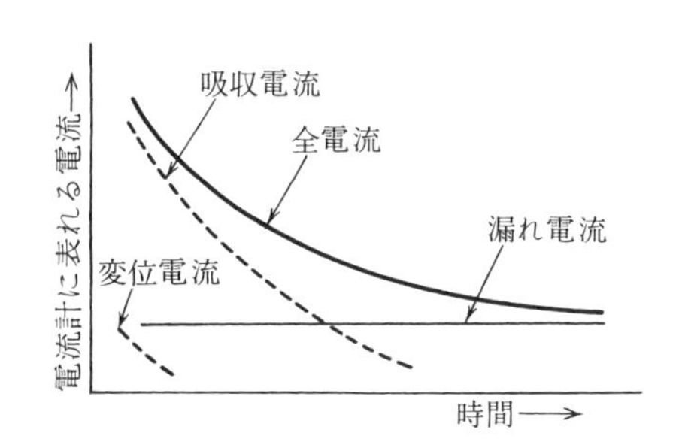

図 5.21　直流高圧法における電流成分

（2） **部分放電法(コロナ法)**　絶縁物に欠陥があると部分放電(コロナ)を起こす．この現象を利用した測定法で，ケーブルに高電圧を印加し，部分放電が発生すると印加電圧にわずかな電圧変化を起こすので，この電圧変化の大きさ，回数および部分放電が発生する印加電圧から絶縁状態を把握しようとするものである．なお，この方法はコロナの発生点も測定しうる利点がある．

（3） **直流漏れ電流法**　変圧器で充電し，PT や VT(電圧変成器)の接地側にフィルタを通してメータを接続し，直流漏れ電流の大きさ，方向，変動範囲を測り絶縁状態を推定するものである．

（4） **誘電正接法**　シェーリングブリッジ(Schering bridge)あるいは損失角計(tan δ 計)によって測定し，電圧，温度で整理し，その特性から絶縁状態を推定するものである．

測定時の電源容量を小さくするため，低周波変換器を用いることもある．

† 印加直後の短時間流れる変位電流，比較的長時間減衰しながら流れる吸収電流，時間に変化しない漏れ電流．

なお，ケーブルの絶縁耐力試験を行う場合，交流で行うと大きな充電電流を供給する試験用電源容量を必要とするため，直流による絶縁耐圧で行う場合が多く，技術基準でもこの方法が認められている．

【例題 5.7】　ケーブルの絶縁耐力試験を直流で行う理由として，正しいのは次のうちどれか．

（1）　絶縁破壊時の被害が少なくてすむ．

（2）　絶縁耐力の直流のほうが高い．

（3）　地中埋設の結果生ずる電食作用を考慮する必要がある．

（4）　試験用電源の容量が小さくてすむ．

（5）　ケーブルの誘電体損失がない．

【解】　（4）

〔解説〕　ケーブルの絶縁耐力試験を直流で行うのは，交流のような大きな充電電流を供給しなくてもよく，このため試験装置は小容量のものでよいことになる．

b.　ケーブルの故障点測定　故障には油漏れ，ガス漏れといった電気事故以外の故障と電気事故があり，前者は圧力降下などの測定によって故障点を検出でき，後者は故障点までの線路定数の測定で故障点を検出している．ケーブルは架空線と異なって巡視などで発見することは困難であり，マーレーループ法(Murray loop method)，パルス法，静電容量法および事故点標定装置による時間差測定法などによる測定法が用いられる．

（1）　**マーレーループ法**　ホイートストンブリッジ(Wheatstone bridge)の原理を応用した直流ブリッジで，故障点までの抵抗を測定し，その値から故障点までの距離を算出する方法である．測定回路例を**図 5.22** に示す．同図で，抵抗辺が 0～1 000 で目盛られている場合，ケーブルの長さを L〔m〕，故障時に接続さ

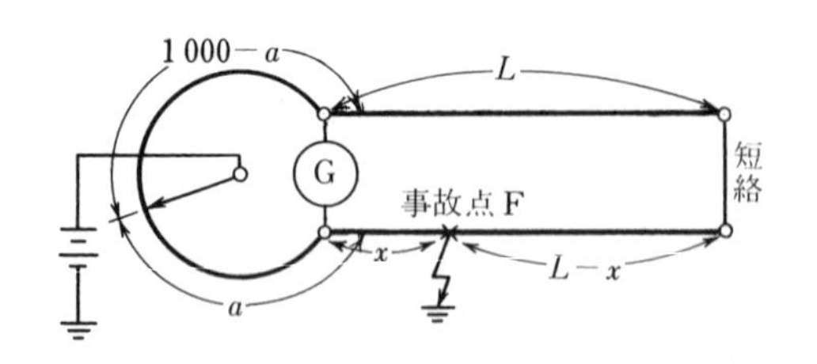

図 5.22　マーレーループ法による測定

れたブリッジ端子までの滑り線の読みを a，故障点までの長さを x〔m〕とすると，ブリッジの平衡条件から次式で故障点 F までの長さを求めることができる．

$$x(1\,000-a)=a(2L-x) \qquad \therefore \quad x=\frac{2aL}{1\,000} \quad \text{〔m〕} \tag{5.11}$$

マーレーループ法は，事故点の地絡抵抗が安定している必要があり，低抵抗の場合に低圧マーレーループ法(直流数 100 V)，高抵抗の場合に高圧マーレーループ法(直流数 1 000 V)が用いられる．

（2）　**パルス法**　　一定時間おきに超短時間の直流電圧を送り出し，このパルスが事故点で反射して帰ってくる性質を利用して，パルスが故障点までの間を往復する時間を測り距離を出す方式である(**図 5.23**)．

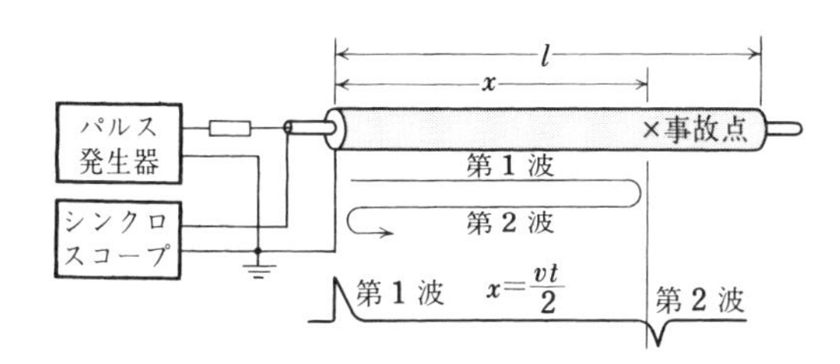

l：ケーブル長さ〔m〕，x：事故点までの距離〔m〕
v：パルス伝搬速度〔m/μs〕
t：パルス伝搬時間〔μs〕

図 5.23　送信形パルス法

パルスがケーブル中を伝わる速度(伝搬速度)を v〔m/μs〕，パルスを送り出してから反射して返ってくるまでの時間を t〔μs〕とすると，t は故障点までの往復時間であるから，故障点までの時間は $t/2$〔μs〕，パルスの速度は v〔m/μs〕であるから，故障点までの距離 x は次式で求められる．

$$x=\frac{vt}{2} \quad \text{〔m〕} \tag{5.12}$$

なお，ケーブル内の伝搬速度は約 160 m/μs である．

（3）　**静電容量法**　　この方法は断線事故の測定に適用されるもので，事故相の静電容量 C_x と健全相の静電容量 C の比から事故点までの距離 x を求める方法である．静電容量は距離に比例するので 1 線断線の場合および 3 線断線の場合は，それぞれ次式によって距離を求めることができる．

$$1\text{線断線}\qquad x=\frac{C_x}{C}l\ \text{〔m〕}\tag{5.13}$$

$$3\text{線断線}\qquad x=\frac{C_x}{C_x+C_y}l\ \text{〔m〕}\tag{5.14}$$

ただし，C_y：$l-x$ の部分の静電容量，l：ケーブルの長さ

【例題 5.8】　**図 5.24** のように，長さ L なるケーブルの始端から x なる地点 F で地絡事故が生じたので，残りの健全なケーブルと終端で短絡して，マーレーループ法で故障点までの距離 x を求めようとする．1 000 目盛りのしゅう動抵抗の点 P で検流計 G の振れが 0 を示し，点 P の目盛りが a であったとすれば，x は

$$x=\boxed{}$$

として求められる．上記記述中の □ に記入する式として，正しいのは次のうちどれか．

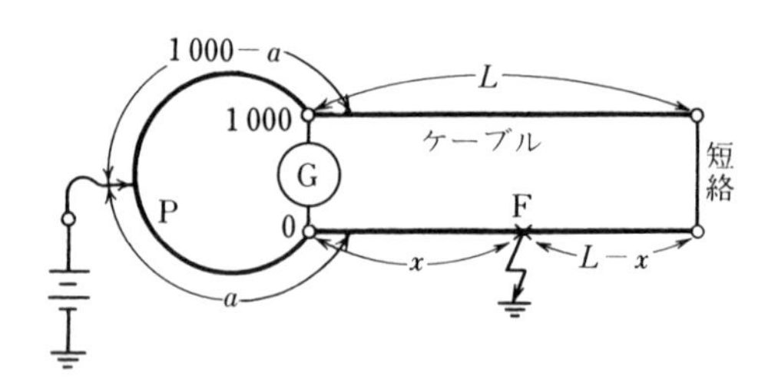

図 5.24

（1）　$\dfrac{2L(1\,000-a)}{1\,000}$　　（2）　$L+\sqrt{L^2-(1\,000-a)a}$

（3）　$\dfrac{1\,000}{2La}$　　（4）　$500+(L-a)$

（5）　$\dfrac{2La}{1\,000}$

【解】　（5）

〔解説〕　式(5.11)の導き方で求めればよい．

c.　ケーブルの腐食と腐食防止法　　ケーブルおよびケーブル布設鋼管など地中埋設金属体の腐食には大別して電気的腐食と化学的腐食とがある．前者は，

主として電気鉄道のレールからの漏れ電流によって発生するものである．後者は，埋設金属体の周囲の土壌または地下水が含有する石灰，腐食性塩類などにより，埋設金属体表面に生じる局部電池作用によるものが多い．

しかし，最近の電力ケーブルは，合成ゴムあるいはプラスチックによる強固な防食層が施され，ほとんど腐食の問題はなくなっている．

腐食を防止する方法としては流電陽極方式，外部電源方式，排流方式などがある．

5.5　新しい電力ケーブル

電力需要の増加に伴い，電力の大量生産と大量輸送が必要となり，輸送手段として地中ケーブルの大容量化がある．大容量化の方法として，高電圧化と電流の増大化があり，前者は現在 220〜500 kV の高電圧送電が行われている．後者としては，在来ケーブルで種々の改善を行うものと，新形ケーブルの開発があり，在来ケーブルの改善としては導体の大サイズ化，強制冷却の採用，絶縁体材料の改良による耐熱性能の向上および誘電体損の低減などがある．新形ケーブルの開発としては管路気中送電(GIL)，極低温ケーブルおよび超電導ケーブルなどがある．以下，新形ケーブルについて述べる．

1.　管路気中送電(GIL)　　管路気中送電(GIL)は，**図 5.25** のように導体として厚肉のパイプ(アルミまたは銅)を使用し，これをエポキシ樹脂による絶縁スペーサで，金属シース(アルミ管，ステンレス管，鋼管など)内に支持し，SF_6 ガスを充てんしたものである．

この線路は絶縁特性の優れた SF_6 ガスを使用しているため次のような特徴を

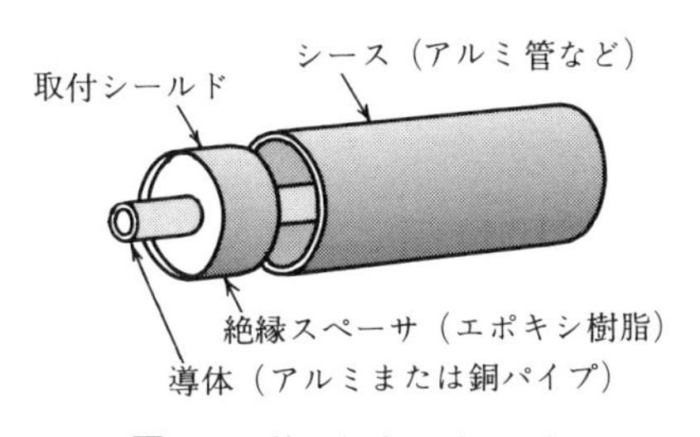

図 5.25　管路気中送電(GIL)

もっている．

（1）架空線とほぼ同程度の送電容量をもっているが，従来の地中線と同様，雷害，塩じん害などのおそれが少ない．

（2）SF_6 ガスは比誘電率がほぼ1なので，空気と同じであるため，OF ケーブルに比べて静電容量が1/10以下と小さくなり，充電容量が小さい．

（3）誘電体損は無視できるほど小さいので，それによる温度上昇によって送電容量は制約されることはない．

（4）反面，工場製造単位長が短いため現場接続箇所が多くなり，また美しい環境維持のため，溶接時の接続方法や作業環境に特別の工夫を施す必要がある．

管路気中送電(GIL)は都市化の進展に伴い，環境融和および用地や空間確保面で建設が困難な架空送電線において，同送電線と同等の送電能力を有する地中送電線路として開発されたものである．用途としては比較的短距離(数百m)の大容量送電線路の採用実績(154～500 kV，2 000～6 000 A)があり，近年3 km程度の送電線にも採用されてきている．

2.　極低温ケーブル　送電容量は275 kVで150～400万kW程度，500 kVで300～800万kW程度が得られる．

このケーブルは導体に高純度のアルミもしくは銅を使用し，この導体を20～80 Kの極低温に冷却し，導体抵抗を2桁程度に下げることにより，大電流を送電しようとするものである．ケーブルの構造は従来のパイプ形OFケーブルと同様，パイプ中に導体を挿入し，冷却方法としては導体の中空部分に冷却媒体の液体窒素を流し，絶縁は液体窒素含浸の絶縁紙を使用するものや，紙のような固体絶縁物を用いずに，真空で熱絶縁と電気絶縁を兼ねさせて，中空導体の内部に液体窒素を通す構造のものなどが考えられている．**図5.26**は液体窒素を用いた極低温ケーブルの構造例を示す．このケーブルは電圧500～700 kVで300～500万kWの送電容量を目標としている．

3.　超電導ケーブル　これは超電導現象を利用し，絶対温度付近で抵抗が0になる現象から無損失大容量送電を目指している．液体ヘリウムや液体窒素で温度を前者は4～5 K，後者は77 Kまで下げ，導体にニオブ・ニオブチタンや酸化物セラミックなどの超電導材料を使用することによって，電気抵抗を0に近づけ

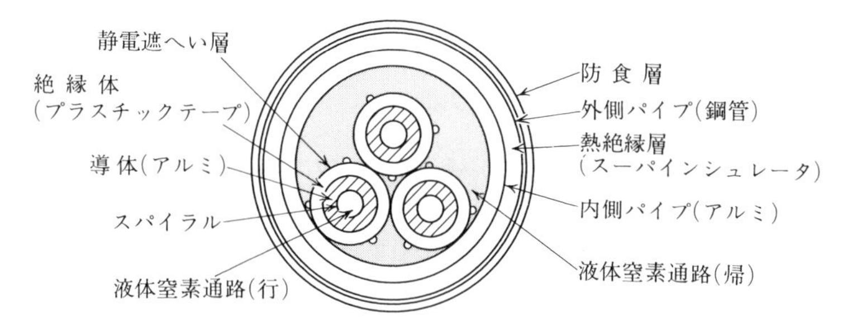

図 5.26　極低温ケーブル

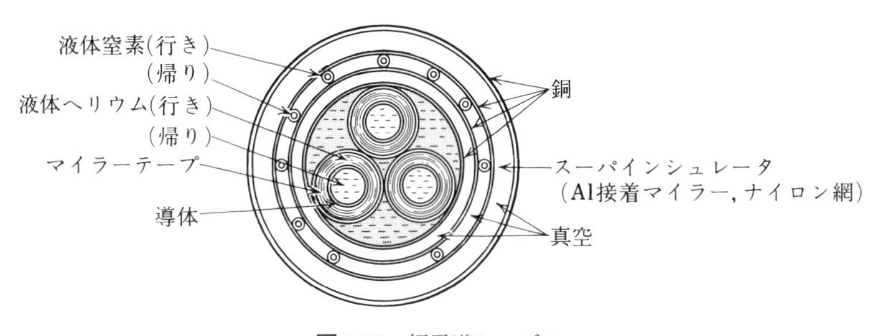

図 5.27　超電導ケーブル

るものである．**図 5.27** に超電導ケーブルの構造例を示す．送電容量は 500 kV で 1 000 万 kW 程度を目標としている．

極低温ケーブル，超電導ケーブルともにまだ研究段階(液体窒素を用いたビスマス系線材のケーブルは普及段階)であるが，管路気中送電は東京電力，関西電力，中部電力で 275 kV の実用化例がある．

問　　題

5.1　我が国における架空送電線路と比較した地中送電線路の特徴に関する記述として，誤っているものを次の(1)～(5)のうちから一つ選べ．

(1)　地中送電線路は，同じ送電容量の架空送電線路と比較して建設費が高いが，都市部においては保安や景観などの点から地中送電線路が採用される傾向にある．

(2)　地中送電線路は，架空送電線路と比較して気象現象に起因した事故が少なく，近傍の通信線に与える静電誘導，電磁誘導の影響も少ない．

(3)　地中送電線路は，同じ送電電圧の架空送電線路と比較して，作用インダクタンスは小さく，作用静電容量が大きいため，充電電流が大きくなる．

（4）　地中送電線路の電力損失では，誘電体損とシース損を考慮するが，コロナ損は考慮しない．一方，架空送電線路の電力損失では，コロナ損を考慮するが，誘電体損とシース損は考慮しない．

（5）　絶縁破壊事故が発生した場合，架空送電線路では自然に絶縁回復することは稀であるが，地中送電線路では自然に絶縁回復して再送電できる場合が多い．

出典：令和2年度第三種電気主任技術者試験電力科目

5.2　地中送電線路の線路定数に関する記述のうち，誤っているのは次のどれか．

（1）　架空送電線の場合と同様，一般に導体抵抗，インダクタンス，静電容量を考える．

（2）　交流の場合の導体の実効抵抗は，表皮効果および近接効果のため直流に比べて小さくなる．

（3）　導体抵抗は，温度上昇とともに大きくなる．

（4）　インダクタンスは，架空送電線に比べて小さい．

（5）　静電容量は，架空送電線に比べてかなり大きい．

5.3　地中送電線路に関する次の記述のうち，誤っているのはどれか．

（1）　電力ケーブルの作用インダクタンスは，同じ送電電圧の架空線より大きい．

（2）　電力ケーブルの作用静電容量は，同じ送電電圧の架空線より大きい．

（3）　クロスボンド接地方式は，シース回路損の低減に効果がある．

（4）　CVケーブルを連続して使用する場合の導体最高許容温度は，90℃である．

（5）　ケーブルの温度上昇は絶縁物の厚さ，布設条数，埋設深さ，地中温度などによって異なる．

5.4　交流の地中送電線路に使用される電力ケーブルで発生する損失に関する記述として，誤っているものを次の（1）～（5）のうちから一つ選べ．

（1）　電力ケーブルの許容電流は，ケーブル導体温度がケーブル絶縁体の最高許容温度を超えない上限の電流であり，電力ケーブル内での発生損失による発熱量や，ケーブル周囲環境の熱抵抗，温度などによって決まる．

（2）　交流電流が流れるケーブル導体中の電流分布は，表皮効果や近接効果によって偏りが生じる．そのため，電力ケーブルの抵抗損では，ケーブルの交流導体抵抗が直流導体抵抗よりも増大することを考慮する必要がある．

（3）　交流電圧を印加した電力ケーブルでは，電圧に対して同位相の電流成分がケーブル絶縁体に流れることにより誘電体損が発生する．この誘電体損は，ケーブル絶縁体の誘電率と誘電正接との積に比例して大きくなるため，誘電率及び誘電正接の小さい絶縁体の採用が望まれる．

（4）　シース損には，ケーブルの長手方向に金属シースを流れる電流によって発生するシース回路損と，金属シース内の渦電流によって発生する渦電流損とがある．クロスボンド接地方式の採用はシース回路損の低減に効果があり，導電率の高い金属シース材の採用は渦電流損の低減に効果がある．

（5）　電力ケーブルで発生する損失のうち，最も大きい損失は抵抗損である．抵抗損の低減には，導体断面積の大サイズ化のほかに分割導体，素線絶縁導体の採用などの対策が有効である．

出典：平成29年度第三種電気主任技術者試験電力科目

5.5　紙絶縁ケーブルと比較した架橋ポリエチレン絶縁ケーブルの特徴として，誤っているのは次のうちどれか．

（1）　導体サイズが同じ場合，単位長重量が小さい．

（2）　絶縁体の誘電率が大きい．

（3）　最高許容温度が高い．

（4）　水トリー現象がみられる．

（5）　接続作用が容易である．

5.6　絶縁体内径 34.0 mm，絶縁体外径 48.1 mm，誘電率 3.7 F/m の OF ケーブルの静電容量は，0.59 μF/km である．それでは絶縁体内径 34.0 mm，絶縁体外径 68.0 mm，誘電率 2.3 F/m の CV ケーブルの静電容量 μF/km として，正しいのは次のうちどれか．

（1）　0.09　　（2）　0.18　　（3）　0.50　　（4）　0.80　　（5）　1.18

5.7　電圧 33 kV，周波数 60 Hz，こう長 6 km の三相 3 線式 1 回線地中送電線路がある．ケーブルの心線 1 線あたりの静電容量を 0.4 μF/km とすれば，この線路の三相無負荷充電電流〔A〕はいくらか．正しい値を次のうちから選べ．

（1）　9　　（2）　17　　（3）　29　　（4）　42　　（5）　51

5.8　電圧 66 kV，周波数 50 Hz，こう長 5 km の交流三相 3 線式地中電線路がある．ケーブルの心線 1 線当たりの静電容量が 0.43 μF/km，誘電正接が 0.03% であるとき，このケーブル心線 3 線合計の誘電体損の値〔W〕として，最も近いものを次の（1）～（5）のうちから一つ選べ．

（1）　141　　（2）　294　　（3）　883　　（4）　1 324　　（5）　2 648

出典：平成27年度第三種電気主任技術者試験電力科目

5.9　ある長さの三相 3 心ケーブルがあり，任意の 2 心間に 50 Hz，22 kV の電圧を加えたところ，充電電流は I_1〔A〕であった．

このケーブルに 60 Hz，33 kV の三相電圧を加えたときの充電電流 I_2〔A〕と I_1 の比（I_2/I_1）として，正しいのは次のうちどれか．

（1）　1.04　　（2）　1.73　　（3）　1.80　　（4）　2.08　　（5）　3.60

5.10　地中送電線路に使用される各種電力ケーブルに関する記述として，誤っているものを次の（1）～（5）のうちから一つ選べ．

（1）　OF ケーブルは，絶縁体として絶縁紙と絶縁油を組み合わせた油浸紙絶縁ケーブルであり，油通路が不要であるという特徴がある．給油設備を用いて絶縁油に大気圧以上の油圧を加えることでボイドの発生を抑制して絶縁強度を確保している．

（2）　POF ケーブルは，油浸紙絶縁の線心 3 条をあらかじめ布設された防食鋼管内に引き入れた後に，絶縁油を高い油圧で充てんしたケーブルである．地盤沈下や外傷に対する強度に優れ，電磁遮蔽効果が高いという特徴がある．

（3）　CV ケーブルは，絶縁体に架橋ポリエチレンを使用したケーブルであり，OF ケーブルと比較して絶縁体の誘電率，熱低効率が小さく，常時導体最高許容温度が高いため，送電容量の面で有利である．

（4）　CVT ケーブルは，ビニルシースを施した単心 CV ケーブル 3 条をより合わせたトリプレックス形 CV ケーブルであり，3 心共通シース形 CV ケーブルと比較してケーブルの熱抵抗が小さいため電流容量を大きくできるとともに，ケーブルの接続作業性がよい．

（5）　OF ケーブルや POF ケーブルは，油圧の常時監視によって金属シースや鋼管の欠陥，外傷などに起因する漏油を検知できるので，油圧の異常低下による絶縁破壊事故の未然防止を図ることができる．

出典：平成 30 年度第三種電気主任技術者試験電力科目

5.11　地中送電線路に使用される電力ケーブルの許容電流に関する記述として，誤っているものを次の（1）～（5）のうちから一つ選べ．

（1）　電力ケーブルの絶縁体やシースの熱抵抗，電力ケーブル周囲の熱抵抗といった各部の熱抵抗を小さくすることにより，ケーブル導体の発熱に対する導体温度上昇量を低減することができるため，許容電流を大きくすることができる．

（2）　表皮効果が大きいケーブル導体を採用することにより，導体表面側での電流を流れやすくして導体全体での電気抵抗を低減することができるため，許容電流を大きくすることができる．

（3）　誘電率，誘電正接の小さい絶縁体を採用することにより，絶縁体での発熱の影響を抑制することができるため，許容電流を大きくすることができる．

（4）　電気抵抗率の高い金属シース材を採用することにより，金属シースに流れる電流による発熱の影響を低減することができるため，許容電流を大きくすることができる．

（5）　電力ケーブルの布設条数（回線数）を少なくすることにより，電力ケーブル相互間の発熱の影響を低減することができるため，1 条当たりの許容電流を大きくすることができる．

出典：令和 3 年度第三種電気主任技術者試験電力科目

5.12　電力ケーブルに生じる損失には，導体内に発生する［（ア）］，絶縁体内に発生する［（イ）］，シースに発生する［（ウ）］などがある．［（イ）］があるため，ケーブルに電圧を印加した際の充電電流にはわずかではあるが，［（エ）］が含まれる．

上記［　］に記入する字句の正しい組合せは，次のどれか．

	（ア）	（イ）	（ウ）	（エ）
（1）	コロナ損	渦電流損	鉄損	無効分
（2）	抵抗損	誘電損	コロナ損	無効分
（3）	コロナ損	渦電流損	鉄損	有効分
（4）	抵抗損	誘電損	シース損	有効分
（5）	コロナ損	渦電流損	シース損	無効分

5.13　次の文章は，地中送電線の布設方式に関する記述である．

地中ケーブルの布設方式は，直接埋設式，［（ア）］，［（イ）］などがある．直接埋設式は

[（ア）]や[（イ）]と比較すると，工事費が[（ウ）]なる特徴がある.

[（ア）]や[（イ）]は我が国では主流の布設方式であり，直接埋設式と比較するとケーブルの引き替えが容易である．[（ア）]は[（イ）]と比較するとケーブルの熱放散が一般に良好で，[（エ）]を高くとれる特徴がある．[（イ）]ではケーブルの接続を一般に[（オ）]で行うことから，布設設計や工事の自由度に制約が生じる場合がある.

上記の記述中の空白箇所(ア)，(イ)，(ウ)，(エ)及び(オ)に当てはまる組合せとして，正しいものを次の(1)～(5)のうちから一つ選べ.

	（ア）	（イ）	（ウ）	（エ）	（オ）
（1）	暗きょ式	管路式	高く	送電電圧	地上開削部
（2）	管路式	暗きょ式	安く	許容電流	マンホール
（3）	管路式	暗きょ式	高く	送電電圧	マンホール
（4）	暗きょ式	管路式	安く	許容電流	マンホール
（5）	暗きょ式	管路式	高く	許容電流	地上開削部

出典：平成26年度第三種電気主任技術者試験電力科目

5.14　我が国の電力ケーブルの布設方式に関する記述として，誤っているものを次の(1)～(5)のうちから一つ選べ.

（1）直接埋設式には，掘削した地面の溝に，コンクリート製トラフなどの防護物を敷き並べて，防護物内に電力ケーブルを引き入れてから埋設する方式がある.

（2）管路式には，あらかじめ管路及びマンホールを埋設しておき，電力ケーブルをマンホールから管路に引き入れ，マンホール内で電力ケーブルを接続して布設する方式がある.

（3）暗きょ式には，地中に洞道を構築し，床上や棚上あるいはトラフ内に電力ケーブルを引き入れて布設する方式がある．電力，電話，ガス，上下水道などの地下埋設物を共同で収容するための共同溝に電力ケーブルを布設する方式も暗きょ式に含まれる.

（4）直接埋設式は，管路式，暗きょ式と比較して，工事期間が短く，工事費が安い．そのため，将来的な電力ケーブルの増設を計画しやすく，ケーブル線路内での事故発生に対して復旧が容易である.

（5）管路式，暗きょ式は，直接埋設式と比較して，電力ケーブル条数が多い場合に適している．一方，管路式では，電力ケーブルを多条数布設すると送電容量が著しく低下する場合があり，その場合には電力ケーブルの熱放散が良好な暗きょ式が採用される.

出典：令和元年度第三種電気主任技術者試験電力科目

5.15　地中ケーブルの故障点をパルスレーダ法で求める場合，故障線の一端から伝搬速度vのパルスを送り込み，故障点から反射されて返ってくるまでの時間がtであったとすれば，パルスを送り込んだ一端から故障点までのケーブル長として，正しいのは次のうちどれか.

（1）$\dfrac{vt}{2}$　（2）$\dfrac{vt^2}{2}$　（3）vt　（4）vt^2　（5）$2vt$

5.16　ケーブルの故障予知法の一つである直流高電圧法に最も関係のない事項は，次のうちどれか．

（1）　変位電流　　（2）　吸収電流　　（3）　漏れ電流

（4）　絶縁抵抗　　（5）　充電電流

5.17　現場でケーブルの絶縁劣化状況を診断する方法の一つとして，［（ア）］の高電圧を印加したときに流れる電流を測定する方法がある．この電流値は，充電電流と［（イ）］および［（ウ）］の合計で，絶縁物が吸湿や汚損により劣化すると，［（ウ）］が大きくなる．また，極端に絶縁が劣化すると，電流値が増大したり，キック電流が発生したりする．

上記の記述中の［　］に記入する字句として，正しいものを組み合わせたのは次のうちどれか．

（1）（ア）　交流　　（イ）　吸収電流　　（ウ）　漏れ電流

（2）（ア）　直流　　（イ）　放電電流　　（ウ）　吸収電流

（3）（ア）　パルス　（イ）　放電電流　　（ウ）　吸収電流

（4）（ア）　交流　　（イ）　漏れ電流　　（ウ）　放電電流

（5）（ア）　直流　　（イ）　吸収電流　　（ウ）　漏れ電流

5.18　管路気中送電における絶縁体として使用されるガスとして，正しいのは次のうちどれか．

（1）　窒素ガス　　（2）　アルゴンガス　　（3）　ヘリウムガス

（4）　六ふっ化硫黄ガス　　（5）　水素ガス

5.19　電力ケーブルの1線断線事故の故障点までの距離を静電容量法で求める場合，健全相の静電容量がC，故障点までの静電容量がC_x，ケーブルのこう長がLのとき，故障点までの距離を表す式として，正しいのは次のうちどれか．

（1）　$\dfrac{C_x}{C}L$　　（2）　$\dfrac{C}{C_x}L$　　（3）　$\dfrac{C \cdot C_x}{L}$

（4）　$\dfrac{L}{C \cdot C_x}$　　（5）　$C \cdot C_x \cdot L$

5.20　次の文章は，ケーブルの故障点測定に関する記述である．文中の［　］に当てはまる最も適切なものを解答群の中から選びなさい．

ケーブルの故障点測定手法にはマーレーループ法，パルス法，静電容量法などがあるが，このうち通常断線故障のみに適用されるのは［（1）］である．一方，地絡故障に用いられる手法の一つに，一定時間おきにインパルス状の［（2）］パルスを送り出し，このパルスが故障点で反射して返ってくる性質を利用して，パルスが故障点までの間を往復する時間を測る方法がある．パルスがケーブルの中を伝わる速度をv〔m/μs〕，パルスを送り出してから返ってくるまでの時間をt〔μs〕とすると，**図問5.20**の故障点までの距離x〔m〕は［（3）］で求められる．ケーブルの回路定数は形状，寸法等で異なるが，例えば$L = 0.3$ mH/km，$C = 0.2$ μF/kmの場合，ケーブルが無損失と仮定して伝搬速度を求めると，約［（4）］である．ケーブル導体が故障点において外側遮へい導体と完全短絡して地絡故障が発生している場合には，単一パルスが故障点に到達すると，ケーブルのサージインピーダンスが故障点を除き

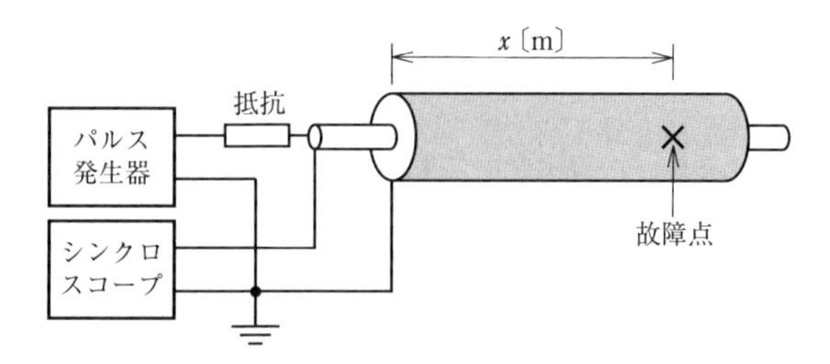

図問 5.20　ケーブルの故障点測定

全長にわたって一様ならば［（5）］反射パルスが発生して送信端まで戻ってくる.

〔解答群〕

（イ）　マーレーループ法	（ロ）　逆位相の	（ハ）　超音波	（ニ）　300 m/μs
（ホ）　vt	（ヘ）　$\dfrac{vt}{2}$	（ト）　同位相の	（チ）　$2vt$
（リ）　電　圧	（ヌ）　電　流	（ル）　静電容量法	（ヲ）　多数の
（ワ）　4.1 m/μs	（カ）　パルス法	（ヨ）　130 m/μs	

出典：平成 26 年度第二種電気主任技術者第一次試験電力科目

第6章　配　電　線　路

6.1　配電線路の構成

配電線路は法的に「発電所，変電所もしくは送電線路と需要設備との間，または需要設備相互間の電圧5万ボルト未満の電線路およびこれに付属する開閉所その他の電気工作物をいう」と定義されている．一般に，配電用変電所から需要家引込口にいたるまでの部分をいい，使用されている電圧で次のように分類される．

1.　配電電圧の区分　　技術基準では電圧の種別を次の3種に区別している．

（1）　低　　圧：直流750 V以下，交流600 V以下

（2）　高　　圧：低圧の限度を超え，7 000 V以下のもの

（3）　特別高圧：7 000 Vを超えるもの

ただし，高圧または特別高圧の多線式電路(中性線を有するものにかぎる)の中性線と，ほかの1線とに電気的に接続して施設する電気工作物については，その使用電圧または最大使用電圧が，その多線式電路の使用電圧または最大使用電圧に等しいものとして取り扱われる．これは，中性点とほかの1線間の電圧(相電圧)が1線地絡時に線間電圧に相当する電圧となる場合があるためである．

2.　配電系統の標準電圧　　わが国では，配電系統の標準電圧(公称電圧)としては次のような値が採用されている．

低圧　　100，200，100/200，415，240/415 V

高圧，特別高圧　　3 300，6 600，11 000，22 000，33 000 V

普通，配電用変電所からの配電線は，わが国では**高圧配電線**と呼ばれ，一般に，特別高圧線も含めて**一次配電線**と称される．大口の需要家は高圧配電線で直接供

給されるが，一般の住宅や商店などの小口の需要家は，高圧線に分散された配電変圧器(柱上変圧器)の二次側に結ばれた**低圧配電線(二次配電線)**から供給される．わが国の高圧線の電圧は大部分 6 600 V で，一部に 3 300 V，11 400 V($=\sqrt{3}\times$ 6 600 三相 4 線式)などがあり，超過密地区および大規模ニュータウン，埋立地などの大電力供給のためとして 22 kV または 33 kV 級の配電電圧となっている．また，低圧線では電灯および動力用として 100 V および 200 V が使用され，ビルディングや工場などは 400 V 級の配電電圧が一部採用されている．

3.　配電線路の構成　　配電線路は架空配電線路と地中配電線路に分けられるが，前者は**図 6.1** に示すとおり，高圧架空配電線(主として 6 600 V)，低圧線(100 V，200 V)，引込線とそれを支持する電柱(コンクリート柱，木柱)および電圧を高圧より低圧に変更する変圧器などの機器，充電部分を絶縁するがいしなどから構成されている．ここでは，架空配電線路の構成について述べることとし，地中配電線路の構成については **6.4** で述べる．

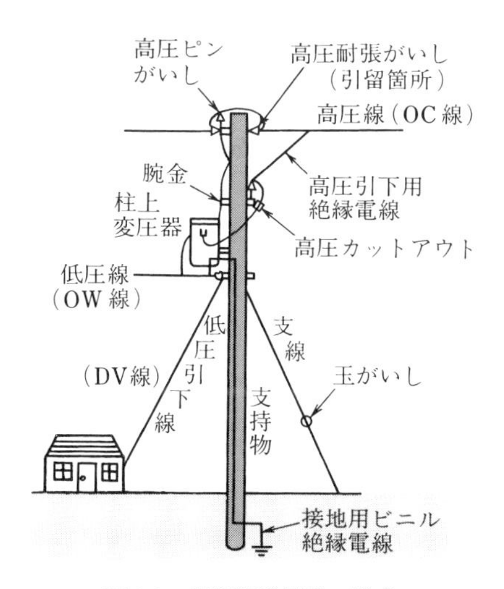

図 6.1　架空配電線路の構成

a.　支持物(電柱)　　鉄筋コンクリート柱が最も多く，ついで木柱が使われ，山地などの運搬困難な場所では鉄柱が，また特殊な場所には鉄塔なども使用される．

（1）**鉄筋コンクリート柱**　従来は木柱が多かったが，木材の減少，高価，寿命が短いなどの欠点があり，寿命が半永久的である鉄筋コンクリート柱が急速に使われてきた．鉄筋コンクリート柱は，製法によって工場打ち，現場打ち，半現場打ちの3種に分けられるが，コンクリートが十分ち密で，中空にでき，軽くて再使用が可能であるなどの長所があり，近年は大部分工場打ちが採用されている．なお，鉄筋コンクリート柱は，技術基準ではA種(設計荷重700 kg以下)とB種(A種以外)に分けており，安全率は2以上としている．

（2）**木　　柱**　主としてスギを使用して，そのほかヒノキ，クリ，トドマツなどが用いられている．木柱は普通寿命を長くするため，防腐剤を注入している．注入する防腐剤はクレオソートが最も多く，そのほかマレニットおよび硫酸銅などが使用されている．

（3）**鉄　　柱**　鋼管柱およびパンザーマスト(鋼板組立柱)があり，パンザーマストは山地などの運搬困難な場所に使用されており，厚さ1～2 mm，長さ2 m程度の円筒形のものを現場で順次，はめ合せて柱に組み立てる．

鉄柱，鉄筋コンクリート柱(A種柱のみ)および木柱の根入れは**図6.2**に示すように，全長15 m以下の場合は全長の1/6以上(15 mを超える場合は2.5 m以上)とする．また，水田そのほか地盤が軟弱な箇所では，特に堅ろうな根かせを取り付けることとしている．

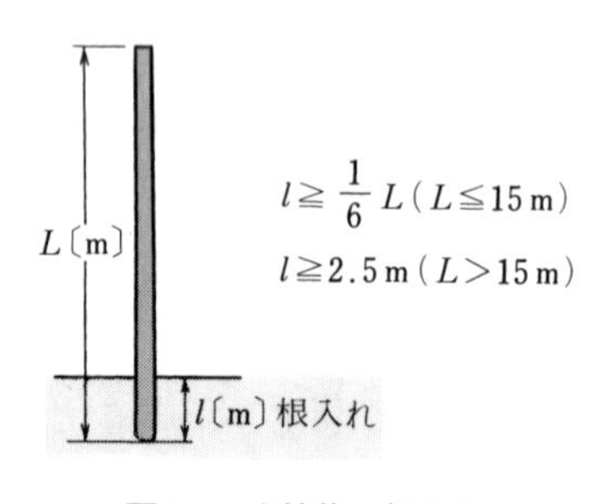

図6.2　支持物の根入れ

b. 電　　線　架空配電線を使用する電線は，電気設備技術基準によって低圧には絶縁電線，多心形電線またはケーブルを，高圧には高圧絶縁電線，特別高圧絶縁電線またはケーブルを使用するよう規定されている．電線の太さは許容電流，電力損失，機械的強度および電圧降下などを考慮して決められる．

絶縁電線は構造上，単線とより線が，材質上銅線とアルミ線がある．

（1）　**絶縁電線の種類と用途**

（a）　引込用ビニル絶縁電線(DV 線)……低圧引込線に使用

（b）　屋外用ビニル絶縁電線(OW 線)……低圧線に使用

（c）　架橋ポリエチレン絶縁電線(OC 線)，ポリエチレン絶縁電線(OE 線)……高圧線に使用

特に，OC 線は OE 線に比べ絶縁物の許容温度が高く許容電流が大きくなる特徴がある．

（d）　そ の 他　　高圧引下げ用絶縁電線，縁回し用絶縁電線，接地用ビニル絶縁電線などがある．

以上の構造を示したのが**図 6.3** であり，使用箇所を図 6.1 に示している．

高圧絶縁電線の絶縁体としてポリエチレン混合物あるいはエチレンプロピレンゴム混合物が使用されるが，雷のフラッシオーバなどで絶縁被覆が貫通した場合，絶縁被覆の存在のためアークスポットが移動しにくいので，導体溶断事故が起こりやすくなる．

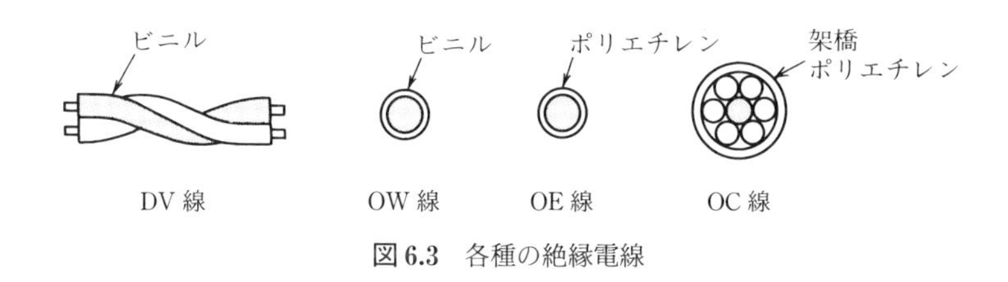

図 6.3　各種の絶縁電線

（2）　**電線の太さ**　　単線には直径 2.6，3.2，4.0，5.0 mm，より線には 22 (7/2.0)，38 (7/2.6)，60 (19/2.0) mm^2 などがある．なお，電気設備技術基準の解釈では絶縁電線の最小太さは 300 V 以下では 2.6 mm，300 V 超過では市街地 5.0 mm，そのほか 4.0 mm と規定されている．

（3）　**電線の材質**　　従来は硬銅線が使用されてきたが，最近は高圧線にアルミ線(鋼心アルミより線または硬アルミより線)も使用されている．

【例題 6.1】　　高圧架空配電線路に主として使用する電線として，正しいのは次のうちどれか．

（1）　OW 線　　（2）　DV 線　　（3）　OC 線

（4）　CV ケーブル　　（5）　OF ケーブル

【解】　（3）

〔解説〕 高圧架空配電線には OC 線，OE 線が主として用いられる．

c. が い し　がいしには高圧用と低圧用があり，使用箇所の区分によって，主として直線部分に使用するピンがいし，引留部分に使用する引留(耐張)がいし，支線に使用する玉がいしなどがある．これらの構造を**図 6.4** に示し，使用箇所を図 6.1 に示している．

d. 機　器　機器には，柱上変圧器(配電変圧器)，開閉器，電圧調整器，電力用コンデンサ，避雷器などがある．

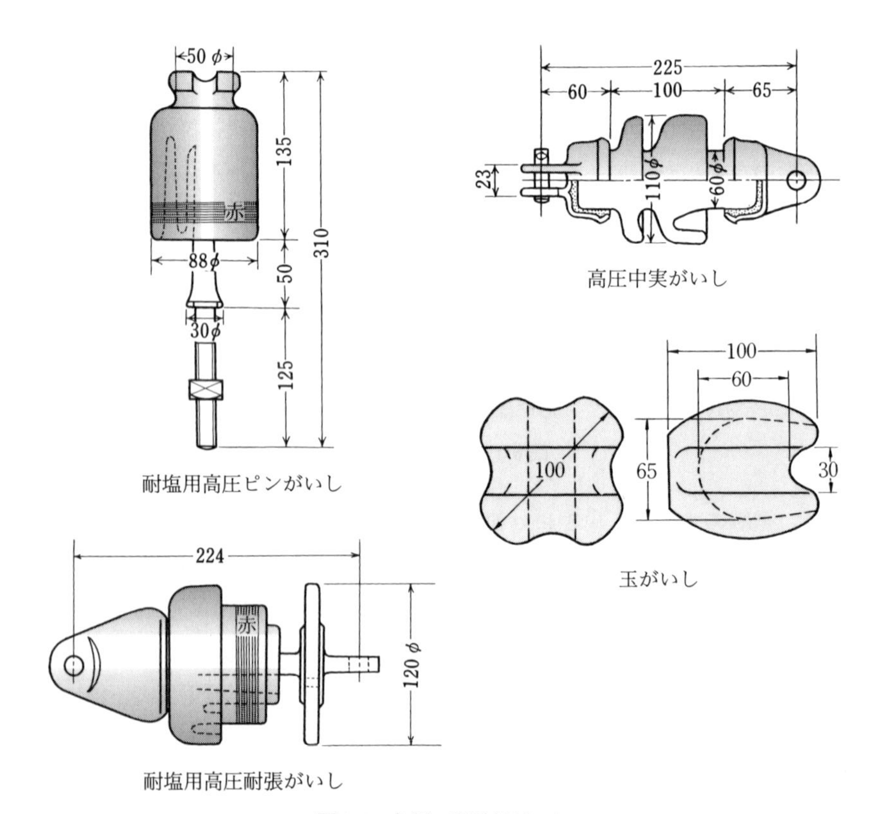

図 6.4　各種の配電用がいし

高圧架空配電線路に使用する開閉器には気中開閉器，真空開閉器，ガス開閉器などがあり，特に真空開閉器が多く使用されている．従来，油入開閉器として油が使用されていたが，この方式はアークによる油の分解ガスを吹き付け消弧していたが，安全上の理由から空気や真空が用いられるようになった．最近はSF_6ガス(六ふっ化硫黄ガス)を用いたものも使用されている．真空はアークにより発生したプラズマが急激に拡散することを利用しており，空気の場合よりギャップ長が短くてすむ．また，SF_6ガスは，化学的に安定であり，電気的な絶縁耐力は空気の2～3倍もあるためアークの遮断特性が優れている．

e. そ の 他　電線を引き留める箇所などの支持物には，補強のため支線を取り付ける．そのほか，腕金(木)の傾斜防止用にアームタイ(プレス)，各種ボルト，バンド類，柱上変圧器の高圧側の開閉に使用する高圧カットアウト，引込線に使用するケッチホルダ，高圧ヒューズなども使用される．高圧カットアウトには磁器製のふたにヒューズ筒を取り付け，ふたの開閉により電路の開閉ができるプライマリ(箱形)カットアウトと磁器製の円筒内にヒューズ筒を格納して，その取付け・取外しにより電路の開閉ができるシリンドカルヒューズ(円筒形)カットアウトがある．また，高圧ヒューズは，電動機の始動電流や雷サージによって溶断しないことが要求されるため，短時間過大電流に対して溶断しにくくしたタイムラグヒューズが一般に使用されている．

4. 電柱の共架と環境調和　同じ支持物に異なった事業者が，電力線，電話線，信号線およびこれらの付属物などを併架し，1本の支持物を有効に利用することを電柱の共架(または共用)という．共架は，電力会社の高低圧架空電線と通信会社の電話線との共架が最も多く，ほかに交通信号灯関係設備，火災警報装置，連絡標識などがある．

交通の安全，都市美観などの点からすれば，路上にある工作物はなるべく少ないのがよく，また，経済的にみても，事業者ごとに施設することは不経済となる．このことから共架を必要とするが，この場合の利点は次のとおりである．

(1)　1本の支持物を有効に利用できるので，経費，資材の節減ができる．

(2)　支持物が少なくできるので，交通の支障が少なく，安全が図れる．

(3)　都市の美観が向上する．

(4)　支持物用地の取得が少なくてすむ．

ただし，共架による電力線と通信線との混触，誘導障害などに十分な注意を払う必要がある．

共架の具体化に際して事業者相互に施設方法，離隔距離，取付位置などの工事基準を定めて実施している．なお，共同使用に伴う費用の負担はそれぞれの当事者間で協定などの方法によって取り決められている．

配電線は，市街地で建物に接近して建てられるので，装柱も簡素化して都市美化にマッチしたもので，かつ安全性，信頼性を有する地域との環境調和が求められる．現在進めているのは配電線の地中化と環境調和柱の設置である．

図6.5は環境調和柱の例で高低圧線を架空ケーブル各1条に取りまとめ簡素化するとともに，柱上変圧器は一つのケースに単相変圧器を縦方向に2台収め，異容量V結線とすることにより，電灯と動力負荷に対して1台で供給可能にしており，簡素化・コンパクト化されている．配電線の地中化については，歴史のある欧米では大部分が地中配電になっている．わが国では欧米に比べ地中化が遅れているが，都市の美観や防災上の理由からその促進が重要課題であり，大都市ならびに地方都市で電力需要密度が高く，安定しており，また，変圧器などの路上機器を設置するスペースが確保できる地域などを中心に計画的に実施されている．

図6.5　環境調和柱

その地中化率は関東圏を例にとると1998年度末で8.5%，東京23区で42%となっている．

6.2　配電線路の電気方式

配電方式としては負荷の供給方式で並列式，直列式があり，供給する電気の種類によって交流式と直流式に分けられる．並列式は負荷を並列に接続して電力を供給する方式で，直列式は負荷を直列に接続する方式で，前者は各負荷の端子電圧はほぼ等しく，かつ時間的にもほぼ一定に保たれ，一般に負荷の変動に応じて電流が増減する特徴があり，後者は各負荷の電流が時間的にほぼ一定に保たれ，負荷の変動に応じ端子電圧が変化する特徴がある．負荷端で使用する機器は定電圧を前提に製作されているので，特殊な用途の負荷以外はすべて並列式で供給されている．

また，交流式と直流式の比較であるが，初期の電気供給として直流式が採用されたこともあったが，現在では一部の例外的なものを除きすべてが交流式であり，直流が有利な負荷に対しては，交流を直流に変成して供給することが多い．ここでは，電気方式として交流式の並列式について述べることとする．

1.　高圧配電系統の電気方式　　高圧配電系統は樹枝状式と環状式(ループ式)に分けられる．

a.　樹枝状式　　この方式は図**6.6**(**a**)のように，負荷の分布に応じて樹枝状に分岐線を出す方式である．つまり，架空電線路幹線と分岐線部分とからなり，線路の途中に区分用開閉器を設置し，他系統幹線との連絡用に連絡開閉器を設置

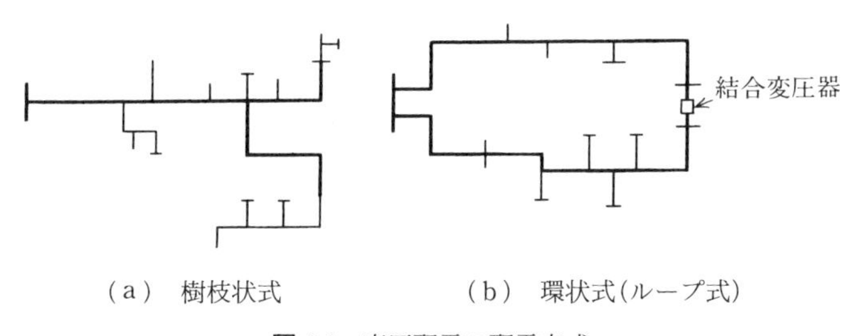

(a)　樹枝状式　　　(b)　環状式(ループ式)

図 6.6　高圧配電の配電方式

しておく．また，柱上変圧器を適正な位置に接続しておき，負荷に供給している．わが国の高圧配電線の大部分はこの方式である．

この方式は，建設費も比較的安価で，保護装置も簡単で需要増加に容易に応ずることができるが，事故時にほかの配電線から送電できないので，停電範囲が広くなり信頼度は低い．

また，わが国で一般に使用されている高圧配電方式は非接地三相3線式で，この方式は多くの場合，配電用変電所の変圧器二次側Δ巻線から引き出されており，1線地絡事故時の地絡電流を10数A程度に抑制でき通信線の電磁誘導障害の防止が図れることと，高圧と低圧が混触した場合，低圧電路の対地電圧上昇を小さく抑制できる利点がある．しかし，1線地絡時の健全相の対地電圧は事故前の$\sqrt{3}$倍となり，中性点接地高圧配電方式に比べ，地絡事故時の選択遮断が複雑になるなどの難点がある．

b.　環状式（ループ式）　この方式は同図（**b**）に示すように，線路の形が環状となっており，ここでは結合開閉器を常時開路しておき，故障発生時にこれを投入して，逆送する常時開路方式と結合開閉器を常時閉路しておく常時閉路方式とがある．常時開路方式が一般的であり，信頼度が高いことのほかは樹枝式と変らない．このような環状線路をいくつか組み合せた多重ループ式もある．この方式は線路の途中に事故が発生しても，故障区間自動区分装置を併用することによって，故障区間を自動的に分離して，ループ点を通じてほかの配電線からも送電できるので信頼度が高い．また，電力損失，電圧降下が小さいが，建設費がやや高く，保護方式もやや複雑となる．用途としては，比較的需要密度の高い地域の高圧配電線に用いられている．

2.　低圧配電系統の電気方式　電灯需要に対しては単相2線式100 V，低圧動力需要に対しては三相3線式200 Vと単相2線式200 Vが採用されてきたが，近年は単相3線式100/200 V方式が一般的に最も多く使用されている．また，電灯と低圧動力の両方に供給する方式として，異容量V結線三相4線式が広く使用されている．系統方式としては電灯，低圧動力とも樹枝状式を標準としており，20 kV級† 地中配電地域の特定超高密度地区に対しては，レギュラネットワ

† 20 kV級とは22 kVおよび33 kVを総称している．

ーク方式を，またフリッカが問題となるところでは，必要に応じ柱上変圧器の二次側を幹線で並列接続するバンキング方式を使用している．

a.　単相2線式　　この方式は**図6.7(a)**に示すように電線2線で配電するもので，工事や保守が簡単であるが，過去には使用されていたが，現在では低圧幹線として用いられていない．

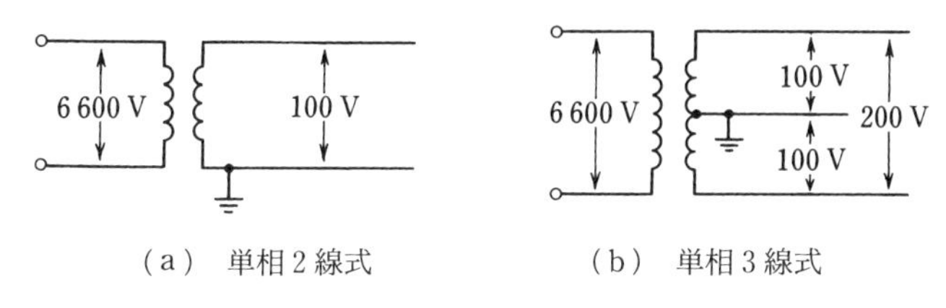

(a)　単相2線式　　　(b)　単相3線式

図6.7　低圧電気方式(単相式)

b.　単相3線式　　この方式は，同図(**b**)に示すように電源の単相変圧器の中性点から中性線を引き出し，両外線の電圧線とともに3線で負荷に供給する．100 V負荷は電圧線と中性線との間に接続し，200 V負荷は両電圧線間に接続する．近年，低圧配電は大部分この方式が採用されている．単相3線式は，単相2線式に比べて次のような特徴がある．

(1)　電圧降下，電力損失が，平衡負荷の場合1/4に減少する．

(2)　所要電線量が少なくてすむ．

(3)　200 V負荷の使用が可能となる．

(4)　常時の負荷に不平衡があると負荷電圧が不平衡となる．

(5)　中性線が断線すると，負荷の不平衡度合が大きい場合は，大きな負荷電圧の不平衡が生ずる．

(6)　中性線と電圧線が短絡すると，短絡しない側の負荷電圧が異常上昇する．

(4)～(6)の電圧不平衡対策として，低圧線の末端にバランサを設置し，電圧の不平衡をなくす方法が採用される．バランサは**図6.8**のように柱上変圧器の高圧巻線を省略した，巻線比1の単巻変圧器であり，電圧への不平衡分はその漏れインピーダンスを通して短絡され常時および故障時の電圧不平衡を大幅に軽減する作用がある．またこの方式では中性線に自動遮断器(ヒューズを含む)を挿入していないが，その理由は負荷が不平衡のとき，中性線が断線すると，前述のよう

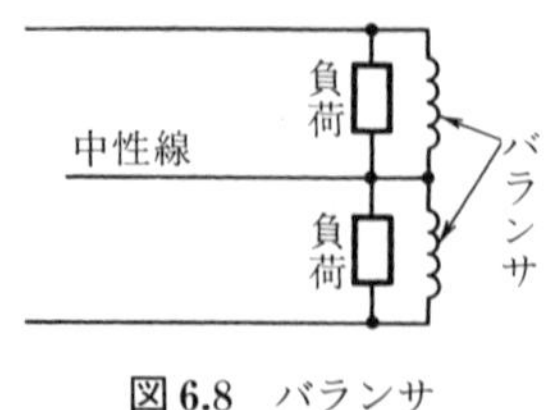

図 6.8　バランサ

に負荷に過電圧が生ずるからである．

【例題 6.2】　200/100 V 単相3線式の特徴を述べた次の記述のうち，誤っているのはどれか．

（1）　100 V 単相2線式と電線の銅量が等しければ，配電容量が大きい．

（2）　中性線を接地しなければならない．

（3）　200 V と 100 V の両電圧を同一の配電変圧器で利用できる．

（4）　100 V 単相2線式と電線太さが等しく，送電電力も等しければ配電線内のオーム損が小さい．

（5）　中性線には，自動遮断装置を設置しなければならない．

【解】　（5）

〔解説〕 単相3線式の中性線が断線すると，負荷の不平衡があると負荷電圧が異常となるので，中性線には一般に自動遮断装置を設置していない．

〔単相2線式と単相3線式の比較〕　ここでは，両方式で負荷電力が等しいとした場合の所要電線量，電力損失，電圧について計算してみる．

（a）**所要電線量**　こう長を l〔m〕，負荷電力を P〔W〕，線路損失を P_l〔W〕，負荷電圧（単相3線式は中性線と外線との間の電圧）を V〔V〕，力率を $\cos\theta$ とし，単相2線式および単相3線式の線電流，電線1条の抵抗をそれぞれ I_1，I_3〔A〕，R_1，R_3〔Ω〕とすれば，負荷電力はそれぞれ等しいので

$$P = VI_1 \cos\theta = 2VI_3 \cos\theta \tag{6.1}$$

$$\therefore \quad I_1 = 2I_3 \tag{6.2}$$

一方，電力損失は，単相3線式の負荷が平衡しているものとみなせば

$$P_l = 2I_1^2 R_1 = 2I_3^2 R_3 \tag{6.3}$$

となる．式(6.3)に式(6.2)の関係を代入し，R_1 と R_3 の比を求めると

$$\frac{R_1}{R_3}=\left(\frac{I_3}{I_1}\right)^2=\left(\frac{1}{2}\right)^2=\frac{1}{4} \qquad (6.4)$$

となる．いま，単相2線式と単相3線式の電線1条の断面積および重量をそれぞれ S_1，S_3〔m^2〕，W_1，W_3〔kg〕とすれば，電線量は断面積に比例する．また，抵抗と断面積の関係は材質と長さを同じと考えると，$R=\rho l/S$ と反比例の関係にあるので，W_3 と W_1 の比は

$$\frac{W_3}{W_1}=\frac{S_3}{S_1}=\frac{R_1}{R_3}=\frac{1}{4} \qquad (6.5)$$

となる．したがって，求める単相3線式(電線3条)と単相2線式(電線2条)の所要電線量の比は中性線の電線の太さを上下の電圧線と同じにすれば

$$\frac{\text{単相3線式電線量}}{\text{単相2線式電線量}}=\frac{3W_3}{2W_1}=\frac{3}{2}\times\frac{1}{4}=\frac{3}{8}=0.375 \qquad (6.6)$$

となる．なお，中性線の電線の太さを電圧線の太さの1/2とすれば

$$\frac{2.5W_3}{2W_1}=\frac{2.5}{2}\times\frac{1}{4}=\frac{5}{16}\fallingdotseq 0.313 \qquad (6.7)$$

となる．

（b）　**電力損失**　　単相2線式，単相3線式ともに同一太さの電線を使用するものとし，そのときの電線1条あたりの抵抗を R〔Ω〕とし，単相3線式の負荷が平衡しているものとすれば，両方式の電力損失は

$$P_{l_1}=2I_1{}^2R \qquad (6.8)$$

$$P_{l_3}=2I_3{}^2R \qquad (6.9)$$

P_{l_3} と P_{l_1} の比をとり，負荷電力が等しい条件 $I_1=2I_3$ を代入すれば

$$\frac{P_{l_3}}{P_{l_1}}=\left(\frac{I_3}{I_1}\right)^2=\left(\frac{1}{2}\right)^2=\frac{1}{4} \qquad (6.10)$$

となる．つまり，単相3線式は単相2線式の1/4の電力損失となる．

（c）　**電圧降下**　　単相3線式は中性線に電流が流れないと考えると，外線1線のみ電圧降下となる．両方式の電圧降下を v_1，v_3〔V〕とすれば

$$v_1=2I_1R\cos\theta \qquad (6.11)$$

$$v_3=I_3R\cos\theta \qquad (6.12)$$

v_3 と v_1 の比をとり，負荷電力が等しい条件 $I_1=2I_3$ を代入すれば

$$\frac{v_3}{v_1}=\frac{I_3}{2I_1}=\frac{1}{2}\times\frac{1}{2}=\frac{1}{4}$$

となる．つまり，電圧降下も電力損失と同じく単相3線式は1/4に軽減される．

【例題 6.3】　負荷端の線間電圧(単相3線式の場合は，中性線とほかの2線間の電圧)および線路電流(中性線の電流を除く)ならびに力率が等しい場合，単相3線式配電線と単相2線式配電線との1線あたりの供給電力の比〔%〕はいくらか，正しい値を次のうちから選べ．

(1)　70　　(2)　133　　(3)　141　　(4)　150　　(5)　173

【解】　(2)

〔解き方〕 単相3線式の電圧，線路電流，力率をそれぞれ V_3，I_3，$\cos\theta_3$ とすれば，供給電力 P_3 は

$$P_3=2V_3I_3\cos\theta_3$$

また，単相2線式の電圧，線路電流，力率をそれぞれ V_1，I_1，$\cos\theta_1$ とすれば，供給電力 P_1 は

$$P_1=V_1I_1\cos\theta_1$$

となる．したがって，求める1線あたりの供給電力の比は題意より，$V_3=V_1$，$I_3=I_1$，$\cos\theta_3=\cos\theta_1$ であるから

$$\frac{P_3/3}{P_1/2}=\frac{(2/3)V_3I_3\cos\theta_3}{(1/2)V_1I_1\cos\theta_1}=\frac{4}{3}=1.33$$

となり，正解は(2)である．

c.　三相3線式　この方式には**図 6.9** に示すほか，Y結線の3種類がある．同図(**a**)のΔ結線は低圧三相動力負荷の大容量の場合に使用される．同図(**b**)

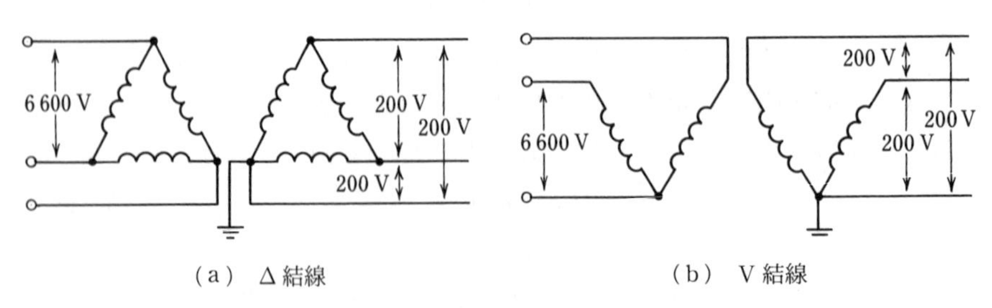

図 6.9　三相3線式

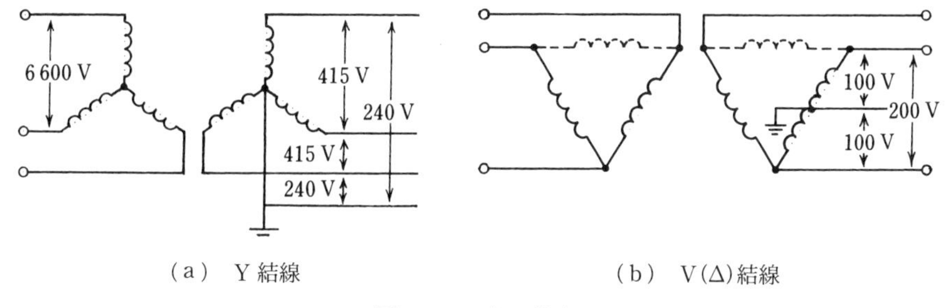

（a）　Y 結線　　　　（b）　V(Δ)結線

図 6.10　三相 4 線式

の V 結線は単相変圧器 2 台で三相平衡負荷を供給することができるので広く採用されている．Y 結線は特殊な場合にのみ使用されている．この 3 種類とも柱上変圧器の低圧側の一端は接地している．

d.　三相 4 線式　　この方式には**図 6.10** に示すように 2 種類がある．同図(**a**)の Y 結線は変圧器の中性線から 1 線引出し電線 4 条で配電するもので，変圧器のみ接地する**中性線単一接地方式**と，中性線の途中の多くの点で接地する**中性線多重接地方式**がある．負荷は中性線と電圧線との間に単相負荷を，電圧線 3 線相互間に三相負荷を接続するのに適している．近年，規模の大きいビルなどの屋内配線に 400 kV 配電方式の採用が増えているが，この配電方式として受電変圧器の二次側を星形(Y)に結線し，中性点を直接接地した三相 4 線式が多く使用されている．用途としては，電動機などの動力負荷は 400 V 電圧線間に接続し，蛍光灯および水銀灯などの照明負荷は中性線と電圧線との 200 V 間に接続し，電灯・動力設備の共用，電圧格上げによる供給力の増加を図ったものである．なお，白熱電灯，コンセント回路などは変圧器を介し 100 V で供給している(詳細は **6.5** の **3.** 参照)．同図(**b**)の V 結線(破線削除の場合)および Δ 結線は電灯動力共用方式として用いられている．中性点が接地されている変圧器に単相負荷を，3 線の電圧線の間に動力負荷を接続するもので，多く採用されている方式である．ここでは電灯動力共用方式について検討してみよう．

低圧で電力を供給する場合，一般に 100 V 負荷に対して単相 3 線式で，三相負荷に対しては単相変圧器 2 台を V 結線にして供給される．電灯動力共用方式は三相 4 線式の一種で，**図 6.11** のように両者を共用して供給する方式で共用変圧器には電灯 $\dot{I}_1$ と動力 $\dot{I}_3$ の電流が加わって流れ，動力専用変圧器には動力電流

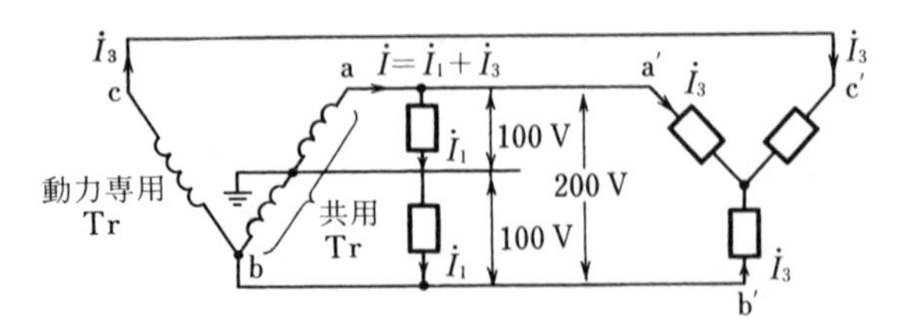

図 6.11　電灯動力共用方式

$\dot{I}_3$ のみが流れる．このため共用変圧器のほうが容量が大きくなっている．次に変圧器の容量を求める．同図で共用変圧器 ab および共用線 aa′，bb′ には単相負荷と三相負荷のベクトル和の電流 $\dot{I}$ が流れ，専用変圧器 bc および専用線 cc′ には三相負荷の電流 $\dot{I}_3$ のみが流れる．そこで相回転を a′c′b′ とし，単相負荷が平衡で力率 100%，動力負荷が力率 $\cos\theta$ とすれば，ベクトル図は**図 6.12(a)** のようになる．つまり，動力負荷の電流 $\dot{I}_3$ は a′ の相電圧 E_a より θ 遅れており，単相負荷 $\dot{I}_1$ は ab の線間電圧 $\dot{V}_{ab}$ と同相で $\dot{E}_a$ より 30° 位相差がある．この $\dot{I}_1$ と $\dot{I}_3$ のベクトル和 $\dot{I}$ が共用変圧器を流れる電流となる．力率 $\cos\theta=\sqrt{3}/2$，つまり $\theta=30°$ の場合同図(**b**)のように $\dot{I}$ は $\dot{I}_1$ と $\dot{I}_3$ の算術和となる．共用変圧器の容量は線間電圧を V とすれば VI となり，専用変圧器の容量は VI_3 として求められる．

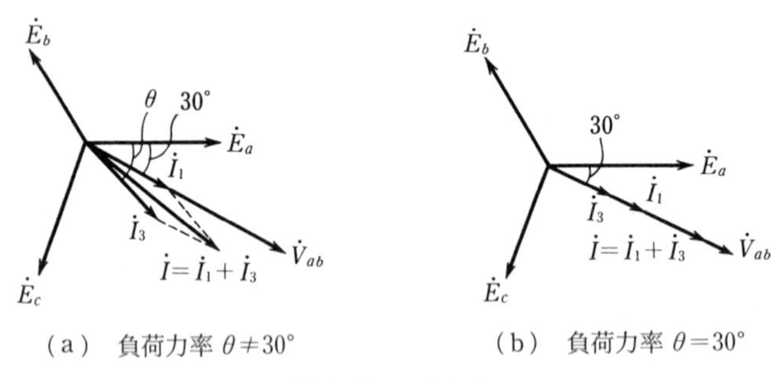

（a）　負荷力率 $\theta\neq30°$　　（b）　負荷力率 $\theta=30°$

図 6.12　ベクトル

【例題 6.4】　**図 6.13** のように，単相変圧器 2 台による電灯動力共用の三相 4 線式低圧配電線に，遅れ力率 30°，30 kW の三相負荷 1 個と力率 100%，10 kW の単相負荷 2 個が接続されている．これに供給する(ア)共用変圧器および(イ)専

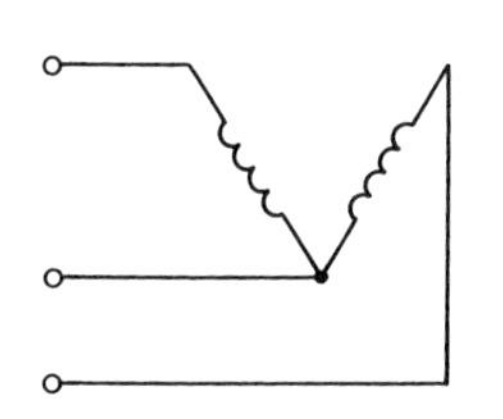
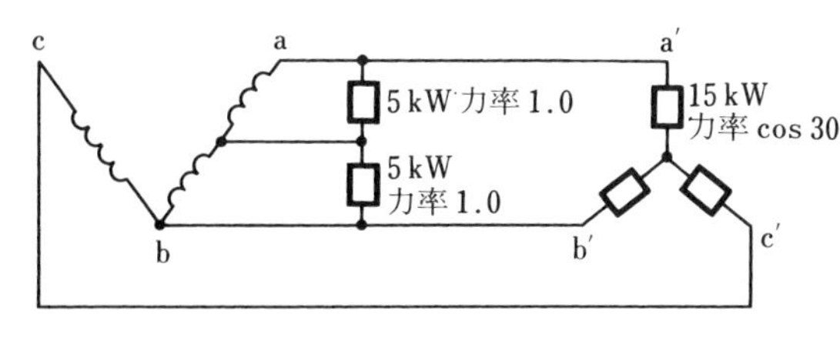

図 6.13

用変圧器の容量〔kVA〕は，それぞれいくら以上でなければならないか．正しい値を組み合せたものを次のうちから選べ．ただし，相回転は a′-c′-b′ とする．

（1）（ア） 25，（イ） 20　　（2）（ア） 30，（イ） 20

（3）（ア） 30，（イ） 25　　（4）（ア） 40，（イ） 20

（5）（ア） 40，（イ） 30

【解】　（4）

〔解き方〕 共用変圧器には単相負荷の電流 $\dot{I}_1$ と三相負荷の電流 $\dot{I}_3$ のベクトル和の電流 $\dot{I}$ が流れるが，題意によって三相負荷の力率が $\theta=30°$ であるから，$\dot{I}_1$ と $\dot{I}_3$ は同相となり単なる算術和となる．したがって，求める共用変圧器の容量 P_c〔kVA〕は

$$P_c = V_{ab}(I_3+I_1) = V_{ab}\{30/(\sqrt{3}\times V_{ab}\times\cos 30°)+(10\times 2)/V_{ab}\}$$
$$=20+20=40\ \text{kVA}$$

となる．一方，専用変圧器には三相負荷の電流 $\dot{I}_3$ が流れるから，その容量 P_c〔kVA〕は

$$P_c = V_{ab}I_3 = V_{ab}\left(\frac{30}{\sqrt{3}\times V_{ab}\times\cos 30°}\right)=20\ \text{kVA}$$

となり，正解は（4）である．

3.　低圧配電線路の系統方式　　低圧配電線路の系統方式としては，①樹枝状方式，②バンキング方式，③ネットワーク方式，の三つがある．

a.　樹枝状方式　　樹枝状方式は高圧配電線路の樹枝状方式と同様に幹線から分岐線が木の枝（樹枝）状に伸びた形のもので，低圧配電線路は大部分この方式である．この方式は設備がシンプルで工事費は最も安いが，事故時に事故点より先の線路は停電するので信頼性は低い．

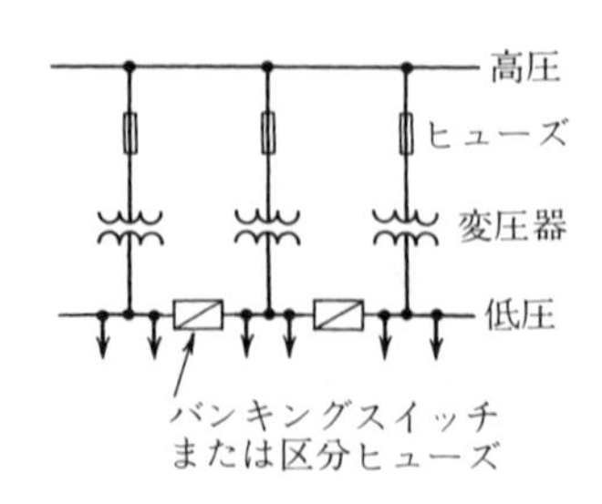

図 6.14　低圧バンキング方式

b.　低圧バンキング方式　この方式は図 **6.14** のように，同じ高圧配電線路に接続された 2 台以上の柱上変圧器の二次側(低圧側)を幹線で並列に接続して，変圧器相互の負荷の融通を図る方式である．この方式の特徴は

（1）　線路の電圧降下および電力損失が減少する．

（2）　電動機の始動電流などによる照明のちらつき(フリッカ)が減少する．

（3）　負荷に対して融通性があり，柱上変圧器の設備容量が減少することができる．保護協調がとれていれば信頼性が向上する．

（4）　樹枝状方式に比べ建設費が高く，保護協調が十分でないとカスケーディング† を起こすおそれがある．

などであり，都市の一部に採用されている．

c.　ネットワーク方式　スポットネットワーク方式とレギュラネットワーク方式の二つがある．詳細については **6.5** で述べる．

【例題 6.5】　配電方式として用いられる低圧バンキング方式を樹枝状配電方式と比較した場合の低圧バンキング方式の利点として，誤っているのは次のうちどれか．

（1）　変圧器容量が節減できる．

（2）　電力損失および電圧降下が少ない．

（3）　需要増加に対して融通性がある．

（4）　フリッカが軽減される．

† 図 6.14 のバンキング方式で 1 台の変圧器が事故停止すると，残りの変圧器で全部の負荷を供給しなければならず，このため残りの変圧器が過負荷となり，一次側の高圧ヒューズが次々に切れ全変圧器が停止し，負荷が全停することをいう．

（5）　保護対策が簡単である．

【解】　（5）

〔解説〕　樹枝状方式に比べて保護協調が十分でないとカスケーディングを生ずるおそれがある．

6.3　地中配電線路

地中配電線は法規による制限，道路事情，他者との契約などによって架空配電線を施設することができない場合のほか，発変電所の引出口，道路，軌道などの横断箇所，高圧需要家引込線，主要箇所および特殊地域の線路，そのほか都市美観上必要な箇所などに施設される．地中配電線路は架空配電線路に比べ次の特徴を有する．

（1）　都市の美観が向上する．

（2）　暴風雨，雷，火災などの災害に対して供給信頼度が向上する．

（3）　設備の安全性が向上する．

（4）　ただし，建設費が高く，事故復旧に長時間を要する．

配電方式　　配電電圧，配電方式および系統構成としては高負荷密度地域に使用されるため，一次配電電圧は架空配電で採用されているものより上位の電圧(22～33 kV)が採用され，二次側もネットワーク方式，多重ループ方式が多い．

1.　地中配電用ケーブル　　配電用ケーブルは配電電圧，使用場所に応じて用いられ，配電電圧として特別高圧(22，33 kV)，高圧(6.6 kV)および低圧(600 V)が，また使用場所として地中ケーブルのほか，特殊な場所として架空ケーブル，海底ケーブルなどに用いられる．

a.　ケーブルの種類　　ベルト紙ケーブル，CV ケーブル，CD ケーブル，VV ケーブルおよび架空ケーブルがある．

（1）　**ベルト紙ケーブル**　　導体は扇形，絶縁は油浸ベルト紙，油漏れ，遮へいのため鉛被で包み，シースはクロロプレンが用いられる．直埋の場合はケーブル保護のため鉛被に鋼帯を巻いている．このケーブルは現在，使用されていない．

（2）　**CV ケーブル**　　銅またはアルミニウムの円形圧縮より線の導体構造となっており，絶縁は架橋ポリエチレンが用いられている．導体表面と絶縁体表面

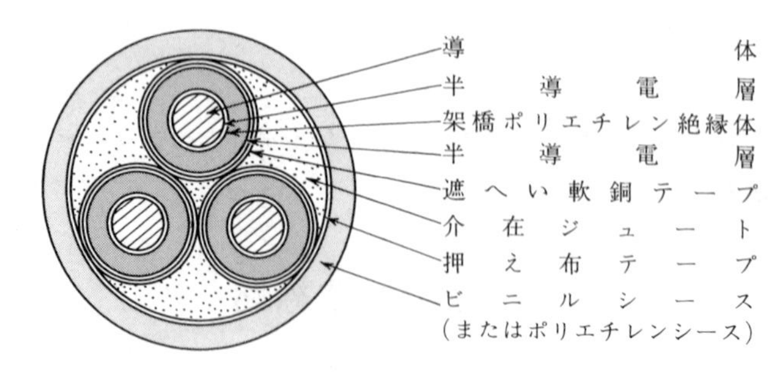

（a）CVケーブル

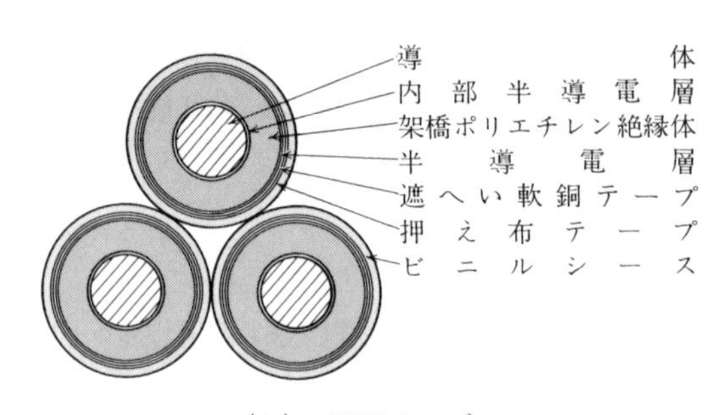

（b）CVTケーブル

図6.15　CVおよびCVTケーブル

には半導電層があり，テープが一般に用いられているが，導体表面を特に平滑にするために押出し層として，長期的に性能安定化を図っているものがある．金属遮へい層には銅テープを用い，シースはビニルが使用されている．

ケーブル外観には一括形と3条より合せ形があり，前者をCVケーブル，後者をCVT（トリプレックス形）ケーブルと呼んでいる〔**図6.15（a），（b）**〕．

CVTケーブルはCVケーブルに比べ次のような特徴があるため，近年はCVTケーブルが多く用いられている．

（a）熱放散面積が大きいため，同一サイズでも許容電流が増大する．

（b）接続，端末工事が容易である．

（c）曲げが容易である．

（3）**CDケーブル**　可とう性ポリエチレンの管に単心～4心のケーブルを収納した構造のもので，管内径70 mm以下のものは管は平滑であり，70 mmを超えるものは可とう性をもたせ，かつ強度向上の観点から波付管としている（図

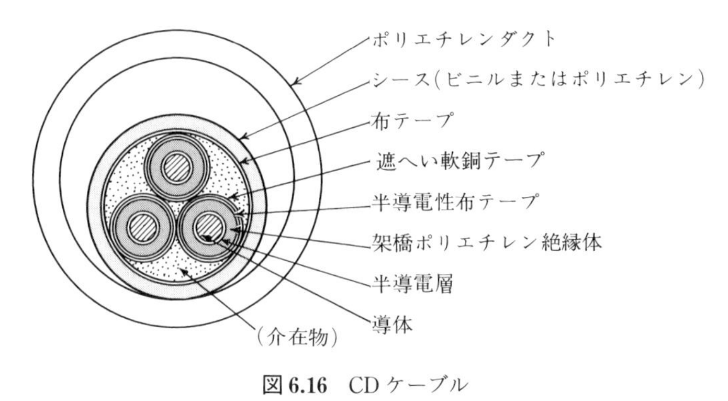

図 6.16　CD ケーブル

6.16).

(4)　**VV ケーブル**　　低圧用に使用され，絶縁体，シースともビニルで構成されている．導体は 5.5 mm² 以上はより線，それより細いものは単線導体となっており，全体構造は丸形と平形があり，8 mm² 以下では平形となっている．

(5)　**架空ケーブル**　　構造としてはケーブルをメッセンジャワイヤでつったものである(**図 6.17**).

2.　ケーブルの接続工事　　配電ケーブルは，従来ベルト紙ケーブルであったが，近年は CV ケーブルを中心としたプラスチックケーブルとなってきた．このため，ケーブルの接続工事もテープ巻き(導体を圧縮またははんだで接続しテープを巻く方式)，現場モールド(テープ巻きであるが，絶縁層としてポリエチレン

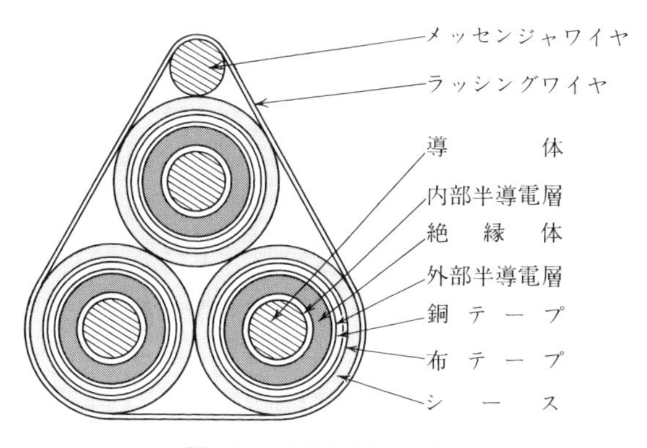

図 6.17　高圧架空ケーブル

テープを巻き一体成形）またはプレハブ（導体は圧縮，くさび締付け，プラグイン方式で絶縁は絶縁筒を現場で差込み方式）など種々な工法が可能となり，経済性ならびに現場適応性を配慮した適正な工法が適用される．

終端接続にも直接接続と同様，絶縁処理でいくつかの処理方法である．テープ巻き，プルモールド絶縁筒差入れでは終端部分は架空線や屋内電線と接続される部分で，金属シールド層がなくなるので，この部分を磁器で補助した耐塩形終端接続が用いられる．この方式は塩分やじんあいが付着した場合でも絶縁耐力の低下が少なく塩害に耐える構造となっている．

3.　ケーブルの布設方式　布設方式としては，管路式，暗きょ式，直埋式，橋りょう式，水底式，架空式がある．

a.　管 路 式　管材としてヒューム管，石綿セメント管，鋼管，多孔管，塩化ビニル管などが使用される．最近はヒューム管など外傷耐力の大きいパイプ類を用いた管路を作り，ケーブルには鋼帯外装のないものが用いられる．

b.　暗きょ式　多回線を収容する場所に用い発電所の引出し部などの幹線ルートに一般に適用される．都市の主要道路などで道路計画工事とあわせて先行的に構築される共同溝などもこの方式となっている．

c.　直 埋 式　従来はケーブルをトラフに収め，鉄平石で防護していた．近年は防護物の機械的強度の向上，ケーブル増設の都度堀削，ならびに長期間同一箇所の工事が不可能などのことから，小径・小条数ケーブルでもトラフ方式でなく，鋼管などを埋設して，連続した防護物を構築してからケーブルを引入れする方法が一般となっている．

d.　橋りょう式　橋の橋りょうに添架する方式で，軽量化のためプラスチック管が用いられる．

e.　水 底 式　ケーブルを河底または海底などに直接布設する方式で，ケーブルには鉄線外装を一重ないし二重として用いられる．

f.　架空方式　電柱間にメッセンジャワイヤを張り，これにケーブルを吊架する方式で，20 kV 級架空配電方式をはじめ多回線を架空にする場合または建造物などとの離隔距離が確保できない場合などに適用される．

4.　ケーブルの許容電流　ケーブルの許容電流は，絶縁体の長期にわたる安定性を基本に定められており，**表 6.1** のように常時，短時間，瞬時の 3 種類に分

表 6.1　ケーブルの許容最高温度

ケーブル種類	使用電圧〔kV〕	許容最高温度〔°C〕		
		常　時	短時間	瞬　時
ソリッドケーブル				
ベルト，SL 形	3〜11	80	95	220
H 形	22	70	85	220
ブチルゴム絶縁形	22 以下	80	95	230
EP 絶縁形				
CV 形	33 以下	90	105	230
ビニル絶縁形	600 V 以下	60		

けられている．この表からも CV ケーブルは同一電圧使用のほかのケーブルに比べて常時および短時間許容温度で 10°C程度高い値となっている．同一ルートに多条数のケーブルを布設する場合は，熱放散が悪く，評容電流は低減するのでケーブルの条数，中心間隔，種類，布設方式などを考慮して許容電流を定める必要がある．

5.　地中配電線路の構成　　地中配電線路を構成する線路，機器は**図 6.18** に示すように特別高圧の電力ケーブル，高圧ケーブルを分岐したり，高圧需要家を接続する配電塔および低圧需要家供給用の変圧器などから構成されている．

a.　配　電　塔　　配電塔は開閉器の集合体であり，**図 6.19** に示す結線となっている．従来は断路器が用いられていたが，開閉器のコンパクト化が進みオイルレスの真空開閉器，気中開閉器が多く用いられている．

架空配電線では，柱上に開閉器，変圧器類が設置されるが，地中配電線では道

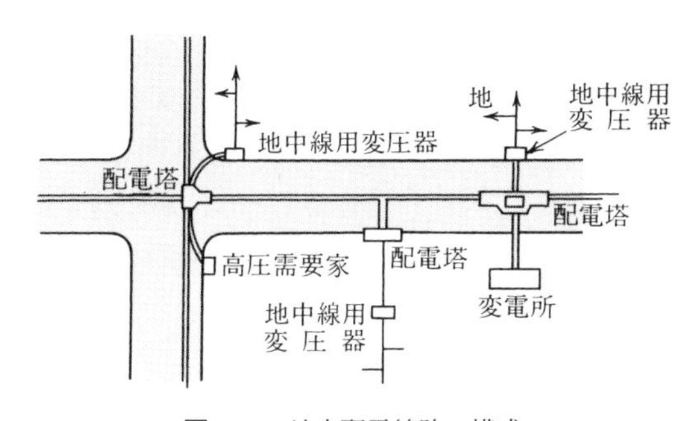

図 6.18　地中配電線路の構成

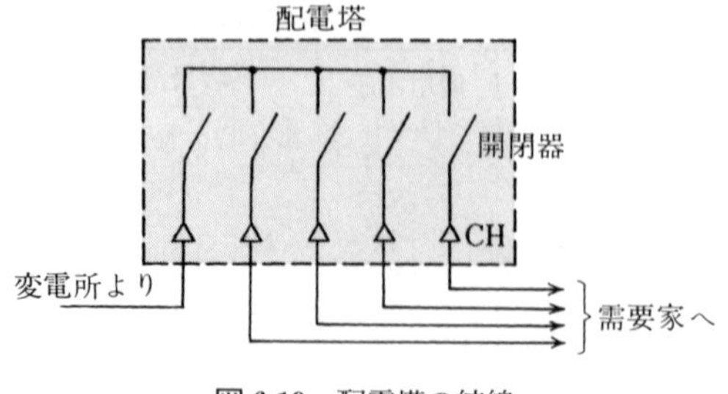

図 6.19 配電塔の結線

路下の地下孔または地上に設置される．

地下孔に設置する場合は，出水時開閉器が機能できるよう開閉時に全くガスを放出しない真空開閉器を完全密閉箱に収納して使用している．また，地上に設置する場合は，完全な密閉耐浸水性は必要ないので経済的な気中開閉器または断路器が用いられる．

b. 地中線用変圧器 地中線用変圧器も設置される場所によって特徴があり，一般には道路下の地下孔または地上に設置される．

地下孔に設置する場合は，冠水状態があるので浸水でも運転可能としなければならなく，地下孔が狭わいな場合は，変圧器の熱放散が十分に行われるよう上部に格子状の鉄ふたを取り付け空気の流通をよくするなどの配慮が必要となる．

地上に設置する場合は，一次開閉器，二次保護ヒューズを内蔵したパッドマウント変圧器が歩道上もしくは構内で使用される．

アパートなど集合住宅地区ではパッドマウント変圧器やケーブルとしてCDケーブルを用いた**URD**(Underground Residential Distribution)**方式**が採用されている．

【例題 6.6】 地中電線路を直接埋設式により施設する場合は，土冠を車両そのほか重量物の圧力を受けるおそれがある場所においては［ (ア) ］〔m〕以上，そのほかの場所においては［ (イ) ］〔m〕以上とし，かつ地中電線路をコンクリート製そのほかの堅ろうな管またはトラフに収めて施設しなければならない．

上記の［　］に記入する数値の正しい組合せを選べ．

（1）（ア） 1.0，（イ） 0.5　　（2）（ア） 1.0，（イ） 0.6

（3）（ア） 1.2，（イ） 0.5　　（4）（ア） 1.2，（イ） 0.6

（5）（ア）1.5,（イ）0.6

【解】　（4）

〔解説〕電気設備技術基準の解釈に定められている技術的条件である．

6.4　配電線路の建設・保守

送電線路が線的な供給に対して配電線路は面の供給である．しかも，配電線路は人家密集地域に，人間生活と密着している．社会的なサービス要請の高まりのなかで現在および将来にわたる需要実態に対応し，公共の施設として十分に役立つよう配慮していかなければならない．このためには，配電線路に使用される使用材料は厳選し，経済的で良質の電気を需要家に送電できるよう設計面，工事面で十分配慮する必要がある．

1.　配電線路の構成材料

a.　コンクリート柱ならびに木柱　恒久性，設計荷重の増加などに有利なコンクリート柱が大部分採用されており，木材資源の乏しい木柱は特別な場合以外は採用される例は少なくなってきた．

（1）**電柱の種類**　**表 6.2** に示すようにコンクリート柱は，全長 14〜16 m のものが多く採用されて，木柱は杉注入柱で全長 10〜14 m である．

（2）**電柱の強度計算**　建柱にあたっては，一般には強度計算を行わずに 15 m までのものはその全長の 1/6 の根入れをすればよく，それ以上のものは装柱，荷重状況によって計算を行う必要がある．電気設備技術基準の解釈では，根入れについて計算を行わなくてよい電柱を A 種支持物，計算を行わなければならない電柱を B 種支持物と定義されている．

実際には，電柱に種々の設備が取り付けられるので，応力計算をする必要がある．この応力計算は電柱の最大応力を生ずる部分において，電柱が分担する最悪条件下の多力による曲げモーメント M より電柱の抵抗モーメント M_r が大きくなるよう設計する．

b.　電　　線

（1）**電線の種類**　電線の材質には銅とアルミが用いられ，低圧および高圧架空電線に使用される電線は感電事故防止のためビニル，ポリエチレン，架橋ポ

表 6.2　電柱の種類

（a）　コンクリート柱

区　分	寸法〔cm〕				設計荷重〔kg〕	備　考
	末口径	元口形	地際径	元口より地際までの距離		
14- 50	19	37.7	34.5	240	500	●設計荷重の安全率 2.0 ●14-50 の意味は全長 14 m で，設計荷重 500 kg を表す
15- 50	19	39.0	35.7	250	500	
15- 70	19	39.0	35.7	250	700	
15-100	22	42.0	38.4	270	1 000	
16- 50	19	40.3	36.7	270	50	
16-100	19	43.3	39.7	270	1 000	

（b）　木　　柱

区　分	長さ〔m〕	末口径〔cm〕	破壊強度〔kg/cm²〕	安全率	
				一般箇所	特別箇所
マレニット クレオソート} 注入柱（杉）	10	17～19	400	低圧　2.5	低圧　3.0
	12	19～21		高圧　2.5	高圧　3.0
	14	21～23		特高　3.0	特高　4.0

〔注〕　特別箇所とは，鉄道，通信線などの横断箇所をいう．

表 6.3　高圧および低圧用絶縁電線の種類，用途

種　類	記　号	構造用途
屋外用ビニル絶縁電線	OW	主に低圧架空電線に用いるビニル絶縁電線
屋外用ポリエチレン絶縁電線	OE	主に高圧架空電線に用いるポリエチレン絶縁電線
屋外用架橋ポリエチレン絶縁電線	OC	主に高圧架空電線に用いられる架橋ポリエチレン絶縁電線で OE 電線より許容電流が大きい
引込用ビニル絶縁電線	DV	主に低圧引込用に用いるビニル絶縁電線
縁回し用 BN 電線	IJUBN	高圧架空電線路の縁回し用，高圧終端箱のリード線に用いるブチルゴム絶縁電線
接地用ビニル電線	GV	架空電線の接地用のビニル絶縁電線
高圧引下用 QE 電線	PDC	高圧架空電線より柱上変圧器の一次側引下げ用の OC 電線

リエチレンで被覆化された絶縁電線となっている．これらの種類，構造ならびに用途を**表 6.3** に示す．

アルミ電線についても絶縁材によって ACSR-OW，OE，OC および AL-OC

表 6.4　絶縁電線許容電流表

種類	定格電圧〔kV〕	銅		アルミニウム	
		断面積〔mm²〕	許容電流〔A〕	断面積〔mm²〕	許容電流〔A〕
OW	600 V	OW 5 mmϕ	88	OW 32	90
		OW 60	165	OW 120	180
OE	6.6	OE 5 mmϕ	120	OE 32	125
		OE 60	240	OE 120	265
OC	6.6	OC 150	535	OC 240	560

といった種類があり，銅電線と同様な用途に用いられる．

（2）**絶縁電線の許容電流**　屋外用絶縁電線の許容電流は周囲温度 35℃とし表 **6.4** のような値となっている．

（3）**電線接続の種類**　電線接続には，スリーブを使用したねん回による方法，圧縮による方法，ボルト形コネクタによる方法がある．使用区分としてはねん回による方法は張力のかかる箇所の電線接続，圧縮による方法は張力のかかる本線同士の接続，または張力のかかる本線と縁回し線または分岐線との接続に使用される．また，ボルト形(締付)コネクタによる方法は張力のかからない箇所の電線接続に用いられる．

（4）**電線の地上高，離隔距離**　電気設備技術基準の解釈では，高低圧配電線は人，車馬の通行などに危険を及ぼさない高さとし，道路上は 6 m 以上，鉄道上は 5.5 m 以上と規定されている．また，高低圧配電線が他物と接近する場合の最小離隔距離は，建造物の上方接近が 2.0 m，側方接近が 1.2 m，特に引込線では 0.3 m と規定されている．そのほか，通信線，アンテナ，交流電車線などにも，それぞれの施設状況により安全距離が規定されている．

c. が い し　がいしの種類としては高圧用として高圧ピンがいし，高圧耐張がいしがあり，低圧用としては平形がいし，低圧引留がいしがある．

d. 配電用主要機器

（1）**柱上変圧器**　容量としては 3～100 kVA 程度のものがあり，マンションなど特定な需要場所に設置されるものとしてこれ以上の容量のものもある．

（2）**区分開閉器**　従来は油入開閉器が用いられていたが，近年はオイルレス開閉器として真空開閉器，気中開閉器が主に採用されている．

区分開閉器の種類としては 6 kV 級真空開閉器容量 300 A，6 kV 級気中開閉器容量 300 A が多く用いられている．

2. 配電線路の建設

a. 建　　柱　電柱の径間は，単に高圧線の保持ならば相当の径間をとることができるが，引込線の振分けが必要であるのが，都市では 30 m 前後，そのほかでは 40〜50 m 程度が標準である．支持物の全長は，需要実態，地域実態によっておのずと決まるが，その工事に際しては技術基準に従い，公衆に迷惑をかけないように実施する必要がある．コンクリート柱の場合，人力による建込みはできないので，建柱車による機械力を用いることが多く，木柱の場合は人力による直接建起こし，つり込工法が一般に用いられる．

b. 装　　柱　配電線路の装柱は，高圧線，低圧線，変圧器，開閉器類に分けられる．上段に高圧三相 3 線式水平配列，中段に低圧三相 3 線式水平配列，下段に低圧単相 3 線式垂直配列とした標準装柱を**図 6.20** に示す．近年はコンクリート柱の頂部に架空地線を設置する場合が多い．

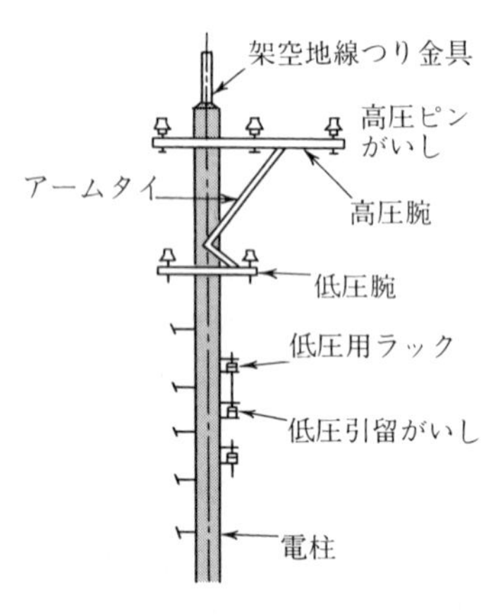

図 6.20　標準装柱

c. 架　　線　電線の架設は，電線ドラムから電線を繰り出し，引留めの柱間の数基の支持物の腕金に滑車を取り付け，電線を通し，ウインチまたは車両にて延線する．その後，電線を張線器などで引っ張り適正なたるみを与えて，がいしに取り付ける．

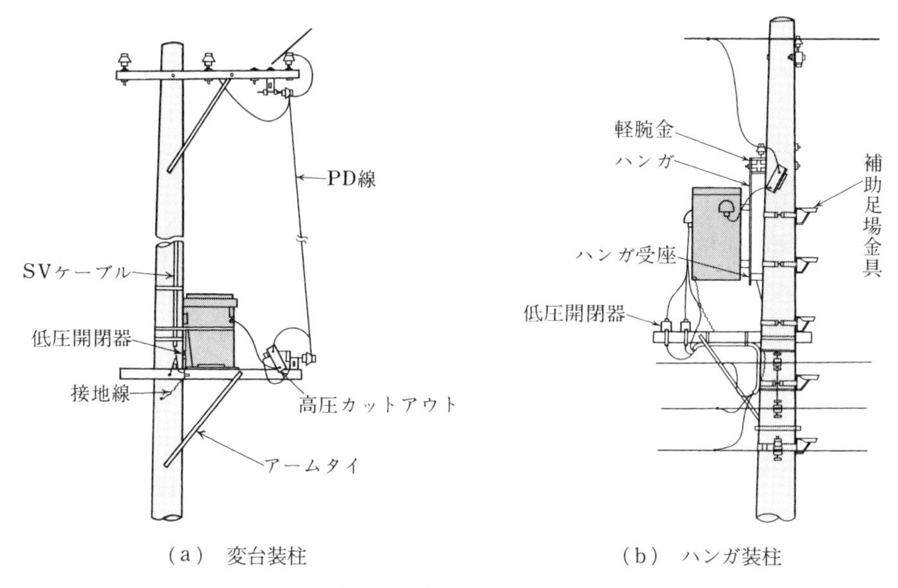

（a）変台装柱　　（b）ハンガ装柱

図 6.21　変圧器取付け図

d.　変圧器の取付け　変圧器の取付けには変台を設けて取り付ける変台装柱と変圧器をつるすハンガ装柱がある(**図 6.21** 参照). 柱上変圧器は相当の重量があり，柱上に取り付けるので十分安全に設置されなければならない.

また，開閉器の取付けについても同様の配慮が必要である.

3.　配電線路の保守　わが国の架空配電事故の約 50%は自然現象(風，雨，雷)によって発生しており，ついで保守不備，故意過失，設備不備，その他となっている. また，地中配電事故は上下水道，電話，道路工事など他業者の掘削工事による故意・過失事故が最も多く，ついで保守不備，設備不備，自然現象などとなっている. 配電線路の保守は定期的な施設の巡視・点検を行い，不良工作物を未然に発見し，適切な処置を施すとともに，計画的に施設の更新，改修を行う必要がある.

a.　電流測定，絶縁耐力管理

（1）**高・低圧電線路の電圧電流測定**　高圧電線路の電圧電流測定は，配電線路の電圧降下，負荷切換えのための分岐電流，不平衡電流などを知るために行われる. 低圧線の電圧電流測定は電灯および動力需要家の供給電圧および負荷実態を把握し，設備の拡充，電圧改善対策の計画的推進ならびに需要家のサービスの向上を図ることを目的としている．標準電圧は電灯需要家は 100 V，動力需要家は 200 V であるが，101 V，202 V は需要家引込口の電圧であり，それから内線電圧降下が 1 V および 2 V であることを意味している．この電圧電流は最大負荷の時期に年 1 回測定することが規定されている．

（2）**絶縁抵抗，絶縁耐力**　絶縁抵抗は季節によって変化するが，雨期の最低の場合でも技術基準以上に保持しなければならない．一般に低圧屋内配線，またこれに電気使用機器が接続された場合の状態については**表 6.5** 以上を有することが規定されている．

表 6.5　絶縁抵抗値

<table>
<tr><th colspan="2">電路の使用電圧区分</th><th>絶縁抵抗値〔MΩ〕</th></tr>
<tr><td rowspan="2">300 V 以下</td><td>対地電圧（接地式電路において電線と大地間の電圧，非接地式電路においては電線間の電圧）が 150 V 以下</td><td>0.1</td></tr>
<tr><td>その他の場合</td><td>0.2</td></tr>
<tr><td colspan="2">300 V を超えるもの</td><td>0.4</td></tr>
</table>

また低圧電線路については電圧が低いため，絶縁破壊よりも漏れ電流が最大電流の 1/2 000 を限度になるよう規定されている．

なお，一般家庭用の配線については 2 年に 1 回の絶縁抵抗測定が義務づけられている．

絶縁抵抗は低圧の場合は目安としての意味があるが，高圧をこれで評価することには無理があるので，絶縁耐力試験によってこれに耐えるように規定されている．高圧の場合は最大使用電圧の 1.5 倍の電圧を 10 分間加えることになっている．

（3）**接地抵抗測定**　人身安全，設備安全を図るため配電線および機器は電気設備技術基準の解釈で定められた値以下の接地抵抗値を保持しなければならない．

特に，高圧低圧混触時の人身安全を図るための変圧器の B 種接地工事，雷などにより多くの需要家に被害を与えるおそれがある避雷器の A 種接地工事などは，定期的に 5 年に 1 回（必要がある場合には随時）程度測定を行う必要がある．

表 6.6 接地測定の対象

機器および施設	接地工事の種類	施 設 条 件
避 雷 器	A 種	
変圧器(二次側端子)	B 種	
保 護 網	A 種	高低圧線が特高線の下部に位置するもの
	D 種	その他のもの
腕 金	D 種	

測定の対象となる接地工事は**表 6.6** のとおりであり，これらの接地極について行われる．

【例題 6.7】 **図 6.22** のように線間電圧 V の三相 3 線式電線路に接続された単相変圧器において，高低圧巻線間に混触が生じた．

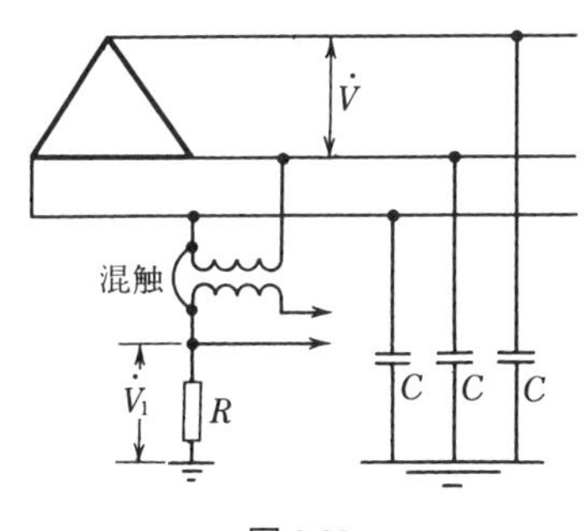

図 6.22

この場合における低圧側電線の対地電圧を V_1 に抑えるとした場合の単相変圧器の接地抵抗 R を求めよ．ただし，C は三相線路の電線 1 条の対地静電容量，ω は電源の角周波数であり，$R \ll \dfrac{1}{3\omega C}$ とする．

【解】 高低圧混触時のテブナンの定理による等価回路では**図 6.23** となり，これにより接地抵抗 R に流れる電流 $\dot{I}_R$ は

$$\dot{I}_R = \frac{\dot{V}/\sqrt{3}}{R + (1/\mathrm{j}3\omega C)}$$

したがって，接地抵抗間の電圧 $\dot{V}_1$ は $R \ll 1/3\omega C$ の条件より

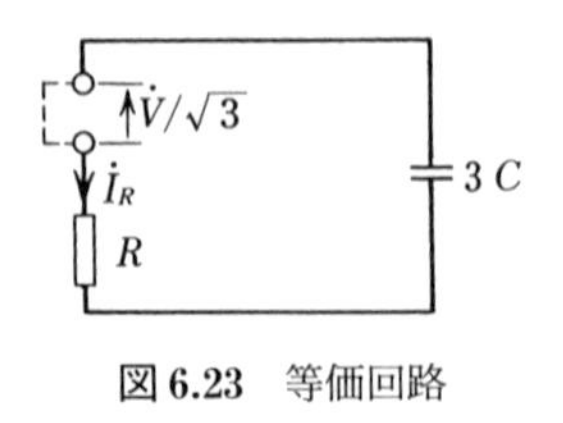

図 6.23　等価回路

$$\dot{V}_1 = R\dot{I}_R = \mathrm{j}\sqrt{3}\,\omega CRV$$

ゆえに，求める接地抵抗 R の大きさは次式となる．

$$R = \frac{V_1}{\sqrt{3}\,V\omega C}$$

b.　活線作業　　活線作業は停電をしないで送電のまま，電柱，変圧器，がいしなどを取り換える作業で保護具(ゴム手袋など)と防具(防護管など)を用いて慎重に作業が行われる．近年は絶縁電線となっているので活線作業は容易となってきたが，露出充電部や絶縁不良箇所があるので十分に注意して行う必要がある．特に夏期は作業中，汗をかき皮膚の絶縁抵抗が低下しているので，感電災害を受けやすい状態になるので細心の注意を要する．人体は，電気の良導体で皮膚の抵抗は乾いているとき 2 000 Ω 以上あるが，汗とか水中で漏れている状態では 500 Ω 程度に減少する．このため，致死確率が 0.5% であるといわれている 100 mA が 3 秒間人体に流れると 50 V となるので，低圧の 100～200 V でも危険電圧といえる．また，高所作業では微少電流による電撃で転落などの二次障害を起こすおそれがある．まして高圧の作業は，人体に大きな影響を与える感電事故のおそれが高くなるので保護具などの着用が必要である．

c.　線路の巡視点検　　巡視点検は，配電線路が完成当時と同じ機能が発揮できるよう，また地域環境の変化による設備事故の未然防止を図るよう行う．

一般に巡視は配電線路の外観を観察することによって異常の有無を調査するもので**定期巡視**と**随時巡視**がある．前者は配電線路が技術基準や保守・保安規程どおり守られているかをチェックするもので，定期的に行われる．後者は地域や設備の実態などから必要に応じて実施するもので，年末年始や特別な行事，台風通過後などに実施される．点検は巡視では発見しにくい機器の劣化，接続箇所，締付け箇所の緩みなどの細部の有無を調査するもので**定期点検**と**随時点検**がある．

前者は接点機構を有する線路電圧調整器とリレー回路を有する時限式事故探査器を対象に定期的に行われる．後者は随時点検で，雷，塩じん害などの地域実態，設備実態などから必要に応じて随時行われる．

【例題 6.8】 **図 6.24** のような線間電圧 V の三相 3 線式電線路に接続された単相変圧器において，高低圧巻線間に混触が生じた．この場合における低圧側電線の対地電圧 V_1 を求める計算式を誘導せよ．

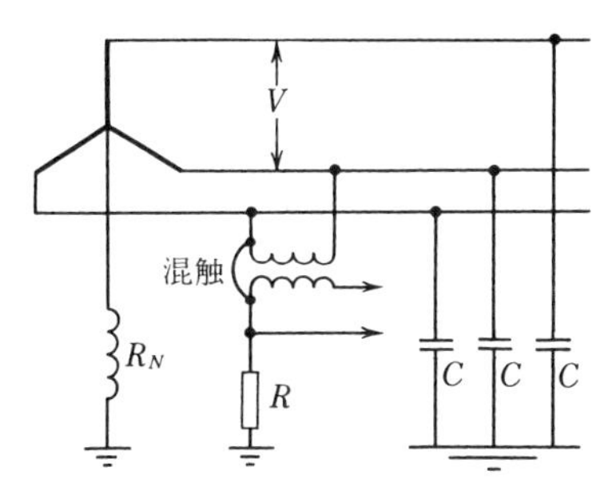

図 6.24 高低圧巻線間の混触

ただし，R は単相変圧器の接地抵抗，R_N は電源側の中性点抵抗，C は三相電線路の電線 1 条の対地静電容量，ω は電源の角周波数であり R，$R_N \ll \dfrac{1}{3\omega C}$ とする．

【解】 高低圧混触時のテブナンの定理による等価回路は**図 6.25** のようになる．この回路において，接地抵抗 R に流れる電流 $\dot{I}_R$ は

$$\dot{I}_R = \frac{V/\sqrt{3}}{R + \dfrac{R_N \times \dfrac{1}{\mathrm{j}3\omega C}}{R_N + \dfrac{1}{\mathrm{j}3\omega C}}} = \frac{V/\sqrt{3}}{R + \dfrac{R_N}{1 + \mathrm{j}3\omega C R_N}} = \frac{V/\sqrt{3}\,(1 + \mathrm{j}3\omega C R_N)}{(R + R_N) + \mathrm{j}3\omega C R R_N}$$

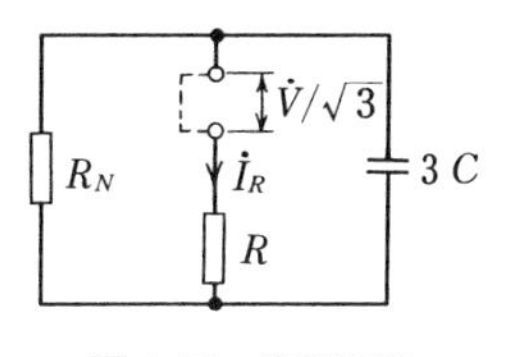

図 6.25 等価回路

$$=\frac{\frac{V}{\sqrt{3}}\left(\frac{1}{RR_N}+\frac{j3\omega C}{R}\right)}{\frac{R+R_N}{RR_N}+j3\omega C}$$

求める接地抵抗 R の電圧 $\dot{V}_1$ は，R，$R_N \ll 1/3\omega C$ より

$$\dot{V}_1=R\dot{I}_R=\frac{\frac{V}{\sqrt{3}}\left(\frac{1}{R_N}+j3\omega C\right)}{\frac{R+R_N}{RR_N}+j3\omega C} \fallingdotseq \frac{V}{\sqrt{3}}\frac{R}{R+R_N}$$

となる．この $\dot{V}_1$ が $6.6/\sqrt{3}$ 程度になるよう R_N を選べば，高低圧混触時の電圧上昇は 6.6 kV 線路並みとすることができる．

6.5　新しい配電方式

ここでは 20 kV 級配電，ネットワーク方式，400 V 配電について述べる．

1.　20 kV 級配電　　電力需要の増大に対応するため，① 20 kV 級† 地中配電方式，② 20 kV 級架空配電方式の二つがある．前者は超過密地区に適用され，二次側は後述するスポットネットワーク方式，レギュラネットワーク方式となっている．後者は新たに二次電源を必要とする大規模ニュータウン，埋立地，新設される中小工業団地，線路こう長の長い過疎地区などに適用される．

20 kV 級配電の供給方式としては次の三つがある．

a.　20 kV 級直接供給方式　　この方式は大口需要家に対して直接 20 kV 級配電線で供給する方式で，一次配電電圧 20 kV 級から大口需要家電圧に変圧する方式としては 20 kV 級/100/200 V，20 kV 級/6.6 kV/100/200 V，20 kV 級/400 V などがある．

b.　20 kV 級/低圧・直接逓降供給方式　　この方式は 20 kV 級配電線より配電変圧器を介して直接低圧に逓降し，一般低圧需要家に供給する方式で，低圧側の電圧として 100 V，200 V，240 V，415 V がある．

c.　20 kV 級/6.6 kV 配電塔供給方式　　この方式は 20 kV 級配電線から配電塔を介して高圧に逓降し，需要家に供給するもので，将来の直接逓降方式(400

---

† p. 161 の脚注参照．

V 配電）などの移行過程として高圧負荷に個別に設置する連絡用変圧器を集合して施設するものや，既設 6.6 kV 線路の有効利用を図り高低圧需要家に供給する場合に用いられる．

20 kV 級架空配電線路の支持物には鉄筋コンクリート柱を使用し，高低圧線の必要な箇所で**図 6.26** のようにこれらを併架する．また，20 kV 級配電線は他物接触対策として，架橋ポリエチレン絶縁の特別高圧絶縁電線や架空ケーブルが採用される．電源変圧器の中性点を高抵抗接地とし，高低圧線との混触時における低圧線の電位上昇を 6.6 kV 線路とみなしている．

図 6.26　20 kV 架空配電

2.　ネットワーク方式　ネットワーク方式にはスポットネットワーク方式とレギュラネットワーク方式の二つがある．

a.　スポットネットワーク方式　この方式は**図 6.27** のように 22〜33 kV 電源変電所から 2〜3 回線（標準 3 回線）の配電線で受電し，受電変圧器の二次（低圧ないし高圧）側を併用する方式である．この方式の特徴は次のとおりである．

① 一次側配電線または変圧器が事故停止しても設備容量を供給負荷の 1.5 倍で設計しておけば残った設備で無停電で供給できるので，供給信頼度が高く，電圧降下，電力損失などが少ない．

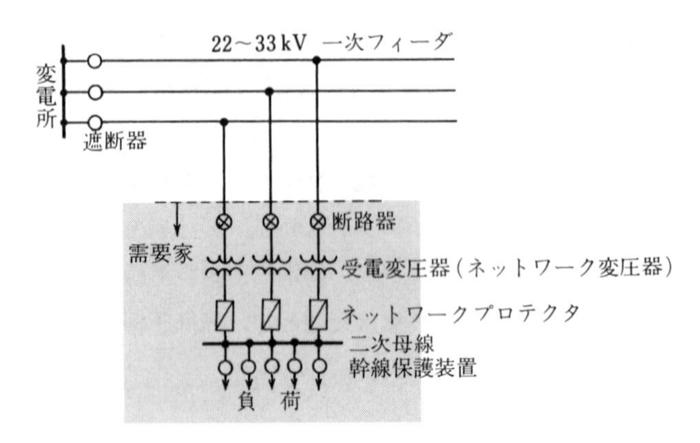

図 6.27　スポットネットワーク方式

② 電動機の始動電流による照明のちらつき（フリッカ）の影響が少なく，負荷増加に弾力性がある．

③ 保護装置が複雑で建設費が高くなる．このため用途としては，都心部の高層ビルディングや大工場などの高度の集中化した大容量負荷群に適用される．

ネットワーク変圧器の二次側には各変圧器ごとにネットワークプロテクタを設置し，その負荷側を一つのネットワーク母線で並列したうえ，その母線に接続されたいくつかの幹線によって，ビル内の各方向の負荷に供給される．この方式の特徴は 22～33 kV 側の受電用遮断器を省略し，その代りに変圧器の二次側に設置されたネットワークプロテクタで保護している点である．ネットワークプロテクタはプロテクタ遮断器，プロテクタヒューズおよび保護継電器（プロテクタ）から構成され，自動再閉路および開閉制御機能を有する保護装置で次のような特性をもっている．

（1）　**無電圧投入特性**　　ネットワーク側（低圧側）に電圧がかかっていない状態で，一次側配電線が充電されると閉路する機能．

（2）　**差電圧投入特性**　　ネットワーク側および変圧器二次側ともに電圧があるとき，一次側配電線を充電した場合，変圧器側から負荷側に向かって電流が流れる条件にあるとき，その変圧器を並列投入する機能．

（3）　**逆電力遮断特性**　　一次側配電線が停電すると，停電しない配電線に接続された変圧器があるので，ネットワーク側から停電した配電線に接続された変圧器を介して一次側へ逆に電流が流れるので，これを遮断する機能．

b.　レギュラネットワーク方式　　この方式は**図 6.28** に示すように 2 回線以上の 22〜33 kV ネットワーク配電線からおのおの分岐して，100/200 V の需要家のどの回線に事故があっても無停電で供給可能な方式である．用途としては，高負荷密度地域の商店街あるいは繁華街といった特別地域の一般需要家を対象としている．

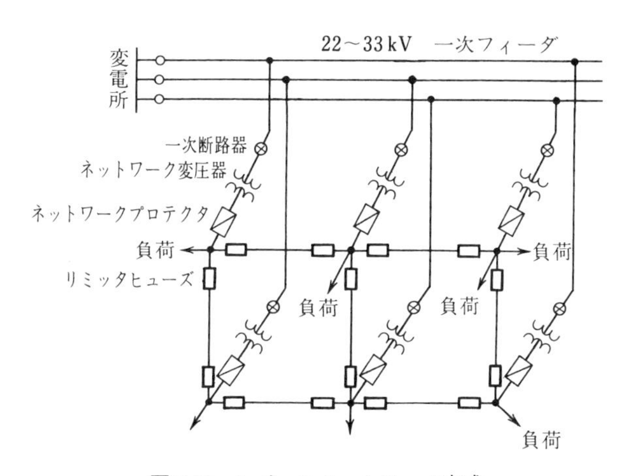

図 **6.28**　レギュラネットワーク方式

【例題 6.9】　　最近，都市のビルディングに適用されるスポットネットワーク方式に関する記述として，誤っているのは次のうちどれか．

（1）　一般に多回路で供給されるので，供給線路のうち，1 回線が故障停電しても無停電供給が可能であり，信頼度が高い．

（2）　一次側は，遮断器が省略される場合が多く，設備の簡素化が図れる．

（3）　負荷に大きな回生電力と発生する回転機があると，プロテクタが不必要動作するおそれがある．

（4）　ネットワークは多回線で構成されるため，ネットワーク母線の信頼性は，それほど高くなくてもよい．

（5）　ネットワーク系統は，ループ方式などに比べ配電線の稼働率を高くすることができる．

【解】　(4)

〔解説〕　ネットワークが多回線で構成されるのでネットワーク母線の信頼度は高くなければならない．

3.　400 V 級配電　低圧の配電電圧は，電灯は100 V，動力は200 Vが一般に採用されているが，電圧降下，電力損失，電線量などの面から，使用電圧はできるだけ高いほうが望ましい．400 V級配電は**図6.29**に示すように，受電用変圧器の二次側をY結線し，中性点を直接接地した三相4線式で構成される．この方式は，電灯・動力設備の共用，電圧格上げによる供給力の増加，電圧降下，電力損失の減少，所要電線量の減少，また，22〜33 kV受電の場合，6.6 kVまたは3.3 kVの中間電圧の省略などの利点がある．用途としては電動機負荷の大きい規模の大きなビルディング，工場で500 kW程度以上の需要家に採用される．

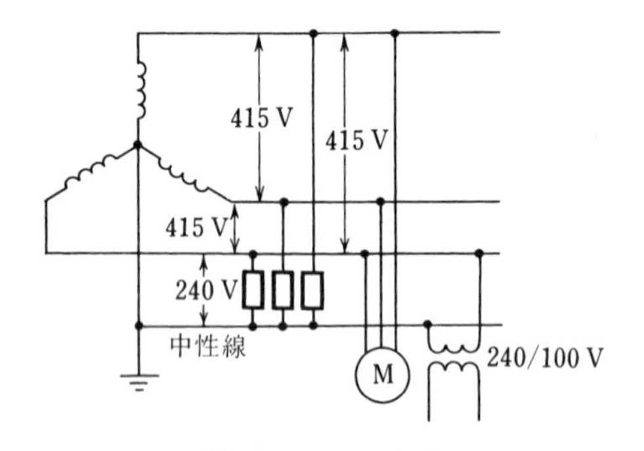

図6.29　400 V配電

400 V級配電の配電方式は，幹線は電灯専用，電灯動力共用とも三相4線式，動力専用は415 V三相3線式が採用される．分岐回路は放電灯(蛍光灯，水銀灯，ナトリウム灯)は単相2線式240 Vまたは240/415 V，三相4線式の240 Vが使用され，動力用は400 V三相3線式となる．また，白熱電灯，コンセントは415 Vまたは240 Vから変圧器を介して100 Vに降圧，100 V単相2線式から供給される．

なお，400 V級配電の保護方式は短絡用と地絡用と別々に設けられる．

400 V供給の場合は，各需要家は400 V幹線から供給するが，400 V幹線へ供

給する 22 kV(33 kV)/400 V ネットワーク変圧器は

（1）　低圧ケーブルのサイズの限界と送電容量ならびに電圧降下

（2）　400 V 供給用変圧器と低圧ケーブルの電流協調

（3）　変圧器設置スペースの確保

の条件から工事費は単機容量が大きくなるほど単価は安くなるが，二次側低圧ケーブル工事費は高くなるという経済性から容量が決められる．これらの条件より算出するとほぼ 500 kW 程度となるので，この値以上が 400 V 級配電を採用するか，しないかの目安となる．

【例題 6.10】　400 V 配電に関する次の記述のうち，誤っているのはどれか．

（1）　ほかの配電方式に比して導体量を大幅に節約できる．

（2）　400 V 級電動機が採用できる．

（3）　240/415 V 三相 4 線式とすることによって，電灯・動力共用の配線が可能である．

（4）　接地保護は，過電流保護のみで目的が達せられる．

（5）　中性点を接地し，対地電圧を低下できる．

【解】　（4）

〔解説〕　接地保護は過電流保護のみではなく漏電遮断器を設置した地絡保護も必要となる．

6.6　屋　内　配　線

屋内配電は需要家が電気を利用する最終部分である．したがって工事や材料が適当でないと火災や感電事故を起こす原因となるので，技術基準，同基準解釈，内線規定あるいは電気用品安全法に従って施工，保守しなければならない．

1.　電気方式　　電気方式の主なものには，①単相 2 線式 100，200 V，②単相 3 線式 100/200 V，③三相 3 線式 200 V，④三相 4 線式 100/173 V(Y 結線)，240/415 V(Y 結線)，100/200 V(V 結線)などである．

①および②は電灯および小形器具類などの動力回路に，③は動力回路に，④は電灯と動力との共用回路に採用される．このほか非常用予備電源または制御回路，信号回路の電源として直流または交流の 100，24，12 V が用いられる．

ビルディングや工場などへの高圧または特別高圧の供給には，高圧では三相3線式6 600 V，特別高圧では三相3線式22～33 kV，66～77 kVなどが使用される．わが国では電灯の標準電圧が100 Vであるから，小口需要の電灯および小形器具(コンセントを利用する器具)の回路には，幹線，分岐回路のいずれも100 V単相2線式が用いられ，事務所，工場，百貨店，劇場などの大形ビルディングでは設備費を経済的にするため，幹線に100/200 V単相3線式または400 V級の三相4線式を，分岐回路には100 V単相2線式または200 V単相2線式を採用することが多い．動力回路では幹線，分岐回路とともに電動機の電気方式に従っており，低圧電動機の電気方式は200 V三相3線式が一般的である．

自家用設備では400 V級三相4線式(50 Hzは240/415 V，60 Hzは265/460 V)を用いた400 V級の三相回路の採用が増加しつつある．

引込線は，電灯用は一般に100 V単相2線式，動力用は200 V三相3線式，高圧引込線は6 600 V三相3線式となっており，特別の場合には100/200 V単相3線式，400 V級三相4線式なども用いられ，大規模なビルディング，工場では22～33 kV，66～77 kV三相3線式で受電している．

なお，住宅の屋内電路(電気機械器具内の電路を除く)の対地電圧は150 V以下とすることが規定されているが，定格消費電力が2 kW以上の電気機械器具，およびこれのみに電気を供給するための屋内配線を次の各号などによって施設する場合は，対地電圧を300 V以下とすることができる．

（1）　使用電圧は300 V以下であること．

（2）　電気機械器具に電気を供給する電路には，専用の開閉器および過電流遮断器を施設すること．

（3）　電気機械器具に電気を供給する電路には，電路に地気を生じたときに自動的に電路を遮断する装置を施設すること．

2.　幹線の系統構成　　屋内配線の幹線系統の構成は，受電電力の大小，負荷の特性，使用者の業務などによっておおいに異なる．一般の住宅，商店などでは，系統構成が特に問題とはならないが，ビルディング，工場などの規模が大きい場合は，経済的な幹線の施設，将来の負荷増加への対応，幹線電圧降下の低減，事故時の停電範囲の限定などを勘案して幹線の構成を考える必要がある．

幹線は電源から末端へいくに従い，その太さを段階的に減じ経済性を図ることができる反面，負荷端の電圧維持，幹線の電線を細くした場合の細い幹線の過電流保護装置などを考慮する必要がある．

高層アパート，マンションなどの負荷は生活レベルによって変化するので，将来を見込んだ余裕のあるものとして施設する方法と，パイプシャフト内などに幹線を施設し幹線の引換え，あるいは増設する方法が採用されている．

3. 配電方式 負荷に直接接続される分岐回路と分岐回路に電力を供給する幹線を設け，電灯・コンセントなどの分岐回路(10～20 回路)は分岐開閉器をまとめて一つの分電盤に収め，これを幹線に接続する方法が一般的である．

大規模なビルディングでは一つの幹線に多くの分電盤が接続され，小規模なものは幹線のところどころに分岐開閉器を置いて単独に分岐することもある．

a. 幹線の配電方式 これには①許容電圧降下の範囲内において配電設備費をなるべく軽減する，②各分電盤への供給電圧をなるべく均一にする，などを考慮し，建物の構造，負荷分布などから最適のものを選定する．**図 6.30** は幹線の立上り方式を示したものであるが，普通は同図(**c**)および図(**d**)などが多く用いられる．高層ビルディングではバスダクトを用い図(**a**)が採用されている．

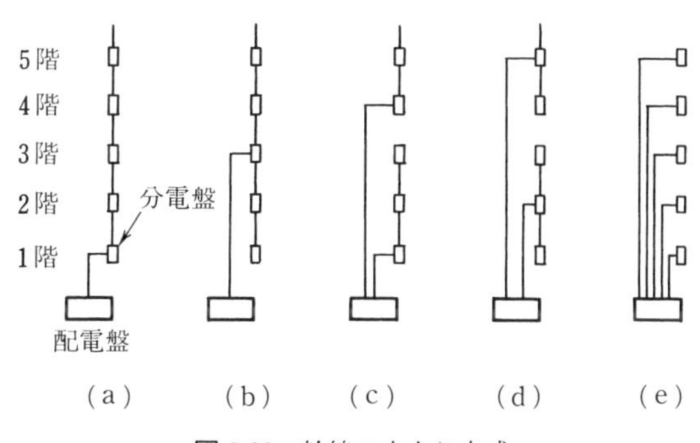

図 6.30 幹線の立上り方式

b. 分岐回路の配電方式 配線の途中から各負荷に対する配線を分岐する樹枝式，配線が各負荷の位置を連続的に通る送り方式などがあるが，負荷の分布に従い，両者を併用する場合が多い．

4. 屋内配線の保護

a. 過電流保護 屋内配線の過電流保護は，過電流によって電線および配線機器が損傷するのを防止し，またほかへ事故波及させないようにするために必要であり，ヒューズと配線用遮断器が一般に使用されている．

（1）**ヒューズ**　ヒューズの特性は定格電流の1.1倍の電流に耐え1.6倍および2倍の電流を通じたとき**表6.7**に示す時間内に溶断するよう規定されている．

表6.7　ヒューズの定格電流と溶断時間

定格電流の区分	溶断時間〔min〕	
	定格電流の1.6倍	定格電流の2倍
30A以下	60	2
30Aを超え　60A以下	60	4
60Aを超え　100A以下	120	6
100Aを超え　200A以下	120	8
200Aを超え　400A以下	180	10
400Aを超え　600A以下	240	12
600Aを超えるもの	240	20

（2）**配線用遮断器**　遮断器の特性は定格電流の1倍の電流に耐え，1.25倍および2倍の電流を通じたとき**表6.8**に示す時間内に動作するよう規定されている．

表6.8　配線用遮断器の定格電流と動作時間

定格電流の区分	動作時間〔min〕	
	定格電流の1.25倍	定格電流の2倍
30A以下	60	2
30Aを超え　50A以下	60	4
50Aを超え　100A以下	120	6
100Aを超え　225A以下	120	8
225Aを超え　400A以下	120	10

（3）**ヒューズと配線用遮断器の時間協調**　ヒューズや遮断器は短絡時，その短絡電流に十分耐える強度を保有しているが，ビルディング，工場などの変圧器容量が増大するに伴い短絡電流が大きくなるので限流ヒューズと配線用遮断器の組合せ，配線用遮断器同士の組合せによって経済的な保護が行われる．

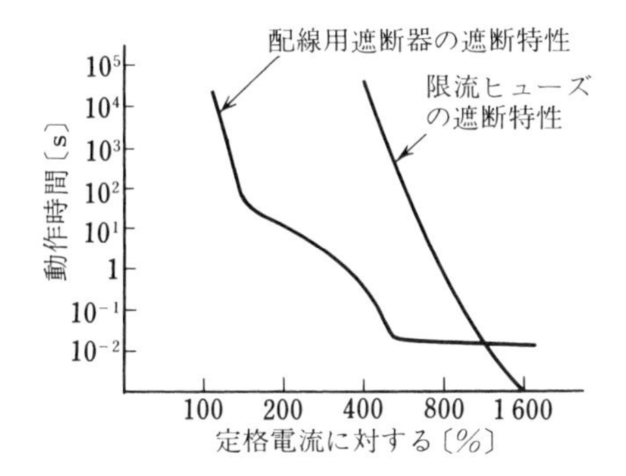

図 6.31 配線用遮断器および限流ヒューズの遮断特性

（a） 配線用遮断器と限流ヒューズを組み合せ，**図 6.31** のように小電流領域では配線用遮断器によって保護し，幹線部分の短絡のように大電流領域では遮断容量が大きく，かつ遮断時間の速い限流ヒューズで保護する．この場合，配線用遮断器の短時間電流容量が十分でないと，接点の溶着などの故障を生ずることがあるので注意を要する．

（b） 配線用遮断器同士の組合せでは，過電流が小さいときには負荷側の遮断器だけが動作するが，短絡時のような大電流が流れたときは電源側と負荷側の遮断器が同時に動作するよう保護協調を図っている．

【例題 6.11】 **図 6.32** のような高圧受電設備において，配電用変電所の OCR，高圧受電設備の一次側限流ヒューズおよび変圧器二次側の配線用遮断器の保護協調を考える場合，図(**b**)のグラフの特性曲線の組合せとして正しいのは次のうちどれか．

（1） （ア） 配電用変電所の OCR （イ） 限流ヒューズ
（ウ） 配線用遮断器

（2） （ア） 配電用変電所の OCR （イ） 配線用遮断器
（ウ） 限流ヒューズ

（3） （ア） 配線用遮断器 （イ） 配電用変電所の OCR
（ウ） 限流ヒューズ

（4） （ア） 配線用遮断器 （イ） 限流ヒューズ
（ウ） 配電用変電所の OCR

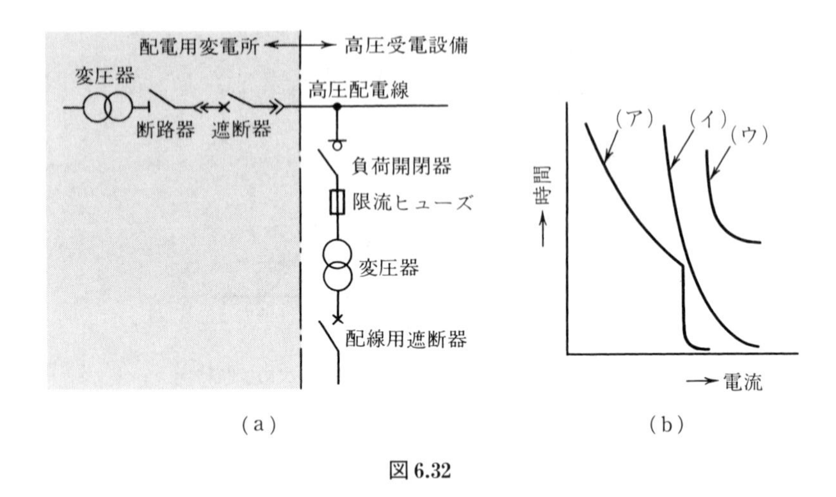

図 6.32

（5）（ア）限流ヒューズ　　　（イ）配線用遮断器
（ウ）配電用変電所の OCR

【解】（4）

〔解説〕 配電用変電所の OCR は受電設備の保護装置が動作した後に，動作するよう保護協調が図られている．

b.　地絡保護　地気発生時の電路遮断装置として電路の零相電流を検出して遮断する電流動作形漏電遮断器が一般に用いられている．ただし，機械器具と人が容易に触れるおそれがない場所，乾操した場合に施設し，電気用品安全法の適用を受ける二重絶縁構造の機械器具を施設する場合など地絡による感電などの影響が小さい場合には，地絡遮断装置の施設を省略することが可能である．

屋内電路の地気発生による事故は大別して感電災害と漏電火災があり，前者を防止するためには感度電流 30 mA 以下，動作時間 0.1 秒以下の高感度，高速形の漏電遮断器が用いられ，後者の防止のためには，漏電遮断器のほかに漏電火災警報器の設置が義務づけられている建物もある．このほか地絡などの保護として電気機器の金属製外箱などに施す接地工事があり，一般の配電系統では，供給変圧器に施されている B 種接地工事の抵抗値と，この金属製外箱に施す接地工事(C 種または D 種)の抵抗値に等分され，かつ D 種接地工事の接地極などの位置によって人の受ける電流が決まり，接地抵抗値を極力小さく抑える必要がある．

漏電遮断器の適用としては，住宅などの受電規模の小さいもの(契約 30 A 程度以下)では高感度(15 mA または 30 mA)高速形を使用すれば経済的で，感電，漏電火災の保護が図れる．規模の大きい住宅，事務所では主回路部に中感度，遅延形漏電遮断器または漏電警報器などを用い，コンセント用分岐回路，屋外分岐回路など感電事故防止を目的とする分岐回路に高感度，高速形の漏電遮断器を施設する．

工場などの生産設備回路では，小規模住宅のように主回路一括の漏電遮断器では局部的な地絡で全停電を招くため，各機器へ個別に漏電遮断器を施設することが必要となる．

5. 幹線と分岐回路の設計

a. 幹線の設計　低圧の屋内幹線は建物の構造，使用電流の大きさなどによってケーブル工事，金属管工事，バスダクト工事などの工事方法により施される．幹線は各負荷の定格電流の合計より大きい許容電流が必要であるが，電動機のように始動電流が大きく，かつ負荷状態によって多少過負荷状態の予想される機器がある場合で，この機器の定格電流の合計がほかの一般負荷の定格電流の合計より大きい場合は，電動機などの定格電流の合計の 1.25 倍(50 A 以下)または 1.1 倍(50 A を超える)を定格電流として用いる．

幹線に設置する過電流遮断器は幹線の許容電流以下の値で動作するよう設計する．ただし，電動機負荷では始動電流のことを考慮して，幹線の許容電流の 2.5 倍した値として定格電流を算定する．また，許容電流の大きい幹線から許容電流が小さい幹線を分岐するときは，小さい許容電流の幹線を保護できるよう過電流遮断器を設けるよう設計する．

b. 分岐回路　負荷機器は分岐回路から使用するのが原則で，分岐回路には，その回路容量によって 50 A を超える電気機器は 1 分岐回路，1 台の負荷機器とする．また，50 A 以下の電気機器の分岐回路は，その過電流遮断器の容量によって 20，30，40 A などの分岐回路の種類があり，それに応じた配線器具の定格容量が定められている．

【例題 6.12】　電気設備技術基準の解釈に基づき，連続して運転する定格電流が 34 A の電動機に電気を供給する低圧屋内分岐回路(配線は，がいし引工事)に使用する電線の許容電流と，その分岐回路を保護する配線用遮断器の定格電流との組合せとして，適当なものは次のうちどれか．

（1）　許容電流が 40 A の電線と定格電流が 100 A の配線用遮断器とを組み合せて使用する．

（2）　許容電流が 35 A の電線と定格電流が 105 A の配線用遮断器とを組み合せて使用する．

（3）　許容電流が 45 A の電線と定格電流が 110 A の配線用遮断器とを組み合せて使用する．

（4）　許容電流が 40 A の電線と定格電流が 115 A の配線用遮断器とを組み合せて使用する．

（5）　許容電流が 45 A の電線と定格電流が 135 A の配線用遮断器とを組み合せて使用する．

【解】　（3）　解釈 171 条

〔解き方〕 電線の許容電流≧電動機の定格電流×1.25 倍＝34×1.25

＝42.5 A ⟶ 45 A

電動機などだけにいたる低圧屋内電路は

過電流遮断器の定格電流≦電線の許容電流×2.5＝45×2.5

＝112.5 A ⟶ 110 A

c.　電気機械器具回路　屋内に施設する電動機(出力が 0.2 kW 以下は除く)には，過電流による当該電動機の焼損により火災が発生するおそれがないよう，過電流遮断器などを設置しなければならない．ただし，電動機の構造上または負荷の性質上電動機を焼損するおそれのない場合は省略してもよい．また，電気使用場所に設置する電気機械器具または接触電線は電波，高周波電流などが発生することにより，無線設備の機能に継続的かつ重大な障害を及ぼすおそれがないように設置しなければならないことが電気設備技術基準で定められている．

6.　屋内配線の工事方法　屋内配線の工事方法のうち，わが国で採用されているものを列挙すれば

（1）　絶縁電線をがいしで支持する方法：がいし引工事

（2）　絶縁電線を管，ダクトまたは線ぴの中に収めて施設する方法：金属管工事，合成樹脂管工事，可とう電線管工事，フロアダクト工事，金属ダクト工事，セルラダクト工事，金属線ぴ工事，合成樹脂線ぴ工事，ライテ

ィングダクト工事，平形保護層工事

（3）　導体をダクト内に収めて施設する方法：バスダクト工事

（4）　ケーブルを用いて施設する方法：ケーブル工事

これらの工事方法の適用場所は**表 6.9** に示すとおりである．以下，各工事方法の特徴について述べる．

a.　がいし引工事　絶縁電線を絶縁性および耐水性のあるがいしを用いて配線する方法である．この工事はほかの工事に比べ，がいしの取付け，がいしに電線を取り付けるなど作業性に劣るうえに外傷を受けるおそれがあり，経済性も劣るため，特定の場所以外現在は施設されていない．

b.　金属管工事　黄銅，銅，アルミおよび鋼装の金属管の中に絶縁電線を収め配線するもので，一般には鋼装の電線管が多く用いられる．鋼装の電線管には厚鋼電線管と薄鋼電線管があり，厚鋼電線管は外部からの衝撃などに対し，特に強度を必要とする場所や，爆燃性粉じんや可燃性ガスの存在する場所に用いられる．

c.　合成樹脂管工事　硬質ビニル管などの難燃性の合成樹脂管に絶縁電線を収めて配線する方法で，施設場所の制限はあまり受けないが，機械的強度が金属管に比べ劣る．また，著しい機械的衝撃や重量物の圧力を受ける場所には不適当であるが，絶縁性，耐腐食性，耐薬品性の場所に優れた特徴を発揮する．

d.　可とう電線管工事　金属性の可とう電線管を用いて配線を行う方法で鋼帯を波形などに加工し巻き付け，可とう性をもった管に 600 V ビニル絶縁電線などの絶縁電線を収めて施工する工事で，一般にボックスから電灯器具，手元開閉器から電動機へいたる配線などに多く用いられる．

e.　フロアダクト工事　鋼装のフロアダクト内に電線を収めコンクリート床などの中に埋め込み配線する方法で，事務所ビル，百貨店などで電気スタンド，電話など床面からの電源，通信線などを必要とする場所に用いられる．この工事はあらかじめ使用機器が予想される位置に配列しておくことによって，机やショーケースなどの移動にも対応できる利点がある．

f.　金属ダクト工事　この工事は，金属製ダクトの中に 600 V ビル絶縁電線などを収めて配線するもので，一つのダクト内に多くの電線を収めて施設することができる．このため工場，ビルディングなどの受電室からの引出口など多く

表 6.9　施設場所と配線方法(300 V 以下)

配線方法	施設の可否							
	屋内						屋側屋外	
	展開した場所		隠ぺい場所					
			点検できる		点検できない			
	乾燥した場所	湿気の多い場所または水気のある場所	乾燥した場所	湿気の多い場所または水気のある場所	乾燥した場所	湿気の多い場所または水気のある場所	雨線内	雨線外
がいし引工事*	○	○	○	○	×	×	①	①
金属管工事*	○	○	○	○	○	○	○	○
合成樹脂管工事*	○	○	○	○	○	○	○	○
可とう電線管工事* 1種可とう管	○	×	○	×	×	×	×	×
可とう電線管工事* 2種可とう管	○	○	○	○	○	○	○	○
金属線ぴ工事	○	×	○	×	×	×	×	×
合成樹脂線ぴ工事	○	×	○	×	×	×	×	×
フロアダクト工事	×	×	×	×	②	×	×	×
平形保護層工事	×	×	○	×	×	×	×	×
金属ダクト工事*	○	×	○	×	×	×	×	×
ライティングダクト	○	×	○	×	×	×	×	×
バスダクト工事*	○	×	○	×	×	×	③	③
セルラダクト工事	×	×	○	×	○	×	×	×
キャブタイヤケーブル工事* ビニルキャブタイヤケーブル	○	○	○	○	×	×	①	①
キャブタイヤケーブル工事* 2種 クロロプレンキャブタイヤケーブル	○	○	○	○	×	×	①	①
キャブタイヤケーブル工事* 2種 ゴムキャブタイヤケーブル	○	○	○	○	×	×	×	×
キャブタイヤケーブル工事* 3種 4種 クロロプレンキャブタイヤケーブル	○	○	○	○	○	○	○	○
キャブタイヤケーブル工事* 3種 4種 ゴムキャブタイヤケーブル	○	○	○	○	○	○	×	×
キャブタイヤケーブル以外のケーブル工事*	○	○	○	○	○	○	○	○

〔注〕 ○施工可　×施工不可

〔備考〕 ①～③の施工場所の扱いは次のとおりである．

①：露出場所および点検できる隠ぺい場所にかぎり，施設することができる．

②：コンクリートなどの床内にかぎる．

③：屋外用のダクトを使用する場合にかぎり(点検できない隠ぺい場所を除く)，施設することができる．

＊：300 V 超過した場合でも施設することができる工事(ただし，施工可否の場所は，この表より異なっているものがある)．

の電線を施設する部分に多く用いられる．

g.　セルラダクト工事　この工事は，大形ビルディングなどの鉄骨造建築物の床コンクリートの仮枠または床構造材として使用される波形鋼板(デッキプレート)の溝を閉鎖して，これに電線を通して使用する方法である．セルラダクト工事は，波形鋼板の溝の方向と直角または斜めの方向に配線が不可能であるから金属ダクト，フロアダクトまたは金属管工事と組み合せて使用される．

h.　金属線ぴ工事　この工事は点滅器，コンセントなどへの引下げ配線など小規模で部分的なところに主として用いられるが，ほかのビニル外装ケーブル工事など簡易な工事方法が普及しており，現在はほとんど施されていない．

i.　合成樹脂線ぴ工事　硬質ビニルなどの難燃性の合成樹脂を用いた線ぴ内に 600 V ビニル絶縁電線，600 V ゴム絶縁電線などの絶縁電線を収めて配線する方法で，プレハブ住宅の露出引下配線に使用される．

j.　ライティングダクト工事　商店，事務所など照明器具類の位置変更などを容易にするため，金属ダクトを室内に設けて，器具の装着，移動ができるようにした工事方法で，乾燥した場所，展開した場所または点検できる隠ぺい場所でダクトは造営材を貫通しないように施設する必要がある．

k.　平形保護層工事　この工事はアメリカにおいて宇宙開発のためのカプセル内電気配線として開発されたもので，それが一般ビルディング室内の機器のための配線として普及されたものである．電線はテープ状に巻かれたもので配線工事も簡単で，工期が短いという特徴があるが，絶縁厚さが薄いため重量物の通る場所などには適さないので点検できる隠ぺい場所で，かつ乾燥した場所の対地電圧 150 V 以下の配線に限定される．

l.　バスダクト工事　この工事は**図 6.33** のように，銅，アルミニウムなど

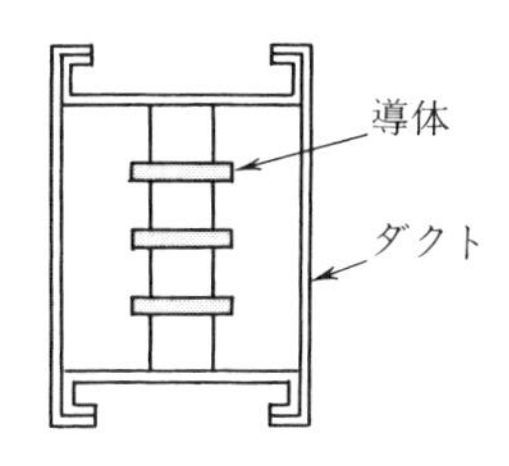

図 6.33　バスダクトの断面

の導体を金属製のダクトに収めたバスダクトを用いて施工するもので，裸導体を用いて導体面にある空間距離をもたせた空気絶縁形と絶縁導体を使用して，密着して収める絶縁形あるいは導体間に絶縁物を充てんする充てん形の3種類がある．絶縁形バスダクトは空気絶縁形に比べ熱放散がよいので，大容量のものでは導体断面積を2/3程度に減少することができるので広く普及してきている．

m.　ケーブル工事　　この工事は，電線にケーブルまたはキャブタイヤケーブルを用いて配線する方法で施工の容易性，経済性から屋内配線で多く採用されている．ケーブルには鉛被ケーブル，アルミ被ケーブル，MIケーブルなどの金属製外装ケーブルとビニル外装ケーブル，コンクリート直埋用ビニル外装ケーブル，クロロプレン外装ケーブル，CDケーブルなど金属製外装のないケーブルがある．また，最近，ケーブルの被覆材に有毒ガスを発生しないポリオレフィンを用いた環境にやさしい**エコ電線**(EM電線・ケーブル)が用いられている．木造建物に多く使用されるケーブルには，ビニル絶縁ビニル外装のもので，一般にビニル外装ケーブル(VVF)といわれている．腐食性ガスのある場所には，これらガスなどに侵されない外装ケーブルが使用され，温度が高いか著しく低温の場所ではMIケーブルなどが使用される．

【例題6.13】　**表6.10**の右欄には，対応する左欄の施設場所において使用電圧が300Vを超える屋内配線を施設する場合，「解釈170号」において施工を認められている工事と，認められていない工事とを交ぜて掲げてある．

これらのうち，施工を認められていない工事ばかりを列挙しているのは次のうちのどれか．

表6.10

左欄(施設場所)		右欄(工事の種類)	
展開した場所	乾燥した場所	(ア)　合成樹脂線ぴ工事	(イ)　金属ダクト工事
		(ウ)　ライティングダクト工事	(エ)　バスダクト工事
	その他の場所	(オ)　がいし引工事	(カ)　金属線ぴ工事
		(キ)　合成樹脂管工事	(ク)　バスダクト工事
点検できる隠ぺい場所	乾燥した場所	(ケ)　可とう電線管工事	(コ)　金属ダクト工事
		(サ)　金属線ぴ工事	(シ)　セルラダクト工事
	その他の場所	(ス)　がいし引工事	(セ)　フロアダクト工事
		(ソ)　セルダクト工事	(タ)　可とう電線管工事

（1）　(ア)の工事　(ウ)の工事　(キ)の工事　(サ)の工事　(ソ)の工事
（2）　(ア)の工事　(カ)の工事　(コ)の工事　(シ)の工事　(セ)の工事
（3）　(イ)の工事　(オ)の工事　(ケ)の工事　(ス)の工事　(タ)の工事
（4）　(ウ)の工事　(カ)の工事　(ク)の工事　(シ)の工事　(セ)の工事
（5）　(エ)の工事　(ク)の工事　(サ)の工事　(セ)の工事　(ソ)の工事

【解】　（4）

〔解説〕　屋内配電の工事方法の適用場所は，表6.9に示すとおりである．

7.　高圧の屋内配線　高圧の屋内配線はビルディング，工場などの受変電室へいたる部分，高圧電動機の配線などがあるが，低圧に比べて一層の安全性が要求されることから，工事方法もがいし引工事とケーブル工事に限定されている．

がいし引工事は乾燥した展開場所にかぎり可能な工事で電線には直径2.6 mmの軟銅線または同等以上の高圧絶縁電線，引下げ用高圧絶縁電線または特別高圧絶縁電線を使用し，支持点間は6 m以下，電線相互間は8 cm以上，電線と造営材とは5 cm以上隔離して工事をしなければならない．また，ケーブル工事は高圧ケーブルを使用し，ケーブルの金属被覆や接続箱，管などの接地にはA種接地工事(人の触れるおそれのない場合はD種接地工事)を施して工事をしなければならない．

8.　特別高圧の屋内配線　特別高圧の屋内配線は大規模なビルディング，工場などの受変電室へいたる部分などに適用されるが工事方法としては，原則として使用電圧100 kV以下で電線はケーブルであること，ケーブルは，鉄製または鉄筋コンクリート製の管，ダクト，そのほかの堅ろうな防護装置に収めて施設するなど危険のおそれがないよう工事をしなければならない．

9.　配線検査　配線工事には，配線工事が完成したときに行う竣工検査(新増設調査)と，ある一定期間ごとに点検，検査する定期検査がある．前者には点検〔絶縁抵抗測定(線間および大地間)，接地抵抗測定，電圧電流測定〕，耐電圧試験，導通試験があり，後者には点検と絶縁抵抗の測定が隔年1回実施される．

10.　電気用品　家庭で使用する低圧の配線器具，材料および電気機器や事務所，商店，農業，小規模工場などで使用する電気機器については，これらの電気用品が粗悪であると感電，火災の危険や雑音障害を生じる原因となる．これを防止するため**電気用品安全法**によって所定の安全性能を有するものを製造すること，電気工事に際して適合性検査を得た製品を使用することが定められている(特定電気用品〈PSE〉マーク，その他特定電気用品(PSE)マーク)．

〔特定電気用品の例〕絶縁電線，開閉器，ヒューズ，小型変圧器など．

問　　題

6.1　電柱共架(電力線と通信線)の利点として，誤っているのは次のうちどれか．

（1）　経済的である．　（2）　交通安全が図られる．

（3）　都市美観が向上する．　（4）　用地取得難が軽減される．

（5）　誘導障害が軽減される．

6.2　高圧架空配電線路を構成する機材とその特徴に関する記述として，誤っているものを次の(1)～(5)のうちから一つ選べ．

（1）　支持物は，遠心成形でコンクリートを締め固めた鉄筋コンクリート柱が一般的に使用されている．

（2）　電線に使用される導体は，硬銅線が用いられる場合もあるが，鋼心アルミ線なども使用されている．

（3）　柱上変圧器は，単相変圧器2台をV結線とし，200Vの三相電源として用い，同時に変圧器から中性線を取り出した単相3線式による100/200V電源として使用するものもある．

（4）　柱上開閉器は，気中形，真空形などがあり，手動操作による手動式と制御器による自動式がある．

（5）　高圧カットアウトは，柱上変圧器の一次側に設けられ，形状は箱形の一種類のみである．

出典：令和2年度第三種電気主任技術者試験電力科目

6.3　次の文章は，架空配電系統の環境調和設備に関する記述である．文中の［　　］に当てはまる最も適切なものを解答群の中から選べ．

配電設備は地域の実態，都市化の進展に対応して技術開発が進められている．具体的には，環境調和とあわせてビル火災時の消防活動や，構造物との［（1）］確保などの安全対策，さらには都市美化を兼ねた対策を施している．

上記の一例として占有スペースの縮小化を目的としてコンパクトな［（2）］が開発されている．この装柱には，高圧線を架空ケーブルとする方式と，絶縁電線を［（3）］にする方式がある．

架空ケーブル方式は，ビルの消防活動を円滑にするため，建物との［（1）］確保を図っており，柱上変圧器は，2台の単相変圧器を一つの筐体に収め［（4）］としたもので，電灯負荷に加え動力負荷も供給可能としている．また，その下部に架空ケーブルを施設しており，都市美化とあわせて消防車のはしごをかける範囲を拡大している．

絶縁電線方式は，道路側に電線を架線できる［（5）］を使用し，建物との［（1）］を確保している．

〔解答群〕

（イ）縦引	（ロ）ハンガ装柱	（ハ）離隔
（ニ）プレハブ装柱	（ホ）D 形腕金	（ヘ）都市形装柱
（ト）接地	（チ）同容量 V 結線	（リ）異容量 V 結線
（ヌ）スペーサ	（ル）同容量 Y 結線	（ヲ）遮へい
（ワ）三角配列	（カ）アームタイ	（ヨ）2 条引

出典：令和 2 年度第二種電気主任技術者一次試験電力科目

6.4 単相 3 線式配電方式は，1 線の中性線と，中性線から見て互いに逆位相の電圧である 2 線の電圧線との 3 線で供給する方式であり，主に低圧配電線路に用いられる．100/200 V 単相 3 線式配電方式に関する記述として，誤っているものを次の（1）〜（5）のうちから一つ選べ．

（1）電線 1 線当たりの抵抗が等しい場合，中性線と各電圧線の間に負荷を分散させることにより，単相 2 線式と比べて配電線の電圧降下を小さくすることができる．

（2）中性線と各電圧線の間に接続する各負荷の容量が不平衡な状態で中性線が切断されると，容量が大きい側の負荷にかかる電圧は低下し，反対に容量が小さい側の負荷にかかる電圧は高くなる．

（3）中性線と各電圧線の間に接続する各負荷の容量が不平衡であると，平衡している場合に比べて電力損失が増加する．

（4）単相 100 V 及び単相 200 V の 2 種類の負荷に同時に供給することができる．

（5）許容電流の大きさが等しい電線を使用した場合，電線 1 線当たりの供給可能な電力は，単相 2 線式よりも小さい．

出典：令和 3 年度第三種電気主任技術者試験電力科目

6.5 次の文章は，低圧配電系統の構成に関する記述である．

放射状方式は，［（ア）］ごとに低圧幹線を引き出す方式で，構成が簡単で保守が容易なことから我が国では最も多く用いられている．

バンキング方式は，同一の特別高圧又は高圧幹線に接続されている 2 台以上の配電用変圧器の二次側を低圧幹線で並列に接続する方式で，低圧幹線の［（イ）］，電力損失を減少でき，需要の増加に対し融通性がある．しかし，低圧側に事故が生じ，1 台の変圧器が使用できなくなった場合，他の変圧器が過負荷となりヒューズが次々と切れ広範囲に停電を引き起こす［（ウ）］という現象を起こす可能性がある．この現象を防止するためには，連系箇所に設ける区分ヒューズの動作時間が変圧器一次側に設けられる高圧カットアウトヒューズの動作時間より［（エ）］なるよう保護協調をとる必要がある．

低圧ネットワーク方式は，複数の特別高圧又は高圧幹線から，ネットワーク変圧器及びネットワークプロテクタを通じて低圧幹線に供給する方式である．特別高圧又は高圧幹線側が 1 回線停電しても，低圧の需要家側に無停電で供給できる信頼度の高い方式であり，大都市中心部で実用化されている．

上記の記述中の空白箇所(ア)，(イ)，(ウ)及び(エ)に当てはまる組合せとして，正しいものを次の(1)～(5)のうちから一つ選べ．

	(ア)	(イ)	(ウ)	(エ)
(1)	配電用変電所	電圧降下	ブラックアウト	長く
(2)	配電用変電所	フェランチ効果	ブラックアウト	長く
(3)	配電用変圧器	電圧降下	カスケーディング	短く
(4)	配電用変圧器	フェランチ効果	カスケーディング	長く
(5)	配電用変圧器	フェランチ効果	ブラックアウト	短く

出典：平成28年度第三種電気主任技術者試験電力科目

6.6　配電線路に用いられる電気方式に関する記述として，誤っているものを次の(1)～(5)のうちから一つ選べ．

(1)　単相2線式は，一般住宅や商店などに配電するのに用いられ，低圧側の1線を接地する．

(2)　単相3線式は，変圧器の低圧巻線の両端と中点から合計3本の線を引き出して低圧巻線の両端から引き出した線の一方を接地する．

(3)　単相3線式は，変圧器の低圧巻線の両端と中点から3本の線で2種類の電圧を供給する．

(4)　三相3線式は，高圧配電線路と低圧配電線路のいずれにも用いられる方式で，電源用変圧器の結線には一般的にΔ結線とV結線のいずれかが用いられる．

(5)　三相4線式は，電圧線の3線と接地した中性線の4本の線を用いる方式である．

出典：令和元年度第三種電気主任技術者試験電力科目

6.7　**図問6.7**のように，2台の単相変圧器による電灯動力共用の三相4線式低圧配電線に，平衡三相負荷45 kW(遅れ力率角30°)1個及び単相負荷10 kW(力率＝1)2個が接続されている．これに供給するための共用変圧器及び専用変圧器の容量の値〔kV・A〕は，それぞれ

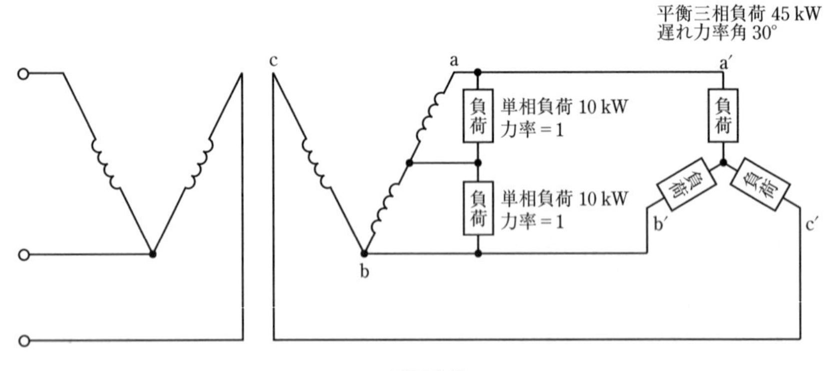

図問6.7

いくら以上でなければならないか．値の組合せとして，正しいものを次の(1)～(5)のうちから一つ選べ，

ただし，相回転は a′-b′-c′ とする．

	共用変圧器の容量	専用変圧器の容量
(1)	20	30
(2)	30	20
(3)	40	20
(4)	20	40
(5)	50	30

出典：平成26年度第三種電気主任技術者試験電力科目

6.8　定格容量 20 kVA および 40 kVA の変圧器を**図問 6.8** のように異容量 V 結線として対称三相交流電源があり，低圧側にまず三相の最大平衡負荷を接続し，次に単相の最大負荷を接続したとすれば，三相の最大平衡負荷〔kW〕，単相の最大負荷〔kW〕およびその場合の変圧器の利用率〔%〕はそれぞれいくらか．ただし，変圧器および線路のインピーダンスは無視するものとする．

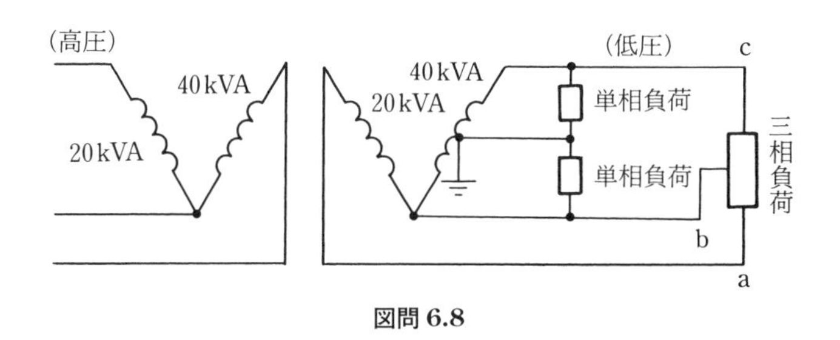

図問 6.8

6.9　それぞれ 100 Ω の接地抵抗を有する 2 個の接地工事を**図問 6.9** のように並列に接続した．総合接地抵抗〔Ω〕はいくらになるか．正しい値を次のうちから選べ．ただし，集合係数を 1.1 とする．

(1)　45　　(2)　55　　(3)　90　　(4)　110　　(5)　220

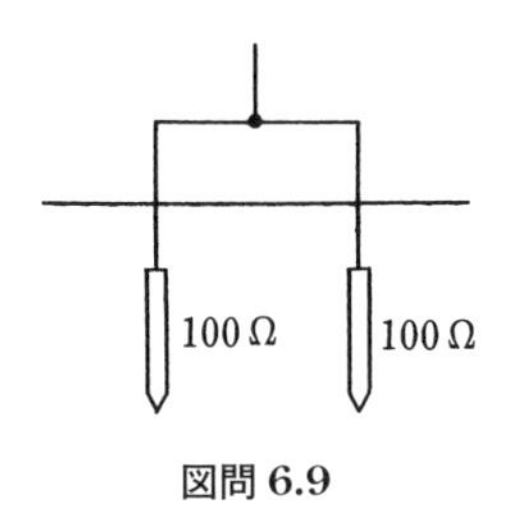

図問 6.9

6.10　わが国の架空配電線路の事故原因のうち，最も多いのは次のうちどれか．

（1）　設備不備　　（2）　保守不備　　　　（3）　故意過失

（4）　自然現象　　（5）　樹木鳥獣の接触

6.11　定格容量 50 kVA，一次電圧 6.6 kV，二次電圧 210 V の三相変圧器に接続される低圧架空電線の大地との間の絶縁抵抗は電気設備技術基準によれば，使用電圧に対する漏えい電流が約□A を超えないよう，保たなければならない．

上記の□に記入する数値として正しいのは次のうちどれか．

（1）　0.069　　（2）　0.095　　（3）　0.11　　（4）　0.15　　（5）　0.20

6.12　ネットワーク配電方式において，ネットワークリレーが一般に具備している3特性として，正しいものを組み合せたのは次のうちどれか．

（1）　逆電流遮断―差電圧遮断―無電圧投入

（2）　逆電流遮断―差電圧投入―無電圧遮断

（3）　逆電流遮断―差電圧投入―無電圧投入

（4）　逆電流投入―差電圧遮断―無電圧投入

（5）　逆電流投入―差電圧投入―無電圧遮断

6.13　屋内配線の電線の太さを決定する場合に考慮すべき事項についての次の記述のうち，誤っているのはどれか．

（1）　機械的強さについて，最低の値が決められている．

（2）　電線には，その部分を流れる負荷電流以上の許容電流のものを使用する．

（3）　屋内配線の電圧降下は，設計上考えなくてよい．

（4）　電線の許容電流は，配線方法および電線管の種類により異なる．

（5）　電力損失を少なくするためには，太い電線を使用するほうがよい．

6.14　高圧屋内配線を屋内に施設する場合の工事方法として，正しいものを組み合せたのは次のうちどれか．

（1）　がいし引工事とケーブル工事　　（2）　ケーブル工事と金属管工事

（3）　金属管工事とがいし引工事　　　（4）　金属管工事と金属ダクト工事

（5）　がいし引工事と金属ダクト工事

6.15　**図問 6.15** のように三相3線式負荷を接続する配電系統がある．各部の電圧が図のとおりであるとき，変圧器の一次側の線電流 I〔A〕は，次のうちどれか．

（1）　16.5　　（2）　20.2　　（3）　27.7　　（4）　28.3　　（5）　34.6

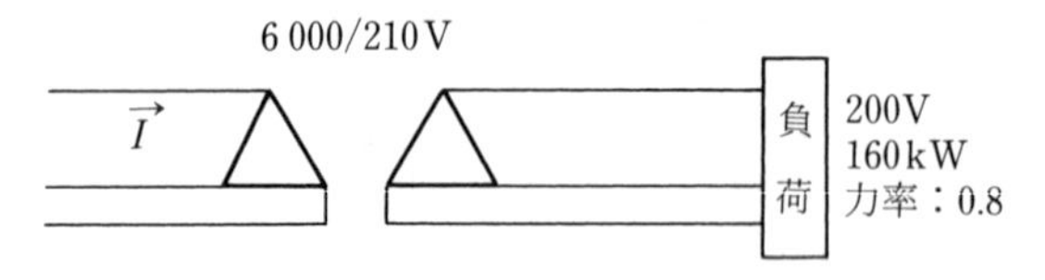

図問 6.15

6.16　**図問 6.16** のような，線路抵抗をもった 100/200 V 単相 3 線式配電線路に，力率が 100% で電流がそれぞれ 30 A 及び 20 A の二つの負荷が接続されている．この配電線路にバランサを接続した場合について，次の(a)及び(b)の問に答えよ．

ただし，バランサの接続前後で負荷電流は変化しないものとし，線路抵抗以外のインピーダンスは無視するものとする．

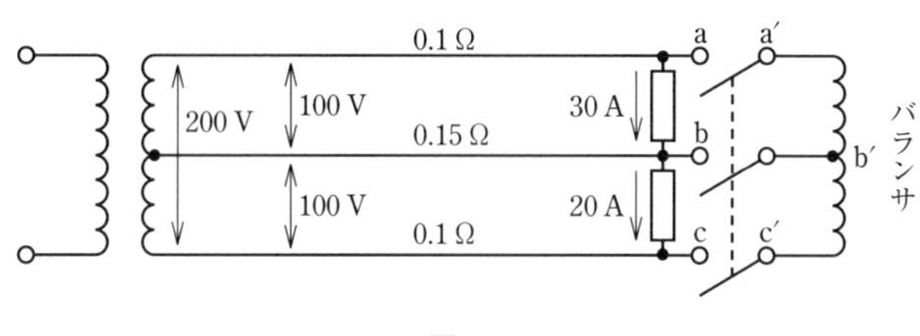

図問 6.16

(a)　バランサ接続後 a′-b′ 間に流れる電流の値〔A〕として，最も近いものを次の(1)〜(5)のうちから一つ選べ．

(1)　5　　(2)　10　　(3)　20　　(4)　25　　(5)　30

(b)　バランサ接続前後の線路損失の変化量の値〔W〕として，最も近いものを次の(1)〜(5)のうちから一つ選べ．

(1)　20　　(2)　65　　(3)　80　　(4)　125　　(5)　145

出典：平成 28 年度第三種電気主任技術者試験電力科目

6.17　22(33) kV 配電系統に関する記述として，誤っているものを次の(1)〜(5)のうちから一つ選べ．

(1)　6.6 kV の配電線に比べ電圧対策や供給力増強対策として有効なので，長距離配電の必要となる地域や新規開発地域への供給に利用されることがある．

(2)　電気方式は，地絡電流抑制の観点から中性点を直接接地した三相 3 線方式が一般的である．

(3)　各種需要家への電力供給は，特別高圧需要家へは直接に，高圧需要家へは途中に設けた配電塔で 6.6 kV に降圧して高圧架空配電線路を用いて，低圧需要家へはさらに柱上変圧器で 200〜100 V に降圧して，行われる．

(4)　6.6 kV の配電線に比べ 33 kV の場合は，負荷が同じで配電線の線路定数も同じなら，電流は$\dfrac{1}{5}$となり電力損失は$\dfrac{1}{25}$となる．電流が同じであれば，送電容量は 5 倍となる．

(5)　架空配電系統では保安上の観点から，特別高圧絶縁電線や架空ケーブルを使用する場合がある．

出典：令和 5 年度第三種電気主任技術者上期試験電力科目

6.18　次の文章は，配電系統のスポットネットワーク方式に関する記述である．文中の□に当てはまる最も適切なものを解答群の中から選べ．

スポットネットワーク方式は，同一変電所から22 kV～33 kVの3回線の配電線により常時並列で需要家に電力供給を行う方式であり，分岐線はいずれも［（1）］分岐で引き込んでいる．この方式は，供給信頼度が高く，電圧降下，電力損失などが少ないことが特徴として挙げられる．

需要家の変圧器(ネットワーク変圧器)の一次側は遮断器が省略され，二次側は［（2）］を経て共通の母線に接続される．この母線に接続された幾つかの幹線によって負荷に電力供給が行われる．

この方式では，1回線の配電線又はネットワーク変圧器が事故停止しても，残りの変圧器の過負荷運転で最大需要電力を供給できるよう変圧器容量を選定しており，変圧器の過負荷耐量は通常，少なくとも定格容量の［（3）］倍を見込んでおけば，年間数回の連続8時間程度の連続運転により，健全な設備から無停電で供給を継続することができる．

一般的に［（2）］は遮断器，ヒューズ及び保護リレーからなり，次の三つの特性をもっている．

・［（4）］遮断特性
・［（5）］投入特性
・過電圧投入特性(差電圧投入特性)

〔解答群〕

（イ）　逆電力	（ロ）　3	（ハ）　ループ点開閉器
（ニ）　1.5	（ホ）　1.3	（ヘ）　電磁開閉器
（ト）　逆電流	（チ）　差電流	（リ）　高電圧
（ヌ）　π	（ル）　ネットワークプロテクタ	（ヲ）　T
（ワ）　無電圧	（カ）　逆相電力	（ヨ）　1.7

出典：平成28年度第二種電気主任技術者一次試験電力科目

6.19　住宅の屋内電線の対地電圧は150 V以下とすることが規定されているが，定格消費電力が2 kW以上の電気機械器およびこれのみに電気を供給するための屋内配線を次の各号などによって施設する場合は，対地電圧を300 V以下とすることができる．

1. 使用電圧は，［（ア）］〔V〕以下であること．
2. 電気機械器具に電気を供給する電路には，専用の［（イ）］および過電流遮断器を施設すること．
3. 電気機械器具に電気を供給する電路には，電路に［（ウ）］を生じたときに自動的に電路を遮断する装置を施設すること．

上記の記述中の□(ア)，(イ)および(ウ)に記入する字句として，正しいものを組み合せたのはどれか．

（1）（ア）300　（イ）開閉器　（ウ）地気
（2）（ア）300　（イ）断路器　（ウ）短絡
（3）（ア）450　（イ）避雷器　（ウ）異常

（4）（ア）450　（イ）開閉器　（ウ）地気
（5）（ア）600　（イ）断路器　（ウ）短絡

第7章

短絡・地絡故障計算

送配電系統は雷，風雪など自然現象による災害を受けやすく，故障発生の確率も高く，線路に故障が生じると，系統内に異常な電圧，電流が発生し，電力の送電ができなくなったり通信線への誘導障害を与える．このため，種々の故障を想定し系統内の電圧，電流の分布を計算し，これに基づいて短絡・地絡電流軽減対策，保護継電器の整定，遮断器の容量などを決めることが大切となる．

7.1　単位法とパーセント法

電力系統は，定格の異なった多くの機器，線路が接続されている．これらの電圧，電流，電力などの大きさを表すように，その系統に適した量を基準とし，これに対する割合で表すと無次元の正規化された簡単な数値となり，取扱いがきわめて容易となる．

たとえば，系統電圧が 66 kV の場合，基準電圧として 66 kV を採用すれば，この系統の電圧は 1.0 p.u. で表される．このような表示法を**単位法**(per-unit method)といい，複雑な電力系統の計算に便利であり広く用いられる．

1.　基準値および p.u. 値

a.　単相回路　　基準値として，電圧 E_B〔V〕，電力 P_B〔V〕を採用したとき，基準電流 I_B〔A〕および基準インピーダンス Z_B〔Ω〕は次式で定義される．

$$I_B = P_B / E_B \quad \text{〔A〕} \tag{7.1}$$

$$Z_B = E_B / I_B = E_B{}^2 / P_B \quad \text{〔Ω〕} \tag{7.2}$$

この基準値を用いてインピーダンス Z〔Ω〕を単位法で表すと

$$Z_{\text{p.u.}}=\frac{Z}{Z_B}=\frac{ZI_B}{E_B}=Z\frac{P_B}{{E_B}^2}\quad〔\text{p.u.}〕\tag{7.3}$$

となる．$Z_{\text{p.u.}}$ を p.u. インピーダンスと呼び，特に基準値をはっきりさせる必要がある場合には $Z(P_B \cdot E_B)_{\text{p.u.}}$ と表す．

同様に，任意の大きさの電力 P〔VA〕，電圧 E〔V〕，電流 I〔A〕を単位法で表すと次式となる．

$$P_{\text{p.u.}}=\frac{P}{P_B}\quad〔\text{p.u.}〕\tag{7.4}$$

$$E_{\text{p.u.}}=\frac{E}{E_B}\quad〔\text{p.u.}〕\tag{7.5}$$

$$I_{\text{p.u.}}=\frac{I}{I_B}\quad〔\text{p.u.}〕\tag{7.6}$$

b.　三相回路　　基準値として，線間電圧 $V_B=\sqrt{3}\,E_B$〔V〕，三相電力 $P_B=3P_{1\phi B}$〔VA〕を採用したとき，基準相電流 I_B〔A〕および基準インピーダンス Z_B〔Ω〕は次式で定義される．

$$I_B=\frac{P_{1\phi B}}{E_B}=\frac{P_B/3}{V_B/\sqrt{3}}=\frac{P_B}{\sqrt{3}\,V_B}\quad〔\text{A}〕\tag{7.7}$$

$$Z_B=\frac{E_B}{I_B}=\frac{{E_B}^2}{P_{1\phi B}}=\frac{{V_B}^2}{P_B}\quad〔\Omega〕\tag{7.8}$$

この基準値を用いて Z〔Ω〕を単位法で表すと

$$Z_{\text{p.u.}}=\frac{Z}{Z_B}=Z\frac{P_{1\phi B}}{{E_B}^2}=Z\frac{P_B}{{V_B}^2}\tag{7.9}$$

となる．つまり，三相回路では，線間電圧と三相電力を用いると，$Z_{\text{p.u.}}$ の表示は単相回路と同じように取り扱うことができる．

c.　パーセント法　　パーセント法は基準値に対する比をパーセントで表したものである．そこで，インピーダンス Z〔Ω〕を%インピーダンス，$\%Z$ で表すと次式となる．

$$\%Z=\frac{ZI_B}{E_B}\times 100=\frac{ZP_B}{{V_B}^2}\times 100\quad〔\%〕\tag{7.10}$$

ただし，Z：インピーダンス〔Ω〕，I_B：基準電流$(=P_B/\sqrt{3}\,V_B)$〔A〕，E_B，V_B：基準相電圧，基準線間電圧〔V〕，P_B：三相基準容量〔VA〕

いま，V_B と P_B の単位をそれぞれ〔kV〕，〔kVA〕で表すとすれば式(7.10)は次式のようになり，実系統ではしばしばこの式が用いられる．

$$\% Z=\frac{ZP_B\times 10^3}{(V_B\times 10^3)^2}\times 100=\frac{ZP_B}{10\,V_B{}^2}\quad〔\%〕 \tag{7.11}$$

また，P_B における% Z_B を基準容量 P_B' に換算するには式(7.10)から% Z が容量 P_B に比例することに着目して

$$\% Z'=\% Z\times\frac{P_B'}{P_B} \tag{7.12}$$

とすればよい．

このパーセント法は単位法で表した p.u. 値を 100 倍とした方法であり，故障計算にもしばしば用いられる．ただし，単位法では $P_{\text{p.u.}}=V_{\text{p.u.}}\cdot I_{\text{p.u.}}$ であるのに対して，パーセント法では $P_{\%}=(V_{\%}/100)\cdot(I_{\%}/100)\times 100$ となるため係数を考えながら計算をしなければならないので計算が複雑となる．このため電力を含めた電圧，電流の計算には単位法が多く用いられる．

2.　基準値の変換　　多くの電力機器のインピーダンスは機器の定格電圧，定格容量を基準とした%インピーダンスが与えられているので，%インピーダンスから P_B，V_B を基準とする p.u. インピーダンスを求めることとする．

容量，電圧，電流の定格値がそれぞれ P_R，V_R，I_R なる機器の% Z_R は定義によって

$$\% Z_R=Z_{R\,\text{p.u.}}\times 100=Z\frac{P_R}{V_R{}^2}\times 100 \tag{7.13}$$

式(7.13)から Z〔Ω〕を求めると

$$Z=Z_{R\,\text{p.u.}}\frac{V_R{}^2}{P_R} \tag{7.14}$$

となる．この Z〔Ω〕を Z_B，P_B，V_B で表すと

$$Z_{B\text{p.u.}}=\frac{Z}{Z_B}=Z_{R\,\text{p.u.}}\frac{V_R{}^2}{V_B{}^2}\frac{P_B}{P_R}=\frac{\% Z_R}{100}\frac{V_R{}^2}{V_B{}^2}\frac{P_B}{P_R} \tag{7.15}$$

となる．つまり，% Z_R を任意の基準 P_B，V_B に換算するには式(7.15)を用いればよいこととなる．この式において，任意の基準電圧 V_B として機器の定格電圧 V_R と等しくすれば単に基準容量に比例することとなり，きわめて簡単となるためこの方法が多く用いられている．

3. 変圧器を含む回路の基準値　変圧器を含む回路の基準値は一般に容量 P_B は一次側，二次側共通とし，電圧は一次側は定格一次電圧 V_{R1}，二次側は定格二次電圧 V_{R2} が用いられる．このように基準値を選ぶことによって変圧器の一次・二次の変換が不要となる．これは**図 7.1**(**a**)のような変圧器の等価回路で一次側 P_{1B}，V_{R1}，二次側 P_{2B}，V_{R2} を基準としたインピーダンス図は同図(**b**)となる．一方，図(a)を二次側に換算した等価回路は同図(**c**)となり，これを二次側の基準値で p.u. 法で表すと同図(**d**)となる．この図(b)，(d)の回路で $V_{R1}/V_{R2}=n$，$P_{1B}=P_{2B}=P_B$ とすれば両回路は同じ回路となり，変圧器の一次・二次の変換は不要となる．

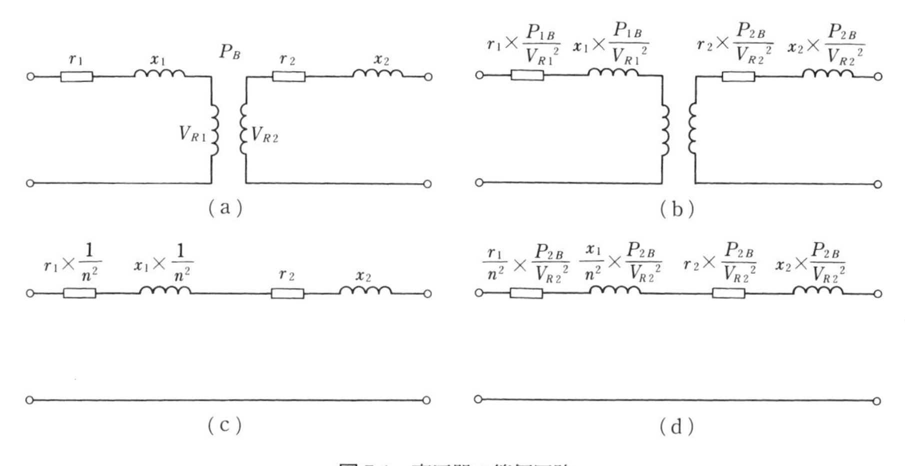

図 7.1　変圧器の等価回路

【例題 7.1】　図 7.2 のような電力系統がある．この電力系統の各部の諸量を単位法に換算し，その系統図を求めよ．

【解】　基準値として容量は 100 MVA，電圧は各部の定格値 11 kV，154 kV，66 kV をとる．

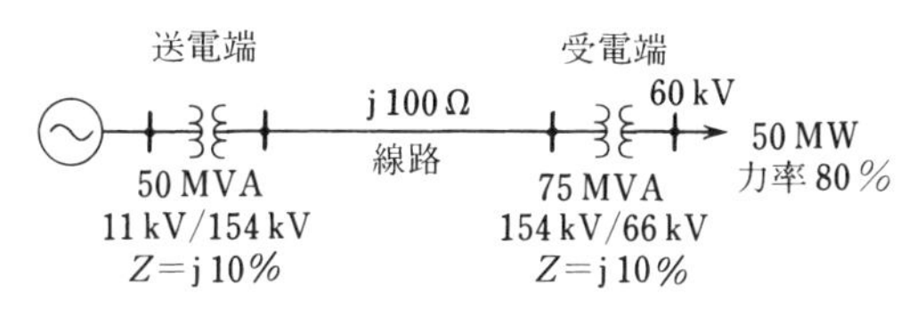

図 7.2

（1）　線路のインピーダンス $\dot{Z}_{l\mathrm{p.u.}}$

$$\dot{Z}_{l\mathrm{p.u.}}=\frac{\dot{Z}_l[\Omega]}{Z_B[\Omega]}=\dot{Z}_l\frac{P_B}{{V_B}^2}=\mathrm{j}100\times\frac{100}{154^2}=\mathrm{j}0.422\ \mathrm{p.u.}$$

（2）　送電端変圧器のインピーダンス $\dot{Z}_{tA\mathrm{p.u.}}$

$$\dot{Z}_{tA\mathrm{p.u.}}=\frac{\%\,\dot{Z}_{tAR}}{100}\times\frac{P_B}{P_{AR}}=\frac{\mathrm{j}10}{100}\times\frac{100}{50}=\mathrm{j}0.2\ \mathrm{p.u.}$$

（3）　受電端変圧器のインピーダンス $\dot{Z}_{tB\mathrm{p.u.}}$

$$\dot{Z}_{tB\mathrm{p.u.}}=\frac{\%\,\dot{Z}_{tBR}}{100}\times\frac{P_B}{P_{BR}}=\frac{\mathrm{j}10}{100}\times\frac{100}{75}=\mathrm{j}0.133\ \mathrm{p.u.}$$

（4）　負荷の $P_{\mathrm{p.u.}}+\mathrm{j}Q_{\mathrm{p.u.}}$〔p.u.〕，$V_{L\mathrm{p.u.}}$〔p.u.〕

$$P+\mathrm{j}Q=50-\mathrm{j}50\times\frac{\sqrt{1-0.8^2}}{0.8}=50-\mathrm{j}37.5$$

$$P_{\mathrm{p.u.}}=\frac{P}{P_B}\times\frac{V_B}{V}=\frac{50}{100}\times\frac{66}{60}=0.55\ \mathrm{p.u.}$$

$$Q_{\mathrm{p.u.}}=\frac{Q}{P_B}\times\frac{V_B}{V}=\frac{37.5}{100}\times\frac{66}{60}\fallingdotseq 0.413\ \mathrm{p.u.}$$

$$V_{L\mathrm{p.u.}}=\frac{V_L}{V_B}=\frac{60}{66}=0.909\ \mathrm{p.u.}$$

これを系統図に記入したのが**図 7.3** である．

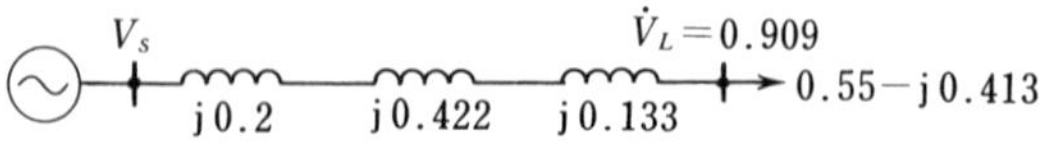

V_s　j0.2　j0.422　j0.133　$\dot{V}_L=0.909$　0.55−j0.413

図 7.3

この系統図から送電端の電圧 V_s〔p.u.〕は

$$\begin{aligned}\dot{V}_s&=(P_{\mathrm{p.u.}}-\mathrm{j}Q_{\mathrm{p.u.}})(\dot{Z}_{l\mathrm{p.u.}}+\dot{Z}_{tA\mathrm{p.u.}}+\dot{Z}_{tB\mathrm{p.u.}})+V_{L\mathrm{p.u.}}\\&=(0.55-\mathrm{j}0.413)(\mathrm{j}0.422+\mathrm{j}0.2+\mathrm{j}0.133)+0.909\\&=(0.55-\mathrm{j}0.413)\times\mathrm{j}0.755+0.909\fallingdotseq 1.221+\mathrm{j}0.415\ \mathrm{p.u.}\end{aligned}$$

$$V_s=|\dot{V}_s|=\sqrt{1.221^2+0.415^2}\fallingdotseq 1.29\ \mathrm{p.u.}=1.29\times 11\ \mathrm{kV}\fallingdotseq 14.2\ \mathrm{kV}$$

【例題 7.2】　定格電圧 154/66/6.6 kV，定格容量 100/100/30 MVA の 3 巻線変圧器がある．いま，変圧器のリアクタンスが，銘板で**表 7.1** のように記載されていたとした場合の，この変圧器の p.u. インピーダンス図（100 MVA 基準）を表

表 7.1　変圧器銘板

	容量〔MVA〕	%Z
一次・二次間	100	11
二次・三次間	30	4
三次・一次間	30	10

せ．

【解】　まず，変圧器の%インピーダンス（Z_{ps}=11%(100 MVA)，Z_{pt}=10%(30 MVA)，Z_{st}=4%(30 MVA)）を 100 MVA 基準の p.u. 値に換算すると，式(7.12)から容量に比例するから

$$Z_{ps}'=\frac{Z_{ps}}{100}\times\frac{P_B}{P_{PR}}=\frac{11}{100}\times\frac{100}{100}=0.11\ \text{p.u.}$$

$$Z_{pt}'=\frac{Z_{pt}}{100}\times\frac{P_B}{P_{tR}}=\frac{10}{100}\times\frac{100}{30}\fallingdotseq 0.333\ \text{p.u.}$$

$$Z_{st}'=\frac{Z_{st}}{100}\times\frac{P_B}{P_{tR}}=\frac{4}{100}\times\frac{100}{30}\fallingdotseq 0.133\ \text{p.u.}$$

題意により，インピーダンスがリアクタンス成分のみであるから，上式より一次，二次および三次の単位リアクタンス x_p，x_s および x_t を求めると

$$x_p=\frac{x_{ps}'+x_{pt}'-x_{st}'}{2}=\frac{0.11+0.333-0.133}{2}=0.155\ \text{p.u.}$$

$$x_s=\frac{x_{ps}'+x_{st}'-x_{pt}'}{2}=\frac{0.11+0.133-0.333}{2}=-0.045\ \text{p.u.}$$

$$x_t=\frac{x_{pt}'+x_{st}'-x_{ps}'}{2}=\frac{0.333+0.133-0.11}{2}=0.178\ \text{p.u.}$$

となり，これを表すと**図 7.4** のようになる．

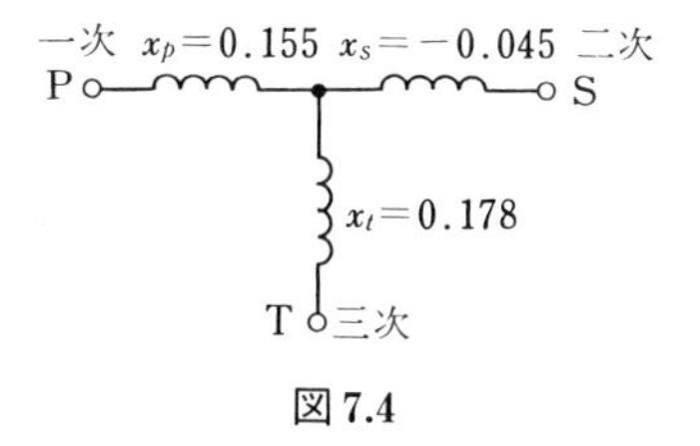

図 7.4

7.2　簡易法を用いた故障計算

1.　三相短絡故障の計算　　三相短絡故障の計算には，①オーム法，②パーセント法の二つがある．ここではその両者について述べる．

a.　オーム法による三相短絡故障の計算　　この方法は故障点から電源側をみた短絡インピーダンスを求める際にオーム値で求め計算する方法で，いま，短絡点の故障前の線間電圧を V〔kV〕，短絡点から電源側をみた短絡インピーダンスを Z_s〔Ω〕とすれば，故障点の短絡電流 I_s〔kA〕および短絡容量 P_s〔MVA〕は次式で求められる．

$$I_s=\frac{\frac{V}{\sqrt{3}}}{Z_s}\quad\text{〔kA〕}\tag{7.16}$$

$$P_s=\sqrt{3}\,V\times I_s\quad\text{〔MVA〕}\tag{7.17}$$

【例題 7.3】　　**図 7.5** のような 110 kV/6.9 kV，10 000 kVA の三相変圧器1台を有する配電用変圧器から引き出された．こう長 2 km の三相配電線路がある．この配電線路の引出口の点 A および末端の点 B の三相短絡電流，短絡容量を求めよ．

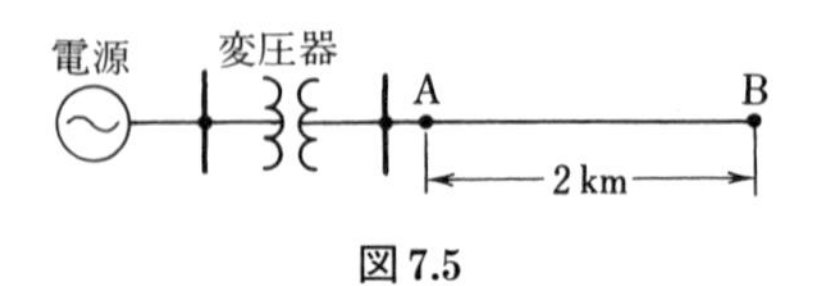

図 7.5

ただし，変圧器1相あたりのリアクタンスは 0.5 Ω，配電線路の電流1条あたりの抵抗およびリアクタンスはいずれも 0.4 Ω/km とし，そのほかの定数は無視するものとする．また，短絡前の点 A および点 B の各線間電圧は 6.9 kV とする．

【解】　　点 A および点 B の短絡点から電源側をみた短絡インピーダンス Z_{SA}，Z_{SB} は

$$\dot{Z}_{SA}=\mathrm{j}X_t=\mathrm{j}0.5\qquad\therefore\quad Z_{SA}=0.5\,\Omega$$

$$\dot{Z}_{SB}=\mathrm{j}X_t+R_1+\mathrm{j}X_1=\mathrm{j}0.5+2\times(0.4+\mathrm{j}0.4)=0.8+\mathrm{j}1.3\qquad\therefore\quad Z_{SB}=1.526\,\Omega$$

よって求める点 A の短絡点の短絡電流 I_{SA} および短絡容量 P_{SA} は式(7.16)，(7.17)から

$$I_{SA}=\frac{6.9/\sqrt{3}}{0.5}\fallingdotseq 7.97\ \text{kA} \qquad P_{SA}=\sqrt{3}\,VI_{SA}=\sqrt{3}\times 6.9\times 7.97\fallingdotseq 95.2\ \text{MVA}$$

また，点 B の短絡点の短絡電流 I_{SB} および短絡容量 P_{SB} も両式から

$$I_{SB}=\frac{6.9/\sqrt{3}}{1.526}\fallingdotseq 2.61\ \text{kA} \qquad P_{SB}=\sqrt{3}\,VI_{SB}=\sqrt{3}\times 6.9\times 2.61\fallingdotseq 31.2\ \text{MVA}$$

b.　パーセント法による三相短絡故障の計算　　いま，故障点から電源側をみた%インピーダンスを$\%Z_S$〔%〕とすれば故障点の短絡電流 I_S〔A〕はテブナンの定理から次式で表される．

$$I_S=\frac{100}{\%Z_S}I_B \quad \text{〔A〕} \tag{7.18}$$

ただし，I_B：基準電流$(=P_B/\sqrt{3}\,V_B)$〔A〕，P_B，V_B：基準容量〔VA〕，基準線間電圧〔V〕

また，短絡容量 P_S〔VA〕は

$$P_S=\sqrt{3}\,V_BI_S=\sqrt{3}\,V_B\frac{100}{\%Z_S}I_B=\frac{100}{\%Z_S}P_B \quad \text{〔VA〕} \tag{7.19}$$

で表される．

【例題 7.4】　　例題 7.3 をパーセント法による三相短絡故障の計算で求めよ．

【解】　　はじめに，この回路の 1 相あたりの%インピーダンス図を求める．

いま，基準容量 $P_B=10\,000$ kVA，$V_{1B}=110$ kV，$V_{2B}=6.9$ kV として線路の%インピーダンス$\%\dot{Z}_l=R+\mathrm{j}X$〔%〕，変圧器の%インピーダンス$\%Z_t$〔%〕を求めると式(7.11)より

$$\%\dot{Z}_l=0.4\times 2\times\frac{10\,000}{10\times 6.9^2}+\mathrm{j}0.4\times 2\times\frac{10\,000}{10\times 6.9^2}\fallingdotseq 16.8+\mathrm{j}16.8\ \%$$

$$\%\dot{Z}_t=\mathrm{j}0.5\times\frac{10\,000}{10\times 6.9^2}\fallingdotseq \mathrm{j}10.5\ \%$$

これを図示したのが**図 7.6** である．この図から

（1）　点 A の短絡電流 I_{AS}，短絡容量 P_{AS}

点 A から電源側をみた$\%Z_{AS}$〔%〕は$\%Z_t$ に等しいから，点 A の短絡電流 I_{AS}

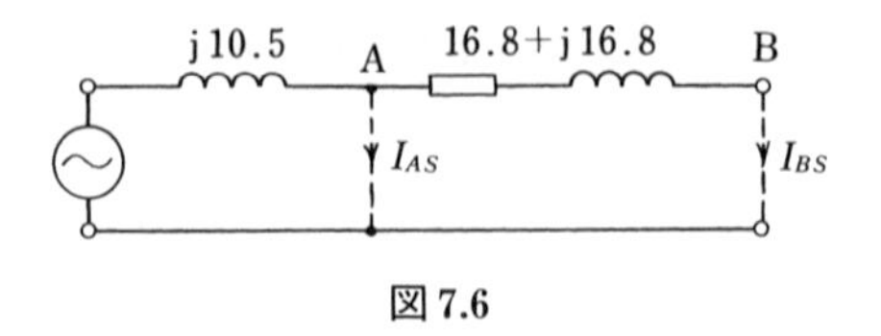

図 7.6

〔A〕は式(7.18)から

$$I_{AS}=\frac{100}{\%\,Z_t}I_B=\frac{100}{10.5}\times\frac{10\,000}{\sqrt{3}\times 6.9}\fallingdotseq 7\,969\ \text{A}$$

次に，短絡容量 P_{AS}〔kVA〕を求めると式(7.19)から

$$P_{AS}=\frac{100}{\%\,Z_t}P_B=\frac{100}{10.5}\times 10\,000\fallingdotseq 95\,238\ \text{kVA}$$

（2）　点B短絡電流 I_{BS}，短絡容量 P_{BS}

点Bから電源側をみた% $\dot{Z}_{BS}$〔%〕は

$$\%\,\dot{Z}_{BS}=\%\,\dot{Z}_l+\%\,\dot{Z}_t=16.8+\text{j}16.8+\text{j}10.5=16.8+\text{j}27.3\quad〔\%〕$$

$$\therefore\quad \%\,Z_{BS}=|\%\,\dot{Z}_{BS}|=\sqrt{16.8^2+27.3^2}=32.06\ \%$$

したがって，求める短絡電流 I_{BS}，短絡容量 P_{BS} は

$$I_{BS}=\frac{100}{\%\,Z_{BS}}I_B=\frac{100}{32.06}\times\frac{10\,000}{\sqrt{3}\times 6.9}\fallingdotseq 2\,610\ \text{A}$$

$$P_{BS}=\frac{100}{\%\,Z_{BS}}P_B=\frac{100}{32.06}\times 10\,000\fallingdotseq 31\,190\ \text{kVA}$$

2.　1線地絡故障の計算　**図 7.7** のような送・配電系統の点Fで1線地絡故障が生じた場合の地絡電流 I_g を求めるにはテブナンの定理を利用すると計算が容易となる．

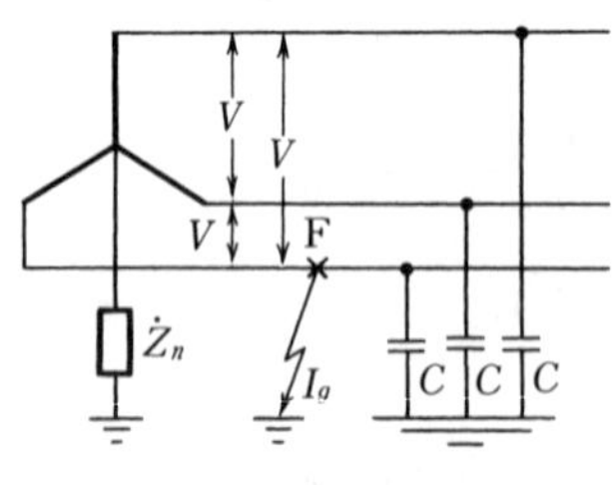

図 7.7　1線地絡時

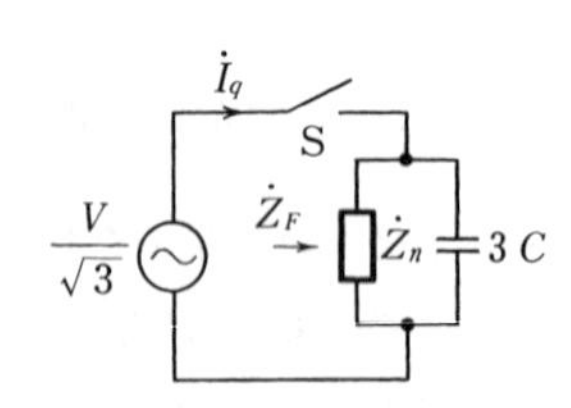

図 7.8　等価回路

いま，点 F の故障前の線間電圧を V〔V〕とすれば，テブナンの定理による等価回路は**図 7.8** のようになるから，スイッチ S を投入したときの地絡電流 $\dot{I}_g$〔A〕は，故障点からみたインピーダンスを $\dot{Z}_F$〔Ω〕とすれば

$$\dot{I}_g = \frac{V/\sqrt{3}}{\dot{Z}_F} = \frac{V/\sqrt{3}}{\{(1/\dot{Z}_n)+\mathrm{j}\omega 3C\}^{-1}} = \frac{V}{\sqrt{3}}\left(\mathrm{j}\omega 3C + \frac{1}{\dot{Z}_n}\right) \text{〔A〕} \tag{7.20}$$

となる．このように，テブナンの定理を利用すれば故障が発生する前の電圧 $V/\sqrt{3}$ と，故障点からみた系統側のインピーダンス Z_F から地絡電流 I_g を容易に求めることができる．たとえば，故障点で故障抵抗 R_F〔Ω〕を介して地絡故障が生じた場合の故障抵抗を含めたインピーダンス $\dot{Z}_F$ は

$$\dot{Z}_F = R_F + \left(\frac{1}{\dot{Z}_n} + \mathrm{j}\omega 3C\right)^{-1} \tag{7.21}$$

となるから，地絡電流 $\dot{I}_g$ は

$$\dot{I}_g = \frac{V/\sqrt{3}}{Z_F} = \frac{V}{\sqrt{3}} \times \frac{1}{R_F + \{(1/Z_n)+\mathrm{j}\omega 3C\}^{-1}} \tag{7.22}$$

となる．

【例題 7.5】　**図 7.9** のように 77 kV 三相 3 線式送電線路の点 F において，故障抵抗 20 Ω を伴った 1 線地絡故障が発生した．このとき地絡電流の大きさ I_g〔A〕を求めよ．

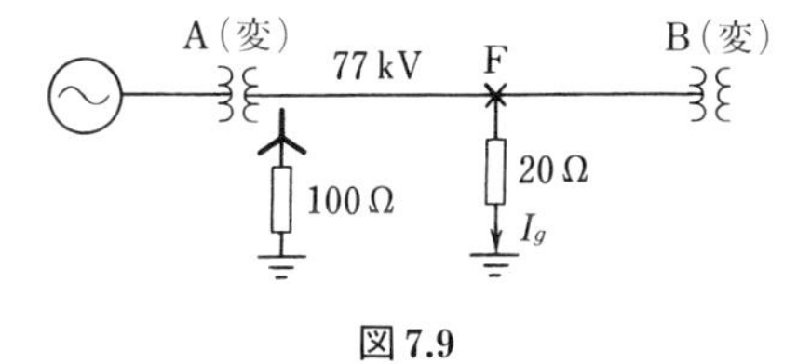

図 7.9

ただし，中性点接地抵抗は A(変)のみに設置され，その値は 100 Ω であり，また送電線のインピーダンスは無視するものとする．

【解】　故障抵抗 R_F を含めたインピーダンス $\dot{Z}_F$ は式(7.21)から

$$\dot{Z}_F = R_F + \dot{Z}_n = 20 + 100 = 120 \ \Omega$$

したがって，求める地絡電流 I_g は式(7.22)から

$$I_g=\frac{V/\sqrt{3}}{Z_F}=\frac{77\times10^3/\sqrt{3}}{120}\fallingdotseq370\ \text{A}\qquad\text{(答)}$$

次に常時，線路電流が流れている状態での1線地絡時の地絡電流および各相の電流を求めてみよう．各相の線路電流は地絡相には式(7.20)で得られる地絡電流 I_g と送電電力による負荷電流を加えたものが流れ，地絡相以外は負荷電流がそのまま流れると考えればよい．たとえば，例題7.5で送電電力30 000 kW，遅れ力率0.8が事前の状態であった場合のa相地絡での地絡電流と各相の線路電流は次のようになる．

a相の地絡電流 I_g は370 Aとなり，a，b，c相の負荷電流は

$$\dot{I}_a=\frac{30\,000}{\sqrt{3}\times77}\left(1-\mathrm{j}\frac{0.6}{0.8}\right)\fallingdotseq224.95(1-\mathrm{j}0.75)=281.18\angle-36.87^\circ\ \text{[A]}$$

$$\dot{I}_b=281.18\angle-156.87^\circ\ \text{[A]}$$

$$\dot{I}_c=281.18\angle83.13^\circ\ \text{[A]}$$

となる．したがってb，c相の電流は上記の負荷電流のみが流れ，a相の電流は負荷電流 $\dot{I}_a$ と地絡電流 $\dot{I}_g$ を加えたものが流れるので次式で求められる．

$$\dot{I}_a'=\dot{I}_a+\dot{I}_g=224.95(1-\mathrm{j}0.75)+370$$
$$=594.95-\mathrm{j}168.71\fallingdotseq618.41\angle-15.50^\circ\ \text{[A]}$$

【例題7.6】　**図7.10**のような電圧6.6 kV，周波数60 Hzの三相3線式配電線がある．A配電線に1線地絡故障が発生した場合，変電所に施設したA配電線用ZCT(零相変流器)に流れる零相電流の合計値(零相電流の3倍)を求めよ．ただし，配電線の1線あたりの対地静電容量は0.008 μF/km，配電線のこう長

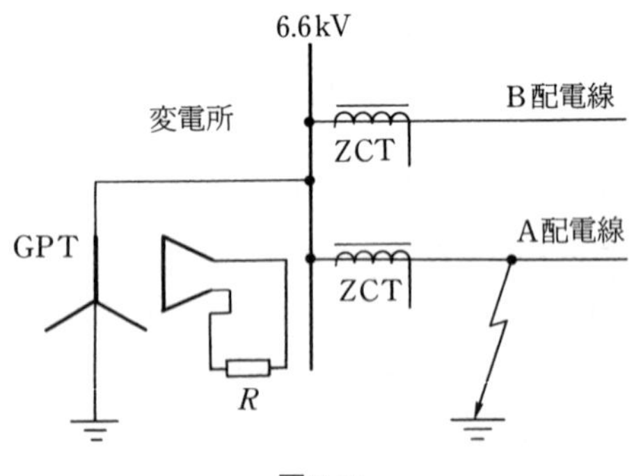

図7.10

は A，B とも 10 km，GPT(接地変圧器)二次側の挿入抵抗は 50 Ω，GPT の変成比は 6 600 V/110 V，配電線の電圧は平衡三相で 6 600 V，地絡抵抗 R_g は 100 Ω とし，そのほかの線路定数は無視するものとする．

【解】 A 配電線に 1 線地絡故障が発生した場合の地絡電流の分布を簡単に示すと**図 7.11** のようになる．ここに I_g は 1 線地絡電流，I_{c1} は A 配電線の対地静電容量に流れる電流，I_{c2} は B 配電線の対地静電容量に流れる電流，I_R は地絡保護用 GPT への流入電流である．I_{g1} が求める A 配電線の ZCT に流れる零相電流の合計値である．A 配電線，B 配電線の対地静電容量は各配電線に一様に分布しているので，地絡電流値の分布を詳細に示すと**図 7.12** のようになり，地絡している A 配電線と健全な B 配電線では電流の方向が逆であることがわかる．

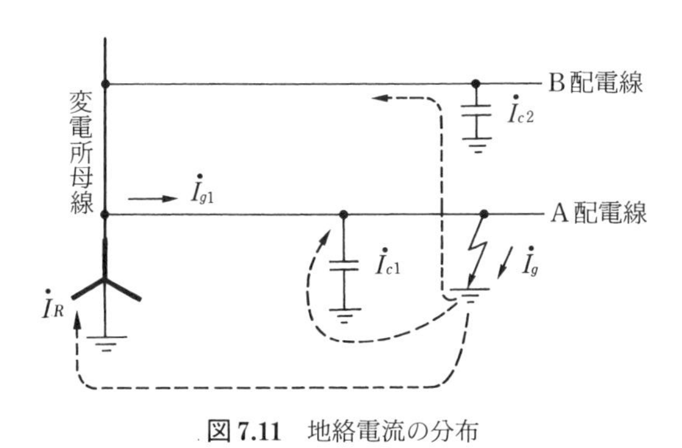

図 7.11 地絡電流の分布

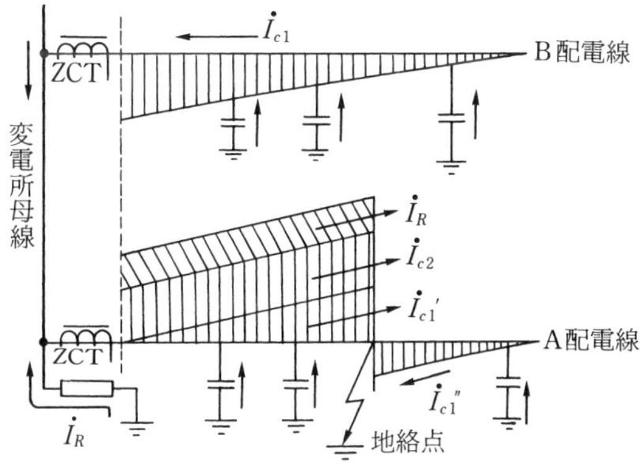

図 7.12 地絡電流分布詳細図

また，求めるA配電線のZCTに流れる電流 I_{g1} は図7.12より (I_R+I_{c2}) であることがわかる．

そこでテブナンの定理を用い地絡時の等価回路を表すと**図7.13**となり，この回路で対地静電容量を C，周波数を f とすれば各配電線の3線分の作用静電容量は $3C$ となり，容量性リアクタンスは次式で求められる．

$$\frac{1}{3\omega C}=\frac{1}{3\times2\pi\times60\times0.0080\times10^{-6}\times10}\fallingdotseq11\,058\ \Omega$$

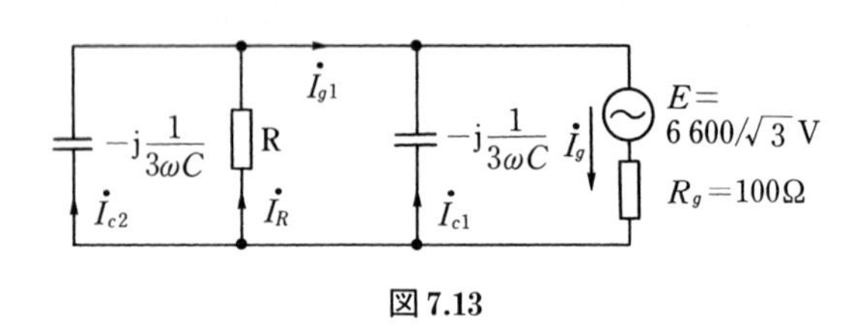

図7.13

一方，GPTの二次側の挿入抵抗は限流抵抗と呼ばれ，GPTの一次側からみた1線あたりの零相インピーダンスは $50a^2/3$ となる．ここに a はGPTの巻数比を表す．したがって，図7.13に示した3線一括での零相インピーダンス R は次式で求まる．

$$R=\frac{50a^2}{3}\times\frac{1}{3}=\frac{50}{9}\left(\frac{6\,600}{110}\right)^2=20\,000\ \Omega$$

したがって求める電流 I_{g1} は

$$\dot{I}_{g1}=\frac{E}{R_g+\dfrac{\dfrac{R}{\mathrm{j}3\omega C}\times\dfrac{1}{2}}{R+\dfrac{1}{\mathrm{j}3\omega C}\times\dfrac{1}{2}}}\times\frac{\dfrac{1}{\mathrm{j}3\omega C}\times\dfrac{1}{2}}{R+\dfrac{1}{\mathrm{j}3\omega C}\times\dfrac{1}{2}}\times\left(\frac{1}{R}+\mathrm{j}3\omega C\right)$$

$$=\frac{1+\mathrm{j}3\omega CR}{(R_g+R)+\mathrm{j}6\omega CR_gR}E$$

$$\therefore\quad I_{g1}=\frac{\sqrt{1^2+\left(\dfrac{20\,000}{11\,058}\right)^2}}{\sqrt{(100+20\,000)^2+\left(\dfrac{2\times100\times20\,000}{11\,058}\right)^2}}\times\frac{6\,600}{\sqrt{3}}\fallingdotseq0.392\ \mathrm{A}=392\ \mathrm{mA}$$

3.　V結線変圧器の2線短絡故障の計算　同一定格の変圧器2台を**図7.14**

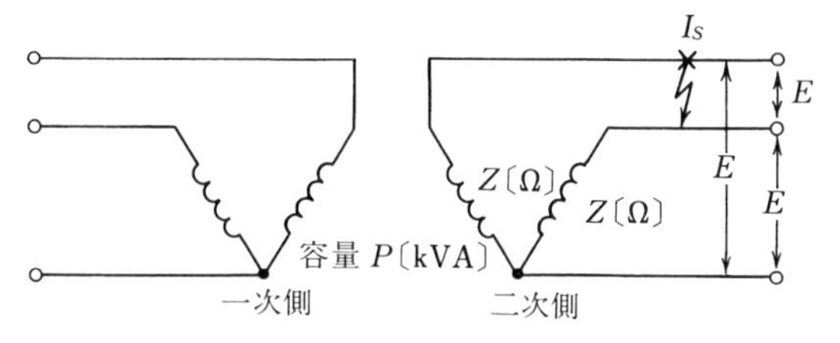

図 7.14 V 結線 2 線短絡時

のようにV結線とし使用している場合，外側2線内で短絡を生じた．この場合の短絡電流 I_S〔A〕は，テブナンの定理から，故障点からみたインピーダンスは変圧器2台が直列となっているから，故障前の外側2線間の電圧を E〔V〕とすれば

$$\dot{I}_S=\frac{\dot{E}}{2\dot{Z}} \tag{7.23}$$

ただし，$\dot{Z}$〔Ω〕：変圧器1台のインピーダンス

となる．上式において，Z〔Ω〕を変圧器の%インピーダンス% Z〔%〕で表した場合の短絡電流 I_S〔A〕は，変圧器の定格容量，定格電流をそれぞれ P〔VA〕，I_B〔A〕とすれば

$$I_S=\frac{E}{2Z}=\frac{E}{2\times(\%Z\times E^2/100P)}=\frac{100}{2\times\%Z}\times\frac{P}{E}=\frac{100}{2\%Z}\times I_B \quad \text{〔A〕} \tag{7.24}$$

となる．

【例題 7.7】 三相高圧配電幹線に，**図 7.15** のように接続された2台の同一定格の配電用変圧器 Tr の低圧側端子付近で，外側の2線間に短絡を生じた．このときの低圧側の短絡電流 I_S〔A〕を求めよ．

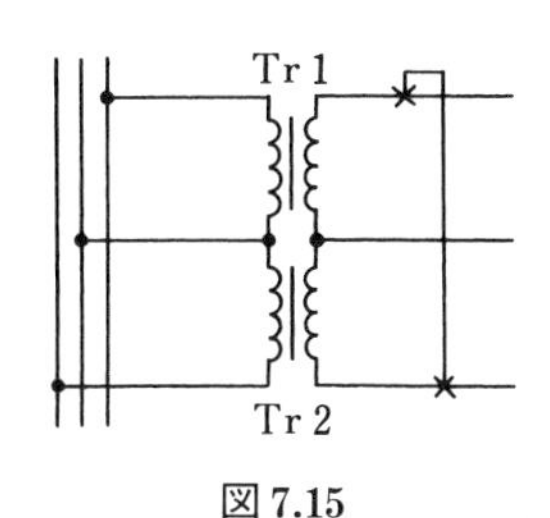

図 7.15

ただし，各変圧器の容量は 30 kVA で％インピーダンスは 5％，短絡前の低圧側端子電圧は 200 V とする．

【解】　短絡前の低圧側電圧を E〔V〕，変圧器１台の％インピーダンスを％Z〔％〕とすれば，短絡電流 I_S〔A〕は式(7.24)から

$$I_S=\frac{100}{2\% Z}\times\frac{P}{E}=\frac{100}{2\times5}\times\frac{30\times10^3}{200}=1\,500\ \text{A} \qquad \text{(答)}$$

4.　１線断線故障の計算　**図 7.16** のように，星形に接続された三相平衡負荷に供給する配電系統において a 相が１線断線した場合の，断線点 P，Q 間の電圧 E〔V〕を求めてみよう．

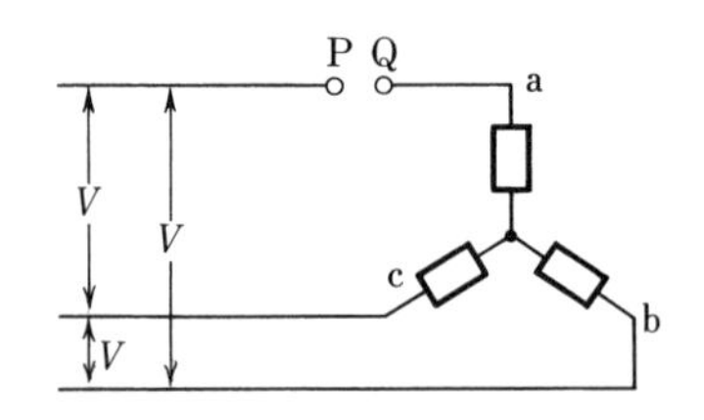

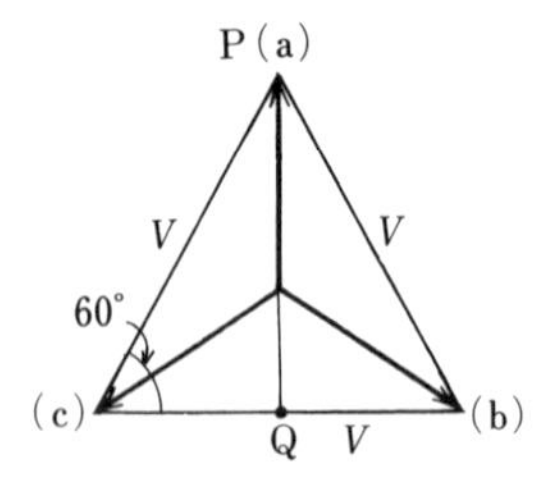

図 7.16　１線断線時

いま，断線前の各線間の電圧を V〔V〕とし，P，Q 間が断線した場合，点 Q の電位は電源側の相を a，b，c とすると b，c 相の中心に移動することとなる．また，点 P の電位は a 相に一致することとなるので求める PQ 間の電圧 E〔V〕は

$$E=V\sin 60°\quad \text{〔V〕} \qquad (7.25)$$

となる．したがって，200 V の負荷の場合は $200\times\sqrt{3}/2=173$ V となる．

次に，中性点を直接接地した線間電圧 V の三相送電線路において，**図 7.17** のように a 相の送電線を停止した場合，停止中の a 相の電線の対地電圧 E_0 を求めてみよう．いま，三相送電線路が完全にねん架され，各線の対地静電容量を C_s，

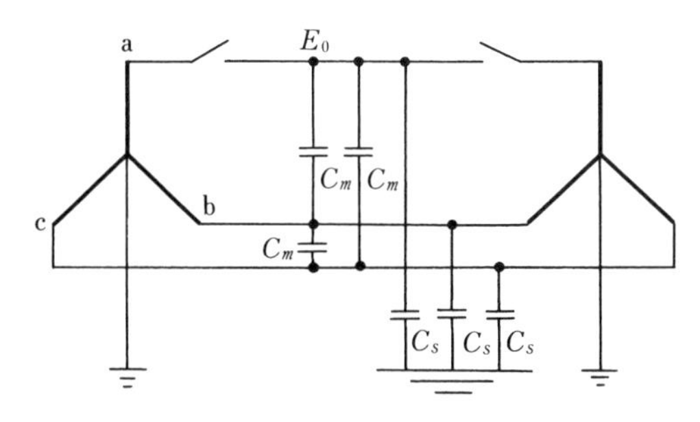

図 7.17　三相送電線 1 線停止時

線間静電容量を C_m とした場合，b，c 相から a 相に C_m を経由して流れる電流 $\dot{I}_{ab}$，$\dot{I}_{ac}$ は

$$\dot{I}_{ab}=j\omega C_m(\dot{E}_b-\dot{E}_0) \tag{7.26}$$

$$\dot{I}_{ac}=j\omega C_m(\dot{E}_c-\dot{E}_0) \tag{7.27}$$

となる．ただし，$\dot{E}_b$，$\dot{E}_c$ は b 相電圧，c 相電圧

一方，a 相から対地に向かって流れる電流 $\dot{I}_{a0}$ は

$$\dot{I}_{a0}=j\omega C_s\dot{E}_0 \tag{7.28}$$

である．そこで，$\dot{I}_{ab}+\dot{I}_{ac}=\dot{I}_{a0}$ であるから

$$\left.\begin{aligned} &j\omega C_m(\dot{E}_b-\dot{E}_0)+j\omega C_m(\dot{E}_c-\dot{E}_0)=j\omega C_s\dot{E}_0 \\ &C_m(\dot{E}_b+\dot{E}_c-2\dot{E}_0)=C_s\dot{E}_0 \end{aligned}\right\} \tag{7.29}$$

となる．また，電源の電圧が平衡していることを考えると

$$\dot{E}_a+\dot{E}_b+\dot{E}_c=0 \tag{7.30}$$

であるから，式(7.30)から $\dot{E}_b+\dot{E}_c=-\dot{E}_a$ を式(7.29)に代入して $\dot{E}_0$ を求めると

$$\dot{E}_0=\frac{-C_m\dot{E}_a}{C_s+2C_m} \tag{7.31}$$

となる．

7.3　対称座標法による故障計算

対称座標法は 1 線地絡時や 2 線短絡時などの不平衡故障のときの故障電流や各部の電圧を求めるのに便利な計算法である．対称座標法の最大の特徴は不平衡故障時の各相間の電磁的，静電的結合を，正相，逆相および零相といった対称分に

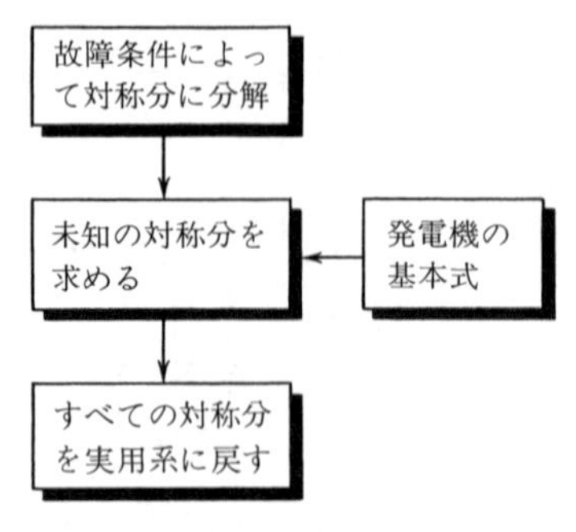

図 7.18　対称座標法の計算手順

分けることによって，あたかも平衡故障として取り扱うところにある．つまり，この故障計算の手順は**図 7.18** のように，まず与えられた故障条件によって対称分に分け，この既知の対称分と発電機の基本式を組み合すことによって未知の対称分を求める．これらの求められた対称分を実用系に変換して実際の回路の電圧，電流を得る．ここでは，各対称分の式から出発し，発電機の基本式を述べ，次に代表的な故障計算例について述べることとする．

対称座標法の基本は各対称分の式と発電機の基本式である．

1. 各対称分の式　各相の電圧を $\dot{V}_a$，$\dot{V}_b$，$\dot{V}_c$，電流を $\dot{I}_a$，$\dot{I}_b$，$\dot{I}_c$ としたときの正相分，逆相分および零相分の電圧，電流は次式で定義される．

$$\text{正相電圧}\ \dot{V}_1=\frac{1}{3}(\dot{V}_a+a\dot{V}_b+a^2\dot{V}_c) \tag{7.32}$$

$$\text{逆相電圧}\ \dot{V}_2=\frac{1}{3}(\dot{V}_a+a^2\dot{V}_b+a\dot{V}_c) \tag{7.33}$$

$$\text{零相電圧}\ \dot{V}_0=\frac{1}{3}(\dot{V}_a+\dot{V}_b+\dot{V}_c) \tag{7.34}$$

$$\text{正相電流}\ \dot{I}_1=\frac{1}{3}(\dot{I}_a+a\dot{I}_b+a^2\dot{I}_c) \tag{7.35}$$

$$\text{逆相電流}\ \dot{I}_2=\frac{1}{3}(\dot{I}_a+a^2\dot{I}_b+a\dot{I}_c) \tag{7.36}$$

$$\text{零相電流}\ \dot{I}_0=\frac{1}{3}(\dot{I}_a+\dot{I}_b+\dot{I}_c) \tag{7.37}$$

ただし，$a=e^{j2/3\pi}$，$a^2=e^{j4/3\pi}$

これらの式から逆に各相の電圧，電流を対称分で表すと

$$\dot{V}_a = \dot{V}_0 + \dot{V}_1 + \dot{V}_2 \qquad (7.38)$$

$$\dot{V}_b = \dot{V}_0 + a^2 \dot{V}_1 + a\dot{V}_2 \qquad (7.39)$$

$$\dot{V}_c = \dot{V}_0 + a\dot{V}_1 + a^2 \dot{V}_2 \qquad (7.40)$$

$$\dot{I}_a = \dot{I}_0 + \dot{I}_1 + \dot{I}_2 \qquad (7.41)$$

$$\dot{I}_b = \dot{I}_0 + a^2 \dot{I}_1 + a\dot{I}_2 \qquad (7.42)$$

$$\dot{I}_c = \dot{I}_0 + a\dot{I}_1 + a^2 \dot{I}_2 \qquad (7.43)$$

となる．

2.　発電機の基本式　　対称分の電圧と電流を結び付ける式として発電機の基本式がある．

いま，発電機の無負荷電圧は正相分のみとし，逆相分，零相分がないものとすれば，発電機の基本式は次式で表される．

$$\dot{V}_0 = -\dot{Z}_0 \dot{I}_0 \qquad (7.44)$$

$$\dot{V}_1 = \dot{E}_a - \dot{Z}_1 \dot{I}_1 \qquad (7.45)$$

$$\dot{V}_2 = -\dot{Z}_2 \dot{I}_2 \qquad (7.46)$$

ただし，$\dot{E}_a$：a 相の無負荷電圧，$\dot{Z}_0$，$\dot{Z}_1$，$\dot{Z}_2$：発電機の零相，正相，逆相インピーダンス

3.　代表的な故障計算

a.　1 線地絡故障　　**図 7.19** のような発電機の a 端子で地絡が生じたときの地絡電流 $\dot{I}_a$ と健全相 b，c の電圧を求めよう．この場合の故障条件は

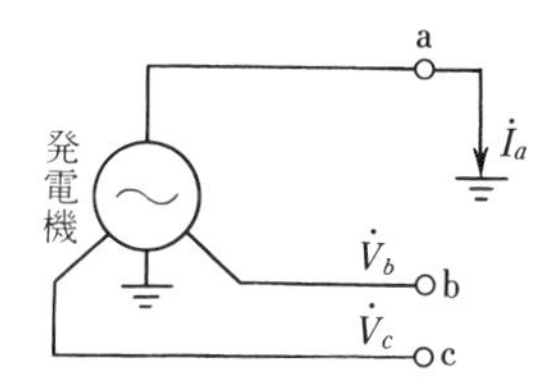

図 7.19　1 線地絡時

$$\dot{I}_b = \dot{I}_c = 0 \qquad \dot{V}_a = 0 \qquad (7.47)$$

であるから，この条件によって定まる対称分の電圧，電流は次のようになる．

$$\dot{I}_b = \dot{I}_0 + a^2 \dot{I}_1 + a\dot{I}_2 = 0 \qquad (7.48)$$

$$\dot{I}_c = \dot{I}_0 + a\dot{I}_1 + a^2 \dot{I}_2 = 0 \qquad (7.49)$$

この両式から，対称分の電流を求めると

$$\dot{I}_b-\dot{I}_c=(a^2-a)\dot{I}_1+(a-a^2)\dot{I}_2=0 \qquad \therefore \quad \dot{I}_1=\dot{I}_2 \tag{7.50}$$

この条件を式(7.42)に代入すれば

$$\dot{I}_0+(a^2+a)\dot{I}_1=\dot{I}_0-\dot{I}_1=0 \qquad \therefore \quad \dot{I}_0=\dot{I}_1=\dot{I}_2 \tag{7.51}$$

となり，つまり各対称分の電流は等しくなる．

また，$\dot{V}_a=0$ の条件に発電機の基本式を代入すれば

$$\dot{V}_a=\dot{V}_0+\dot{V}_1+\dot{V}_2=-\dot{I}_0\dot{Z}_0+(\dot{E}_a-\dot{I}_1\dot{Z}_1)-\dot{I}_2\dot{Z}_2=0 \tag{7.52}$$

$$\therefore \quad \dot{I}_0=\frac{\dot{E}_a}{\dot{Z}_0+\dot{Z}_1+\dot{Z}_2} \tag{7.53}$$

となる．また，各対称分の電圧 $\dot{V}_0$，$\dot{V}_1$，$\dot{V}_2$ は

$$\dot{V}_0=-\dot{Z}_0\dot{I}_0=-\frac{\dot{Z}_0\dot{E}_a}{\dot{Z}_0+\dot{Z}_1+\dot{Z}_2} \tag{7.54}$$

$$\dot{V}_1=\dot{E}_a-\dot{Z}_1\dot{I}_1=\frac{(\dot{Z}_0+\dot{Z}_2)\dot{E}_a}{\dot{Z}_0+\dot{Z}_1+\dot{Z}_2} \tag{7.55}$$

$$\dot{V}_2=-\dot{Z}_2\dot{I}_2=-\frac{\dot{Z}_2\dot{E}_a}{\dot{Z}_0+\dot{Z}_1+\dot{Z}_2} \tag{7.56}$$

となる．したがって，求める 1 線地絡電流 $\dot{I}_a$，健全相の電圧 $\dot{V}_b$，$\dot{V}_c$ は

$$\dot{I}_a=\dot{I}_0+\dot{I}_1+\dot{I}_2=\frac{3\dot{E}_a}{\dot{Z}_0+\dot{Z}_1+\dot{Z}_2} \tag{7.57}$$

$$\begin{aligned}\dot{V}_b=\dot{V}_0+a^2\dot{V}_1+a\dot{V}_2&=\frac{-\dot{Z}_0\dot{E}_a+a^2(\dot{Z}_0+\dot{Z}_2)\dot{E}_a-a\dot{Z}_2\dot{E}_a}{\dot{Z}_0+\dot{Z}_1+\dot{Z}_2}\\&=\frac{(a^2-1)\dot{Z}_0+(a^2-a)\dot{Z}_2}{\dot{Z}_0+\dot{Z}_1+\dot{Z}_2}\dot{E}_a\end{aligned} \tag{7.58}$$

$$\begin{aligned}\dot{V}_c=\dot{V}_0+a\dot{V}_1+a^2\dot{V}_2&=\frac{-\dot{Z}_0\dot{E}_a+a(\dot{Z}_0+\dot{Z}_2)\dot{E}_a-a^2\dot{Z}_2\dot{E}_a}{\dot{Z}_0+\dot{Z}_1+\dot{Z}_2}\\&=\frac{(a-1)\dot{Z}_0+(a-a^2)\dot{Z}_2}{\dot{Z}_0+\dot{Z}_1+\dot{Z}_2}\dot{E}_a\end{aligned} \tag{7.59}$$

式(7.58)，(7.59)から非接地系統において 1 線地絡故障が生じた場合の健全相の電圧は $\dot{Z}_0=\infty$ とおけば

$$\dot{V}_b=(a^2-1)\dot{E}_a=\sqrt{3}\,\dot{E}_a e^{j210^\circ}$$

$$\dot{V}_c=(a-1)\dot{E}_a=\sqrt{3}\,\dot{E}_a e^{j150^\circ}$$

となり，対地電圧は故障前電圧(相電圧)に対して $\sqrt{3}$ 倍となる．

また，**図 7.20** のように a 相の地絡が故障抵抗 R で発生した場合は，故障条件

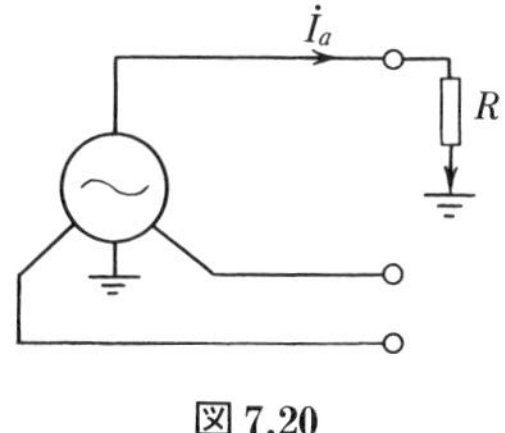

図 7.20

は式(7.47)の代りに

$$\dot{I}_b = \dot{I}_c = 0 \qquad \dot{V}_a = \dot{I}_a R \tag{7.60}$$

となる．この故障条件でも式(7.48)〜(7.51)は等しくなり，各対称分の電流は等しくなる．また式(7.52)の代りに

$$\dot{V}_a = -\dot{I}_0\dot{Z}_0 + (\dot{E}_a - \dot{I}_1\dot{Z}_1) - \dot{I}_2\dot{Z}_2 = \dot{I}_a R = (\dot{I}_0 + \dot{I}_1 + \dot{I}_2)R \tag{7.61}$$

となるから，対称分電流は次式となる．

$$\therefore \quad \dot{I}_0 = \frac{\dot{E}_a}{3R + \dot{Z}_0 + \dot{Z}_1 + \dot{Z}_2} = \dot{I}_1 = \dot{I}_2 \tag{7.62}$$

したがって，求める地絡電流 $\dot{I}_a$ は

$$\dot{I}_a = \frac{3\dot{E}_a}{3R + \dot{Z}_0 + \dot{Z}_1 + \dot{Z}_2} \tag{7.63}$$

となる．つまり，式(7.57)の分母に $3R$ が加わった式となる．

【例題 7.8】　**図 7.21** のように，送受電端の変圧器の中性点をそれぞれ 500 Ω の抵抗で接地したこう長 100 km，電圧 66 kV，周波数 50 Hz の三相 3 線式 1 回線送電線路がある．その 1 線が 250 Ω の抵抗を通じて地絡を生じた場合，地絡電流および各接地抵抗を流れる電流を求めよ．ただし，1 線あたりの対地静電容量は 0.0045 μF/km とし，そのほかのインピーダンスは無視するものとする．

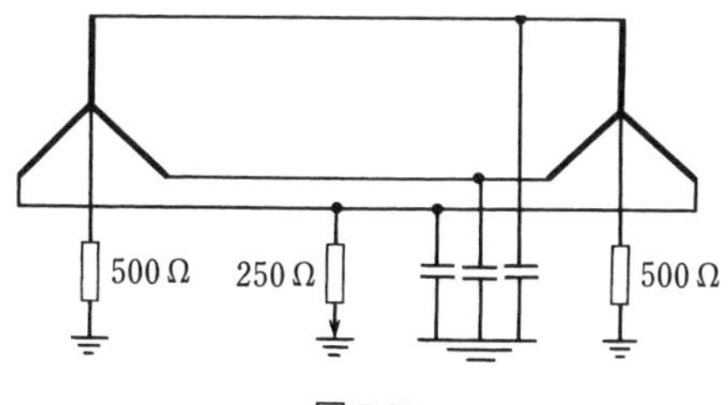

図 7.21

【解】　この問題はテブナンの定理を用いても求めることができるが，ここでは対称座標法で解いてみよう．故障抵抗 R を介した地絡電流 $\dot{I}_g$ は式(7.63)で求められるが，各定数を求める必要がある．

$$\dot{E}_a = 66\,000/\sqrt{3} \fallingdotseq 38\,106 \text{ V}$$

$$3R = 3\times 250 = 750 \ \Omega$$

$$\mathrm{j}\omega C = \mathrm{j}2\pi\times 50\times 0.0045\times 10^{-6}\times 100 \fallingdotseq \mathrm{j}0.0141\times 10^{-2} \ \Omega$$

各対称分インピーダンスは**図 7.22** のような等価回路から

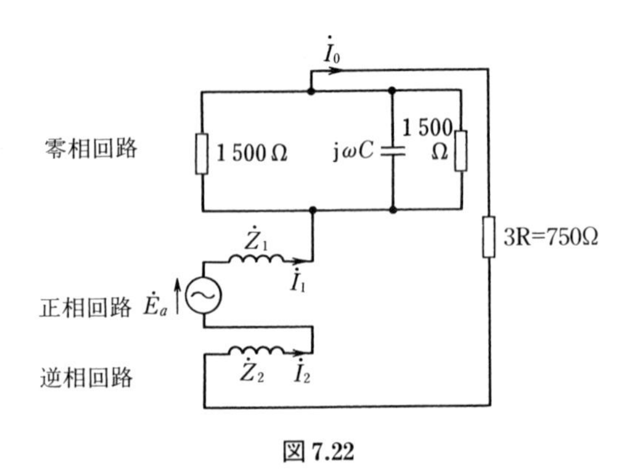

図 7.22

$$\dot{Z}_0 = \left(\frac{1}{1\,500}+\frac{1}{1\,500}+\mathrm{j}0.0141\times 10^{-2}\right)^{-1} = (0.00133+\mathrm{j}0.0141\times 10^{-2})^{-1}$$

$$\fallingdotseq 744 - \mathrm{j}78.8$$

そのほかのインピーダンスが無視されているから

$$\dot{Z}_1 = \dot{Z}_2 = 0$$

と考えてよい．したがって，求める地絡電流 $\dot{I}_g$〔A〕は式(7.63)から

$$\dot{I}_g = 3\dot{I}_0 = \frac{3\dot{E}_a}{3R+\dot{Z}_0+\dot{Z}_1+\dot{Z}_2} = \frac{3\times 38\,106}{750+744-\mathrm{j}78.8}$$

$$= \frac{3\times 38\,106}{1\,494-\mathrm{j}78.8} \fallingdotseq 76.5 \text{ A} \qquad \text{(答)}$$

この地絡電流が送受電端の中性点の接地抵抗に流れるとみてよいから，その電流 I_n は

$$I_n = \dot{I}_g \times \frac{3R_n}{3R_n+3R_n} = 76.5\times\frac{1\,500}{1\,500+1\,500} \fallingdotseq 38.3 \text{ A} \qquad \text{(答)}$$

となる．

b.　2線地絡故障　　**図7.23** のような発電機の b，c 端子が地絡を生じた場合の地絡電流 $\dot{I}_b$，$\dot{I}_c$ および健全相の電圧 $\dot{V}_a$ を求めてみよう．まず，故障条件は発電機端子で

$$\dot{V}_b = \dot{V}_c = 0, \qquad \dot{I}_a = 0 \tag{7.64}$$

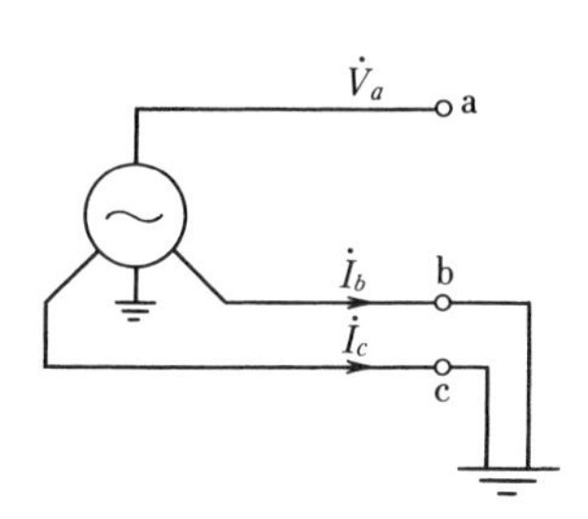

図7.23　2線地絡時

であるから，これを用いて各対称分の電圧，電流を求める．

$$\dot{V}_b = \dot{V}_0 + a^2\dot{V}_1 + a\dot{V}_2 = 0 \tag{7.65}$$

$$\dot{V}_c = \dot{V}_0 + a\dot{V}_1 + a^2\dot{V}_2 = 0 \tag{7.66}$$

$$\dot{V}_b - \dot{V}_c = (a^2 - a)\dot{V}_1 + (a - a^2)\dot{V}_2 = 0 \tag{7.67}$$

$$\therefore \quad \dot{V}_1 = \dot{V}_2$$

この関係を式(7.65)に代入すれば

$$\dot{V}_0 + (a^2 + a)\dot{V}_1 = \dot{V}_0 - \dot{V}_1 = 0 \qquad \dot{V}_0 = \dot{V}_1 = \dot{V}_2 \tag{7.68}$$

となる．つまり，各対称分電圧はすべて等しくなる．

そこで，$\dot{I}_a = 0$ の条件に発電機の基本式を代入すれば

$$\dot{I}_a = \dot{I}_0 + \dot{I}_1 + \dot{I}_2 = -\frac{\dot{V}_0}{\dot{Z}_0} + \frac{\dot{E}_a - \dot{V}_1}{\dot{Z}_1} - \frac{\dot{V}_2}{\dot{Z}_2} = 0 \tag{7.69}$$

$$\left(\frac{1}{\dot{Z}_0} + \frac{1}{\dot{Z}_1} + \frac{1}{\dot{Z}_2}\right)\dot{V}_b = \frac{\dot{E}_a}{\dot{Z}_1}$$

$$\therefore \quad \dot{V}_0 = \dot{E}_a \frac{\dot{Z}_0\dot{Z}_2}{\dot{Z}_0\dot{Z}_1 + \dot{Z}_1\dot{Z}_2 + \dot{Z}_2\dot{Z}_0} = \dot{V}_1 = \dot{V}_2 \tag{7.70}$$

となる．また，各対称分の電流 $\dot{I}_0$，$\dot{I}_1$，$\dot{I}_2$ は

$$\dot{I}_0 = -\frac{\dot{V}_0}{\dot{Z}_0} = -\frac{\dot{Z}_2}{\dot{Z}_0\dot{Z}_1 + \dot{Z}_1\dot{Z}_2 + \dot{Z}_2\dot{Z}_0}\dot{E}_a \tag{7.71}$$

$$\dot{I}_1=\frac{\dot{E}_a-\dot{V}_1}{\dot{Z}_1}=\frac{\dot{Z}_0+\dot{Z}_2}{\dot{Z}_0\dot{Z}_1+\dot{Z}_1\dot{Z}_2+\dot{Z}_2\dot{Z}_0}\dot{E}_a \tag{7.72}$$

$$\dot{I}_2=-\frac{\dot{V}_2}{\dot{Z}_2}=-\frac{\dot{Z}_0}{\dot{Z}_0\dot{Z}_1+\dot{Z}_1\dot{Z}_2+\dot{Z}_2\dot{Z}_0}\dot{E}_a \tag{7.73}$$

となる．したがって，求める地絡電流 $\dot{I}_b$，$\dot{I}_c$，健全相の電圧 $\dot{E}_a$ は

$$\dot{I}_b=\dot{I}_0+a^2\dot{I}_1+a\dot{I}_2=\frac{(a^2-a)\dot{Z}_0+(a^2-1)\dot{Z}_2}{\dot{Z}_0\dot{Z}_1+\dot{Z}_1\dot{Z}_2+\dot{Z}_2\dot{Z}_0}\dot{E}_a \tag{7.74}$$

$$\dot{I}_c=\dot{I}_0+a\dot{I}_1+a^2\dot{I}_2=\frac{(a-a^2)\dot{Z}_0+(a-1)\dot{Z}_2}{\dot{Z}_0\dot{Z}_1+\dot{Z}_1\dot{Z}_2+\dot{Z}_2\dot{Z}_0}\dot{E}_a \tag{7.75}$$

$$\dot{V}_a=\dot{V}_0+\dot{V}_1+\dot{V}_2=3\dot{V}_0=\frac{3\dot{Z}_0\dot{Z}_2}{\dot{Z}_0\dot{Z}_1+\dot{Z}_1\dot{Z}_2+\dot{Z}_2\dot{Z}_0}\dot{E}_a \tag{7.76}$$

となる．

【例題 7.9】　**図 7.24** のような消弧リアクトル接地系統の送電線路のある点で 2 線地絡を生じた場合，消弧リアクトルに加わる電圧は相電圧の 1/2 であることを計算して示せ．ただし，故障点からみた正相インピーダンスと逆相インピーダンスとは等しいものとする．

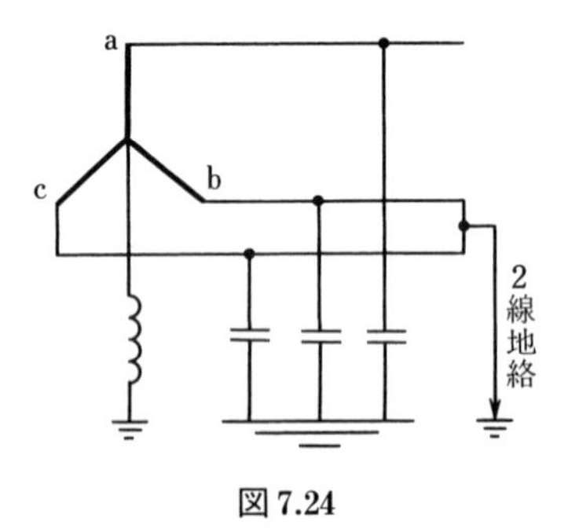

図 7.24

【解】　中性点を流れる電流 $\dot{I}_n$ は $\dot{I}_b$ と $\dot{I}_c$ の和であるから

$$\dot{I}_n=\dot{I}_b+\dot{I}_c=\frac{(a^2-a)\dot{Z}_0+(a^2-1)\dot{Z}_2}{\dot{Z}_0\dot{Z}_1+\dot{Z}_1\dot{Z}_2+\dot{Z}_2\dot{Z}_0}\dot{E}_a$$

$$+\frac{(a-a^2)\dot{Z}_0+(a-1)\dot{Z}_2}{\dot{Z}_0\dot{Z}_1+\dot{Z}_1\dot{Z}_2+\dot{Z}_2\dot{Z}_0}\dot{E}_a$$

$$=\frac{(a^2+a-2)\dot{Z}_2}{\dot{Z}_0\dot{Z}_1+\dot{Z}_1\dot{Z}_2+\dot{Z}_2\dot{Z}_0}\dot{E}_a$$

$$=-\frac{3\dot{Z}_2}{\dot{Z}_0\dot{Z}_1+\dot{Z}_1\dot{Z}_2+\dot{Z}_2\dot{Z}_0}\dot{E}_a$$

となる．したがって，消弧リアクトルに加わる電圧 $\dot{E}_n$ は

$$\dot{E}_n=-\frac{\dot{Z}_0}{3}\dot{I}_n=-\frac{\dot{Z}_0\dot{Z}_2}{\dot{Z}_0\dot{Z}_1+\dot{Z}_1\dot{Z}_2+\dot{Z}_2\dot{Z}_0}\dot{E}_a$$

となる．題意より $\dot{Z}_1=\dot{Z}_2$ であり，消弧リアクトルが完全に線路定数を補償しているとすれば $\dot{Z}_0=\infty$ であるから，求める $\dot{E}_n$ は

$$\dot{E}_n=-\frac{\dot{Z}_2}{\dot{Z}_1+\dot{Z}_2+\dot{Z}_1(\dot{Z}_2/\dot{Z}_0)}\dot{E}_a=-\frac{\dot{Z}_2}{\dot{Z}_1+\dot{Z}_2}\dot{E}_a=-\frac{\dot{E}_a}{2}$$

となり，相電圧の 1/2 が加わることとなる．

c.　1 線断線故障　　図 7.25 のように a 相で断線故障が発生した場合の断線点間に現れる電圧 V_f と負荷側の零相電圧 V_0 を求めてみよう．

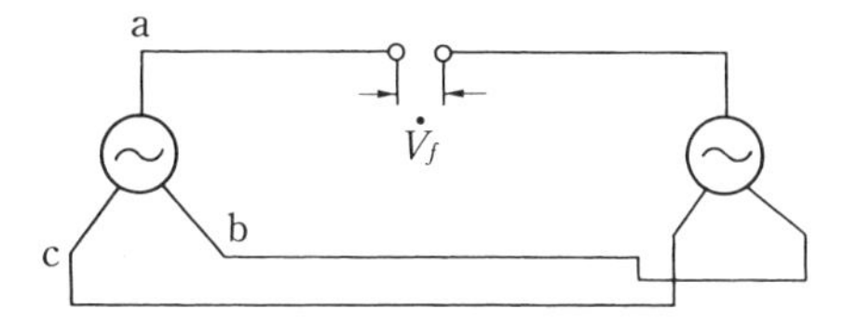

図 7.25　1 線断線時

いま，電源側電圧を E_s，負荷側電圧を E_r，断線点間に現れる電圧を $3V(=V_f)$ とし，故障点から電源側をみた零相，正相および逆相インピーダンスをそれぞれ Z_{A0}，Z_{A1} および Z_{A2}，負荷側の零相，正相および逆相インピーダンスをそれぞれ Z_{B0}，Z_{B1} および Z_{B2} とし，負荷側の零相，正相および逆相の電圧と電流をそれぞれ V_0，V_1，V_2 および I_0，I_1，I_2 とすれば，次式がなりたつ．

$$\left.\begin{aligned}V_{A0}&=V_0+V=-I_0Z_{A0}\\V_{A1}&=V_1+V=E_s-I_1Z_{A1}\\V_{A2}&=V_2+V=-I_2Z_{A2}\end{aligned}\right\}\qquad(7.77)$$

$$\left.\begin{aligned}V_{B0}&=V_0=I_0Z_{B0}\\V_{B1}&=V_1=E_r+I_1Z_{B1}\\V_{B2}&=V_2=I_2Z_{B2}\end{aligned}\right\}\qquad(7.78)$$

$$I_a=I_0+I_1+I_2=0 \tag{7.79}$$

式(7.78)を式(7.77)に代入して I_0，I_1，I_2 を求めると

$$\left.\begin{aligned} I_0&=-\frac{V}{Z_{A0}+Z_{B0}} \\ I_1&=\frac{E_s-E_r-V}{Z_{A1}+Z_{B1}} \\ I_2&=-\frac{V}{Z_{A2}+Z_{B2}} \end{aligned}\right\} \tag{7.80}$$

式(7.80)を式(7.79)に代入して V を求めると

$$V=\frac{(E_s-E_r)}{1+(Z_{A1}+Z_{B1})\left(\dfrac{1}{Z_{A0}+Z_{B0}}+\dfrac{1}{Z_{A2}+Z_{B2}}\right)} \tag{7.81}$$

式(7.81)を式(7.80)の I_0 に代入して求めると

$$I_0=-\frac{V}{Z_{A0}+Z_{B0}}=-\frac{E_s-E_r}{Z_{A0}+Z_{B0}+(Z_{A1}+Z_{B1})\left(1+\dfrac{Z_{A0}+Z_{B0}}{Z_{A2}+Z_{B2}}\right)} \tag{7.82}$$

したがって，断線点間に現れる電圧 V_f と負荷側の零相電圧 V_0 は

$$V_f=3V=\frac{3(E_s-E_r)}{1+(Z_{A1}+Z_{B1})\left(\dfrac{1}{Z_{A0}+Z_{B0}}+\dfrac{1}{Z_{A2}+Z_{B2}}\right)} \tag{7.83}$$

$$V_0=I_0Z_{B0}=-\frac{(E_s-E_r)Z_{B0}}{Z_{A0}+Z_{B0}+(Z_{A1}+Z_{B1})\left(1+\dfrac{Z_{A0}+Z_{B0}}{Z_{A2}+Z_{B2}}\right)} \tag{7.84}$$

【例題 7.10】　**図 7.26** に示すような三相3線式架空配電線路の中間点において1線断線故障が発生した．負荷側の零相電圧を求めよ．ただし，断線点からみた電源側の零相インピーダンスを Z_{A0}〔Ω〕，正相および逆相インピーダンスを Z_{A1}〔Ω〕，負荷側の零相，正相および逆相インピーダンスを Z_B〔Ω〕，配電電圧を E〔V〕とする．

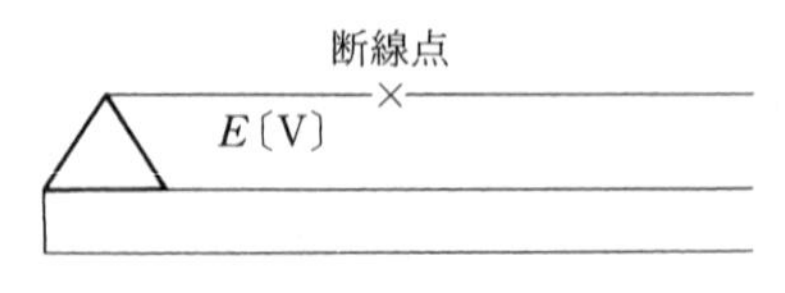

図 7.26

【解】　求める負荷側の零相電圧は一般式(7.84)において $E_r=0$，$Z_{B0}=Z_{B1}=Z_{B2}=Z_B$，$Z_{A1}=Z_{A2}$，$E_s=E/\sqrt{3}$ とすればよいから次式で求められる．

$$V_0=\frac{E_sZ_B}{Z_{A0}+Z_B+(Z_{A1}+Z_B)\left(1+\dfrac{Z_{A0}+Z_B}{Z_{A1}+Z_B}\right)}=\frac{Z_BE/\sqrt{3}}{2Z_{A0}+Z_{A1}+3Z_B}\quad\text{〔V〕}$$

7.4　短絡容量軽減対策

電力系統の短絡容量は，その系統容量が増加するほど，また系統連系が密になるほど増加し，短絡・地絡電流が増え，遮断器の遮断容量が不足したり，直列機器など電力設備の損傷や通信線への誘導障害などの問題が発生する．この対策としては短絡容量の拡大を許容し，設備側の耐力を高める対策と短絡容量を抑制する対策の二つがあり，系統安定度や電圧安定性の面からは前者が望ましいが，使用している設備の耐量や通信線側の誘導対策面からおのずと限界があり，抜本対策としては次期最高電圧を導入して従来系統を分割する方法が最も望ましい．わが国の現行の最大許容値としては電力会社により異なるが，500 kV 系統で 63 kA または 50 kA，275 kV 系統で 50 kA を採用している．

短絡容量を抑制する対策を列挙すれば次のとおりである．

（1）　次期最高電圧系統導入による従来系統の分割

（2）　発電機，送電線および変圧器の高インピーダンス化

（3）　変電所の母線分離による系統構成の変更

（4）　併用系統の分割運用(系統の放射状運用)

（5）　限流(直列)リアクトルの設置

（6）　交直変換装置(直流連系)の導入による系統の分割，など

問　　題

7.1　次の文章は，単位法に関する記述である．文中の[　　]に当てはまる最も適切なものを解答群の中から選べ．

電力系統では定格の異なる多くの機器や線路が接続されている．単位法では，これらの機

器などの定数が統一的に記述されるので，取り扱いが容易となる．三相回路の場合には，線間電圧 V_B〔V〕と三相容量 P_B〔V・A〕を基準にとると，基準相電流 I_B〔A〕と基準インピーダンス Z_B〔Ω〕は次式となり，インピーダンス Z〔Ω〕の単位法での値 Z_{Bpu}〔p.u.〕は(1)式のように表される．

$$I_B = \boxed{\ (1)\ }\ \text{〔A〕}$$

$$Z_B = \boxed{\ (2)\ }\ \text{〔Ω〕}$$

$$Z_{Bpu} = \frac{Z}{Z_B}\ \text{〔p.u.〕} \qquad (1)$$

多くの電力機器の単位法でのインピーダンスは，機器の定格電圧と定格容量を基準として与えられる．この基準でのインピーダンスは，発電機や変圧器では定格容量や定格電圧によらず，ほぼ一定値となるので，定数の入力間違いなどの確認に便利である．たとえば，タービン発電機では，直軸過渡リアクタンスはほぼ $\boxed{\ (3)\ }$ p.u. の間になる．

また，変圧器で接続された系統では，2次側のオーム値で表現されたインピーダンス Z_2〔Ω〕を1次側に換算したインピーダンス $Z_{2(1)}$〔Ω〕にするには，変圧比(1次側 n_1，2次側 n_2)に応じた換算が(2)式のように必要である．

$$Z_{2(1)} = \boxed{\ (4)\ }\ Z_2\ \text{〔Ω〕} \qquad (2)$$

一方，単位法では，一般に基準電圧として定格電圧が選ばれるので，基準容量が同じであればインピーダンスの換算は必要ではない．ただし，異なった容量を基準とした単位法では，容量に応じた換算が必要であり，容量 P_B〔V・A〕を基準とした単位法でのインピーダンス Z_{Bpu}〔p.u.〕は，容量 P_R〔V・A〕を基準とした単位法でのインピーダンス Z_{Rpu}〔p.u.〕を用いて(3)式により求められる．

$$Z_{Bpu} = \boxed{\ (5)\ }\ Z_{Rpu}\ \text{〔p.u.〕} \qquad (3)$$

〔解答群〕

(イ) $\dfrac{V_B^2}{\sqrt{3}P_B}$　(ロ) $\dfrac{P_B}{V_B}$　(ハ) $\dfrac{P_B}{\sqrt{3}V_B}$

(ニ) 0.2〜0.4　(ホ) $\dfrac{\sqrt{3}V_B^2}{P_B}$　(ヘ) $\dfrac{V_B^2}{P_B}$

(ト) $\left(\dfrac{P_B}{P_R}\right)^2$　(チ) $\dfrac{\sqrt{3}P_B}{V_B}$　(リ) $\dfrac{P_R}{P_B}$

(ヌ) $\left(\dfrac{n_1}{n_2}\right)^2$　(ル) $\dfrac{P_B}{P_R}$　(ヲ) 1.5〜2.0

(ワ) 0.05〜0.15　(カ) $\left(\dfrac{n_2}{n_1}\right)^2$　(ヨ) $\dfrac{n_2}{n_1}$

出典：平成29年度第二種電気主任技術者一次試験電力科目

7.2　線路の1線あたりの対地静電容量が C〔F〕の三相3線式1回線送電線路において，1線地絡事故時の地絡電流を0とするための消弧リアクトルのインダクタンス L〔H〕として，正しいのは次のうちどれか．

（1）　$L = \dfrac{1}{3\omega^2 C}$　　（2）　$\dfrac{1}{\omega^2 C}$　　（3）　$L = \dfrac{1}{3\omega C}$

（4）　$L = \dfrac{1}{\omega C}$　　（5）　$L = \dfrac{1}{3C}$

7.3　**問図 7.3** に示すように，発電機，変圧器と公称電圧 66 kV で運転される送電線からなる系統があるとき，次の(a)及び(b)の問に答えよ．ただし，中性点接地抵抗は図の変圧器のみに設置され，その値は 300 Ω とする．

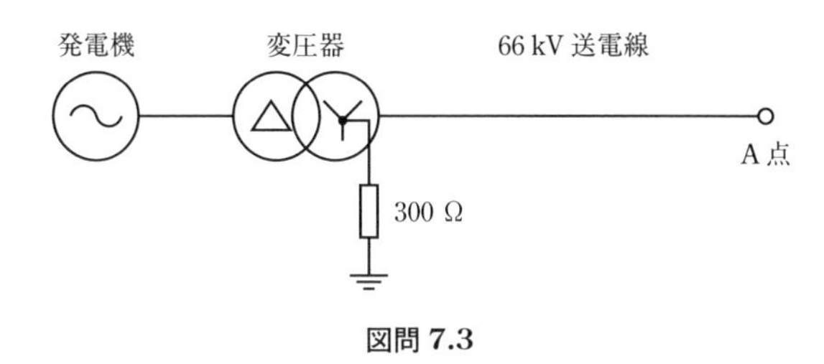

図問 7.3

(a)　A 点で 100 Ω の抵抗を介して一線地絡事故が発生した．このときの地絡電流の値[A]として，最も近いものを次の(1)～(5)のうちから一つ選べ．

ただし，発電機，発電機と変圧器間，変圧器及び送電線のインピーダンスは無視するものとする．

（1）　95　　（2）　127　　（3）　165　　（4）　381　　（5）　508

(b)　A 点で三相短絡事故が発生した．このときの三相短絡電流の値[A]として，最も近いものを次の(1)～(5)のうちから一つ選べ．

ただし，発電機の容量は 10 000 kV·A，出力電圧 6.6 kV，三相短絡時のリアクタンスは自己容量ベースで 25%，変圧器容量は 10 000 kV·A，変圧比は 6.6 kV/66 kV，リアクタンスは自己容量ベースで 10%，66 kV 送電線のリアクタンスは，10 000 kV·A ベースで 5% とする．なお，発電機と変圧器間のインピーダンスは無視する．また，発電機，変圧器及び送電線の抵抗は無視するものとする．

（1）　33　　（2）　219　　（3）　379　　（4）　656　　（5）　3 019

出典：平成 28 年度第三種電気主任技術者試験電力科目

7.4　一次側 6 600 V，二次側 200 V の三送電線路で容量 50 kVA，% インピーダンス 5% の変圧器 2 台を V 結線にしたとき，**図問 7.4** のように低圧側 2 線間が短絡した場合の低圧側の短絡電流〔A〕はいくらか．正しい値を次のうちから選べ．

（1）　1 200　　（2）　1 500　　（3）　1 800　　（4）　2 000　　（5）　2 500

7.5　**図問 7.5** のように，星形に接続された三相平衡負荷に供給する 200 V の架空配電線がある．1 線が断線した場合に，断線点の a，b 間の電圧〔V〕はいくらになるか．正しい値を次のうちから選べ．

（1）　0　　（2）　116　　（3）　173　　（4）　200　　（5）　231

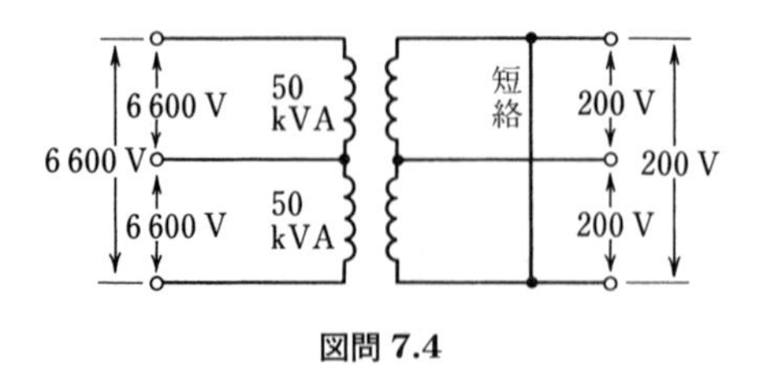

図問 7.4

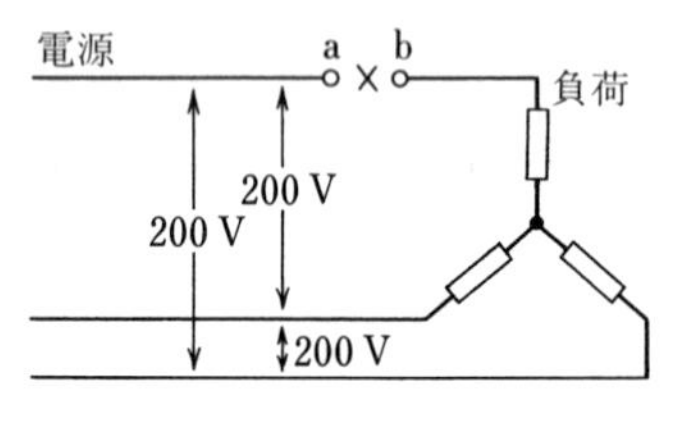

図問 7.5

7.6　中性点を直接接地した線間電圧 V の三相送電線路において，**図問 7.6** のようにa相の送電端および受電端の遮断器を開路した．開路後におけるa相の電線の対地電圧を求める計算式として，正しいのは次のうちどれか．ただし，電線は完全にねん架されており，各線の対地静電容量は C_s で，線間静電容量は C_m である．

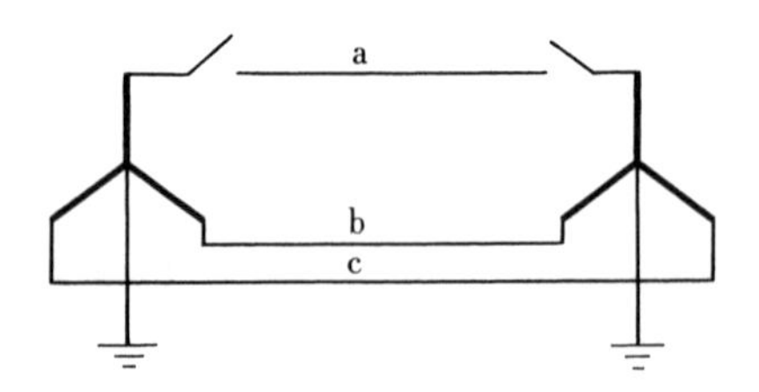

図問 7.6

（1）$\dfrac{C_m}{2C_m+C_s}\cdot\dfrac{V}{\sqrt{3}}$　　（2）$\dfrac{C_m}{C_m+2C_s}\cdot\dfrac{V}{\sqrt{3}}$　　（3）$\dfrac{C_m}{C_m+C_s}V$

（4）$\dfrac{C_s}{3C_m+2C_s}V$　　（5）$\dfrac{C_s}{C_m}V$

7.7　高圧自家用施設に非方向性の地絡継電器が設置されており，200 mA タップに整定されている場合，供給配電線の1線地絡事故（地絡抵抗 0 Ω）により，地絡継電器が不必要動作しないためには，需要家構内のケーブルこう長は何 m 未満でなければならないか．正しい値を次のうちから選べ．ただし，受電電圧は6 600 V，周波数は50 Hz とし，また，ケーブルは1線あたりの静電容量 0.28 μF/km の3心ケーブルとし，そのほかのインピーダンスは無視するものとする．

（1） 198　（2） 312　（3） 596　（4） 624　（5） 1 249

7.8　次の文章は，電力系統の短絡容量と，この計算に関係するインピーダンスに関する記述である．文中の［　］に当てはまる最も適切なものを解答群の中から選べ．

地点Sの短絡容量 W_S〔MV・A〕は，同地点の単位法の基準電圧（定格電圧）を V_S〔kV〕，3相短絡電流を I_S〔kA〕とするとき，次式で定義される．

$$W_S = \sqrt{3}\, V_S \times I_S$$

上式は，短絡地点S［（1）］正相インピーダンスの大きさを Z_S〔p.u.〕，単位法の系統基準容量を W_{base}〔MV・A〕とするとき，次式で記述できる．

$$W_S = \boxed{（2）}$$

Z_S は，複数母線系統では，一般に［（3）］の駆動点インピーダンス要素として得られる．この Z_S は，系統規模が大きく，また系統が［（4）］であるほど小さいため，そうした系統では短絡容量は大きくなる．これらの特徴から，短絡容量の大小はその地点近傍の［（5）］能力を表す目安としても用いられる．

〔解答群〕

（イ） から系統を見た	（ロ） $\dfrac{W_{base}}{Z_S}$	（ハ） 樹枝状
（ニ） 電圧維持	（ホ） $\dfrac{W_{base}}{\sqrt{3}Z_S}$	（ヘ） ノードインピーダンス行列
（ト） に接続する	（チ） ヤコビ行列	（リ） と発電機母線間の
（ヌ） 電力変動抑制	（ル） 放射状	（ヲ） 発電電力制御
（ワ） 短絡特性行列	（カ） $\dfrac{\sqrt{3}W_{base}}{Z_S}$	（ヨ） メッシュ状

出典：令和5年度第二種電気主任技術者一次試験電力科目

7.9　**図問 7.9** のように，変電所から6 km の箇所において6 kV 配電線路に接続する定格容量 10 kVA の単相柱上変圧器がある．この変圧器の低圧側の端子付近で短絡を生じたときの抵圧側の短絡電流を求めよ．ただし，6 kV 配電線路の電線1条あたりの抵抗およびリアクタンスはそれぞれ 0.8 Ω/km および 0.3 Ω/km，変圧器は電圧 6 kV/100 V，その百分率抵抗およびリアクタンスは定格容量基準でそれぞれ 1.7% および 2.5% とし，そのほかのインピーダンスは無視するものとする．また，短絡前の低圧側端子電圧は 100 V とする．

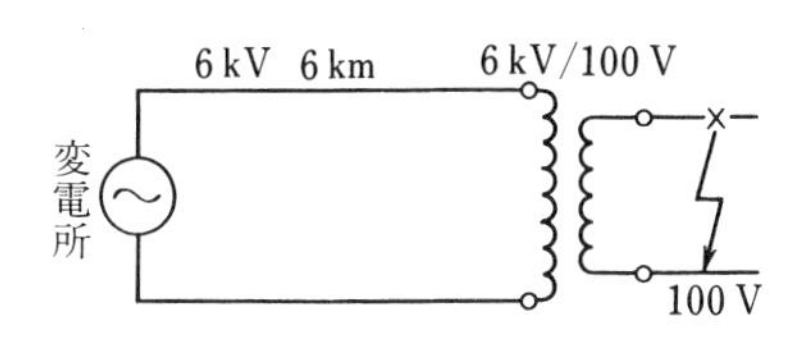

図問 7.9

7.10　配電用変電所に設置された66 kV/6.9 kV，10 MVAの三相変圧器が軽負荷のとき，その高圧母線につながれた高圧配電幹線の一つが，変電所から2 kmの地点で三相短絡を生じた．短絡前に6.9 kVに保たれていた母線電圧は，瞬間にいくらに下がるか．ただし，高圧側から変圧器の1相あたりのインピーダンスはj0.36 Ω，事故幹線の1線あたりのインピーダンスは(0.35＋j0.37) Ω/kmとし，66 kV側の線路インピーダンスは無視するものとする．

7.11　次の文章は，配電線の高低圧混触に関する記述である．文中の[　　]に当てはまる最も適切なものを解答群の中から選べ．

一般に低圧電路は，変圧器の[（1）]や電線等の[（2）]故障の際に高圧電路と混触を起こし，高圧側の電圧が低圧側に現れて危険となるおそれがあるため，変圧器にはB種接地工事を施して，発生する電位上昇を抑制している．

図問 7.11.1 に示すように，線間電圧の大きさが V の三相3線式電線路に接続された単相変圧器において，高低圧巻線間に混触が生じた際の低圧側電線の対地電圧 $\dot{V}_{\mathrm{R}}$ の大きさを V_1 以下にするための接地抵抗 R の最大値 R_{M} を以下のように求める．ただし，C は三相線路の電線1条の対地静電容量，ω は電源の角周波数である．また，変圧器のインピーダンスは無視する．

図問 7.11.2 に示す高低圧混触時のテブナンの定理による等価回路より，接地抵抗 R に流れる電流 $\dot{I}_{\mathrm{R}}$ の大きさは[（3）]で表される．ここで，$R \ll \dfrac{1}{3\omega C}$ とすると，最大値 R_{M} は[（4）]で表される．なお，柱上変圧器の高圧巻線と低圧巻線の混触は，配電用変電所の[（5）]で検出され，配電用変電所の遮断器で遮断される．

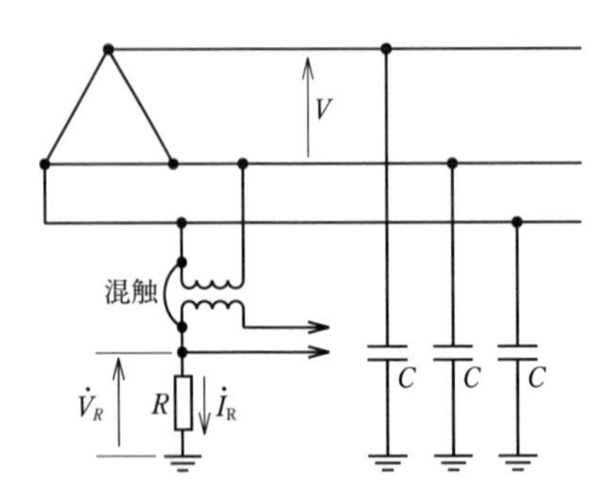

図問 7.11.1　配電系統における高低圧混触

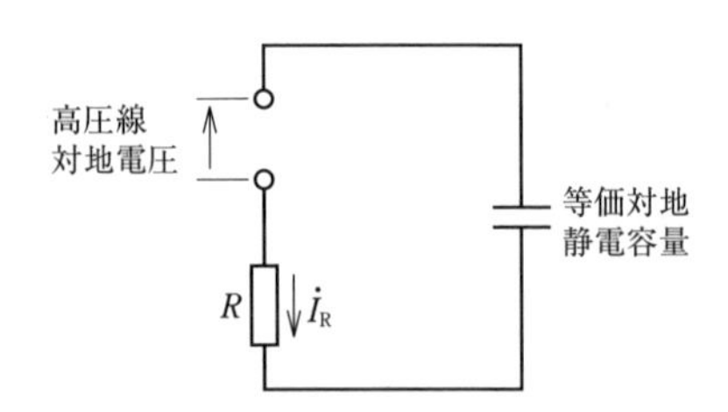

図問 7.11.2　高低圧混触時のテブナンの定理による等価回路

〔解答群〕

（イ）　過熱	（ロ）　過負荷	（ハ）　励磁突入
（ニ）　地絡保護リレー	（ホ）　内部故障	（ヘ）　過電流保護リレー
（ト）　カットアウトヒューズ	（チ）　アーク放電	（リ）　断線

（ヌ）$\dfrac{3\sqrt{3}\,V_1}{V\omega C}$　（ル）$\dfrac{3V_1}{V\omega C}$　（ヲ）$\left|\dfrac{\dfrac{V}{\sqrt{3}}}{R+\dfrac{1}{\mathrm{j}3\omega C}}\right|$

（ワ）$\left|\dfrac{\sqrt{3}\,V}{R+\dfrac{1}{\mathrm{j}3\omega C}}\right|$　（カ）$\dfrac{V_1}{\sqrt{3}\,V\omega C}$　（ヨ）$\left|\dfrac{V}{R+\dfrac{1}{\mathrm{j}3\omega C}}\right|$

出典：令和元年度第二種電気主任技術者一次試験電力科目

7.12　次の文章は，電力系統の短絡電流に関する記述である．文中の［　］に当てはまる最も適切なものを解答群の中から選べ．

同期発電機の増加や送電線の新増設等により，［（1）］の増大や系統連系が密になることによって，系統事故発生時の短絡電流が大きくなる．短絡電流の増加により，送変電機器の損傷増大や，周辺通信線への［（2）］が考えられるため，以下のような短絡電流抑制対策を施す必要がある．

a)現在採用されている電圧より上位の電圧の系統を作り，既設系統を分割する．

b)発電機や変圧器の［（3）］を大きくする．

c)送電線や母線間に［（4）］を設置する．

d)系統間を直流設備で連系する．

e)変電所の［（5）］運用を行う．

〔解答群〕

（イ）熱容量　（ロ）直列コンデンサ　（ハ）インピーダンス

（ニ）系統慣性定数　（ホ）静電誘導障害　（ヘ）母線分離

（ト）系統容量　（チ）遮断電流　（リ）保護リレー

（ヌ）電磁誘導障害　（ル）接続障害　（ヲ）母線併用

（ワ）定格容量　（カ）複母線　（ヨ）限流リアクトル

出典：令和2年度第二種電気主任技術者一次試験電力科目

7.13　**図問 7.13** のように，発電機が送電線を介して無限大母線に接続されている電力系統において，母線入口の点Pに設置された遮断器の1相のみが開放された．この場合の回復電圧を求めよ．

ただし，発電機の内部誘起電圧(相電圧)を E_s，受電端電圧を E_r とし，また，点Pから発電機端側をみた零相，正相および逆相インピーダンスをそれぞれ Z_0，Z_1 および Z_2 とする．なお，送電線の対地静電容量は無視できるものとする．

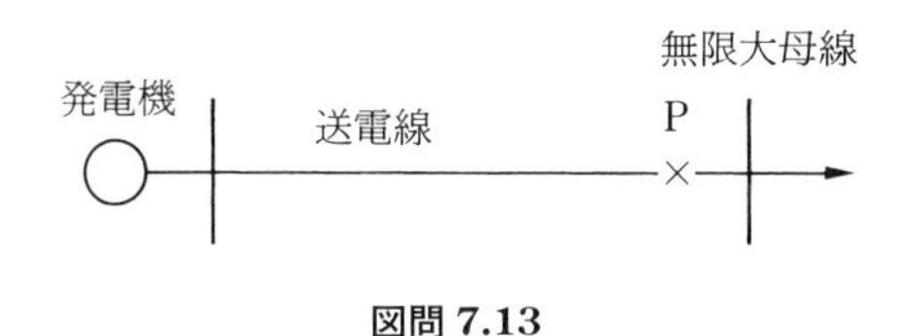

図問 7.13

第8章 中性点接地方式，誘導障害，異常電圧

8.1　中性点接地方式

1.　中性点接地の目的　低電圧短距離送電線路では，中性点は非接地でも支障はないが，高電圧長距離送電線路では各種の障害を生ずるので，中性点は一般に接地される．この障害の主なものは，1線地絡故障時の異常電圧によって機器および線路の絶縁を害すること，および地絡故障の検出不可能のため故障が長く継続することである．

したがって，中性点を接地する目的は

（1）　1線地絡故障時の異常電圧を抑制し，線路や機器の絶縁を確保する．

（2）　地絡故障が発生した場合，保護継電器を確実に動作させる．

（3）　消弧リアクトル接地方式では1線地絡時の地絡アークを消弧し，そのまま送電を継続させる．

中性点を接地すれば，1線地絡時における地絡電流および健全相の異常電圧が大きく変るため，送電系統に大きな影響を与えるとともに通常運転時における，ねん架不完全のため残留電圧，断線故障時における異常電圧などの影響も与えることとなる．

2.　中性点接地方式の種類　中性点接地方式は，図 **8.1** に示すように中性点インピーダンスの種類および大きさによって次のように分類される．

（a）　非接地方式

（b）　直接接地方式

（c）　抵抗接地方式（高抵抗または低抵抗接地方式がある）

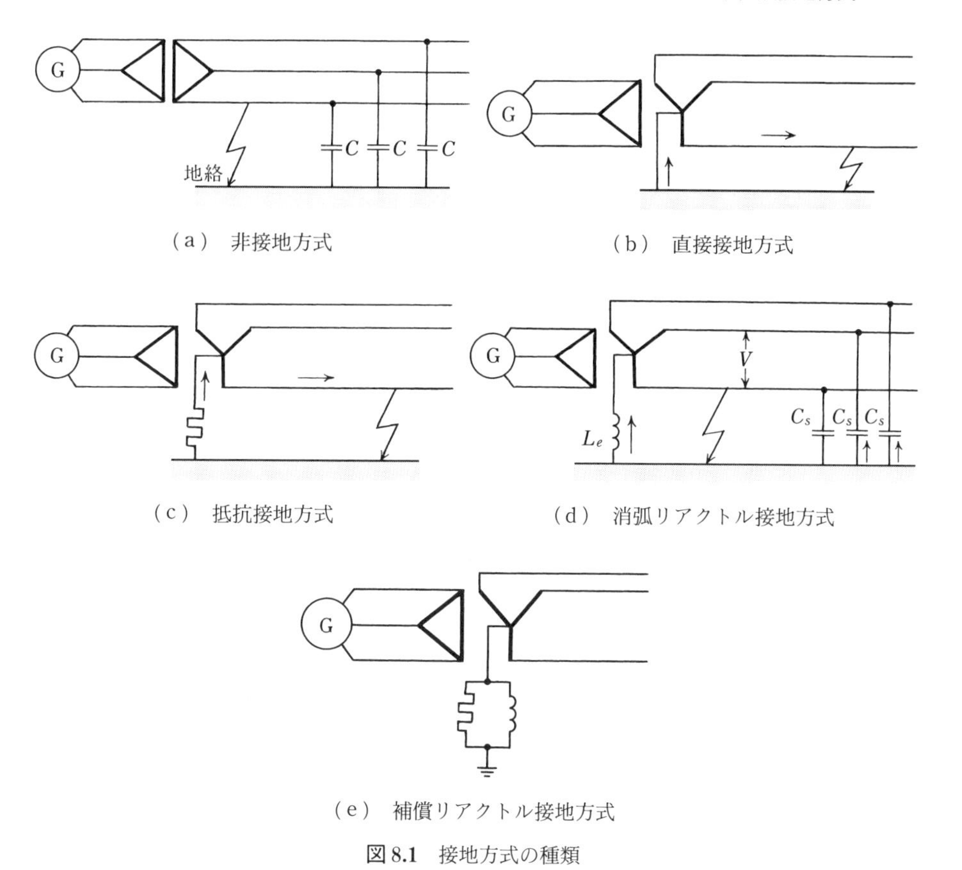

（a）　非接地方式

（b）　直接接地方式

（c）　抵抗接地方式

（d）　消弧リアクトル接地方式

（e）　補償リアクトル接地方式

図 8.1　接地方式の種類

（d）　消弧リアクトル接地方式

（e）　補償リアクトル接地方式

これらの接地方式はそれぞれ利害得失(**表 8.1**)があって，機器や線路の絶縁レベル，送電系統の安定度，通信線への誘導障害，線路工作物の損傷，遮断器の遮断耐量，保護継電器の動作などに大きな関連を有するため，その選定は慎重に比較検討する必要がある．

一般には，異常電圧の発生抑制，線路，機器の絶縁レベルの低減，保護継電器の動作の確実性などの見地からは，中性点は直接接地としたほうがよく，送電系統の安定度向上，通信線への誘導障害防止，故障点の損傷などの見地からは，高抵抗接地にするか，消弧リアクトル接地にして中性点の電流を抑えたほうがよい．

表 8.1　中性点接地方式の比較

項　　目	非　接　地	直 接 接 地	高抵抗接地	消弧リアクトル接地
1. 地絡事故時の健全相の電圧上昇	大，長距離送電線の場合異常電圧を生じる	小，常時とほとんど変りなし	やや大，非接地の場合よりやや小　$\sqrt{3}$倍	大，少なくとも$\sqrt{3}$倍まで上がる
2. 絶縁レベル がいし個数	減少は不可能	減少することができる	減少は不可能	減少は不可能
変　圧　器	最高，全絶線	最低，低減絶縁または断絶縁可能	高，全絶縁，非接地より小	高，全絶縁非接地より小
避　雷　器	定格電圧低下は不可能	定格電圧低下できる，275 kV の設備で 260 kV のもの使用	定格電圧低下は不可能	定格電圧低下は不可能
3. 地絡電流	小，送電こう長が大となると相当大	最大	中，ほぼ中性点抵抗値で定まる(100〜300 A)	1線地絡電流最小
4. 保護継電器の動作	困難	最も確実	確実	不可能，永久接地のとき並列抵抗を入れて動作する
5. 1線地絡時通信線への電磁誘導電圧	小	最大，ただし高速度遮断により故障継続時間最小(0.1 秒)	中	最小
6. 1線地絡時の過渡安定度	低電圧階級に適用されるため安定度の問題はない	最小，ただし高速度遮断，高速度再閉路方式により向上する	大	故障点アークが自然消弧するため安定度の問題はない
7. 接地装置の価格	小(接地変圧器をおく)	最小(接地用断路器をおく)	中(抵抗器)	最大(消弧リアクトル)

a.　非接地方式　この方式は低電圧(33 kV 以下)の系統で，距離が短い場合に採用される．しかし，送電線の距離が長くなると，1線地絡時，故障点からみた零相回路における対地充電電流の影響によって健全相の電圧が上昇し，間欠的にアーク接地となり異常電圧を発生することがある．このため，33 kV 以下の

系統でも距離が長い場合は後述の抵抗接地としている．

b.　直接接地方式　　この方式は 187，220，275 kV 級の超高圧以上の送電系統で採用される．この方式の利点としては

（1）　1 線地絡のとき健全相の電圧上昇はほとんどなく，線路や機器の絶縁レベルを低下しうる(避雷器の定格電圧は低いものとなる)．

（2）　変圧器の中性点端子は常に零電位に保たれているから，変圧器の巻線の絶縁を線路端から中性点にいくに従い，次第に低減する段絶縁を採用することができる．これによって，変圧器の寸法，重量を縮小することができる．

（3）　地絡電流が大きく，保護継電器の動作は確実となり，故障の選択遮断が確実となる(線路の対地充電電流の影響を受けない)．

一方，欠点としては

（1）　地絡電流が大きくなるので通信線に対する電磁誘導障害が大きくなる．ただし，直接接地系統では高速遮断(0.1 秒以内)が可能となるので大きな影響はない．

（2）　地絡故障時の送電電力の低下が著しいので過渡安定度が低くなる．このため，故障箇所の高速遮断と高速再閉路が望ましい．

1 線地絡故障時の健全相電圧が常規対地電圧の 1.3 倍を超えない範囲に中性点インピーダンスを抑える中性点接地を**有効接地**と呼んでいるが，直接接地方式は有効接地の代表例といえる．

有効接地の条件は，故障点からみた回路の正相リアクタンス X_1 に対して，零相回路の抵抗 R_0 は $R_0 \leqq X_1$，零相リアクタンス X_0 は $X_0 \leqq 3X_1$ になるように中性点接地インピーダンスを選ぶことであり，有効接地によって避雷器の定格電圧を下げ，変圧器の絶縁を低下できる．

c.　抵抗接地方式　　この方式のうち，高抵抗接地方式が 110 kV，154 kV 系統に採用されている．ただし，66，77 kV 系統においても後述の消弧リアクトル方式が採用ができない場合には抵抗接地方式が採用される．

この方式は，直接接地に比べ地絡故障時の電流が少ないので，通信線に対する誘導障害は少なくすることができる．地絡保護継電器の動作からみると，架空系統では故障電流の力率が 1 付近となり，そのときの中性点電流は 100～200 A 程

度あれば十分動作は可能となる．

ただし，健全相の電圧上昇は高く，絶縁レベルを低下することができなく，同一系統にケーブル系統が接続されている場合は，故障電流は力率が低い進み電流となるため，保護継電器の動作が十分でなくなる．

d. リアクトル接地方式　この方式には消弧リアクトル接地方式と補償リアクトル接地方式の二つがある．前者は 66 kV，77 kV の架空系統で多く採用され，後者は 66～154 kV のケーブル系統に多く用いられている．

（1）**消弧リアクトル接地方式**　この方式は**図 8.2** のように 1 線地絡故障時の地絡電流 $\dot{I}_g$ を 0 にして，線路の送電を継続させる方式である．

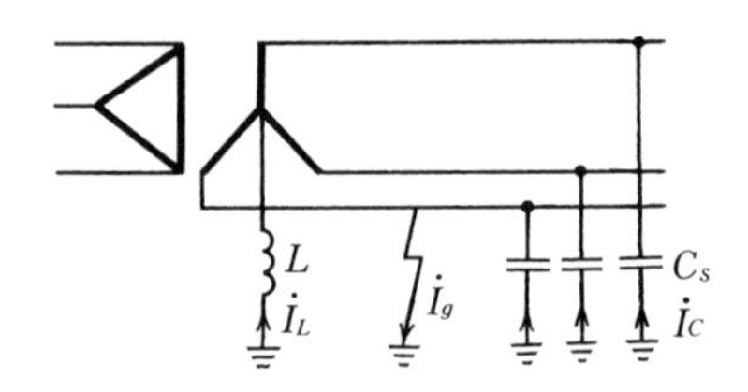

図 8.2　消弧リアクトル接地

つまり，同図で対地静電容量 C_s に流れ込む電流 $\dot{I}_C$ と消弧リアクトル L に流れ込む電流 $\dot{I}_L$ を等しくしておけば位相が 180° であるため，互いに打ち消すため，地絡電流は 0 となる．この条件は

$$j3\omega C_s\frac{V}{\sqrt{3}}=j\frac{1}{\omega L}\frac{V}{\sqrt{3}} \qquad \therefore \quad \omega L=\frac{1}{3\omega C_s} \tag{8.1}$$

しかし，地絡故障が永久故障となる場合は地絡継電器が動作できないほか，健全相の対地電圧上昇により 2 線地絡故障に移行するおそれがあるので，消弧リアクトルに並列抵抗を入れて，抵抗系として選択遮断するようにしている．ただし，消弧リアクトルは補償が少ない不足補償の場合とか，断線故障時に異常電圧を発生することがあるので十分な注意を要する．

（2）**補償リアクトル接地方式**　この方式は抵抗接地方式をケーブル系統に適用する場合の問題を解決するために考案されたものである．つまり，大ケーブル系統では対地充電電流が大きいため事故電流の進み位相角が大きくなって保護継電器の適用がむずかしくなること，フェランチ効果で健全相の電圧上昇が大きくなること，などからケーブル系統に接続する変圧器の中性点抵抗と並列に線路の充電電流補償用のリアクトルを設置し，保護継電器に流れる電流を有効成分のみとし，保護継電器の動作の確実化を図る接地方式である．

【例題 8.1】　中性点接地方式に関する次の記述のうち誤っているのはどれか．

（1）長距離送電線路で非接地方式を採用すると，1 線地絡故障時に異常電圧が発生するおそれがある．

（2）消弧リアクトル接地方式では，1 線地絡時の故障電流が小さい．

（3）消弧リアクトル接地方式では，断線故障時に異常電圧を発生するおそれがある．

（4）直接接地方式では，地絡故障時における健全相電圧の上昇が他方式よりも大きい．

（5）6.6 kV 級の線路に直接接地方式を採用すると地絡電流が大きくなる．

【解】　（4）

〔解説〕直接接地方式を採用すると，1 線地絡時の健全相電圧の上昇がほとんどないため，機器や線路の絶縁が低減できる．一方，1 線地絡時の地絡電流が大きいため，通信線に対する電磁誘導障害が発生しやすいので保護継電器の動作は迅速となるよう設計する必要がある．

8.2　誘　導　障　害

送電線が通信線に接近しているときは，通信線に電圧または電流を誘起して通信上種々の障害を与えるおそれがある．また，送電線の誘起する空間電位が直接または自動車などを介して人体にショックを与える場合がある．

1.　誘導障害の種類

（1）**電磁誘導**　電力線と通信線の相互インダクタンスによって生ずるもの．

（2）**静電誘導**　電力線と通信線の相互キャパシタンス，または空間電位によるもの．

これらの誘導は，①人畜への危険，②通信線の絶縁破壊，焼損，③通信伝搬の妨害などの障害を与える．

2.　誘導障害の原因

a.　電磁誘導の原因　送電線と通信線が接近しているとき，相互の電流による誘導結合によって，通信線に電圧が誘起される現象を**電磁誘導**と呼んでいる．

一般に，故障が発生しなければ通信線は各電流の和の誘起電圧となるので，各相の電流が120°ずつ位相をもって流れているから電磁誘導電圧は生じない．しかし，地絡故障が生じると，大地を帰路とする電流成分(零相電流)$\dot{I}_0$が流れ，通信線に大きな電磁誘導電圧を生じることとなる．

電磁誘導電圧$\dot{E}_m$の計算式は**図8.3**のように，送電線各相の電流を$\dot{I}_A$，$\dot{I}_B$，$\dot{I}_C$，各相の電線と通信線間の相間インダクタンスをM_A，M_B，M_Cとすれば

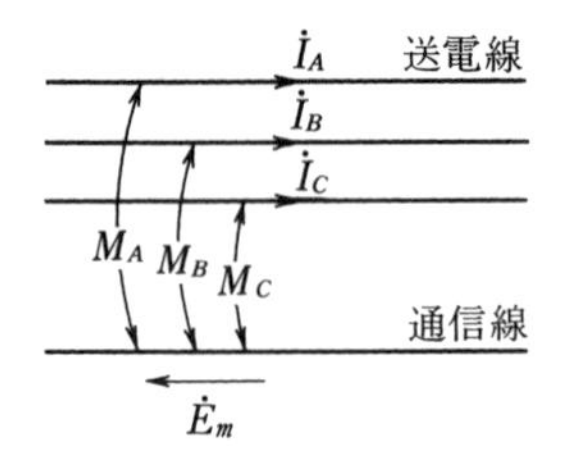

図8.3　電磁誘導

$$\dot{E}_m = -\mathrm{j}(\omega M_A \dot{I}_A + \omega M_B \dot{I}_B + \omega M_C \dot{I}_C) \fallingdotseq -\mathrm{j}\omega M \cdot 3\dot{I}_0 \qquad (8.2)$$

ただし，$M = M_A = M_B = M_C$

と表される．つまり，電磁誘導は送電線の零相電流$\dot{I}_0$により誘起されるので$3I_0$を**起誘導電流**と呼んでいる．

わが国の電磁誘導電圧の制限値は中性点直接接地方式の500 kV，275 kVなどの超高圧系統で事故の発生頻度が少なく，かつ事故の継続時間がきわめて短い(0.06秒以下)高安定度送電線で650 V，事故継続時間0.1秒で430 V，そのほかの送電線では300 Vを基準としている．

b.　静電誘導の原因　　送電線と通信線の相互の静電結合によって通信線に誘導電圧を生ずる現象を**静電誘導**という．静電誘導電圧の大きさ$\dot{E}_s$〔V〕は**図8.4**に示すように，送電線aの対地電圧を$\dot{E}$〔V〕，通信線bの対地静電容量をC_b〔F〕，両者の相互静電容量をC_{ab}〔F〕とすると次式で与えられる．

$$\dot{E}_s = \frac{C_{ab}}{C_{ab} + C_b}\dot{E} \quad 〔\mathrm{V}〕 \qquad (8.3)$$

この式は電磁誘導のように電流や送電線や通信線の平行長に比例するのではなく，電圧と相互の離隔距離によって定まることを示している．

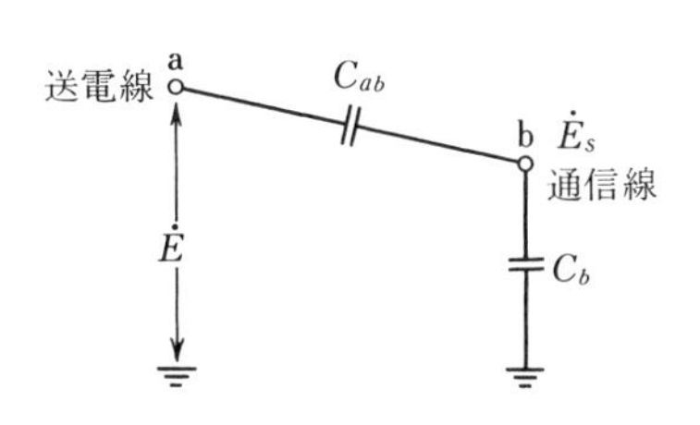

図 **8.4** 単相静電誘導

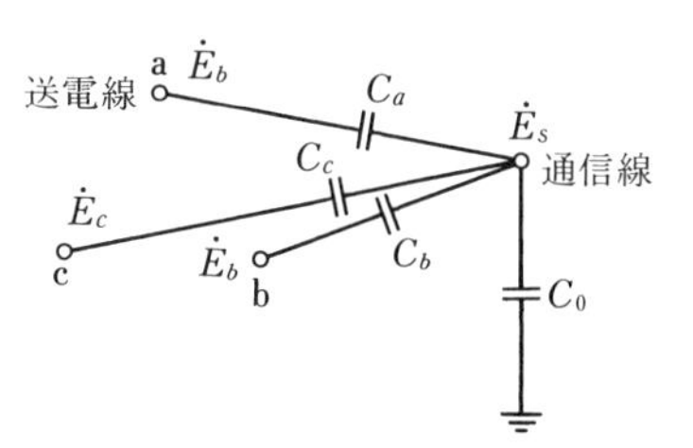

図 **8.5** 三相静電誘導

図 **8.5** のような三相交流送電線は a，b，c と通信線がある．いま，通信線に対する静電容量をそれぞれ C_a，C_b，C_c，通信線の対地静電容量を C_0 としたとき，送電線路の平常運用時において通信線に誘導される電圧 $\dot{E}_s$ を求めよう．

a，b，c なる送電線の電圧を $\dot{E}_s$，$\dot{E}_b$，$\dot{E}_c$ とし，$|\dot{E}_a|=E$，$E=V/\sqrt{3}$ とすれば

$$\dot{E}_a=E, \qquad \dot{E}_b=a^2E, \qquad \dot{E}_c=aE$$

であるから，通信線の電位を $\dot{E}_s$ とすれば次式がなりたつ．

$$\begin{aligned} i_a+i_b+i_c &= \mathrm{j}\omega C_a(\dot{E}_a-\dot{E}_s)+\mathrm{j}\omega C_b(\dot{E}_b-\dot{E}_s)+\mathrm{j}\omega C_c(\dot{E}_c-\dot{E}_s) \\ &= \dot{i}_s=\dot{E}_s\mathrm{j}\omega C_0 \end{aligned} \tag{8.4}$$

この式から $\dot{E}_s$ を求めると

$$\left.\begin{aligned} &\omega C_a\dot{E}_a+\omega C_b\dot{E}_b+\omega C_c\dot{E}_c=(\omega C_0+\omega C_a+\omega C_b+\omega C_c)\dot{E}_s \\ &\dot{E}_s=\frac{C_a\dot{E}_a+C_b\dot{E}_b+C_c\dot{E}_c}{C_0+C_a+C_b+C_c} \end{aligned}\right\} \tag{8.5}$$

ところで，$C_a\dot{E}_a+C_b\dot{E}_b+C_c\dot{E}_c$ は

$$\begin{aligned} C_a\dot{E}_a+C_b\dot{E}_b+C_c\dot{E}_c &= E\left\{C_a-C_b\left(\frac{1}{2}+\mathrm{j}\frac{\sqrt{3}}{2}\right)-C_c\left(\frac{1}{2}-\mathrm{j}\frac{\sqrt{3}}{2}\right)\right\} \\ &= \frac{E}{2}\{(2C_a-C_b-C_c)-\mathrm{j}\sqrt{3}(C_b-C_c)\} \end{aligned} \tag{8.6}$$

これを式(8.5)に代入して

$$\left.\begin{aligned} \dot{E}_s &= \frac{E/2\{(2C_a-C_b-C_c)-\mathrm{j}\sqrt{3}(C_b-C_c)\}}{C_0+C_a+C_b+C_c} \\ E_s &= \frac{\sqrt{(2C_a-C_b-C_c)^2+3(C_b-C_c)^2}}{C_0+C_a+C_b+C_c}\cdot\frac{E}{2} \\ &= \frac{\sqrt{C_a{}^2+C_b{}^2+C_c{}^2-C_aC_b-C_bC_c-C_cC_a}}{C_0+C_a+C_b+C_c}\cdot\frac{V}{\sqrt{3}} \end{aligned}\right\} \tag{8.7}$$

以上は通信線に対する静電誘導であるが，送電線下における静電誘導もある．これは線下を洋傘を持ち通行しているとか，自動車などがある場合に，その金属部分に人体の皮膚が接触したときショックを受ける現象である．これは，一般の感電に比べ人体に障害を及ぼすものではないが，接触の際に，刺激を感じ公衆に不安を与えることとなるので，送電線下の地上1mの電界強度を30 V/cm以下となるよう対策を施している．

3.　誘導障害対策

a.　電磁誘導対策

（1）　電力線の地絡電流を小さくするとともに，地絡継続時間を短くする．

保護継電器の感度を減少させない範囲で消弧リアクトルや高インピーダンス接地方式を採用し，中性点インピーダンス値を大きくしたり，分割配置するとともに故障箇所を高速度で遮断する．

（2）　送電線をねん架し常時の誘導を軽減させる．

（3）　電力線と通信線の離隔距離を大きくする(相互インダクタンスを小さくする)．

（4）　通信線の遮へい：通信線をケーブル化するとともに遮へい線，中継コイル，遮へいコイル，シールドコイルなどを採用し通信線を遮へいする．なお，抵抗率の小さい遮へい線は電磁誘導を軽減するうえで有効である．

（5）　電力線の遮へい：電力線に導電率のよい架空地線の設置(アルミ被鋼より線など)，送電線のねん架によって遮へい効果を図る．また架空地線の条数を増やすことも遮へい効果を高める．

（6）　通信線の保護：通信線に避雷器，絶縁変圧器などの保安器を取り付け，通信線を保護する．

b.　静電誘導対策

（1）　通信線の静電誘導対策

（a）　電力線と通信線の離隔距離を大きくする．

（b）　電力線と通信線の間に遮へい線を設ける．

（c）　電力線または通信線を完全にねん架する．

（d）　通信線に接地した金属被覆ケーブルを採用する．

（2） 線下の人畜に対する静電誘導対策

（a） 電力線の地上高さをできるだけ高くする．

（b） 2回線送電線では電線順序を逆相配置とする．

（c） 保護線や遮へい線を張って空間電位を低くする．

（d） 絶縁物体の放電，作業員の導電性作業服，地下足袋の着用．

【例題 8.2】 通信線に対する電磁誘導障害防止対策に関する次の記述のうち，誤っているのはどれか．

（1） 送電線と通信線との間の相互インダクタンスを小さくする．

（2） 送電線のねん架をする．

（3） 消弧リアクトルや高インピーダンス接地方式を採用する．

（4） 抵抗率の大きな遮へい線を設ける．

（5） 通信線に中継コイルを設ける．

【解】 （4）

〔解説〕 抵抗率の小さな遮へい線に誘導電流を通して通信線への電磁誘導を軽減する．また，地絡故障時に起誘導電流の大きい高電圧直接接地系の送電線の架空地線は，通信線への電磁誘導障害を軽減する目的で導電率のよいより線を用いることが多い．これは架空地線の大地帰路自己インピーダンスを低減して遮へい効果を高めることを期待して行うものである．

8.3 異常電圧とその防止対策

送配電系統に発生する異常電圧を分類すると次の三つに分けられる．

（a） 商用周波数に近い周波数で長時間継続するもの．

（b） 系統の自由振動のように中間周波数の持続または減衰振動によるもの．

（c） 雷のように短時間でかつ大きさが大きいもの．

これらのうち（a），（b）は系統の特性に大きく影響するため内部異常電圧（**内雷**ともいう），（c）は外部からの異常電圧であるから外部異常電圧（**外雷**ともいう），これらの具体的な原因を整理すると**表 8.2** のようになる．

1. 開閉サージと防止対策 開閉サージの発生原因には，①無負荷線路の充電電流遮断，②故障電流の遮断，③無負荷変圧器励磁電流の遮断，④高速再閉路

表 8.2 異常電圧の分類表

内部異常電圧 （内雷）	持続的	●発電機の負荷遮断 ●高抵抗接地系統の地絡事故 ●高調波共振 ●消弧リアクトル系統における1線断線，異系統併架 ●鉄共振による過電圧
	過渡的	●遮断器の開閉サージ ●間欠アーク地絡によるサージ
外部異常電圧 （外雷）		●電線への直撃雷 ●鉄塔の逆フラッシオーバ ●誘導雷

投入，の四つが代表的なものである．開閉サージの倍率は，わが国では有効接地系に対しては，常規対地電圧の 2.8 倍，非有効接地系の抵抗またはリアクトル系は 3.3 倍，同じく非接地系では 4 倍を標準としている．

a. 無負荷線路の充電電流遮断時のサージ　無負荷線路の充電電流の位相は電圧に対して進みで 90° 近く，また遮断時の電流の大きさは 0 であるから，電流遮断時の線路側電圧は波高値に相当する．このため電流遮断半サイクル後には，極間には波高値の 2 倍に近い電圧が加わり再点弧しやすいことになる．いったん再点弧を起こすと高周波振動を伴い，異常に高いサージ電圧を発生することがある．サージの大きさは遮断器の型式や線路の構成などによって異なるが，無点弧であれば常規対地電圧は 2 倍以下となり，再点弧を発生すると 3～4 倍に達することがある．

〔**防止対策**〕

（1） 遮断器の遮断速度を高速にするとともに他力消弧方式を採用する．

（2） 系統構成として並列回線を設けたり，中性点を直接接地または低インピーダンスで接地する．

b. 故障電流の遮断時のサージ　中性点がリアクトル接地系で，零相インピーダンスが正相および逆相インピーダンスに比べて大きな系統では，故障電流は電圧に対して 90° 近くの遅れ電流となる．このため遮断器で電流を遮断すると電源側電圧は，遮断直前の最大アーク電圧より電源電圧に転移し，このときの過渡振動によってサージを発生する．サージの大きさは中性点接地インピーダンスによって異なるが，常規対地電圧の2倍以下である．

〔防止対策〕

中性点を抵抗接地とする．

c. 無負荷変圧器の励磁電流遮断 他力消弧方式など消弧力の大きな遮断器で無負荷変圧器の励磁電流などの小電流を遮断すると電流が0になる前に強制的に遮断される．このため大きな電流変化率 $\mathrm{d}i/\mathrm{d}t$ と無負荷変圧器の大きなインダクタンス L によって $e=-L(\mathrm{d}i/\mathrm{d}t)$ なるサージを発生することとなる．サージの大きさは遮断器の型式，変圧器の中性点接地方式によって異なるが，常規対地電圧の2.5～4倍となる．

〔防止対策〕

（1） 断路器で励磁電流を遮断する(断路器の励磁電流遮断の可能性を検討のうえ)．

（2） 変圧器と並列にコンデンサを設ける．

（3） 変圧器側に避雷器を設置して開閉エネルギーを吸収させる．

d. 高速度再閉路時のサージ 近年の高電圧用遮断器は，遮断性能の向上によって再点弧することなく遮断できるようになってきているが，送電系統の安定度向上，系統の早期復旧の観点から遮断器を高速度で再閉路する方式が多く採用されてきた．このような再閉路用遮断器は再閉路時に線路側にかなりの残留電荷があるため，再点弧に相当する投入サージを発生することとなる．サージの大きさは常規対地電圧の2.5倍程度である．

〔防止対策〕

（1） 線路側に対地リアクトルを設置し，残留電荷を速やかに放電させる．

（2） 遮断器に抵抗投入方式を採用する．

そのほか，発変電所(遮断器設置点)から，数km以内における架空送電線の故障の際，遮断器が遮断不能になる場合がある．この現象は**近距離線路故障**(SLF: Short Line Fault)**遮断**といい，母線端子故障遮断に比べて遮断電流は小さいが，遮断直後，遮断器と故障点の間を往復伝搬する振動性ののこぎり歯状波形の急しゅんな過渡回復電圧(再走電圧)が発生し，特に空気遮断器にとっては過酷な条件となる．この対策として空気遮断器の場合では遮断容量を短絡容量の150%以上のものの採用，抵抗付遮断方式の採用，遮断点数の増加や空気圧を高くした遮断の高性能化，線路側に数千 pF のコンデンサの設置およびガス遮断器に取換えなどがある．また，開閉サージとしては三相不ぞろい投入や電力用コンデンサ回路を開放する際，遮断電流が 0 のとき極間の回復(残留)電圧は最大となり再点弧を生じやすく，そのとき過電圧が発生する．このため他力消弧方式や抵抗遮断方式の遮断器が用いられる．そのほか，分路リアクトル回路でも変圧器と同様な電流さい断現象により過電圧が発生しやすいので，対策として並列抵抗付の遮断器が用いられる．

2.　雷サージと防止対策　　雷サージは表 8.2 に示したように，①電線への直撃雷，②鉄塔からの逆フラッシオーバ，③雷の誘導，の三つがある．

雷の直撃によるサージは，送配電線が直撃雷を受けたときに発生する電圧で，この値は雷撃電流 I と雷撃点からみたサージインピーダンス Z_0 の積 Z_0I で表される．一般に，雷撃電流 I は著しく大きい値(最大波高値 100～150 kA)であるため，送配電線の絶縁は絶縁強度面より，これに耐えるように設計されていないため，径間のフラッシオーバは避けえない．また，鉄塔あるいは架空地線に雷撃を受けた場合には，鉄塔の電位が上昇して電線との間に逆フラッシオーバを生ずることとなる(鉄塔の塔脚接地抵抗が高いとこれが起こりやすくなる)．これを防止するため，山地などの固有抵抗値が大きなところに建設される鉄塔には**埋設地線(カウンタポイズ)**を施設する．一般には，架空地線が完備されているため電線の直撃雷は少なく，雷事故の大部分はこの逆フラッシオーバである．

雷の誘導によるものは雷雲が送配電線に近づくと送配電線路に電荷が誘導され，この雷雲がほかの雷雲または大地に対して放電すると，送配電線に誘導されていた電荷が自由電荷となって両端に分かれサージとなって進行する．

誘導雷によるサージは直撃雷によるものよりも小さく一般に 100～200 kV 以下で，極性は正極性のものが多い．

〔防止対策〕

(1)　雷遮へい効果が十分な架空地線を設ける(遮へい角は小さいほど効果があり 40° 程度以下とし重要線路では 2 条とする)．

(2)　導体支持点および径間のフラッシオーバ距離を適当にする．

(3)　接地抵抗の低い地質を選定するとともに埋設地線(カウンタポイズ)を設置して塔脚接地抵抗を十分低くする．

（4）　2回線送電線では不平衡絶縁方式を採用し，故障時に1回線送電を継続させるようにする（ただし，平衡絶縁に比べ1回線事故の頻度が増えることとなる）．

一般に，架空地線は雷害に対しその静電遮へい効果によって電線に誘起される拘束電荷を軽減させ，過電圧を低減させることで誘導雷の防止機能を有するが，高電圧送電線においては，この効果よりむしろ直撃雷の防止のほうが優勢となる．また，電線との電磁的結合によって電線上の進行波を減衰させる効果や，通信線に対する電磁誘導障害を少なくする効果もある．つまり，雷害対策としては，まず，電線への直撃雷を防ぐための遮へい対策として架空地線が設置される．また，直撃雷は防止できた場合でも鉄塔の電位上昇による逆フラッシオーバを極力避けるため，接地棒や埋設地線による鉄塔の接地抵抗低減対策が行われる．さらに，フラッシオーバによるがいし破損防止のためアークホーン，アークリング，または電線支持点の補強のためのアーマロッド，電線の太線化などが採用される．

〔架空・地中混合電線路の耐雷対策〕

架空電線路に直接接続されたこう長の短い地中電線路では，架空電線路に雷の直撃があると，ケーブルに雷サージが進入し，ケーブルの両端間で反射・往復し，ケーブル内部の電位が進入波の電位以上に上昇する場合がある．このときの異常電圧が基準衝撃絶縁強度（BLI）を超過すると予測されるときは，一般に避雷器を設置する．

〔高圧架空配電線の耐雷対策〕

高圧架空配電線は絶縁耐力が低いので，耐雷設計は誘導雷が対象となり配電線に避雷器と架空地線を設置する方法が採用されている．

高圧配電線に施設する架空地線は，前述のように誘導雷を対象として施設するものであるが，その防止原理は，架空地線に雷電圧が誘導されると，架空地線の接地点で雷電圧と逆極性の反射波が発生し，この反射波が架空地線と電線との電気的結合により電線に誘導されて，電線に発生した雷電圧を低減するものである．したがって，架空地線は電線との結合率をできるだけ大きくする必要があるが，接地抵抗はそれほど低くする必要はない．

【例題 8.3】　一般に架空送電線路を雷から遮へいするために用いられるものとして，正しいのは次のうちどれか．

（1）　架空地線　　　（2）　架空共同地線　　（3）　埋設地線

（4）　アークホーン　（5）　避雷器

【解】　（1）

〔解説〕 架空地線以外は，雷が架空地線または導体に雷が進入してきてからサージの大きさを低減したり，総合接地抵抗を小さくしたり，がいしを保護するものである．

3.　簡単なサージ計算　図8.6のような架空電線路の架空地線の径間中央部に雷撃電流 I_0 を受けた．このときの鉄塔(A)の電位 V_2 を求めてみよう．いま，鉄塔の塔脚抵抗 R，架空地線の抵抗分を無視したサージインピーダンスを Z とすると，雷撃による架空地線の雷撃電流は鉄塔(A)と鉄塔(B)に二分して伝搬することとなる．図8.7のように鉄塔(A)とにおける入射波，透過波および反射波をそれぞれ(V_1，I_1)，(V_2，I_2+I_R)，(V_1'，I_1')とすれば次式がなりたつ．

$$\left.\begin{aligned} V_1+V_1'&=V_2 \\ I_1+I_1'&=I_2+I_R \end{aligned}\right\} \tag{8.8}$$

$$V_1=ZI_1,\quad V_1'=-ZI_1',\quad V_2=ZI_2=RI_R \tag{8.9}$$

この式から求める鉄塔(A)の電位 V_2 は

$$V_2=\frac{2R}{2R+Z}V_1=\frac{2R}{2R+Z}ZI$$

となり，そこで $I=I_0/2$ であるから上式に代入すれば次式で求まる．

$$V_2=\frac{R}{2R+Z}ZI_0 \tag{8.10}$$

例として $I_0=100\text{ kA}$，$Z=500\ \Omega$，$R=10\ \Omega$ とすれば $V_2=962\text{ kV}$ の電位上昇

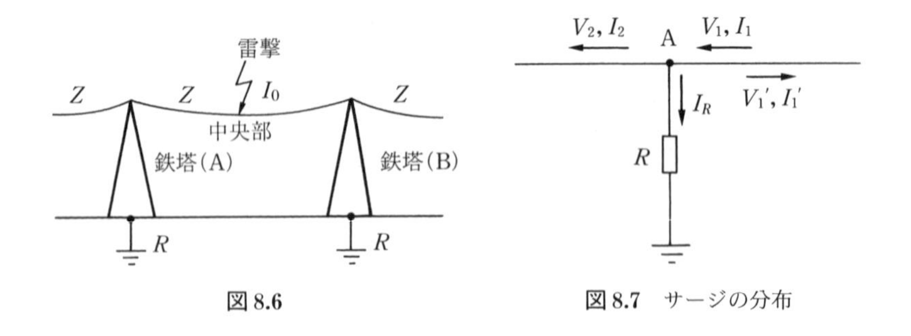

図8.6

図8.7　サージの分布

となる.

8.4　電力系統の絶縁協調

送配電線には絶縁がいしがあり，変電所には変圧器，遮断器，計器用変成器(PT(VT)，PD，CT)など種々の機器があり，これら線路と機器類の絶縁強度が相互間に最も合理的，経済的に系統全体の信頼度を向上するように，それぞれ最適に選ぶのが**絶縁協調**の考え方である.

線路や機器類の絶縁強度は，基本的には電力系統で発生する異常電圧に耐えるものでなければならない．電力系統で発生する異常電圧には前述のように，内雷と外雷があり，内雷は比較的頻繁に起こりうるもので，その大きさも小さいので送電線や機器類の絶縁強度で耐えることは可能であるが，外雷は大きさが大きいので系統の絶縁強度で耐えることにするには経済的に不可能である．したがって，電力系統の絶縁協調は，外雷が対象となっており，発変電所への雷サージの大きさは送配電線のがいしのフラッシオーバ電圧以上とならないので，これを目標に考えればよい．つまり，絶縁協調を図るには衝撃電圧を対象にして，送電線，各機器の絶縁をこの電圧に耐える程度に高めることが経済的に困難であるので，避雷器のような保護装置を設置して，衝撃電圧の波高値を各機器の衝撃電圧に対する絶縁強度以下に制限するようにしなければならない.

この避雷器の制限電圧(SDR)に対して，ある裕度をもった高いところに**基準衝撃絶縁基準**(**BIL**)を設け，線路および各機器の絶縁強度をこれ以上になるような設計を行えばよい.

近年のように避雷器の性能が著しく向上していれば，各機器の絶縁耐力は信頼のおける避雷器の制限電圧と同等にとることは可能であるが，万一，避雷器の動作が失敗して外雷が侵入し機器の絶縁破壊を起こすことを予想し，次のように各機器間に絶縁耐力の差をつけるようにしている.

まず，最低位に避雷器の制限電圧をおき，これに対してある裕度をもった絶縁強度を発変電所の構内および引出口，引入口のがいしにもたせる．これに続いて遮断器，断路器，ブッシングとなり，その上位に計器用変成器をおき，最高位に主変圧器および母線をおけばよい．具体的には

（1）　送電線路の懸垂がいしの一連の個数は内雷に耐えるようにする．

つまり，高電圧架空送電線路の絶縁は内雷に対して十分なものが要求される．したがって，これらに用いられる懸垂がいし一連の個数を決定するには，その電線路の対地電圧波高値の4～5倍程度(中性点直接接地方式の送電線路は除く)に相当するがいし連の開閉サージ注水フラッシオーバ電圧値を基礎として，これに保守に必要な余分のがいし1個を加えるものを基準とする．

（2）　避雷器の制限電圧はBILの80%以下に制限する．

（3）　電力用変圧器および計器用変圧器はBILのままとする．避雷器は可能なかぎりこれらの機器に近づけて設置する．

（4）　交流機器は交流試験電圧も高いので，耐圧試験電圧をBILの1.1倍の数値とする．

（5）　ブッシング，CB，LSの支持がいしはBILの1.1倍とする．

（6）　保護装置のない場所では，特に必要があれば1級上の絶縁階級の機器を使用する．

〔避雷器の性能〕

電力系統の絶縁協調上重要な雷に対する避雷器の保護性能を規定する電圧として雷インパルス放電開始電圧と制限電圧(避雷器が放電中，過電圧が制限されて端子に残留する電圧の波高値)の二つがある．近年，酸化亜鉛(ZnO)を主材料とする新しい特性要素が開発され直列ギャップを使用しなくなり，雷インパルス放電開始電圧についての問題がなくなり，避雷器の保護性能は一段と良好となって

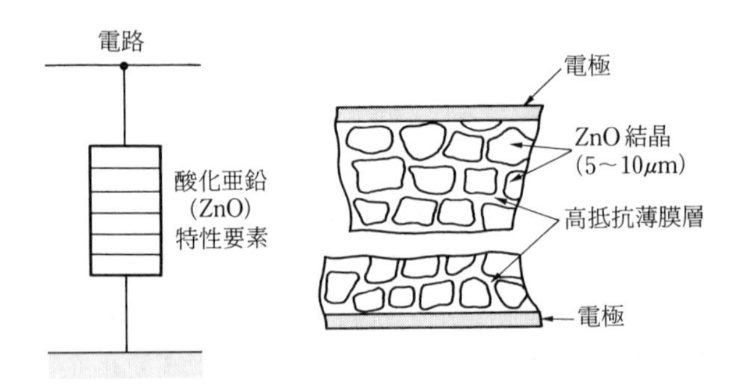

図8.8　酸化亜鉛形避雷器の構成と構造

きた．この酸化亜鉛形避雷器の構成は**図 8.8(a)**に示すように特性要素だけからなり，その構造は同図(**b**)に示すように酸化亜鉛(ZnO)粒子の周囲を酸化ビスマスなどによる高抵抗薄膜層で立体的に密着させた面絶縁接触としているため鋭い非直線性を示している．**図 8.9** は従来の SiC 素子と ZnO 素子に電圧-電流特性を示したものであるが，後者は前者に比べ電圧の高い領域まで電流が流れないため，直列ギャップを介さず直接電路に接続することができる．

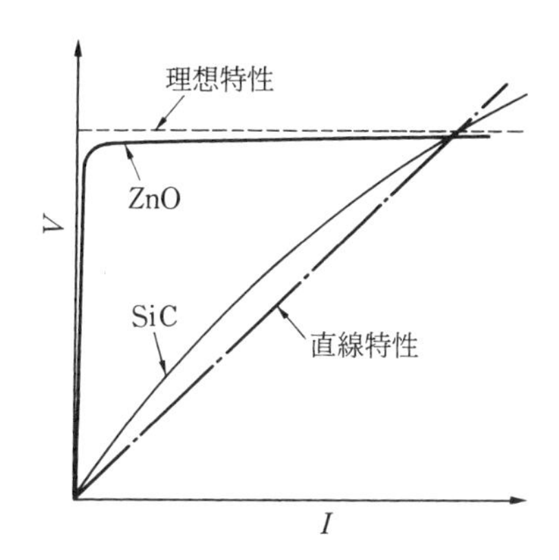

図 8.9　酸化亜鉛形避雷器の特性要素 V-I 特性

この酸化亜鉛形避雷器の特徴は次のとおりである．

（1）　直列ギャップがないため，放電電圧-時間特性の平たんなガス絶縁機器の保護に優れ放電による電圧変動も少ないので並列使用が可能となり，許容される吸収エネルギーの増加が図れ，放電電流密度を低下でき，制限電圧を下げることができる．

（2）　微小電流から大電流サージ領域まで高い非直線性を示し，理想特性に近いもので商用周波数による続流がなく，大電流放電や多重雷放電の動作責務に優れている．

（3）　直列ギャップがなく，かつ，素子の単位体積あたりの処理エネルギーが大きいので構造が簡素化，軽量化でき，高信頼性が得られる．

（4）　ガス絶縁機器の場合は，（1）に加え，ギャップ中のアークによる分解ガス生成がなく，組み込むための避雷器としてきわめて有効である．

（5）　直列ギャップによる放電電圧のばらつき，低下がなく耐汚損性能に優れている．

ただし，特性要素は常時課電のため長時間の課電劣化の監視が必要である．

【例題 8.4】　次の□に適当な答を記入せよ．

架空送電線の絶縁設計の考え方として，[（1）]に対しては，フラッシオーバ事故を皆無にすることは困難であり，その事故低減策として[（2）]などの耐雷対策を講ずる．また，がいしの個数の決定は，[（3）]および[（4）]に十分耐えるようにする．

【解】　（1）雷撃(外雷)　（2）架空地線　（3）開閉サージ(内雷)　（4）短時間過電圧

8.5　塩害とその防止対策

わが国は南北に細長く伸びる島国という立地条件で，かつ，地理的に台風や強い季節風にさらされる国土であるため電力設備でしばしば広範囲な塩害を経験している．送配電線路は通常の塩分付着程度では，雨で洗い流されてしまい問題ないが，台風時または強風時で雨を伴わない風のとき，海岸付近だけでなく，数km～数十km離れた地区でも塩分を含んだ風が侵入し，がいしに塩分が付着する．この状態で霧や小雨によって湿気が加わると，がいし表面の絶縁が低下し，漏れ電流による可聴雑音や電波障害の原因やフラッシオーバによって地絡事故(雷害事故に比べ再閉路に失敗する割合が多い)を発生することがある．特に，配電設備で塩害により多くの被害を受けた場合は，電柱やがいしを個々に洗浄する必要があるなど対策が複雑で厄介なものとなる．長幹がいしは，経年劣化が少なく，表面漏れ距離が長く，がいし裏面のひだがないので汚損が少なく，雨洗効果が大きいので耐霧性に優れており，塩害地域に適している．また，塩じん地域では塩じん害，汚損，極度の湿気など特殊な雰囲気のなかで，絶縁体の表面の漏れ電流による発熱や電界の局部的集中によって起きる微小放電で，絶縁体表面が炭化するトラッキング現象にも十分留意する必要がある．

これら対策の具体的指針は想定最大塩分付着密度〔mg/cm²〕で，汚損地区を軽い順からA地域(0.03 mg/cm²で一般地域)～C地域(0.12 mg/cm²で海岸から3～10 km)～E地域(海水のしぶきが直接かかる場合)に分け対策を行っている．

〔**塩害対策**〕

塩害対策の基本的考え方は，塩分が付着した状態で1線地絡時の電圧上昇でも，フラッシオーバを起こさないことである．具体的対策は次のとおりである．

（1）　送配電線路のルートとして，塩分の付着しにくいルートを選定する．

（2）　懸垂がいしの個数を増加するなど過絶縁を施す．

（3）　長幹がいしやスモッグがいし，耐塩がいし，深溝がいしなどを採用する．

（4）　活線洗浄や停電洗浄によってがいしを洗浄する．

（5）　シリコンコンパウンドなどのはっ水性物質をがいし類に塗布する．

【例題 8.5】　架空送電線路の塩じん害対策に関する次の記述のうち，誤っているものはどれか．

（1）　がいしの個数を増加する．

（2）　がいしをVづりにする．

（3）　がいしの表面にシリコン処理を行う．

（4）　がいし連を耐張状にし，またはスモックがいしもしくは長幹がいしを使用する．

（5）　定期的に活線洗浄を行う．

【解】　（2）

〔解説〕　がいしのVづりは狭線間設計になるが，塩害対策にはならない．

問　　　題

8.1　非接地，直接接地，抵抗接地および消弧リアクトル接地の中性点接地方式において，電線路の1線地絡時の地絡電流が小さいものから大きいものの順に左から右に並んでいるのは次のうちどれか．

（1）　直接接地，消弧リアクトル接地，抵抗接地，非接地

（2）　非接地，消弧リアクトル接地，抵抗接地，直接接地

（3）　非接地，抵抗接地，消弧リアクトル接地，直接接地

（4）　消弧リアクトル接地，直接接地，抵抗接地，非接地

（5）　消弧リアクトル接地，非接地，抵抗接地，直接接地

8.2　次の中性点接地方式のうち，一般に，地絡時の異常電圧が最も低く抑えられる方式として，正しいのはどれか．

（1）　抵抗接地方式　　（2）　直接接地方式　　（3）　消弧リアクトル接地方式

（4）　非接地方式　　　（5）　抵抗，リアクトル併用接地方式

8.3　非接地方式の高圧配電線で，1線地絡事故が起こった場合の現象として，正しいのは次のうちどれか．

（1）　通信線への誘導障害は，直接接地方式に比べ大きい．
（2）　地絡電流は，直接接地方式に比べて小さい．
（3）　健全相の電位上昇は，発生しない．
（4）　配電線の電線延長が短いほど，地絡電流は大きい．
（5）　中性点の電位上昇は，発生しない．

8.4　次の文章は，電力系統の中性点接地による異常電圧抑制に関する記述である．文中の［　］に当てはまる最も適切なものを解答群の中から選べ．

電力系統に1線地絡故障のような不平衡故障が起こると変圧器や回転機の三相巻線の［（1）］の中性点接地を経由して大地を帰路とする地絡電流が流れる．中性点と大地との接地インピーダンスを小さくすると，地絡電流を検出する保護リレーの動作が確実となり，［（2）］の電位上昇を抑えることができて，機器の絶縁レベルを軽減できる．その反面，近辺での通信線路に発生する［（3）］が大きくなる．

一方で，接地インピーダンスを大きくすると，1線地絡故障の場合には，［（2）］の対地電圧は相電圧の［（4）］倍まで上昇するとともに，長距離線路では対地静電容量が大きいために［（5）］が発生して機器の絶縁を脅かす過渡的異常電圧が生じることがある．

〔解答群〕

（イ）　$\sqrt{2}$	（ロ）　系統脱調	（ハ）　2
（ニ）　電磁誘導電圧	（ホ）　間欠アーク地絡	（ヘ）　健全相
（ト）　第三調波電圧	（チ）　進み相	（リ）　Δ結線
（ヌ）　Y結線	（ル）　故障相	（ヲ）　$\sqrt{3}$
（ワ）　フェランチ効果	（カ）　雷電圧	（ヨ）　V結線

出典：令和3年度第二種電気主任技術者一次試験電力科目

8.5　発変電所の遮断器設置点から，数km以内における架空送電線の故障の際，遮断器が遮断不能になる場合がある．この現象は，どのような理由によるものか．また，このような遮断不能をなくするには，遮断器にどのような対策を施せばよいか説明せよ．

8.6　次の文章は，誘導障害に関する記述である．

架空送電線路と通信線路とが長距離にわたって接近交差していると，通信線路に対して電圧が誘導され，通信設備やその取扱者に危害を及ぼすなどの障害が生じる場合がある．この障害を誘導障害といい，次の2種類がある．

①　架空送電線路の電圧によって，架空送電線路と通信線路間の［（ア）］を介して通信線路に誘導電圧を発生させる［（イ）］障害．

②　架空送電線路の電流によって，架空送電線路と通信線路間の［（ウ）］を介して通信線路に誘導電圧を発生させる［（エ）］障害．

架空送電線路が十分にねん架されていれば，通常は，架空送電線路の電圧や電流によって通信線路に現れる誘導電圧はほぼ0Vとなるが，架空送電線路で地絡事故が発生すると，電

圧及び電流は不平衡になり，通信線路に誘導電圧が生じ，誘導障害が生じる場合がある．例えば，一線地絡事故に伴う［（エ）］障害の場合，電源周波数を f，地絡電流の大きさを I，単位長さ当たりの架空送電線路と通信線路間の［（ウ）］を M，架空送電線路と通信線路との並行区間長を L としたときに，通信線路に生じる誘導電圧の大きさは［（オ）］で与えられる．誘導障害対策に当たっては，この誘導電圧の大きさを考慮して検討の要否を考える必要がある．

上記の記述中の空白箇所(ア)，(イ)，(ウ)，(エ)及び(オ)に当てはまる組合せとして，正しいものを次の(1)～(5)のうちから一つ選べ．

	(ア)	(イ)	(ウ)	(エ)	(オ)
(1)	キャパシタンス	静電誘導	相互インダクタンス	電磁誘導	$2\pi fMLI$
(2)	キャパシタンス	静電誘導	相互インダクタンス	電磁誘導	$\pi fMLI$
(3)	キャパシタンス	電磁誘導	相互インダクタンス	静電誘導	$\pi fMLI$
(4)	相互インダクタンス	電磁誘導	キャパシタンス	静電誘導	$2\pi fMLI$
(5)	相互インダクタンス	静電誘導	キャパシタンス	電磁誘導	$2\pi fMLI$

出典：平成28年度第三種電気主任技術者試験電力科目

8.7　架空地線に関する次の記述のうち，誤っているのはどれか．

(1)　誘導雷を低減する効果がある．

(2)　直撃雷を防止する効果がある．

(3)　架空地線の遮へい角は大きいほど効果がある．

(4)　通信線への電磁誘導障害を軽減する．

(5)　架空地線の効果を大きくするためには，塔脚接地抵抗を小さくすることが必要である．

8.8　次の文章は，配電系統の絶縁協調に関する記述である．文中の［　］に当てはまる最も適切なものを解答群の中から選べ．

配電用機器は線路開閉時の内部異常電圧(内雷)には機器の［（1）］で十分に耐えられるように選定されているが，全ての雷に耐えるようにすることは経済的にも不可能に近い．すなわち，配電線や配電用機器の絶縁を外雷の［（2）］に耐える程度に高めることは経済的に困難なため，避雷器のような保護装置を設置して，［（2）］の波高値を各機器の［（1）］以下に抑制するような方策がとられている．この避雷器の［（3）］に対し，線路及び各機器の［（1）］が適切な余裕を持つよう絶縁設計を行うことで配電系統の絶縁協調を図っている．

一方で，避雷器には保護範囲があるため，避雷器の有効設置及び［（4）］の架設が効果的となる．［（4）］に雷電圧が誘導されると，接地点で雷電圧と逆位相の［（5）］波が発生し，この［（5）］波が［（4）］との電気的結合により電線に誘導されて，電線に発生した雷電圧を低減することが可能となる．

〔解答群〕

(イ)　衝撃性過電圧	(ロ)　機械的強度	(ハ)　架空地線
(ニ)　定在	(ホ)　矩形	(ヘ)　トリップコイル
(ト)　アーク電流	(チ)　放電電圧	(リ)　開閉サージ

(ヌ)　定格電圧　　(ル)　反射　　(ヲ)　絶縁強度
(ワ)　変動電圧　　(カ)　架空共同地線　　(ヨ)　制限電圧

出典：平成30年度第二種電気主任技術者一次試験電力科目

8.9　送電系統において無負荷［(ア)］電流を遮断すると，しばしば［(イ)］による異常電圧が発生する．これを抑制するためには，遮断器の遮断［(ウ)］の増大，他力［(エ)］方式の採用などが有効である．

上記の記述中の［　］(ア)，(イ)，(ウ)および(エ)に記入する字句として，正しいものを組み合せたのは次のうちどれか．

(1)　(ア)　充電　(イ)　誘導　(ウ)　容量　(エ)　消弧
(2)　(ア)　励磁　(イ)　再点弧　(ウ)　容量　(エ)　吹付
(3)　(ア)　充電　(イ)　さい断波　(ウ)　電圧　(エ)　圧縮
(4)　(ア)　励磁　(イ)　再起電圧　(ウ)　速度　(エ)　圧縮
(5)　(ア)　充電　(イ)　再点弧　(ウ)　速度　(エ)　消弧

8.10　架空送電線路における絶縁設計に関する次の記述のうち，誤っているのはどれか．

(1)　がいし個数は，開閉サージに耐えるように決定される．
(2)　アークホーン間隔は，雷サージによってフラッシオーバしないように決定される．
(3)　必要がいし個数は，がいしの種類・形状によって異なることがある．
(4)　絶縁間隔は，線路経過後の条件によって変る．
(5)　塩害対策として，がいし個数を増やすことがある．

8.11　非接地系の高圧配電線路に発生する異常電圧は，大別すると，［(ア)］と［(イ)］に分けられる．［(ア)］の代表的なものとしては，［(ウ)］時の健全相に発生する異常電圧，遮断器の開閉に伴う［(エ)］などがある．［(イ)］は，一般的に［(オ)］によるものをいう．

上記の記述中の［　］(ア)，(イ)，(ウ)，(エ)及び(オ)に記入する字句として，正しいものを組み合せたのは次のうちどれか．

	(ア)	(イ)	(ウ)	(エ)	(オ)
(1)	外　雷	内　雷	三相短絡	開閉サージ	自 然 雷
(2)	再起電圧	回復電圧	混　触	ア ー ク	絶縁不良
(3)	内　雷	誘 導 雷	軽 負 荷	ア ー ク	自 然 雷
(4)	内　雷	外　雷	1線地絡	開閉サージ	自 然 雷
(5)	回復電圧	再起電圧	間欠地絡	衝 撃 波	負荷遮断

8.12　近年，発電変電設備などにおいて，直列ギャップを有しない避雷器(ギャップレスアレスタ)が広く使用されているが，その概要と特徴について述べよ．

8.13　次の［　］の中に適当な答を記入せよ．

(1)　大量のケーブル系統で抵抗接地方式を採用する場合には，［　］が大きいため事故電流の［　］角が大きくなって保護継電器の適用がむずかしくなること，［　］効果で，［　］の電圧上昇が大きくなることなどのため，中性点抵抗と並列にリアクトルを設置する．このリアクトルを［　］リアクトルと呼んでいる．

（2）　わが国の高圧配電線は，一般に□接地方式が採用されている．この場合，電線延長が大きくなるに従い，対地□も増大し，1線地絡電流が大きくなる．したがって，□事故時の低圧配電線の対地電位上昇を一定値以内に抑制する目的で低圧側に施されている□工事の抵抗値は，高圧配電線の電線延長が大きくなるほど，□くしなければならない．

（3）　送電線路の塩害対策としては，がいしを□して過絶縁にし，または，雨洗効果のよい□がいしや漏れ距離の長い□がいしを採用し，保守に応じてがいしの□を励行するなどの方法が採られる．

（4）　送電線に雷などによって発生した□電圧は，電線を支持するがいし連に□を起こさせ，このときに生ずる□でがいしを破壊することがある．これを防ぐ目的に用いるのが□で，これは金属電極をがいし連の□に設けたものである．

8.14　**図問 8.14** のように，架空地線1条を有する三相1回線鉄塔の頂部に雷の直撃を受けたとき，がいしに加わる電圧の最大値はいくらになるか．ただし，雷電圧は，その波形が方形波(矩形波)で，波高値 e_0 は 10 000 kV であり，また，雷道の波動インピーダンスと架空地線の自己波動インピーダンスはともに 500 Ω とし，架空地線と各電線の相互波動インピーダンスは 150 Ω，鉄塔の塔脚抵抗 R は 30 Ω とする．

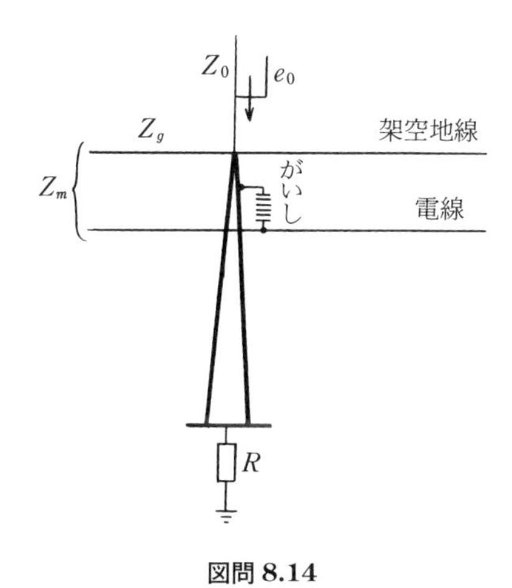

図問 8.14

第9章 送配電線の保護継電装置

9.1 保護継電方式の概要

電力系統を構成している送配電線や機器は，雷，風雨，塩風などの自然条件をはじめとする原因などによって事故が発生する．このような電力系統で発生した事故を速やかに除去するためには，事故を迅速に検出して事故点周囲の局限した区間を的確に選別する必要がある．この検出と選別との動作に相当するのが保護継電方式である．また，電力系統に事故が発生した場合に，これを高速，確実に除去しても，この波及によって，大きな発電力や負荷を系統から切り離し周波数が異常となったり，残りの設備が過負荷を生じたり，安定度が破れて脱調現象を生じ需要の不均衡を生じて大停電事故に発展する場合もある．このような場合でも電力系統を安定化し，大停電の未然防止はもとより，供給支障を極力最小限の範囲に留めるのが保護継電方式の重要な役割である．

保護継電器は発変電所や開閉所に設置されており，**図 9.1** のように計器用変圧器 PT(または PD)または変流器 CT と組み合せ，故障発生のときには，保護継電器は直ちに動作し，その接点を閉じ，遮断器(CB)の引外しコイル(trip coil)を

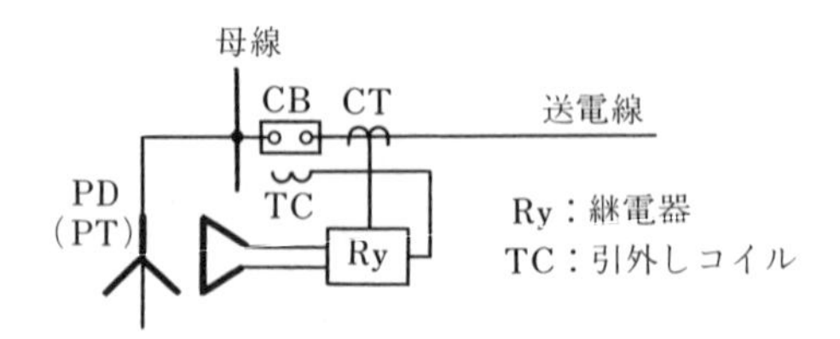

図 9.1 保護継電器の周辺回路

励磁して，短時間に遮断器を開放して故障区間を遮断する．この引外しに必要な制御電源には一般に蓄電池が用いられる．

9.2　保護継電方式の構成

電力系統に発生した事故を除去するための保護継電方式は，主保護継電方式と後備保護継電方式に分けることができる．主保護は，最も速やかに故障区間を最小範囲に限定し除去することを責務とし，後備保護は，主保護が失敗した場合，または保護しえないときに，ある時間を置いて動作するバックアップの継電方式である．

1.　主保護継電方式　　**図 9.2** において，事故除去は遮断器の開放によって行われるため，遮断器で囲まれた最小範囲，つまり同図の破線で固まれた範囲が事故除去のための最小範囲となる．このような事故除去を最小範囲の停電ですむような遮断指令を出すものが主保護継電方式であり，この方式の構成にあたって主役となる継電器を主保護継電器と呼んでいる．

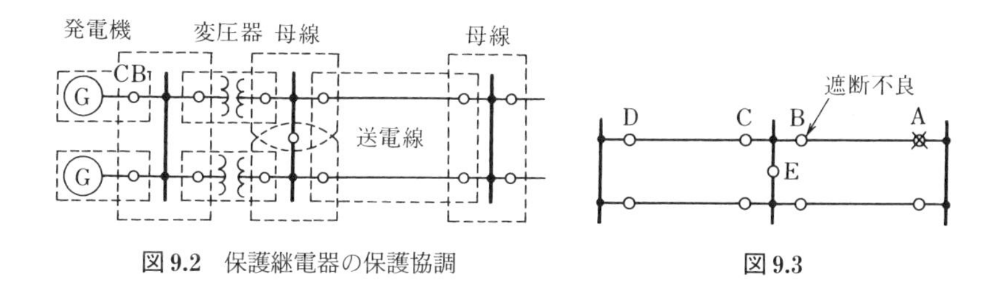

図 9.2　保護継電器の保護協調　　　　**図 9.3**

2.　後備保護継電方式　　**図 9.3** で遮断器 A が開放されたが，遮断器 B が開放されないような事態を想定する必要があり，その原因としては B を開放する保護継電器の不良，あるいは B 自体の故障による不動作などが考えられ，どの場合でも事故を除去する必要がある．B に最も近接する C(D でもよい)および E を開放すればよく，このように主保護継電器による事故除去が失敗した場合は隣接区間の遮断器を開放して事故除去を行う．この目的の保護継電方式を後備保護継電方式と呼び，この方式の主体をなす継電器を後備保護継電器という．

9.3　保護継電器の具備すべき条件

保護継電器はその役割を果たすため選択性と高速性が要求されるが，その具備すべき条件は次のとおりである．

（1）　故障を迅速に，かつ正確に選択すること．

（2）　動作が確実で感度が敏感であること．

（3）　保守，点検が容易である．

（4）　機械的，熱的に堅ろうであること．

（5）　価格が安く，かつ消費電力が少ないこと．

（6）　温度，波形などの影響が少なく，長時間にわたって使用できること．

このなかで，特に重要な必要性能は，故障発生から故障除去までの時間が極力短いことと，故障除去のための停電範囲が最小限となることである．

〔ディジタル形保護継電器〕

近年，従来の電磁形や静止形(トランジスタ)継電器に代表されるアナログ形保護継電器に代り，新たにマイクロプロセッサ(CPU)を用いたディジタル形保護継電器が多く使用されてきているが，このディジタル形保護継電器はアナログ形保護継電器にない次のような優れた特徴がある．

（1）　**高性能・高機能化**　　マイクロプロセッサの豊富な演算処理機能およびメモリ機能を活かして，保護継電器の高性能化，機能の拡張，新方式の創出などが可能である．距離継電方式で故障点抵抗，潮流分流効果の測距への影響を少なくし，測距精度の誤差の向上や至近端故障で電圧が確立していないときの方向判定能力の向上などが期待できる．

（2）　**高信頼度化**　　常時監視・自動点検をハードウェア・ソフトウェア両面から対処できる．このため装置全体の常時監視・自動点検を高精度・広範囲かつ高頻度に行うとともに，マイクロプロセッサの自己診断機能を活用することにより，装置の故障・異常の発見が容易となって装置の稼働信頼度が向上する．

（3）　**無保守化**　　保護継電器の機能をプログラム化してメモリに記憶しておくため部品の経年変化による特性変化(ドリフト)がなくなり，無保守化に適している．

（4）　**融 通 性**　　保護継電器の特性はプログラム化してメモリに記憶されているので入出力数の変更がないかぎり，保護方式に変更あるいは部分追加はメモリの内容変更で対応できるため融通性に富んでいる．反面，プログラムの変更時は十分な検証・試験が必要となる．

（5）　**小 形 化**　　従来の多種類の保護継電器と補助継電器を共通のマイクロプロセッサで演算できるため，部品が減少するとともに，配線などで構成されていた装置がLSIに置換されるので，大幅な小形化や盤面数の縮小化が実現できる．

（6）　**標準化・保守管理の省力化**　　ディジタル形継電器ではハードをほとんど変更することなくプログラムによって多種類の保護継電器の機能が実現できる．このためハードの標準化が可能であり，ソフトの機能ごとのサブルーチン化などによって標準化が可能となる．装置の標準化によりハードの多様化，品質，特性の均一化，生産性の向上およびそれに基づく低価格，保守・管理の省力化などの利点が期待できる．

ディジタル形保護継電器は今後の半導体技術，伝送技術，センサ技術の発達および演算アルゴリズムの開発などとともに，ディジタルの特徴をさらに活かした新しい保護継電器へと発展していくものと考えられる．

9.4　送電線の保護継電方式

送電線は変電所や発電所の機器に比べ，保護範囲が広く，かつ自然現象の脅威を受けやすいので，いかなる条件のもとでもその保護区間内の事故選択の確実性，事故除去時間の迅速性および動作の信頼性を満足するとともに，送電線の重要度や事故の確率およびその影響の大きさに応じた経済的な継電方式を採用しなければならない．

送電線の故障種類としては，1線地絡が最も多いが，2線以上の地絡・短絡もしばしば発生し，異相地絡・2回線同時地絡を生じることもある．

送電線に使用される保護継電方式として次のものがある．

（1）　過電流継電方式

（2）　方向過電流継電方式

（3）　回線選択継電方式

（4）　距離継電方式

（5）　パイロット継電方式

1.　過電流継電方式（OCR 方式，OCGR 方式）　　送電線の保護継電方式のなかで最も基本的でシンプルな方式であり，放射状系統を構成する送電線の保護に古くから用いられてきた．この方式の構成図を**図 9.4** に示すが，送電線の点 F で故障を発生した場合，常時の負荷電流より大きな電流が流れ，これを過電流継電器（OCR）が検出して遮断器 CB を遮断させる．この場合，継電器 1（Ry 1）の動作時間を継電器 2（Ry 2）より長くなるようにしておけば，継電器 2 が先に動作を定了し B 端の遮断器を引き外して故障除去するので，継電器 1 が動作し A 端の遮断器を引き外す前に故障区間は除去されることになる．

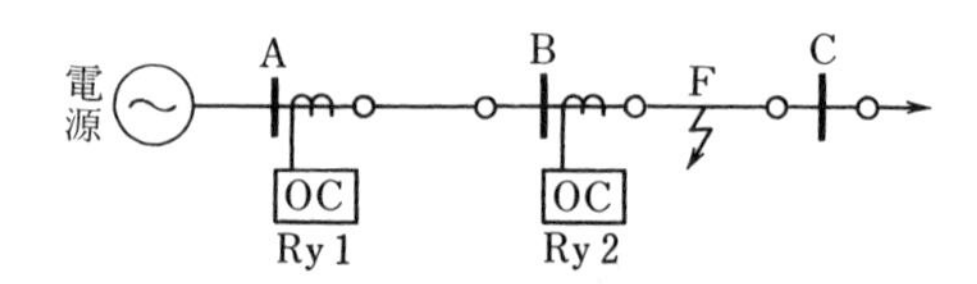

図 9.4　過電流継電方式

つまり，この方式は，電源から最も遠い継電器の動作時間を最も短くし，電源に近づくにつれて段階的に継電器の動作時間を長くし，これを**保護協調**と呼んでいる．その動作時間の差によって，故障区間を選択遮断するものである．

この方式は，かなりの時間差を各段階に設ける必要があるため，発電機，変圧器などにおける短絡時間の制約，ならびに継電器時限の整定面から，多くの選択段階を設けることは困難である．また，この方式は，短絡，地絡いずれの故障の適用に対しても基本的には同じことであるが，地絡故障に適用する場合には，背後電源の中性点を接地する必要がある．

2.　方向過電流継電方式（DSR 方式，DGR 方式）　　電源が送電線の片端のみの場合は **1.** の方式で保護することが可能であるが，**図 9.5** のように両端電源の場合は，故障点の位置により故障電流の方向が異なるので，**1.** のような無方向性の方式では故障区間を選択遮断することができなくなる．この際，方向性を有する方向過電流継電器を用いると，それぞれの電源から故障電流を **1.** の場合と同様に考えれば，故障区間の選択が可能となる．図 9.5 では，電源 A から供給

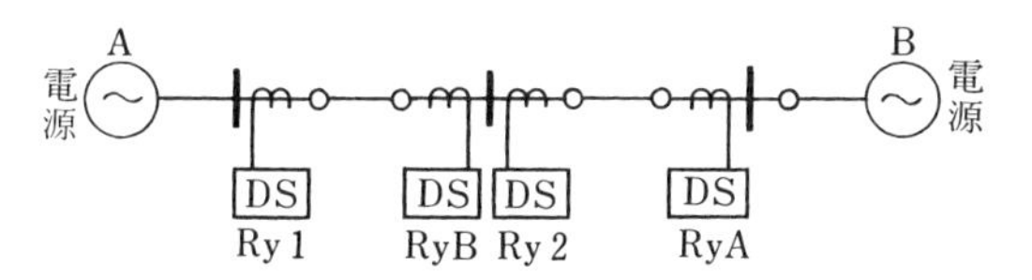

図 9.5　方向過電流継電方式

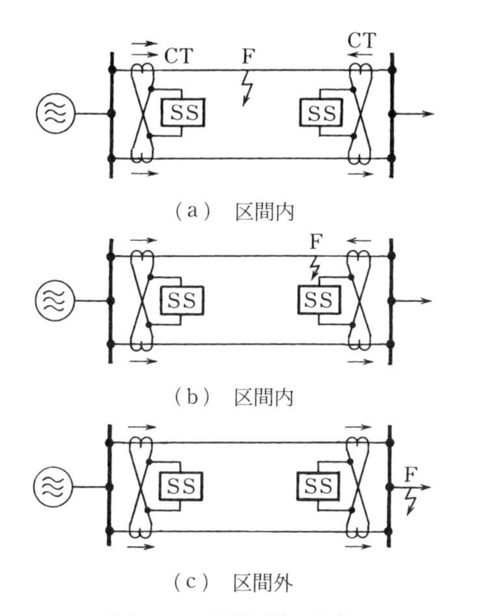

図 9.6　回線選択継電方式

される故障電流に対し，継電器 1，2 を電源 B から供給される故障電流に対して継電器 A，B で保護させればよい．

この方式は，環状系統の場合でも両端電源の場合と同様に扱える．また，中性点高抵抗接地系統の地絡後備保護として多く用いられている．

3.　回線選択継電方式（SSR 方式，SGR 方式）　平行 2 回線のうち一方の回線にのみ故障が発生した場合，両回線の電流または電力を両端で比較して故障回線を選択遮断する継電方式である．この方式には電流平衡式と電力平衡式の二つがある．

図 9.6 は電力平衡式の場合で，線路端に設けた両回線の変流器 CT の二次側を交差接続し，差回路を生じる差動電流を電力方向継電器と過電流継電器に導く，

区間中故障では差動電流は両端の方向継電器に互いに逆方向に流れるため，動作方向に流れた側の継電器が接点を閉じて故障回線を選択する．区間外故障では差回路に電流が流れず電力方向継電器は動作しない．過電流継電器は，区間外故障時に生じる両回線の電流不均衡によって誤動作することを防止するために設けられる．この方式では，故障が変電所近端に発生すると同図(**b**)のように故障回線の故障点近傍の継電器のみが開放され，その後に相手端継電器が動作する．このように継電器動作が2段階に行われることを**直列引外し**という．直列引外しでは，故障の除去に時間がかかり，系統の動揺や事故波及やどに悪影響を及ぼす．

この方式は，66～154 kVの平行2回線送電線の主保護継電方式として採用されている．また，2回線送電線が併用しているときだけ適用でき，各単独に運転される場合は適用できなく，隣接区間の故障に対しても動作しえないので，別に後備保護継電器を設置している．

4.　距離継電方式(DZR方式，DZGR方式)　距離継電器を使用し，事故時の電圧，電流を使って故障点までの線路インピーダンスを測定し，それが保護範囲内のインピーダンスより小さければ事故とみなして遮断器に引外し指令を出す継電方式である．この方式は，継電器の距離判定誤差によって，区間外事故に誤動作することを避ける目的で，**図9.7**に示すように第1段継電器(時限瞬時，$t_1=0$)は保護区間の80%以内に整定する．このため相手端の近端故障では，保護区間120～150%とした第2段継電器(時限t_2)で保護するようにしている．ついで，遠方の後備保護として保護区間300～400%以内の第3継電器(時限t_3)を1個の継電器の中に内蔵させている．この方式は，過電流継電方式などのように，電源に近づくほど動作時間を長くさせる必要がなく，単に高速遮断できる利点をもっている．

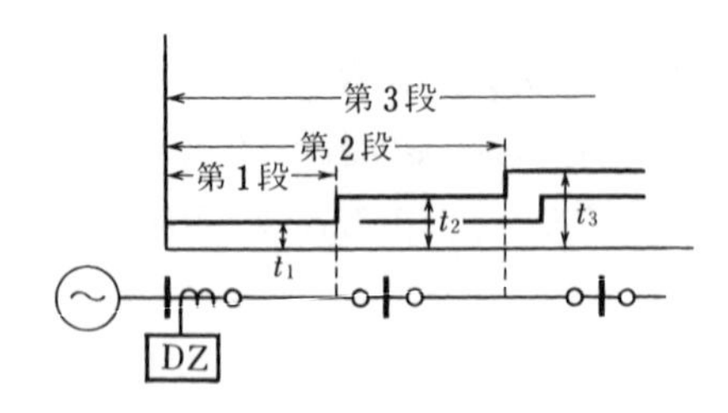

図9.7　距離継電方式

用途としては，66 kV 級の主要送電線の主保護継電方式として用いられるが，110〜154 kV 以上の送電線ではパイロット継電方式の後備保護継電方式として広く適用されている．短絡保護用はどのような中性点接地方式についても用いることができるが，地絡保護用は直接接地系だけに限定される．

5.　パイロット継電方式　　**1.〜4.** までの方式は被保護送電線の両端を同時高速遮断を行うことは困難であり，特に 3 端子系の送電線ではよりむずかしくなる．そこで各端局の電気的条件（たとえば電流，電力など）を相互に比較しあい，動作するようにし故障点の位置に関係なく，高速度で確実に選択遮断する方式として考えられたのがパイロット継電方式である．

各端局の伝送方式として表示線，電力線搬送，マイクロ波搬送，通信線搬送（光ファイバ搬送を含む）を使用するものがあるが，これらの方式を総称してパイロット継電方式と呼んでいる．

パイロット継電方式
- 表示線継電方式……表示線（パイロットワイヤ）
- 搬送継電方式……電力線搬送，マイクロ波または通信線搬送

この方式には上に示したように表示線継電方式と搬送継電方式の二つがあり，さらに搬送継電方式は電力線搬送，マイクロ波搬送，通信線搬送に分けられる．

a.　表示線継電方式　　送電線の保護区間の両端に表示線を設けて相互に伝送し，一致した判定に基づき同時に動作させる方式である．表示線の使い方として交流を流す直接式と接点状況を直流で伝える間接式がある．直接式には電流循環式と電圧反向式があり，現在多く用いられているのは前者であり，後者は 22 kV のループ系統の送電線保護に用いられているのみである．

図 9.8（a）は電流循環式の原理図で，常時両変換器の二次電流は循環しており，

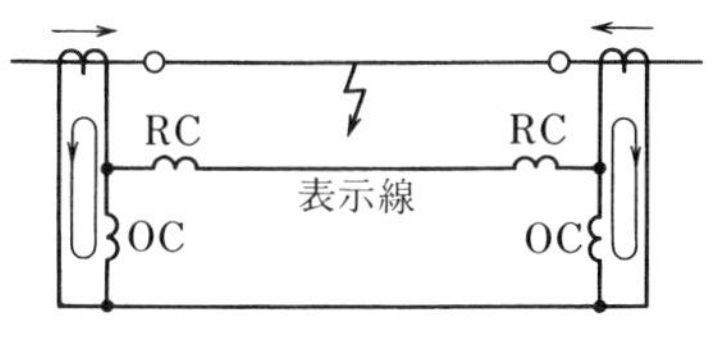

（a）　電流循環式

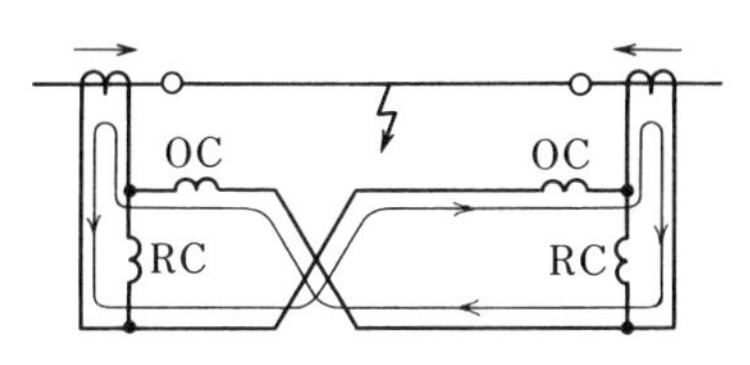

（b）　電圧反向式

PC：抑制コイル，OC：動作コイル

図 9.8　表示線継電方式

内部故障時に両変流器のベクトル差だけの電流が各動作コイルに分流して動作する．同図(**b**)は電圧反向式の原理図で，内部事故のとき動作コイルに電流が流れ，常時は表示線には電流は流れていない．

この方式はケーブル送電線や比較的短距離の重要送電線の主保護継電器として用いられている．

b.　搬送継電方式　保護区間の両端局の状態を表示線の代りに電力線搬送波またはマイクロ波信号を用いて相互に伝送する継電方式である．基本方式として方向比較，位相比較，電流差動および転送引外しの各方式に分けられる．

(1)　**方向比較継電方式**　この方式は，方向継電器またはモー継電器を用いて，故障電流の方向を各端子で判定し，故障電流が少なくとも1端子で流入してほかの端子から流出することがないことを搬送信号によって確かめた後に動作させる方式である．信号の伝送には電力線搬送が多く用いられており，常時信号を送出している常時送出方式と，故障が発生したら信号を送出する故障時送出方式とがあるが，いずれも信号は遮断器の引外しを阻止する信号として使用している．動作原理は**図9.9**のように外部事故では故障電流が保護区間を通過するときは，流入端子は引外しを企画するが，流出端子からの阻止信号を受信するので動作しない．内部事故では，流出端子がなく，阻止信号の送出がないので動作する．

この方式は信号伝送の信頼度が高い電力線を搬送しているため，154 kV級送電線の主保護継電方式として多く用いられている．

(2)　**位相比較継電方式**　故障電流の位相を両端局相互に搬送波を用いて比較し，区間内外の故障を判別する方式である．**図9.10**はこの方式の原理図であるが，外部故障のときに両端子の変流器二次電流を互いに逆位相になるように接続する．この状態で，電流の同極性半サイクルを引外し企画期間，ほかの半サイクルを阻止信号の送出期間とすれば，自端の引外し企画期間中，相手端から阻止信号を受信することとなり，引外しは行わない．内部故障の場合は，負荷側端子の電流位相が逆転し，引外し企画期間に相手端からの阻止信号は達せず，引外しが行われることとなる．

この方式はきわめてシンプルな原理であるため信頼度が高く，多相再閉路も適用しやすいので，275 kV，500 kVの基幹送電線の主保護用として用いられている．ただし，各相の位相比較を行うので伝送すべき信号量が多いため，マイクロ

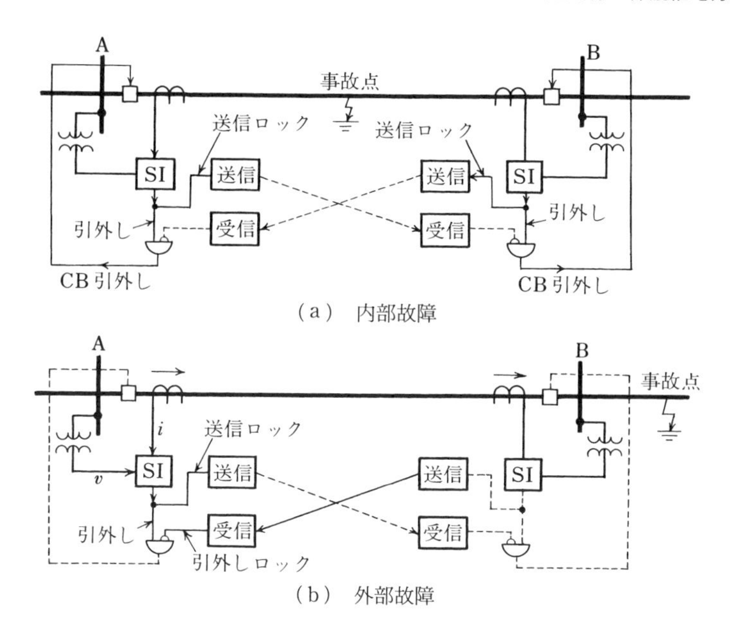

両端子とも常時信号は送出している．SI が動作すれば，信号は停止し，
引外しは企画する信号が到達していれば，引外しは行われない．

図 9.9　方向比較継電方式

波伝送回路が必要となる．

（3）　**電流差動継電方式**　　この方式には PCM 電流差動方式と FM 電流差動方式があるが，いずれも図 **9.11**(**a**)，(**b**)のようにマイクロ波伝送回路を使って電流の瞬時値を伝送し，比率差動原理によって動作判定するものであり，2 端子はもちろん 3〜4 端子など多端子送電線の保護用として開発されたもので，ディジタル継電器の普及に伴い 275 kV，500 kV の基幹系統の主保護用と多く採用されてきている．

（4）　**転送遮断方式**　　この方式は外部事故では動作することがなく，動作が内部事故のみに限定されている継電器(たとえば距離継電器や回線選択継電器など)の動作のとき，自らの端子を遮断すると同時に搬送信号を転送し，ほかの端子も遮断させる方式である．この方式は事故が内部事故に限定しているときのみ動作させることを前提としているので，複雑な事故の場合は誤動作するおそれがあるため，適用に際しては慎重な検討を要する．

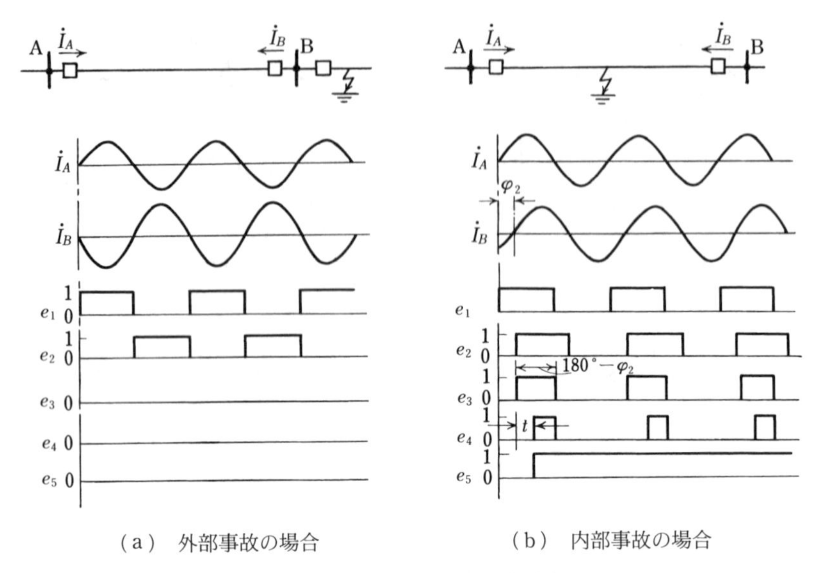

（a）　外部事故の場合　　　（b）　内部事故の場合

図 9.10　位相比較回路の原理図

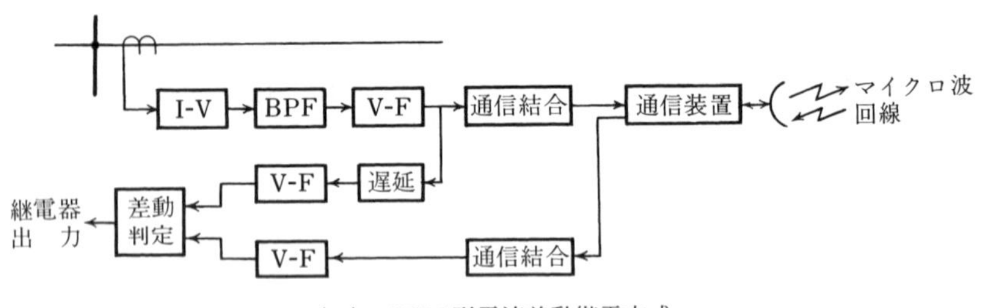

（a）　PCM 形電流差動継電方式

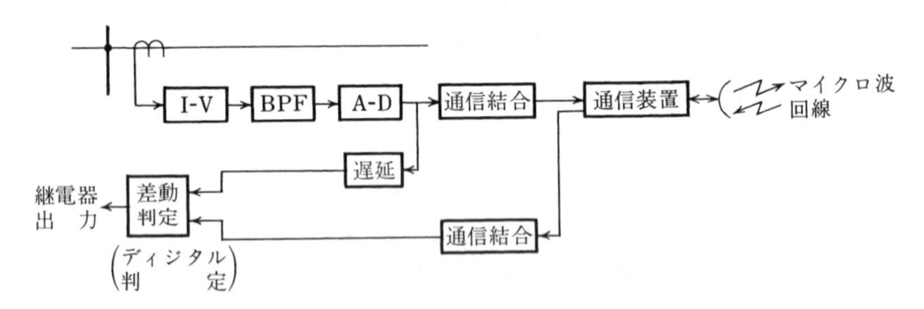

（b）　FM 形電流差動継電方式

I-V：電流電圧変換器　　BPF：帯域フィルタ　　V-F：電圧周波数変換器

図 9.11　電流差動継電方式

【例題 9.1】　次の［　］の中に適当な答を記入せよ．

パイロット継電方式の種類は，伝送回路の種類によって，通常［　　　］方式，電力線搬送方式および［　　　］方式の三つに分けられる．また，どのような信号を伝送するかによって，［　　　］比較方式，［　　　］比較方式，電流差動方式および［　　　］方式の四つに分類することができる．

【解】　表示線(パイロットワイヤ)，マイクロ波，方向，位相，転送遮断

9.5　配電線・高圧受電設備の保護

1.　配電線の保護　架空配電線の事故は雷・風雨水害，氷害，塩害など自然現象が約 50%，設備不備，保守不備があわせて約 20%，自動車の衝突，クレーン車の接触などの故意過失が 20%，その他 10%となっている．高圧配電線は大部分，中性点が非接地の放射状系統が多いので保護方式もシンプルで経済的な方式を適用することができる．

（1）　**短絡保護**　過電流継電方式(3 相のうち 2 相だけに設ける)

（2）　**地絡保護**　地絡過電流継電方式および地絡方向継電方式

一般に，多回線配電線路では地絡方向継電器が用いられている．これは配電用変電所の共通母線から引き出される配電線ごとの地絡電流が，故障線路と健全線路では逆方向となるので，故障線路の地絡方向継電器で故障回線の選択が可能となる．ただし，非接地系配電線の地絡事故では，地絡電流が充電電流だけで小さく，さらに地絡抵抗が高い場合には零相電圧，電流とも十分な値にとれなくなるので，地絡継電器の感度整定を適正に行う必要がある．

配電線の保護方式として，上記のほかに故障遮断による供給支障を極力少なくする目的で，故障遮断後に電源側から健全な区間を選別して再送電する故障区間分離方式がある．この制御方式には，時限による順送式および直流または高周波を利用する搬送制御方式があり，順送式が多く使用されている．

柱上変圧器，低圧配電線の保護としては，柱上変圧器の一次側に過電流保護のために高圧カットアウト，または二次側に高低圧混触時の危険防止のためにＢ種接地工事を施し，さらに，過電流保護のため，引込線にはケッチホルダ，低圧需要家には引込開閉器を設けている．地絡保護は感電防止，火災防止，アーク事

故の防止にあり，接地工事によって保護するのが基本であるが，近年は，漏電遮断器によって電路を積極的に遮断する方法がとられている．

2.　高圧受電設備の保護　　高圧受電設備の高圧側の受電方式としては，受電設備容量500 kVA以下の主遮断装置には設備の簡素化から高圧限流ヒューズ(PF)と高圧交流負荷開閉器(S)を組み合せたPF・S形が，それより大容量の設備には主遮断装置には遮断器(CB)と過電流継電器を組み合せたCB形が使用される．高圧母線などの高圧側の短絡事故はPF・S形ではPFで，CB形では過電流継電器とCBで行う仕組みとなっている．また，低圧側の配線用遮断器にはMCCBが用いられ，この装置は電路に過電流が生じたときは自動的に電路を遮断する能力がある．一般的に負荷開閉器では短絡電流の遮断は困難となる．

地絡保護装置としては，通常，零相変流器(ZCT)により零相電流を検出して動作させる地絡過電流継電器(OCGR)が用いられる．しかし，この継電器は無方向性のため構内の高圧ケーブルのこう長が長い場合には外部事故時に大きな充電電流が流れて不必要動作することがある．このような場合には接地用変圧器(GPT)を設置して零相電圧を検出して，この零相電圧と零相電流を組み合せた地絡方向継電器(DGR)が用いられる．

9.6　電力系統の瞬時電圧低下と瞬時停電

1.　瞬時電圧低下と瞬時停電　　電力系統において雷などで送変電設備が故障した場合には保護継電装置により高速度で故障区間を除去するが，故障除去するまでの短時間(最大で2秒程度)は瞬間的な系統電圧の低下や停電，いわゆる瞬時電圧低下や瞬時停電や発生する．一方，近年の生産設備や事務機器はコンピュータやサイリスタなどを中心とする高精度，高感度のエレクトロニクス機器が多く使用され，これらは電圧変動に対し敏感な機器であり，前述の瞬時電圧低下や瞬時停電によりメモリの消失やデータ処理が不安定となり，プログラムの誤動作，誤制御を発生させるなど大きな影響を受けることがあり，その対策は社会的に重要な課題といえる．

2.　瞬時電圧低下と瞬時停電の防止対策　　この現象は送変電設備が雷，風雨など自然にさらされている以上，事故は避けられなく，電力系統側で技術的に完全な対策を施すことは不可能であり，需要家側での対策が主体となる．

a.　電力系統側の防止対策　この対策の主体は事故の発生頻度，電圧低下および停電時間を極力少なく，かつ短くすることである．それには

（1）　雷などの事故を短時間に除去する．

（2）　送電線の地中化により雷・風雨などによる事故発生を極力少なくさせる．

（3）　電源の需要家近傍への分散配置により，電源と需要間の距離を短くし，事故発生を極力少なくさせる．

（4）　送電系統の分割や放射状化により電圧低下範囲を少なくする．

（5）　中性点の高インピーダンス化により事故頻度の多い1線地絡時の電圧低下を小さくさせる．

以上の対策が考えられるが，これらの対策は(1)を除きコストが高くなりすぎることや，系統安定性を阻害するなど実現上の課題が多く抜本対策とはならない．

b.　需要家側の防止対策　電力系統側で瞬時電圧低下と瞬時停電が発生した場合，需要家の何の機器がどのような影響を受けるかをよく把握したうえで適切な対策を施すことが重要である．防止対策にはバッテリ付の半導体交流無停電電源装置(UPS: Uninterruptible Power Supply)などを設置する方法と発生時に運転継続させる方法の二つがあり，これらの具体的な防止対策を取り上げれば次のとおりである．

（1）　コンピュータに代表されるエレクトロニクス機器にUPSを付加する．UPSの基本構成は**図9.12**のように，整流器，バッテリ，インバータからなり，瞬時電圧低下と瞬時停電が発生した場合にはバッテリからインバータへ直流電力を供給して負荷側に常に交流電力を継続させる装置である．

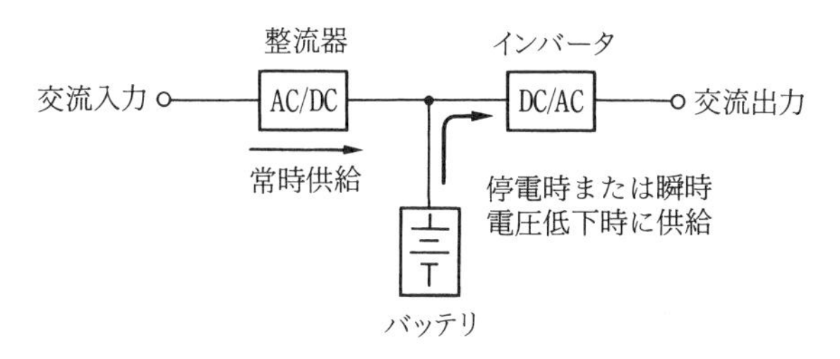

図9.12　UPSの基本回路構成

（2）　サイリスタなどによる可変速電動機には電圧低下時にサイリスタの動作のみをロックして，電圧復帰時に自動的にロックを解除して電動機を正常運転させる．

（3）　電動機には遅延釈放式，タイマ挿入式，コンデンサ逆励磁式などのマグネットスイッチを取り付け電動機の運転を継続させる．

（4）　高圧水銀灯はランプ消灯時に高圧パルスを発生させてランプを点灯する瞬時再点灯形などを採用したり，取り換える．

（5）　受電設備に短時間動作形不足電圧継電器(UVR)を取り付け動作時間を遅延させ，操業製品の品質面や機器保護面で許すかぎり電力の受電を継続させる．

問　　　題

9.1　保護継電装置は，電力系統の機器，電線路などに故障が発じた場合に動作し，事故の拡大を防止するうえで重要な役割を果たすが，保護継電装置が，その責務を果たすため具備すべき機能を列挙せよ．

9.2　近年，電力系統に使用される保護継電装置のディジタル化が急速に進んでいるが，ディジタル形保護継電装置の特徴を説明せよ．

9.3　電力系統の保護に用いられる継電器の説明として，誤っているのはどれか．

（1）　過電流継電器は，一定の電流値以上で動作する．

（2）　距離継電器は，故障点までのインピーダンスが一定値以下で動作する．

（3）　差動継電器は，被保護区間を出入りする電流の差が一定値以下で動作する．

（4）　不足継電器は，一定の電圧値以下で動作する．

（5）　短絡方向継電器は，一定方向に一定値以上の短絡電流が流れた場合に動作する．

9.4　次の文章は，送電線保護リレーに関する記述である．文中の［　　］に当てはまる最も適切なものを解答群の中から選べ．

［（1）］は，平行2回線送電線路の保護リレー方式として，66〜77 kV 級送電線路を主体に広く採用されている．この方式は，保護対象区間の範囲内の1回線事故の場合に，電源端では事故回線に流れる事故電流が健全回路に流れる事故電流と比べて［（2）］こと，及び，非電源端では両回線で事故電流の方向が反対になることを利用して事故回線を検出する．

送電線の短絡保護にこの保護リレー方式を適用した，両端が電源端である**図問 9.4** の平行2回線送電線路において，A 端からの距離の比率が a の地点(A 端と B 端の間の保護範囲内に限る.)で短絡事故が発生し，A 端，B 端から短絡電流 I_A，I_B が流入した場合を想定する．また，A 端における各送電線の電流 I_{A1}，I_{A2} に対する変流器の2次電流を i_{A1}，i_{A2} とすると，

A 端のリレーに流れる電流 i_{AR} は $i_{AR}=i_{A1}-i_{A2}$ と表されるものとする．ここで，同じ変流比で I_A，I_B を変換したものを i_A，i_B と表すとき，A 端のリレーに流れる電流 i_{AR} は i_A，i_B を用いて［（3）］と表される．事故点が A 端近傍，B 端近傍，及び中間付近の場合で i_{AR} を比較すると，［（4）］の場合に i_{AR} が最も小さくなり，これがある一定値を下回ると A 端のリレーは［（5）］．

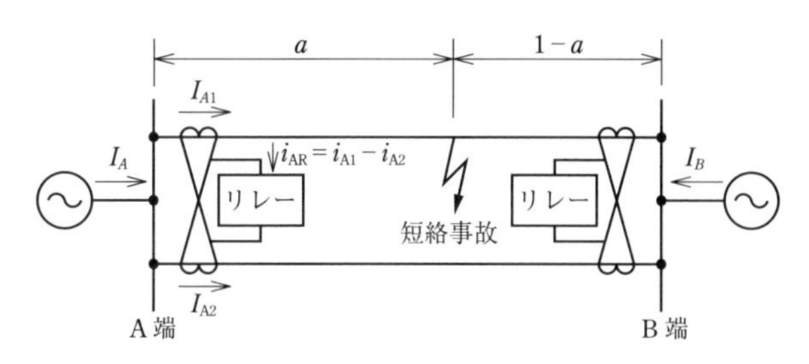

図問 9.4

〔解答群〕

（イ）B 端近傍	（ロ）$\left(1-\dfrac{a}{2}\right)\times i_A+\dfrac{1-a}{2}\times i_B$	（ハ）方向比較リレー方式
（ニ）回線選択リレー方式	（ホ）動作しない	（ヘ）大きくなる
（ト）$(1-a)\times(i_A+i_B)$	（チ）電流差動リレー方式	（リ）誤動作する
（ヌ）A 端近傍	（ル）小さくなる	（ヲ）動作する
（ワ）$\dfrac{a}{2}\times i_A-\dfrac{1-a}{2}\times i_B$	（カ）等しくなる	（ヨ）中間付近

出典：平成 30 年度第二種電気主任技術者一次試験電力科目

9.5　非接地式高圧系統において，接地用変圧器を用いて零相電圧を検出する場合，次の**図問 9.5** のうち正しいのはどれか．

9.6　高圧受電設備の地絡保護装置として，［（ア）］を設置せずに，［（イ）］のみにより動作する［（ウ）］継電器を用いているものがあるが，受電点より負荷側の構内ケーブル系統が［（エ）］と，外部事故時に誤動作するおそれがあるので，注意が必要である．

上記の記述中の［　］(ア)，(イ)，(ウ)および(エ)に記入する字句として，正しいものを組み合せたのは次のうちどれか．

	(ア)	(イ)	(ウ)	(エ)
（1）	GPT	零相電圧	地絡方向	短い
（2）	GPT	零相電流	地絡過電流	長い
（3）	ZCT	零相電流	地絡方向	短い
（4）	ZCT	零相電圧	地絡過電流	長い
（5）	ZCT	零相電圧	地絡過電圧	長い

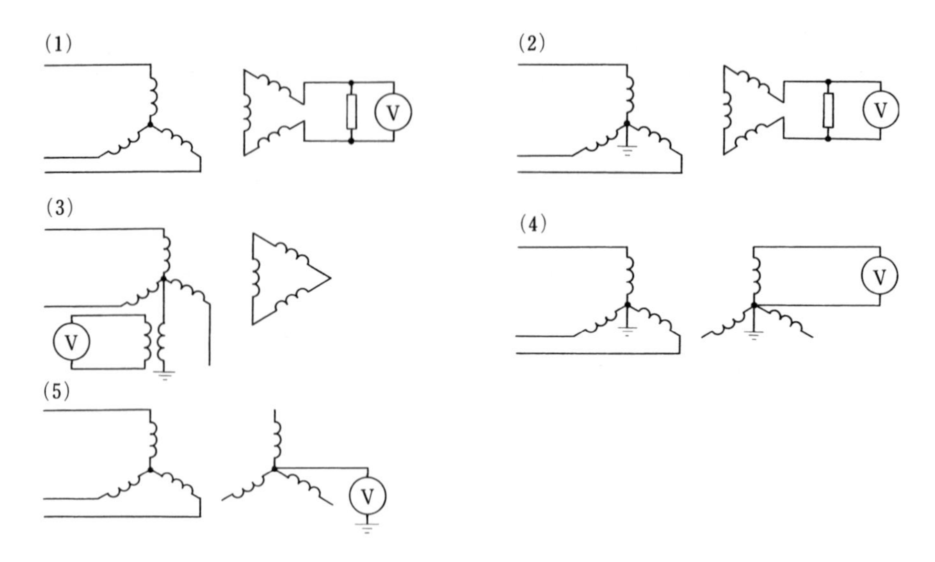

図問 9.5

9.7　次の文章は，配電系統と需要設備の電路の保護及び配電系統の故障区間分離方式に関する記述である．文中の［　　］に当てはまる最も適切なものを解答群の中から選べ．

電路の保護には一般に［（1）］保護，短絡保護，地絡保護がある．

［（1）］保護の場合は，導体の［（2）］に達するまでに電流を遮断することが求められるが，あらゆる条件下で自動遮断することは困難なため，施設場所の危険度に応じて，適切な場所に過電流遮断器を設置する．

短絡保護の場合は，故障点から最も［（3）］の遮断器で故障点を速やかに切り離すことが基本である．

地絡保護は［（4）］が不十分であると，末端における故障でも直ちに広範囲の停電となることがある．

配電系統の場合，配電線を適当な区間に区分し，故障時に故障区間の電源側自動区分開閉器を開放して，故障区間以降を切り離す故障区間分離方式がとられている．この方式の制御方法には，自動区分開閉器の［（4）］による［（5）］方式と，制御信号を使用した信号方式とがあるが，前者が一般的に使用されており，配電用変電所の再閉路，再々閉路等における自動開閉器の動作状況により故障区間と健全区間を自動的に切り分けている．

〔解答群〕

(イ)　差動協調	(ロ)　遠い電源側	(ハ)　瞬時電圧低下
(ニ)　時限協調	(ホ)　時限順送	(ヘ)　近い負荷側

(ト) 許容温度	(チ) 過負荷	(リ) 連続使用時許容電流
(ヌ) 短時間許容電流	(ル) 定格電流	(ヲ) 絶縁協調
(ワ) 自動区間開放	(カ) 近い電源側	(ヨ) 逆電力遮断

出典：平成 29 年度第二種電気主任技術者一次試験電力科目

9.8 次の文章は，我が国の高低圧配電系統における保護に関する記述である．

6.6 kV 高圧配電線に短絡や地絡などの事故が生じたとき，直ちに事故の発生した高圧配電線を切り離すために，[(ア)]と保護継電器が配電用変電所の高圧配電線引出口に設置されている．

樹枝状方式の高圧配電線で事故が生じた場合，事故が発生した箇所の変電所側直近及び変電所から離れた側の[(イ)]開閉器を開放することにより，事故が発生した箇所を高圧配電線系統から切り離す．

柱上変圧器には，変圧器内部及び低圧配電系統内での短絡事故による過電流保護のために高圧カットアウトが設けられているほか，落雷などによる外部異常電圧から保護するために，避雷器を変圧器に対して[(ウ)]に設置する．

[(エ)]は低圧配電線から低圧引込線への接続点などに設けられ，低圧引込線で生じた短絡事故などを保護している．

上記の記述中の空白箇所(ア)～(エ)に当てはまる組合せとして，正しいものを次の(1)～(5)のうちから一つ選べ．

	(ア)	(イ)	(ウ)	(エ)
(1)	高圧ヒューズ	区分	直列	配線用遮断器
(2)	遮断器	区分	並列	ケッチヒューズ(電線ヒューズ)
(3)	遮断器	区分	直列	配線用遮断器
(4)	高圧ヒューズ	連系	並列	ケッチヒューズ(電線ヒューズ)
(5)	遮断器	連系	直列	ケッチヒューズ(電線ヒューズ)

出典：令和 3 年度第三種電気主任技術者試験電力科目

9.9 次の文章は，電力系統に発生する瞬時電圧低下に関する記述である．文中の[　　]に当てはまる最も適切なものを解答群の中から選びなさい．

瞬時電圧低下は，電力系統の各種事故により，系統の電圧が瞬間的に低下するために発生するものであり，コンピュータが停止するなどの影響を与えることがある．

瞬時電圧低下は，送電鉄塔又は架空地線に落雷した場合，鉄塔電位が上昇し，[(1)]が発生し，地絡事故となり発生する．また，雪害等により相間短絡が発生した場合は，より大きな瞬時電圧低下となる．

瞬時電圧低下に対する系統側での対策は，送電線に落雷等により地絡又は相間短絡が生じた場合，[(2)]が動作して遮断器が開放し，事故箇所を系統から極めて短時間で切り離すことなどが実施されている．

負荷側での対策は，瞬時電圧低下によって影響を受ける負荷設備によって，次のものが挙げられる．

・無停電電源装置がないコンピュータの場合，電源部(直流部分)に[(3)]を接続する．

・［（4）］を使用している電動機等に対しては，［（4）］を遅延釈放方式のものや，自己保持機能を有するものにする．
・パワーエレクトロニクス素子を使用している可変速電動機に対しては，制御方式を電圧低下時にはコンバータ又はインバータを［（5）］にし，電圧復帰後自動的に正常運転に戻す方式とする．

〔解答群〕

（イ）　フラッシオーバ	（ロ）　電磁開閉器	（ハ）　区分開閉器
（ニ）　真空開閉器	（ホ）　ロック状態	（ヘ）　気中開閉器
（ト）　過負荷状態	（チ）　オープン状態	（リ）　逆フラッシオーバ
（ヌ）　遮へい	（ル）　保護リレー	（ヲ）　断路器
（ワ）　リアクトル	（カ）　バイパス装置	（ヨ）　電池

出典：平成26年度第二種電気主任技術者一次試験法規科目

9.10　コンピュータなどの電源として停電や大幅な電圧低下でも使用可能なように，近年，半導体交流無停電電源装置(UPS)が用いられるようになってきた．UPSの基本的な回路構成および役割について述べよ．

第10章 電力系統の制御と通信

10.1 電力系統の電圧・無効電力制御

需要家端における電圧は極力一定とすることが望ましい．また需要家の有効電力の消費は重負荷時と深夜時において2：1程度の変動があり，さらに季節的変動もある．発電所から需要家までの電圧降下は負荷変動に応じて変化するので，送電および配電系統において電圧降下の変化分を吸収する電圧調整が必要となる．つまり，電力系統の電圧調整の基本的考え方としては

（1） 電力系統末端の電圧を絶えず一定値とし，負荷変動による電圧降下の変動をそれぞれ送電および配電系統で吸収する．

（2） 電力系統の末端電圧の目標値として重負荷，軽負荷など2段階程度を定め，配電系統の電圧降下変動の一部をも送電系統で吸収する．

送受電端電圧を一定にして送電する方式を定電圧送電方式というが，前述(1)，(2)はほぼこの範囲となっている．

10.1.1 電圧・無効電力制御の必要性と目標値

1. 電圧・無効電力制御の必要性　　電力系統の電圧変動の原因としては，有効電力および無効電力が需要と供給で不均衡となった部分に表れるが，無効電力による変化がきわめて大きい．このため電圧変動を一定に抑制するには無効電力を制御する必要がある．これらの電圧変動は，次の理由から極力小さいほうが望ましい．

（1）　**電気利用者側**

（a）　一般家庭用電気機器（蛍光灯，テレビジョン，冷蔵庫など）の正常運転

（b）　産業用電気機器（電動機，電子計算機など）の安定運転

（2）　**電気供給者側**

（a）　発変電所の安定運転

（b）　電力損失の軽減

（c）　電力系統の安定度維持

2.　電圧変動の許容範囲と目標値

（1）　**許容変動範囲**　　電圧変動の許容値は需要家側および供給者側の二つの面から定められるが，その一例をあげると次のとおりである．

（a）　電力系統側　　±5%程度以内

（b）　需要家側

特別高圧（22〜77 kV）　±8%程度以内，高圧（6 kV）　6〜6.9 kV

低圧　100 V 回路　101±6 V，　200 V 回路　202±20 V

（2）　**電圧目標値**　　実際の電力系統の電圧目標値は，需要家の負荷変動を考え，重負荷時と軽負荷時に分けて定めており，その一例を示すと**表 10.1** のとおりである．

表 10.1　電力系統の電圧目標値

〔単位：%〕

	発電所（端子電圧）	変電所（二次側母線）		
		超高圧系統	その他の系統	配電用
重負荷時	100〜102	100〜105	100〜102	100〜105
軽負荷時	95〜98	100〜105	95〜100	95〜100

10.1.2　電力系統の電圧・無効電力特性

1.　単純系統の電圧無効電力特性　　**図 10.1** のようなモデル系統の系統電圧と有効電力，無効電力の関係を求める．

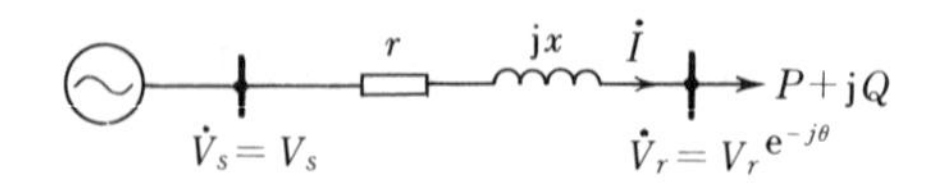

図 10.1　単純モデル系統

$$P+\mathrm{j}Q=\dot{V}_r\bar{I}=V_r\mathrm{e}^{-\mathrm{j}\theta}\left(\overline{\frac{\dot{V}_s-\dot{V}_r}{r+\mathrm{j}x}}\right)=V_r\mathrm{e}^{-\mathrm{j}\theta}\times\frac{V_s-V_r\mathrm{e}^{\mathrm{j}\theta}}{r-\mathrm{j}x}$$

$$=\frac{V_rV_s\mathrm{e}^{-\mathrm{j}\theta}-V_r^2}{r-\mathrm{j}x} \tag{10.1}$$

$$\left.\begin{aligned}&(P+\mathrm{j}Q)(r-\mathrm{j}x)=-V_r^2+V_rV_s\cos\theta-\mathrm{j}V_rV_s\sin\theta\\&Pr+Qx=-V_r^2+V_rV_s\cos\theta\\&Qr-Px=-V_rV_s\sin\theta\\&(Pr+Qx+V_r^2)^2+(Qr-Px)^2=V_r^2V_s^2\end{aligned}\right\} \tag{10.2}$$

いま，送電端電圧 V_s 一定として受電端電圧と有効電力，無効電力の関係を求める．つまり，$V_r=f(P,\ Q)$ と考え，$\varDelta V_r=\left(\frac{\partial V_r}{\partial P}\right)\varDelta P$，$\varDelta V_r'=\left(\frac{\partial V_r}{\partial Q}\right)\varDelta Q$ を求めることとなる．式(10.2)の最後の式を P で偏微分すると

$$2(Pr+Qx+V_r^2)\times\left(r+2V_r\frac{\partial V_r}{\partial P}\right)+2(Qr-Px)(-x)$$

$$=V_s^2\times2V_r\frac{\partial V_r}{\partial P}$$

$$\{V_s^2V_r-2V_r(Pr+Qx+V_r^2)\}\frac{\partial V_r}{\partial P}=r(Pr+Qx+V_r^2)-x(Qr-Px)$$

$$\frac{\partial V_r}{\partial P}=\frac{(r^2+x^2)P+rV_r^2}{V_r(V_s^2-2Pr-2Qx-2V_r^2)}=-\frac{Z^2P+rV_r^2}{V_r(2Pr+2Qx+2V_r^2-V_s^2)}$$

$$\therefore\quad \varDelta V_r=\left(\frac{\partial V_r}{\partial P}\right)\varDelta P=-\frac{Z^2P+rV_r^2}{V_r(2Pr+2Qx+2V_r^2-V_s^2)}\varDelta P \tag{10.3}$$

次に，式(10.2)の最後の式を Q で偏微分すると

$$2(Pr+Qx+V_r^2)\times\left(x+2V_r\frac{\partial V_r}{\partial Q}\right)+2(Qr-Px)r=V_s^2\times2V_r\frac{\partial V_r}{\partial Q}$$

$$\{V_s^2V_r-2V_r(Pr+Qx+V_r^2)\}\frac{\partial V_r}{\partial Q}=x(Pr+Qx+V_r^2)+r(Qr-Px)$$

$$\frac{\partial V_r}{\partial Q}=-\frac{Z^2Q+xV_r^2}{V_r(2Pr+2Qx+2V_r^2-V_s^2)}$$

$$\therefore\quad \varDelta V_r'=\left(\frac{\partial V_r}{\partial Q}\right)\varDelta Q=-\frac{Z^2Q+xV_r^2}{V_r(2Pr+2Qx+2V_r^2-V_s^2)}\varDelta Q \tag{10.3'}$$

そこで，有効電力変化に対する受電端電圧の変動と無効電力変化に対する受電端電圧の変動の割合を比較するため式(10.3)と式(10.3′)の比を求める．

$$\rho=\frac{\Delta V_r/\Delta P}{\Delta V_r/\Delta Q}=\frac{Z^2P+rV_r^{\,2}}{Z^2Q+xV_r^{\,2}}=\frac{ZP+r(V_r^{\,2}/Z)}{ZQ+x(V_r^{\,2}/Z)}=\frac{ZP+rP_s}{ZQ+xP_s} \tag{10.4}$$

ただし，$P_s=V_r^{\,2}/Z$：受電端短絡容量

式(10.4)において，$P_s \gg Q$，$Z \fallingdotseq x$ の関係から

$$\rho=\frac{ZP+rP_s}{xP_s}\fallingdotseq\frac{P}{P_s}+\frac{r}{x}\ll 1 \tag{10.5}$$

となる．つまり，受電端電圧の変動は有効電力変化より，無効電力変化によって大きく影響を受けることとなる．

一方，無効電力変化に対する受電端電圧の変動を求める簡易式を式(10.3′)から誘導すると次のとおりとなる．

$$\frac{\Delta V_r'}{V_r}=\frac{-\dfrac{Z^2Q+xV_r^{\,2}}{V_r(2\,Pr+2\,Qx+2\,V_r^{\,2}-V_s^{\,2})}\cdot\Delta Q}{V_r}$$

$$\fallingdotseq-\frac{ZQ+xP_s}{P_s(2\,Pr+2\,Qx+V_r^{\,2})}\cdot\Delta Q\fallingdotseq-\frac{xP_s\cdot\Delta Q}{P_s(2\,Pr+2\,Qx+V_r^{\,2})} \tag{10.6}$$

$$\fallingdotseq-\frac{x\cdot\Delta Q}{2\,xQ+V_r^{\,2}}=-\frac{\Delta Q}{2\,Q+P_s}\fallingdotseq-\frac{\Delta Q}{P_s}\quad \text{〔p.u.〕}^{\dagger}$$

つまり，無効電力の変化 ΔQ〔kvar〕を受電端短絡電力 P_s〔kVA〕で割った値が，受電端電圧の変化 ΔV_r〔p.u.〕となる．

【例題 10.1】　**図 10.2** のような変電所の 77 kV 側母線に接続された 30 MVA

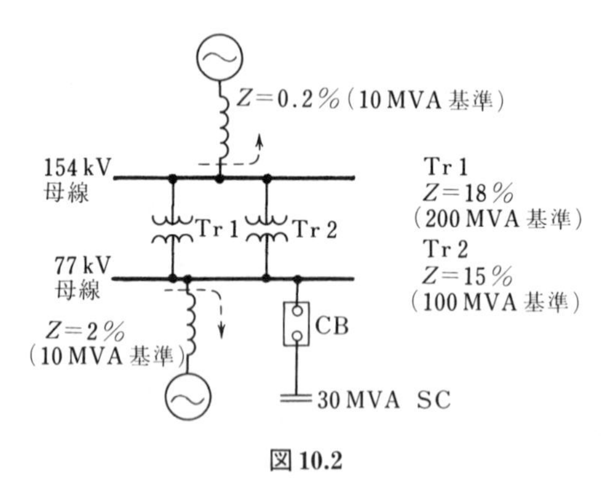

図 10.2

† p.u.：単位の一種で per unit を省略したものである．その意味は，ある諸量の値をその諸量の基準となる値の倍率で表したもので，100 を掛ければ％となる．

の電力用コンデンサを開閉したときの，154 kV および 77 kV 母線のそれぞれにおける基準電圧に対する電圧変化率〔%〕を求めよ．

ただし，図の Z は，それぞれの部分における%インピーダンスを表すものとする．

【解】　まず，77 kV 母線の短絡容量 P_s〔MVA〕を求める．問題の各部の%インピーダンスを 100 MVA 基準に換算したインピーダンス図が**図 10.3** である．この図より 77 kV 母線からみた電源側の%インピーダンス Z_s〔%〕は

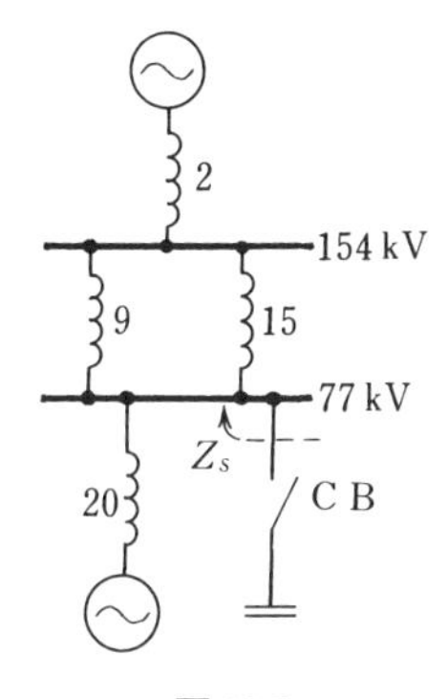

図 10.3

$$Z_s=\frac{\left(2+\frac{15\times 9}{15+9}\right)\times 20}{\left(2+\frac{15\times 9}{15+9}\right)+20}\fallingdotseq 5.52\ \%$$

となる．この Z_s から短絡容量 P_s〔MVA〕を求めると

$$P_s=\frac{100}{\%\,Z}P=\frac{100}{5.52}\times 100\fallingdotseq 1\,812\ \text{MVA}$$

したがって，求める 77 kV 母線の電圧変化率〔%〕は式(10.6)より，

$$\frac{\varDelta V_{77}}{V_{77}}=-\frac{\varDelta Q}{P_s}=-\frac{(-30)}{1\,812}=0.0166\ \text{p.u.}$$

つまり，1.66%上昇となる．また，154 kV 母線の電圧変動 $\varDelta V_{154}$ は変圧器のリアクタンスを x_t，154 kV 母線から電源側をみた外部リアクタンスを x_e とすれば

$$\Delta V_{154}=\Delta V_{77}\times\frac{x_e}{x_t+x_e}=1.66\times\frac{2}{\dfrac{15\times9}{15+9}+2}=0.44\ \%$$

つまり，0.44%上昇することとなる．

2. 負荷・実系統の電圧無効電力特性

（1） **負荷の電圧特性**　負荷の有効電力と無効電力は電圧変動によって変り，その特性は工業，ビルディング，住宅地区など負荷構成によって異なるが，通常，次のような関係をもっている．

〔**有効電力**〕

一般式を $P_x=P_0(V_x/V_0)^{\alpha}$ と表した場合

定電力負荷（$\alpha=0$）…大形誘導電動機，インバータエアコン

定電流負荷（$\alpha=1$）…蛍光灯，アーク灯

定インピーダンス（$\alpha=2$）…白熱電球（$\alpha=1.6$），電熱体，テレビジョン，ステレオ

したがって，微小変化した場合の特性は次のようになる．

$$\Delta P_L=K_p\Delta V \qquad K_p=0\sim2\ \%\mathrm{MW}/\%\mathrm{V} \tag{10.7}$$

〔**無効電力**〕

一般式を $Q_x=Q_0(V_x/V_0)^{\beta}$ とした場合

定電力負荷（$\beta=0$）…白熱電球，電熱体

定インピーダンス負荷（$\beta=2\sim4$）…抵抗体以外の誘導電動機，蛍光灯，その他

したがって，微小変化した場合の特性は次のようになる．

$$\Delta Q_L=K_Q\Delta V \qquad K_Q=-(2\sim4)\ \%\mathrm{Mvar}/\%\mathrm{V} \tag{10.8}$$

（2） **電力系統の無効電力消費**　電力系統の無効電力消費は，負荷そのものと変圧器や送配電線リアクタンス分により分けられ，これらの値を有効電力比で表すと**表10.2**のようになる．この表から，発変電所の変圧器，送配電線で発生

表10.2 電力系統の無効電力配分（有効電力比〔%〕）

負　荷	流通設備		合　計
	発変電所変圧器	送配電線	
40～60	30～40	10～20	80～120

する無効電力は負荷で消費する無効電力と同程度で，これらを合計すると負荷で消費する有効電力に相当する大きな値となる．つまり，送配電線の有効電力損失が8〜9%程度で，有効電力は大部分負荷で消費されるのに対して，無効電力は，流通設備のリアクタンスの影響を大きく受け，負荷と流通設備で同程度が消費されることとなる．

3. 電力系統の電圧不安定現象

（1） **電力系統の電圧不安定現象**　この現象は運転中の運用電圧が**図 10.4**の系統の有効電力・電圧特性（P-V 曲線）において安定な電圧高め領域から不安定な電圧低め領域に移行する現象である．実系統において電圧高め領域から電圧低め領域に移行する過程には次の二つが考えられる．

（a） 電力需要の増大により不安定となる場合

（b） 送電線や発電機などの設備事故停止により不安定となる場合

前者が系統電圧が低下するのに対し，後者は事故停止直後に系統電圧が大幅に低下する特徴がある．

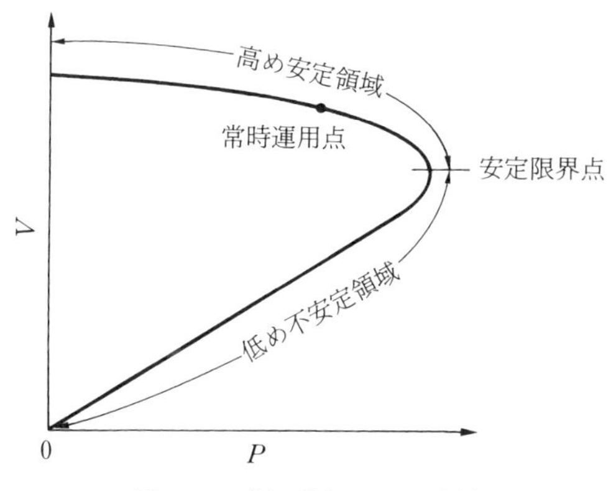

図 10.4 電力系統の P-V 曲線

（2） **電圧不安定現象の要因**　電圧不安定現象の要因としては系統構成，負荷の電圧特性および電圧無効電力制御などが複雑に絡んでおり，その要因を明確に特定できないが，国内外の電圧不安定現象から経験上考えられるのは次のとおりである．

（a） **電力系統側の要因**　長距離大容量送電系統の出現（送電系統の大量

無効電力損失の発生)，大規模重負荷ケーブル系統の拡大(電圧低下時の大量発生無効電力減少)，大電力負荷の集中(負荷供給系統の大量無効電力損失増加)など

(b)　**負荷側の要因**　負荷の定電力化(電圧低下時の無効電力損失増加)，負荷力率の低下(無効電力の増加)，負荷変化速度の増加(無効電力追従の困難化)など

(3)　**電圧安定性向上対策**　不安定な諸要因を十分検討し，常時運用する運転点が P-V 曲線の高め領域で安定限界点より十分余裕がある設備形成をするとともに，需要急増や設備事故停止による電圧低下に対し，迅速に無効電力を追従制御することである．

(a)　**設備形成面の対策**　電源の適正配置による電力系統の重負荷解消，次期最高電圧の採用と送電系統の新設・増設，電力コンデンサ・発電機の新増設による無効電力供給力の増加，即応性のある同期調相機や静止形無効電力補償装置(SVC：Static Var Compensator)の設置など．

同期調相機の作用は電力系統が重負荷のときは，同機の界磁電流を強め，電力系統から進み電流をとって容量性負荷として働かせ電圧降下を抑制する．また，逆に電力系統が軽負荷のときは，同機の界磁電流を弱め，電力系統から遅れ電流をとって誘導性負荷として働かせ電圧上昇を抑制する．このように同期調相機は自らの誘導起電力により，進相と遅相の無効電力を高速で連続的に調整する優れた設備である．また，SVC には種々のものがあるが，一般によく使用されているのは電力用コンデンサと分路リアクトルを組み合せ，系統電圧の変化に応じ分路リアクトルの電流をサイリスタで高速制御し，進相から遅相の無効電力を高速で供給する方式のものである．これら同期調相機や SVC は系統安定度向上にも効果がある．

(b)　**系統運用面の対策**　変電所電圧無効電力制御(VQC)，発電所送電電圧制御(PSVR)，系統電圧・発電機電圧の高め運用，運用者・運転員の訓練など

4.　定電圧送電の電圧調整法　送電系統では，一般に，線路のリアクタンスは抵抗に比べその値が大きいので，電圧変動に対しては，有効電力よりも無効電力のほうが大きく影響する．したがって，電圧の調整を行うに際しては，無効電力を制御する方法が一般的に用いられている．また，送電系統では系統の安定運

用上定電圧送電方式が採用されるが，送電端と受電端をそれぞれ一定に保ちつつ，送電する定電圧送電では，受電電力 P_r が与えられると，それに応じて受電端無効電力 Q_r，送電端電力 P_s および無効電力 Q_s が定まることは **2.4** に述べたとおりである．このことは発電所では負荷の P_r に対応する無効電力で運転することが要求され，受電端では，負荷力率に一致するための無効電力を調相設備で調整する必要がある．ここでは，送電系統の特性および受電端の調相設備を調整し定電圧送電することについて述べる．

いま，送電線路の四端子定数を $\dot{A}=a$，$\dot{B}=\mathrm{j}b$，$\dot{C}=\mathrm{j}c$，$\dot{D}=d$ としたときの受電端電圧が V_r (線間電圧)で，受電端負荷 P_r で力率を $\cos\theta$ としたときの送電端電圧 V_s (線間電圧)を求めよう．

図 10.5 において，送電端電圧(相電圧)，電流を $\dot{E}_s$，$\dot{I}_s$，受電端電圧(相電圧)，電流を $\dot{E}_r$，$\dot{I}_r$ とすれば次の関係がなりたつ．

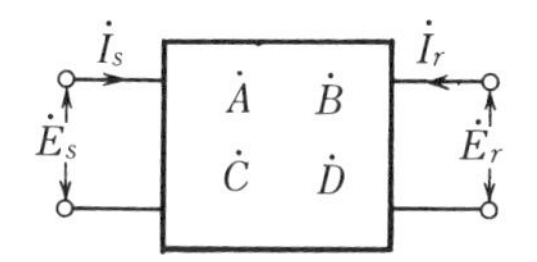

図 10.5　四端子回路

$$\dot{E}_s=\dot{A}\dot{E}_r+\dot{B}\dot{I}_r \tag{10.9}$$

$$\dot{I}_s=\dot{C}\dot{E}_r+\dot{D}\dot{I}_r \tag{10.10}$$

受電端電圧 $\dot{E}_r$ を基準にとれば送電端電圧 $\dot{E}_s$ は

$$\dot{E}_s=E_s\angle\delta=E_s(\cos\delta+\mathrm{j}\sin\delta) \tag{10.11}$$

ただし，δ：$\dot{E}_s$ の進み角

となる．そこで，式(10.9)から受電端電流 $\dot{I}_r$ を求めると

$$\dot{I}_r=\frac{\dot{E}_s-A\dot{E}_r}{\dot{B}}=\frac{1}{\mathrm{j}b}\{E_s(\cos\delta+\mathrm{j}\sin\delta)-aE_r\}$$

$$=\frac{E_s}{b}\sin\delta+\mathrm{j}\left(\frac{a}{b}E_r-\frac{E_s}{b}\cos\delta\right) \tag{10.12}$$

また，受電端皮相電力 $\dot{W}_r$ は $\dot{I}_r$ の共役値(虚数部の符号を逆にした値)を $\bar{\dot{I}}_r$ とすれば

$$\dot{W}_r = 3\,\dot{E}_r \bar{\dot{I}}_r = 3\,E_r \left\{ \frac{E_s}{b} \sin\delta - \mathrm{j}\left(\frac{a}{b} E_r - \frac{E_s}{b} \cos\delta \right) \right\} \tag{10.13}$$

となる．そこで，E_r と E_s に線間電圧 $V_r = \sqrt{3}\,E_r$，$V_s = \sqrt{3}\,E_s$ を代入すれば W_r は次式となる．

$$W_r = P_r + \mathrm{j}Q_r = \frac{V_r V_s}{b} \sin\delta + \mathrm{j}\left(\frac{V_s V_r}{b} \cos\delta - \frac{a}{b} V_r^2 \right) \tag{10.14}$$

式(10.14)より受電端電力 P_r，無効電力 Q_r（遅れ力率を正）は次式となる．

$$P_r = \frac{V_s V_r}{b} \sin\delta \tag{10.15}$$

$$Q_r = \frac{V_s V_r}{b} \cos\delta - \frac{a}{b} V_r^2 \tag{10.16}$$

一方，無効電力 Q_r と受電端電力 P_r の関係は

$$Q_r = \frac{P_r \sqrt{1 - \cos^2\theta}}{\cos\theta} \tag{10.17}$$

式(10.15)と式(10.16)から V_s を求めると

$$\sqrt{P_r^2 + \left(Q_r + \frac{a}{b} V_r^2 \right)^2} = \frac{V_s V_r}{b} \sqrt{\sin^2\delta + \cos^2\delta} = \frac{V_s V_r}{b}$$

$$\therefore \quad V_s = \frac{b}{V_r} \sqrt{P_r^2 + \left(Q_r + \frac{a}{b} V_r^2 \right)^2} \tag{10.18}$$

となる．

【例題 10.2】　公称電圧 110 kV のある送電線路の四端子定数は，$\dot{A} = 0.98$，$\dot{B} = \mathrm{j}\,70.7\,\Omega$，$\dot{C} = \mathrm{j}\,0.56 \times 10^{-3}\,\mathrm{S}$ および $\dot{D} = 0.98$ である．受電端電圧が 100 kV で，受電端負荷が遅れ力率80%の 21 MW であるとき，負荷の無効電力 Q_r〔Mvar〕と送電端電圧 V_s〔kV〕を求めよ．

【解】　まず，この負荷の無効電力 Q_r〔Mvar〕を求めると，力率を $\cos\theta$ とすれば式(10.17)から

$$Q_r = \frac{P_r \sqrt{1 - \cos^2\theta}}{\cos\theta} = 21 \times \frac{\sqrt{1 - 0.8^2}}{0.8} = 15.75\ \mathrm{Mvar}$$

そこで，式(10.18)に $a = 0.98$，$b = 70.7$，$V_r = 100\,\mathrm{kV}$，$P_r = 21\,\mathrm{MW}$ を代入して

$$V_s = \frac{70.7}{100}\sqrt{21^2 + \left(15.75 + \frac{0.98}{70.7} \times 100^2\right)^2} \fallingdotseq 110.14\ \mathrm{kV} \qquad \text{(答)}$$

として求められる．

送電端電圧が与えられた場合，受電端電圧を求め，その電圧を一定値に保つために必要な調相設備容量を求めてみよう．

送電端電圧 $\dot{V}_s$ と受電端電圧 $\dot{V}_r$ および受電端電力 P_r が与えられているから，送・受電端電圧の相差角 δ は式(10.15)から

$$\sin\delta = \frac{bP_r}{V_s V_r} \qquad \therefore \quad \delta = \sin^{-1}\left(\frac{bP_r}{V_s V_r}\right) \tag{10.19}$$

で求められる．この δ を式(10.16)に代入することによって受電端で必要な無効電力 Q_r が求められる．つまり

$$Q_r = \frac{V_s V_r}{b}\cos\delta - \frac{a}{b}V_r^2 \tag{10.16}$$

そこで，負荷の力率から求められる無効電力 Q_L と調相設備の容量 Q_C の和が Q_r に等しいから，求める調相設備の容量 Q_C は

$$Q_C = Q_r - Q_L \tag{10.20}$$

となる．

【例題 10.3】　公称電圧 110 kV の送電線がある．その送電線の四端子定数は $A = 0.98$，$B = \mathrm{j}\,70.7$，$C = \mathrm{j}\,0.52 \times 10^{-3}$，$D = 0.98$ である．無負荷時において，送電端に電圧 110 kV を加えた場合，次の値を求めよ．

（1）　受電端電圧および送電端電流

（2）　受電端電圧を 110 kV に保つための受電端調相容量

【解】　（1）　受電端電力 $P_r = 0$ であるから $I_r = 0$ となり，求める受電端電圧 V_r は式(10.9)から

$$V_r = \frac{V_s}{\dot{A}} = \frac{110}{0.98} \fallingdotseq 112.2\ \mathrm{kV}$$

また，送電端電流 $\dot{I}_s$ は式(10.10)から

$$\dot{I}_s = \dot{C}\dot{E}_r = \mathrm{j}\,0.56 \times 10^{-3} \times \frac{112.2}{\sqrt{3}} \times 10^3 = \mathrm{j}\,36.3\ \mathrm{A}$$

（2）　無負荷であるから $\delta = 0°$，受電端電力 $P_r = 0$ であるから受電端で必要

な無効電力 Q_r は式(10.16)から

$$Q_r=\frac{V_s V_r}{b}\cos\delta-\frac{a}{b}V_r{}^2=\frac{110\times110}{70.7}-\frac{0.98}{70.7}\times110^2$$

$$=\frac{110^2}{70.7}(1-0.98)=3\,423\ \mathrm{kvar}$$

となる．負荷が無負荷であるから $Q_L=0$ であり，求める調相設備 Q_C は

$$Q_C=Q_r=3\,423\ \mathrm{kVA}$$

となる．つまり，遅れ無効電力 3 423 kVA によって線路のフェランチ現象を防止して送受電端の電圧を一定に保つことができる．

10.1.3　電圧・無効電力制御方法

1.　電圧調整の考え方　需要家電圧を適正に維持するために変電所の二次側電圧の維持目標を定め，調相設備によって系統の無効電力バランスを図りながら，電圧調整器によってこの目標値に維持する．しかし，系統の無効電力は負荷ならびに系統の潮流変化によって絶えず変化し，無効電力が過剰になれば系統電圧が上昇し，不足すれば低下する．このため

（a）　**無効電力が不足するとき**　電力用コンデンサの投入，同期調相機の過励磁運転，発電機の遅相運転などを行う．

（b）　**無効電力が過剰なとき**　分路リアクトルの投入，同期調相機の低励磁運転，発電機の進相運転(低励磁運転)，軽負荷送電線の停止，需要家の電力用コンデンサの開放などを行う．

このようにして，無効電力のバランスをとり，おおむね適正電圧に維持したあと，微小な変動について電圧調整器で調整する方法がとられる．

最近，新設される変電所の多くは負荷時タップ切換変圧器(LRT)が採用され，電圧調整を容易にしている．

2.　電圧・無効電力制御方法　電圧調整にあたっては特別高圧，高圧，低圧各需要家の電圧を適正な値に維持するとともに，電力系統の安定運用あるいは電力設備の電圧保護面といったことを考慮し，発電所から配電線にいたるまで**表10.3**のように各所に配置されたさまざまな電圧，無効電力調整機器で協調をとりながら運用する必要がある．

表 10.3　電圧・無効電力調整機器

無効電力調整機器	発電機，電力用コンデンサ，分路リアクトル 同期調相機，静止形無効電力補償装置(SVC)
電圧調整器	負荷時タップ切換変圧器，負荷時電圧調整器 配電用自動電圧調整器(昇圧器)

電圧調整設備として，送電系統で普通使用されるのは，負荷時タップ切換変圧器と調相設備(電力用コンデンサ，分路リアクトル，同期調相機)であるが，前者が直接電圧を調整するのに対し，後者は線路の無効電力潮流を調整して電圧降下を変化させ間接的に電圧を調整させることとなる．このため，調相設備としては無効電力潮流を極力少なくするように調整できれば電力損失の軽減にも役立ち，最も経済的な電圧調整となる．また，静止形無効電力補償装置(SVC)は，一般に分路リアクトルに流れる電流をサイリスタの位相制御により変化させ，無効電力を連続的に，しかも高速に調整できる装置である．SVC は，当初アーク炉負荷などの電圧フリッカ防止対策として使用されていたが，電力系統においては，系統の安定度向上および電圧維持の効果などが期待でき適用されている．

a.　発電所における電圧調整　発電機端子電圧または高圧側母線電圧を自動的に目標値に保つように運転する方法(AVR 運転)と，発電機運転力率を自動的に目標値に保つように運転する方法(APFR 運転)の二つがあり，発電機の容量，負荷，系統上の位置などを考慮して方式が採用される．基幹系統や主要負荷系統の発電機は前者が，そのほかの系統の発電機には後者が採用される．

また，近年，高電圧架空系統の拡大，ケーブル系統の採用などにより深夜軽負荷時などに無効電力発生が過剰となり，これに伴う電圧上昇対策として発電機を進相運転(低励磁運転)を行っているが，定態安定度の低下，補機電圧の低下，タービン発電機の固定子鉄心端部の過熱があるので，あらかじめ運転可能範囲(図 **10.6**)を十分検討しておく必要がある．

b.　変電所・配電線路における電圧調整　送電用変電所では二次側母線に目標電圧を定め，自動的に目標値に保つよう調整されている．なお，目標電圧は配電用変電所や特別高圧需要家の電圧を極力変動させないよう，負荷の大きさなど考えて重負荷時には高めに，軽負荷時には低めに定められている．

配電用変電所では需要家の受電端電圧を一定に維持するよう，配電線の LDC

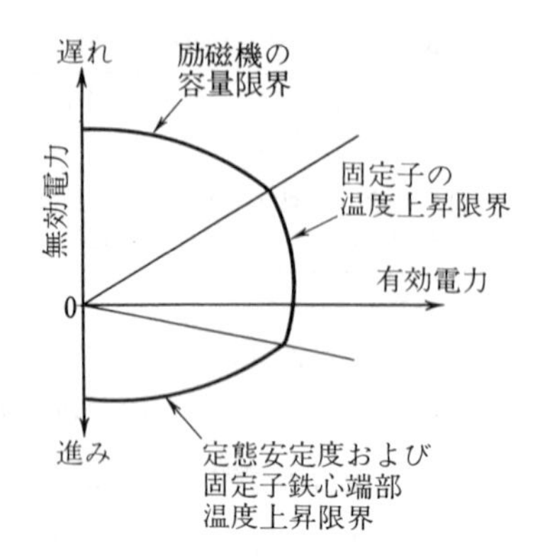

図 10.6　発電機運転可能出力曲線

(線路電圧降下補償器)を組み合せ，負荷時タップ切換変圧器で負荷電流に応じて二次側母線の目標電圧を自動的に調整している．

高圧配電線路においては，一般に線路末端になるほど，電圧が低下するため電圧降下に応じ柱上変圧器のタップ調整によって二次側電圧の調整を行っている．また，こう長の長い配電線などで柱上変圧器のタップ調整によって電圧降下を許容範囲内に抑えることができない場合は配電用自動電圧調整器(昇圧器)や開閉器付電力用コンデンサを途中に設置することがある．この昇圧器には，装置の簡素化，経済性などからV結線形の三相昇圧器が多く使用されている．一方，深夜などの軽負荷時は，配電線末端が送電端電圧より高くなるフェランチ効果があり，この効果は，配電線こう長が長く，配電線末端に容量性負荷が多くある場合に現れやすい．この対策として，配電線末端に接続されている高圧負荷の電力用コンデンサは深夜など軽負荷時においては開放することが望ましい．

【例題 10.4】　近年，深夜などの軽負荷時に系統電圧が上昇する傾向にあるが，この抑制対策として誤っているのは次のうちどれか．

(1)　需要家設備の電力用コンデンサの使用を要請する．

(2)　軽負荷送電線の充電を停止する．

(3)　変電所の分路リアクトルを使用する．

(4)　発電機の低励磁運転(進相運転)を実施する．

(5)　同期調相機の低励磁運転を実施する．

【解】　(1)

軽負荷時に電圧上昇するのは，進み無効電力が過剰となるので需要家の電力用コンデンサを開放すれば抑制効果がある．

10.2　電力系統の運用方式と潮流制御

10.2.1　電力系統の運用方式

複数以上の電力系統を運用する場合の運用方式には送電系統をループとするループ運用と放射状あるいはくし形とする放射状運用の二つがある．これらの運用方式の性質についてみると，ループ運用と放射状運用では両者の利点と欠点に二律相反の関係がある．ここではループ運用を代表として取り上げ，その構成と利害得失について述べる．

電力系統のループ系統の構成には図 **10.7**(**a**)のような同電圧間のループ系統と同図(**b**)のような異電圧間のループ系統に大別でき，運用としては自系統内のループ運用または他系統にまたがるループ運用が行われる場合がある．

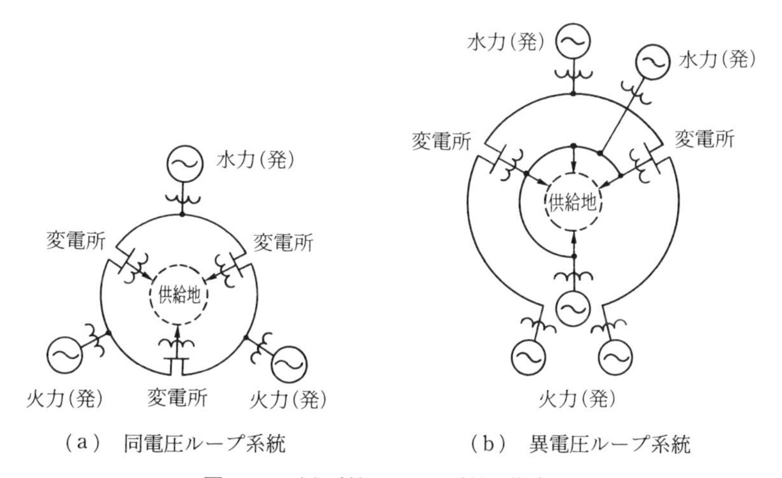

(a)　同電圧ループ系統　　(b)　異電圧ループ系統

図 10.7　電力系統のループ系統の構成

このようなループ系統の運用の利害得失を列挙すれば次のようになる．

(1)　**利　　点**

a.　供給信頼度の向上と供給予備力の節約

b.　設備利用率の向上と電力損失の軽減

c.　電源の経済運用と系統の安定度の向上

d.　設備の有効活用と送電容量の増加

a.　ループ送電線の1ルート事故時でも電力潮流をほかのルートより供給できるので供給信頼度は向上する．また，他系統にまたがるループ運用をすれば自系統内の電力設備の事故または作業の伴う停止時に他系統から応援電力を融通できるので供給信頼度が向上する．このことは同一の供給信頼度とすると電源や送変電設備を節約できることを意味する．

b.　電力系統全体の設備利用率が向上するとともに電力損失を軽減することができる．

c.　電力系統の構成が強固となり，電圧保持や調整が容易となるとともに電源の経済運用や系統の安定度向上を図ることができる．

d.　適当な制御装置(直列コンデンサや位相調整器)で電力系統の潮流制御をすることにより，電力系統を最大限利用できるとともに送電容量を増加することができる．

(2)　欠　　点

a.　事故の波及拡大

b.　短絡・地絡電流の増大

c.　保護継電方式の複雑化

d.　潮流制御の複雑化

a.　局部的な事故がループ系統全体に波及拡大し，広範囲停電にいたるおそれがある．

b.　短絡・地絡電流が増加するため，直列機器の高インピーダンス化，直列リアクトルの設置，遮断器の大容量化，事故の高速遮断などの軽減対策を講じなければならない．

c.　線路定数の不平衡に起因した零相循環電流が常時環流する場合があり，地絡事故や断線事故時の地絡保護継電器の誤動作や焼損するおそれがあるので，零相循環電流を極力少なくしたり，そのほかの対策を施す必要がある．

d.　潮流の常時監視を必要とし，かつ調整が複雑化するとともに新規の電源や送電線などの系統構成の変化や系統事故に対し潮流が著しく変化する場合があるので，事前検討や対応策を施す必要がある．

10.2.2　電力系統の潮流制御

1.　潮流制御の必要性　　電力系統における電力潮流は有効電力と無効電力に分けられる．これらの潮流は電源構成，系統構成などによって制約を受け，需要および供給力の季節的，平・休日差，時間的あるいは気象条件などにより時々刻々変化する．さらに，作業あるいは事故などによって発電機および送電線の停止が伴うので，適切な系統運用を行うためには常時の電力潮流を監視し，時々刻々の潮流変化に対応して適切な潮流調整を行わなくてはならない．

つまり

（1）　電力系統の安定運用(設備の過負荷防止，系統安定度の向上)

（2）　電力系統の電力損失の軽減

（3）　適正電圧の維持

2.　潮流制御の方法　　潮流調整の具体的方法としては

（1）　発電所の有効電力，無効電力の調整

（2）　発電所，変電所，送電線の接続変更

（3）　調相設備の無効電力の調整

これらを実施するに際しては，電力系統全体の状況を把握し，関係発変電所と密接な連系を保ちつつ，時々刻々の系統状況変化に即応して適正な潮流調整を行う必要がある．

なお，ループ系統の潮流調整は次のことを考えて行わなければならない．

（1）　ループ系統全体の送電容量を増加させる．

（2）　ループ系統全体の信頼度を向上させる．

（3）　ループ系統全体の電力損失を軽減させる．

ループ系統における潮流調整方法には**表 10.4** に示す三つの方法がある．

（a）の移相変圧器は，送電線 A の位相角 θ に対して位相角 φ だけ変化させて $(\theta+\varphi)$ とするもので，φ が正の場合は A 送電線の電力を増加し，負の場合は減少させる．

（b）の直列コンデンサ，（c）の直列リアクトルは，それぞれ送電線 A のリアクタンスを減少または増加させ，送電線 A の電力を増加または減少させる働きをする．

表 10.4　ループ系統の潮流調整法

潮流調整の方法	系　統　図
(a)　移相変圧器	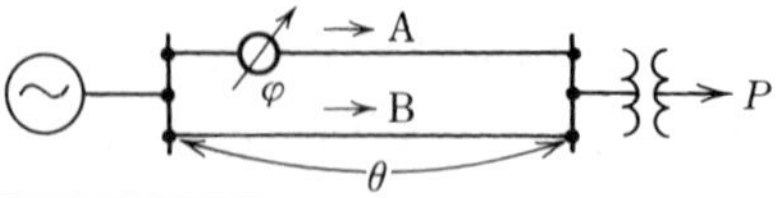
(b)　直列コンデンサ	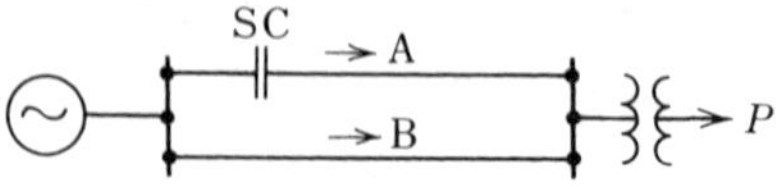
(c)　直列リアクトル	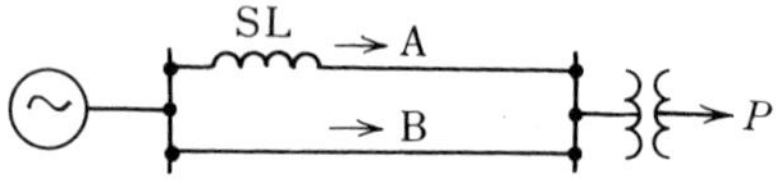

【例題 10.5】　図10.8のようなインピーダンス $\dot{Z}_1$，$\dot{Z}_2$ を有する二つの送電線路のうち，インピーダンス $\dot{Z}_1$ のほうに直列コンデンサを接続してループ運転する場合，送電損失を最小にするようなコンデンサのリアクタンス X_C の値を求めよ．ただし，受電端電圧は一定とする．

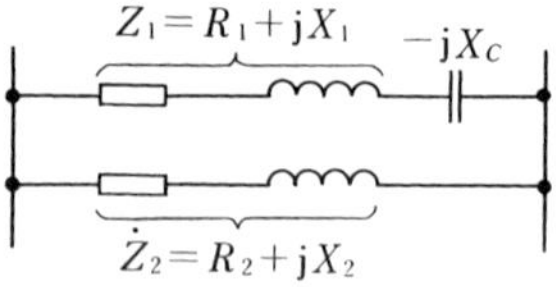

図 10.8

【解】　送電線の合計電流を $\dot{I}_r$，$\dot{Z}_1$，$\dot{Z}_2$ の送電線電流をそれぞれ $\dot{I}_1$，$\dot{I}_2$ とすれば

$$\dot{I}_1 = \frac{R_2 + \mathrm{j}X_2}{R_1 + R_2 + \mathrm{j}(X_1 + X_2 - X_C)} \dot{I}_r$$

$$\dot{I}_2 = \frac{R_1 + \mathrm{j}(X_1 - X_C)}{R_1 + R_2 + \mathrm{j}(X_1 + X_2 - X_C)} \dot{I}_r$$

となる．これらの電流の絶対値 I_1，I_2 は

$$I_1 = \sqrt{\frac{R_2^2 + X_2^2}{(R_1 + R_2)^2 + (X_1 + X_2 - X_C)^2}} \cdot I_r$$

$$I_2 = \sqrt{\frac{R_1^2 + (X_1 - X_C)^2}{(R_1 + R_2)^2 + (X_1 + X_2 - X_C)^2}} \cdot I_r$$

したがって，この送電線で消費される送電損失 P_l は

$$P_l=3(I_1^2R_1+I_2^2R_2)=\frac{3\,I_r^2[R_1(R_2^2+X_2^2)+R_2\{R_1^2+(X_1-X_C)^2\}]}{(R_1+R_2)^2+(X_1+X_2-X_C)^2}$$

上式の分子，分母に (R_1+R_2) をかけて整理すると

$$P_l=\frac{3\,I_r^2[R_1(R_2^2+X_2^2)+R_2\{R_1^2+(X_1-X_C)^2\}](R_1+R_2)}{[(R_1+R_2)^2+(X_1+X_2-X_C)^2](R_1+R_2)}$$

$$=\frac{3\,I_r^2\{R_1R_2(R_1+R_2)^2+R_1^2X_2^2+R_1R_2X_2^2+R_1R_2(X_1-X_C)^2+R_2^2(X_1-X_C)^2\}}{(R_1+R_2)\{(R_1+R_2)^2+(X_1+X_2-X_C)^2\}}$$

$$=\frac{3\,I_r^2[R_1R_2\{(R_1+R_2)^2+(X_2+X_1-X_C)^2\}+\{R_1X_2-R_2(X_1-X_C)\}^2]}{(R_1+R_2)\{(R_1+R_2)^2+(X_1+X_2-X_C)^2\}}$$

$$=3\,I_r^2\left[\frac{R_1R_2}{R_1+R_2}+\frac{\{R_1X_2-R_2(X_1-X_C)\}^2}{(R_1+R_2)\{(R_1+R_2)^2+(X_1+X_2-X_C)^2\}}\right]$$

となる．上式において P_l を最小とするためには[　]内の第2項を最小とすればよい．第2項を最小とする X_C の条件は次のようになる．

$$R_1X_2=R_2(X_1-X_C)\qquad\therefore\quad X_C=X_1-\frac{R_1}{R_2}X_2\qquad\text{(答)}$$

3.　簡単な潮流計算　　**図 10.9** のような A 母線(ノード)から B および C 母線(ノード)に電力を供給している電力系統において各線路(ブランチ)に流れる電力を求めてみよう．いま，各母線電圧がともに 1.0 p.u. とし，線路インピーダンス B および C 母線の負荷を同図に示す値とする．また，各線路の両端電圧の位相差 θ はいずれも小さく $\sin\theta\fallingdotseq\theta$ とみなせるものとする．

計算に先立ち**図 10.10(a)** のような一つのブランチ $(i,\ j)$ を取り上げその特性

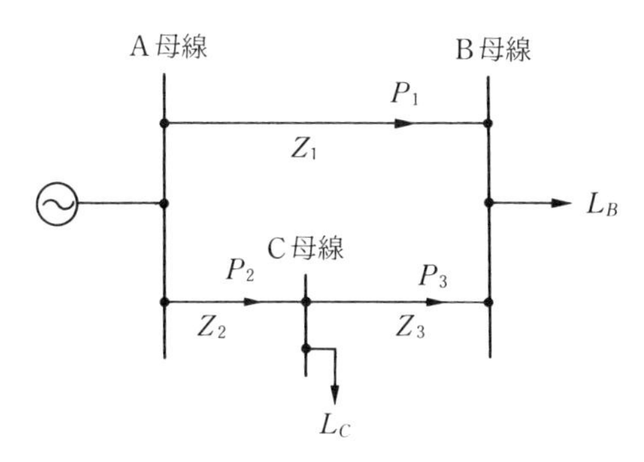

図 10.9　潮流計算モデル

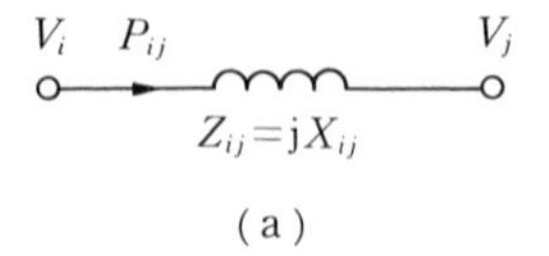

(a)

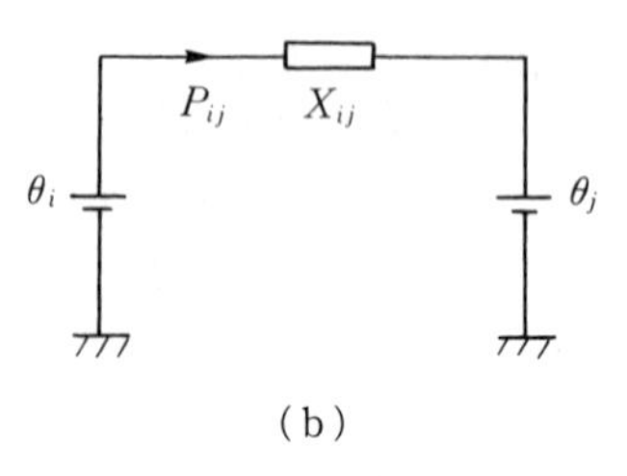

(b)

図 10.10　直流等価回路

を考える．いま，ブランチ$(i,\ j)$の有効電力をP_{ij}，ノードi，jの電圧を$V_i e^j \theta_i$，$V_j e^j \theta_j$ブランチのインピーダンスを$\mathrm{j}X$とすればP_{ij}は次式で表される．

$$P_{ij}=\frac{V_i V_j \sin(\theta_i-\theta_j)}{X_{ij}} \tag{10.21}$$

そこで，位相差$\theta_i-\theta_j$が小さければ$\sin(\theta_i-\theta_j)\fallingdotseq\theta_i-\theta_j$となり，さらに$V_i=V_j=1.0$ p.u. のときは式(10.21)は次式となる．

$$P_{ij}=\frac{\theta_i-\theta_j}{X_{ij}} \tag{10.22}$$

この式を等価回路で表すと同図(**b**)のように，ノードの電圧がそれぞれθ_i，θ_jで，インピーダンスX_{ij}が抵抗である直流回路で表され，この回路に流れる電流が有効電力潮流P_{ij}となる．

そこで，図10.9の回路を上記の等価回路で表すと**図 10.11**となる．いま，AB間の潮流をP_1とすればAC間およびCB間の潮流は，それぞれ$P_2=L_B+L_C-P_1$，$P_3=L_B-P_1$となるから，キルヒホッフの第1法則がなりたつ．

$$(L_B+L_C-P_1)Z_2+(L_B-P_1)Z_3=P_1Z_1$$

$$\therefore\quad P_1=\frac{(L_B+L_C)Z_2+L_BZ_3}{Z_1+Z_2+Z_3} \tag{10.23}$$

また，P_2，P_3は次のようにして求めることができる．

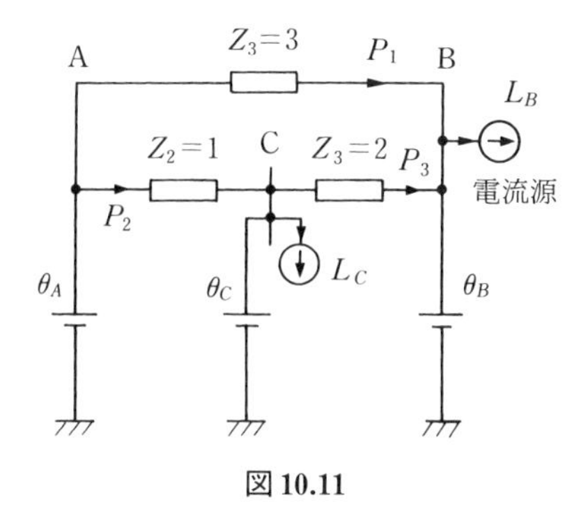

図 10.11

$$P_2=L_B+L_C-P_1=\frac{L_BZ_1+L_C(Z_1+Z_3)}{Z_1+Z_2+Z_3} \tag{10.24}$$

$$P_3=L_B-P_1=\frac{L_BZ_1-L_CZ_2}{Z_1+Z_2+Z_3} \tag{10.25}$$

【例題 10.6】 図 10.9 の回路において p.u. の基準を 1 000 MVA として $L_B=$ 500 MW，$L_C=$200 MW，$Z_1=$j 3 p.u.，$Z_2=$j 1 p.u.，$Z_3=$j 2 p.u. のときの P_1，P_2 および P_3〔MW〕を求めよ．

【解】

$$P_1=\frac{(L_B+L_C)Z_2+L_BZ_3}{Z_1+Z_2+Z_3}=\frac{(0.5+0.2)\times1+0.5\times2}{3+1+2}\fallingdotseq0.283\ \text{p.u.}\Rightarrow283\ \text{MW}$$

$$P_2=\frac{L_BZ_1+L_C(Z_1+Z_3)}{Z_1+Z_2+Z_3}=\frac{0.5\times3+0.2\times(3+2)}{3+1+2}\fallingdotseq0.417\ \text{p.u.}\Rightarrow417\ \text{MW}$$

$$P_3=\frac{L_BZ_1-L_CZ_2}{Z_1+Z_2+Z_3}=\frac{0.5\times3-0.2\times1}{3+1+2}\fallingdotseq0.217\ \text{p.u.}\Rightarrow217\ \text{MW}$$

10.3 電力系統の脱調現象と安定度向上対策

電力系統の安定度の概念については **2.5** で述べているので，ここでは電力系統の安定度が崩壊したときの現象（脱調現象）と安定度向上対策を中心に述べる．

10.3.1 電力系統の脱調現象

図 10.12 のような二つの電力系統 A および B がリアクタンス jX の送電線に

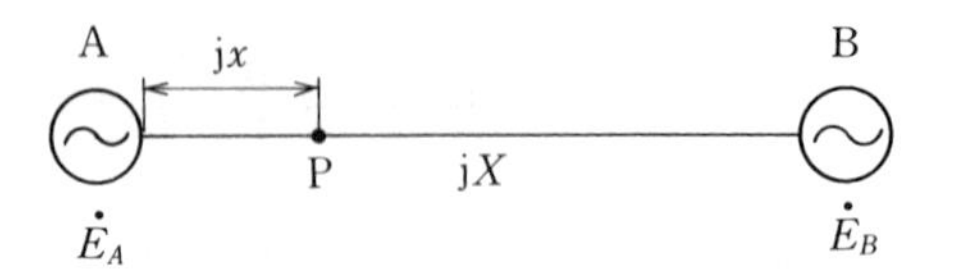

図 10.12　二つの電力系統

より連系されているとき脱調状態となったときの連系点 P における脱調後の相電圧 E_x，電流 $\dot{I}$，および有効電力 P_x を求めてみよう．

いま，A および B の両系統の相電圧を $\dot{E}_A$ および $\dot{E}_B(E_A=E_B)$ とし，$\dot{E}_A$ と $\dot{E}_B$ との位相角を θ とし，リアクタンス以外のインピーダンスは無視して考える．まず電流 $\dot{I}$ は

$$\dot{I}=\frac{\dot{E}_A-\dot{E}_B}{\mathrm{j}X} \tag{10.26}$$

ここで，$E_A=E_B=E$ とおけば，式(10.26)および**図 10.13** から I は次式となる．

$$I=\frac{2\,E}{X}\sin\frac{\theta}{2} \tag{10.27}$$

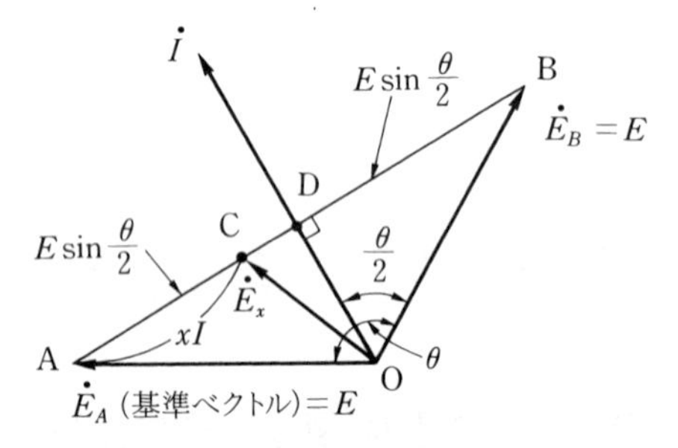

図 10.13　電圧，電流ベクトル

次に E_x を求める．図 10.13 で AC 間に電圧 E_{AC} は

$$E_{AC}=xI=\frac{2\,xE\sin(\theta/2)}{X}$$

また，OD$=E\cos(\theta/2)$ であるから求める E_x は次式となる．

$$E_x=\sqrt{\left(E\sin\frac{\theta}{2}-\frac{2\,xE\sin(\theta/2)}{X}\right)^2+[E\cos(\theta/2)]^2}$$

$$=E\sqrt{1-\frac{4x}{X}\left(1-\frac{x}{X}\right)\sin^2\frac{\theta}{2}} \tag{10.28}$$

次に，P_x は E_x の I との同相分 $E\cos(\theta/2)$ を用いて

$$P_x=3E\cos(\theta/2)\times\frac{2E\sin(\theta/2)}{X}=\frac{3E^2}{X}\sin\theta \tag{10.29}$$

また，$\dot{E}_A$ 基準の $\dot{E}_x$ および $\dot{I}$ のベクトル軌跡は E_{AC} の式を次のように変形する．

$$E_{AC}=\frac{2xE\sin(\theta/2)}{X}=2\frac{xE}{X}\cos\left(90°-\frac{\theta}{2}\right) \tag{10.30}$$

この E_{AC} の点Cは E_x のベクトルの先端である．式(10.30)から**図 10.14(a)**のように，脱調後の θ の増加に伴う点Cの軌跡（E_x の軌跡）は E_A の先端Aより測って $2xE/X$ までを直径とする円周となる．同様に I の軌跡は式(10.27)を次のように変形する．

$$I=\frac{2E\sin(\theta/2)}{X}=2\frac{E}{X}\cos\left(90°-\frac{\theta}{2}\right) \tag{10.31}$$

これは同図(**b**)のように基準ベクトルOAより90°遅れたOE線上に点Oから測って $2E/X$ までを直径とする円周となる．また，E_x，I および P_x と θ の関係は，E_x は式(10.28)，I については式(10.27)，P_x については式(10.29)で示されるから，それぞれと θ の関係を描けば**図 10.15**のようになる．同図から

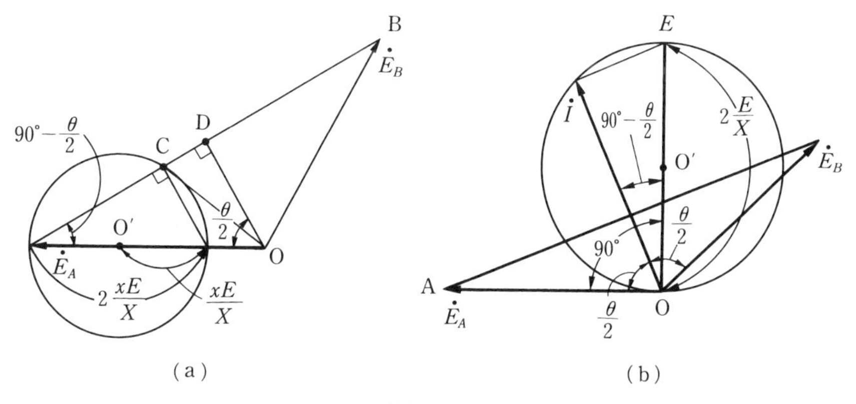

図 10.14

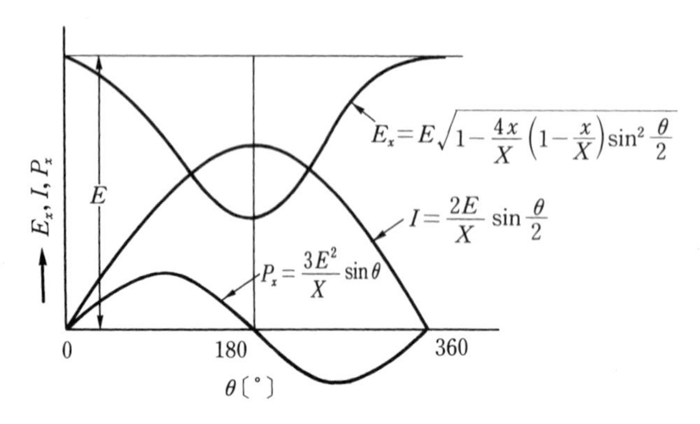

図 10.15　脱調現象時の P，E，I 曲線

$\theta=180°$ のとき，線路上で電圧が零となる $x=X/2$ の点を**電気的中性点**と呼び，脱調現象は，この電気的中性点で三相短絡故障が発生したと同じ現象であるといえる.

10.3.2　電力系統の安定度向上対策

電力系統の安定度向上対策を考えるうえで重要な式は第**1**章の式(1.5)で，それを再掲すると次式となり，この式で示される送電電力 P を増加させることがその対策となる.

$$P=\frac{V_s V_r}{X}\sin\delta=P_m\sin\delta \tag{10.32}$$

また，過渡的な安定度を高めるために必要な同期機間の同期を保つ力，つまり同期化力は，電力の相差角の微小変動に対する割合 $P_s=\mathrm{d}P/\mathrm{d}\delta$ として求められる.

$$P_s=\frac{V_s V_r}{X}\cos\delta=P_m\cos\delta \tag{10.33}$$

ただし，V_s：送電端線間電圧，V_r：受電端線間電圧，δ：V_s と V_r の位相角，X：送電系統リアクタンス，P_m：最大送電電力 $(=V_sV_r/X)$

【例題 10.7】　次の[　　]に適当な答を記入せよ.

送電系統に接続される同期発電機の出力 P は円筒形回転子に対しては抵抗分を省略すると，次式で表される.

$$P=\sqrt{3}\,VI\cos\theta=V\cdot\frac{E}{X_s}\sin\delta$$

ただし，V は同期発電機の［(1)］，E は同期発電機の［(2)］，X_s は［(3)］，δ は内部位相角を表す．よって，同期化力 P_s は，相差角の微小変動に対して生ずる電力の変化の割合で表されるから，$P_s=V\frac{[(4)]}{[(5)]}[(6)]$ となり，$\delta=$［(7)］のとき，P_s は最大となる．

【解】 (1) 端子電圧，(2) 内部誘起電圧，(3) 同期リアクタンス，(4) E，(5) X_s，(6) $\cos\delta$，(7) 0

つまり，電力系統の安定度を向上させるには式(10.32)の送電電力 P を増加させる対策を考えればよく，それには V_s，V_r を高くし，X を低減すればよい．

これを具体的に実施する方法を送電系統側と発電機側の二つに分けて考える．

1. 送電系統側の安定度向上対策　送電系統側の安定度向上対策としては次のものがある．

a. 次期最高電圧の採用と電力系統の新設・増設

b. 送電線・変圧器のインピーダンスの低減

c. 直列コンデンサの設置

d. 中間調相機(同期調相機，SVC)の設置

e. 制動抵抗・超電導貯蔵装置の設置

f. 高速度継電器と高速度遮断器の採用，など

a. 電力系統の次期最高電圧の採用と電力系統の新設・増設は安定度対策の基本であり，新しい最高送電電圧を採用したり送電線や変圧器を新設，増設することにより V_s，V_r を高くし，X を低減できるので送電電力を大幅に増加できる．

b. 送電線インピーダンスの低減法としては，その式が式(2.5)で表されるから等価線間距離 D を大きくし，電線半径 r を小さくすればよい．具体的には電線の正三角形配置，パイロットワイヤを添加する方式および素導体間隔を大きくした多導体の採用が効果的である．また，変圧器インピーダンス電圧を小さくすることも効果が期待できるが磁気装荷が増加し，鉄機械となり重量が増し価格が高くなる難点がある．

c. 直列コンデンサは線路の途中に直列にコンデンサを接続し，これにより

線路の直列リアクタンスを補償し，送電電力を増加させるものでコンデンサの設置方法により分散形と集中形がある．ただし直列コンデンサの補償率の度合いにより発電機の軸ねじれ現象(SSR)が発生したり，無負荷変圧器励磁時の鉄共振や，故障電流によるコンデンサ端子電圧に異常電圧が発生する場合などがあるので注意を要する．同対策は，わが国では関西電力の275 kV 黒部幹線に適用されている．

d.　中間調相機は古くからBaum systemと呼ばれ，系統の中間点に同期調相機やSVCなどを設置して，送電線故障時の系統の中間点の電圧を維持させ送電端と受電端を広位相角で送電可能とする対策である．同対策は，わが国では東京電力の基幹系統などに適用されている．

e.　制動抵抗(SDR：System Damping Registor)な超電導エネルギー貯蔵装置(SMES：Supercondactive Magnetic Energy Storage)は送電故障時間のみ発電機の出力を一時的にSDRやSMESに消費させ故障除去後は同装置を開放し，過渡安定度を向上させる対策である．制動抵抗の対策は，わが国では中部電力の渥美火力に適用されている．

f.　その他として高速度継電器や遮断器を採用することにより，事故区間を迅速に除去し，事故の他系統への波及拡大を防止する．わが国の基幹系統では3サイクル程度で事故除去がされている．

また，送電系統によっては系統安定化リレーシステムFACTS(flexible AC tansmission system)機器(自励式SVC，サイリスタ制御の直列コンデンサや位相調整器など)，直流連系・直流送電などで効果が期待できる場合がある．

2.　発電機側の安定度向上対策　この向上対策としては次のものがある．

a.　速応励磁方式

b.　タービン高速バルブ制御

c.　発電機定数の改善，など

a.　速応励磁方式は送電線故障時に発電機励磁系の応答を早め，故障発生時以降の内部誘起電圧を持ち上げ送電電力の増加を図り，減速エネルギーを大きくして過渡安定度を向上させる対策である．この方式には交流励磁機方式，サイリスタ励磁方式の採用があり，これらの励磁方式は動揺の第1波の過渡安定領域での抑制には大きな効果が期待できるが，動作が敏感なため第2波以降の動揺を増加させる傾向にある．この抑制対策として**図 10.16** のような発電機の動揺信号（ΔP, $\Delta\omega$, Δf）を検出して，発電機励磁系の補助信号と系統安定化装置（PSS：Power System Stabilizer）を設置するのが有効である．同対策は電力各社の基幹系統に接続される発電機には大部分導入されている．

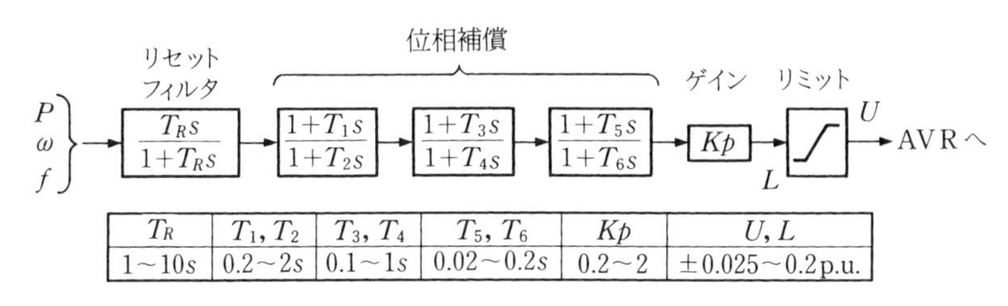

T_R	T_1, T_2	T_3, T_4	T_5, T_6	Kp	U, L
1～10s	0.2～2s	0.1～1s	0.02～0.2s	0.2～2	±0.025～0.2 p.u.

図 10.16　発電機の系統安定化装置（PSS）

b.　タービン高速バルブ制御は送電線故障を検出してタービン制御弁を高速制御して蒸気入力を抑制し，加速エネルギーを減少させ安定度を確保する対策である．速応励磁方式は発電機の電気的出力を増やすのに対し，この対策は発電機の機械的エネルギーを減少させる特徴がある．この方式も速応励磁方式と同様，過渡安定領域には有効であるが，動態安定度を悪くする場合があるので PSS などの対策が必要である．同対策の適用例としては中部電力の尾鷲三田火力があげられる．

c.　発電機定数の改善としては次のような方法がある．

①　発電機の短絡比を大きくし，リアクタンス（同期リアクタンス X_d，過渡リアクタンス X_d'，X_d'' など）を小さくする．リアクタンスを小さくすれば式（10.32）の分母が小さくなり送電電力を大きくできる．発電機のリアクタンスを小さくするには固定子巻線のスロット幅を広くし，深さを浅くして漏れ磁束を少なくすればよい．

②　発電機の回転子に制動巻線を設ける．回転子に制動巻線を設けることにより過渡リアクタンスが小さくなり同期化力を増加することができる．

③　回転子のはずみ車効果（GD^2）を大きくする．はずみ車効果を大きくすれば送電線故障時の発電機の動揺変化を緩和でき加速，減速変化を少なくできる．ただし，この対策は回転子の寸法が大きくなり経済性が損なわれるので，適用に際して十分な検討を要する．また，発電機回転子に超電導体を用いる超電導発電

機も有効な対策といえる．

【例題 10.8】　次の□に適当な答を記入せよ．

同期発電機の安定度を向上させるには，□を大きくすること，□リアクタンスを小さくすること，回転子の□効果を大きくすること，回転子に□を設けること，また，励磁回路を□方式を採用することなどがある．

【解】　短絡比，同期(正相)，はずみ車，制動巻線，速応励磁

10.4　電力用通信

10.4.1　電力用通信の概要

電力用通信は，主として電気の需要と供給のバランスをとるため，発電所などの出力を速やかに調整したり，電力設備を制御したり，また万一事故が発生した場合に停電範囲の拡大を防ぐなど電力の安定供給するための情報伝達に用いられる設備である．このための通信ネットワークは各電力会社が独自に設置しており，その主なものは非常に短い波長の電波を使ったマイクロ波無線やレーザ光線を用いた光ファイバ通信などがある．近年，送電線の架空地線に光ファイバを内蔵した「光ファイバ複合架空地線(OPGW：Optical Ground Wire)」が多く使用されている．このほか，レーダによる雷雲の観測を行い，雷の発生状況を捕捉するシステムを導入し，電力設備の運転や停電の早期復旧に役立てている．さらに，地震や台風など非常災害時の通信確保や地上系回線のバックアップとして通信衛星が活用されている．通信設備は信号や音声を伝送する通信ネットワークと，電話設備および電子応用設備の三つに分類できる．電気事業者は法令により電気工作物の保安上・運用上必要とする箇所(給電所，制御所，発変電所，気象台，降水量観測所などに，また，特別高圧架空電線路などの適当な箇所)には保安通信用の電話設備(線路は携帯用または移動用)を，また，運転員が常時監視しない発電所・変電所に対しては遠方警報，監視・制御装置など電子応用設備を設置することが義務づけられている．

電力用通信は電力系統の頭脳といえる神経系統を構成するものであり，公衆通信と異なる次のような特徴を有している．

（1） 暴風雨，そのほか天災地変などに際して電気工作物に事故が発生した場合に，これらの保護・制御・復旧指令などの情報伝達手段として用いられるので，このようなときに安定に動作する必要がある．

（2） 計測・監視・保護装置など，その誤動作が電力系統に波及するおそれがあるので，常に安定に良好な動作を維持しなければならない．

（3） 保護・制御用に使用される通信設備は通信系統の障害が電力系統に影響を及ぼすので高信頼度が要求され，予備装置ならびに予備ルートなどの構成としている．また，電力系統のニーズから伝送時間に制約があり，高速度伝送が要求される．

（4） 給電指令用電話回線は，故障はもとより話中による通信不能は許されないので設備は専用となっており，重要なものは予備回線を有している．

つまり，電力用通信の信頼度は電力系統の安定運用に直接影響するため高信頼度が要求されている．この信頼度を確保するため，たとえば搬送保護継電装置では信号伝送路の2ルート化などの処置を講じてある．

通信ネットワークの構成は使用目的に応じて多重無線，光ファイバ通信回線を主体としたものとなっており，取り扱う情報は，自動給電システム，発変電所の大規模集中制御システムおよび設備機械化オンラインシステムなど，コンピュータを駆使した高度なシステムとなっており，データ情報が主体となっている．

通信設備の利用形態による分類としては次の四つに大別できる．

① 電力設備の保護と電力系統全体の安定化を目的とする系統保護用

② 電力系統の安定運用を目的とする監視・給電指令用の系統運用用

③ 各種電力設備の監視・管理を目的とする設備管理用

④ 電力事業の広報業務などを円滑に行うための業務用

その分類の具体的内容を**表 10.5** に示す．

データ伝送の必要回線の確保と回線の要求信頼度の向上により，従来のアナログ主体のネットワークからディジタル化が進み，導入に際して伝送路・交換設備を有機的に結合する総合ディジタルネットワークを構成し，設備ではパルス符号変調方式（PCM：Pulse Code Modulation）通信ケーブル搬送に加え，光ファイバ通信，ディジタル交換機，ディジタル無線が主体となってきている．

表 10.5　電力用通信の利用形態

利用形態	利　用　形　態
①系統保護	個別設備の保護（送電線の搬送保護継電装置など） 系統全体の安定化（再閉路装置，系統安定化装置など）
②系統運用	給電指令（給電指令電話，ファクシミリなど） 監視（電力系統監視，環境モニタリングなど） 観測（水位，雨量，気象状況など） 自動システム（自動給電システム，遠隔監視制御システムなど）
③設備管理	情報連絡（保安用電話，移動用無線，ファクシミリなど） 監視（送電線故障点標定装置，ダム放流警報装置など） 機械化（設備管理オンラインなど）
④業　　務	情報連絡（トールダイアル網，ファクシミリなど） 機械化（営業，配電オンラインなど）

10.4.2　電力用通信の種類と機能

電力用通信は通信ネットワーク，電話および電子応用装置から構成されている．

1.　通信ネットワーク　　電力各社とも主幹通信系統にはマイクロ波多重無線および光ファイバ通信が，ローカル通信系統には光ファイバ通信，通信線搬送，電力線搬送，通信ケーブルおよび小容量マイクロ波多重無線などが使用されている．

これら通信ネットワークを方式により分類すると**図 10.17** となる．

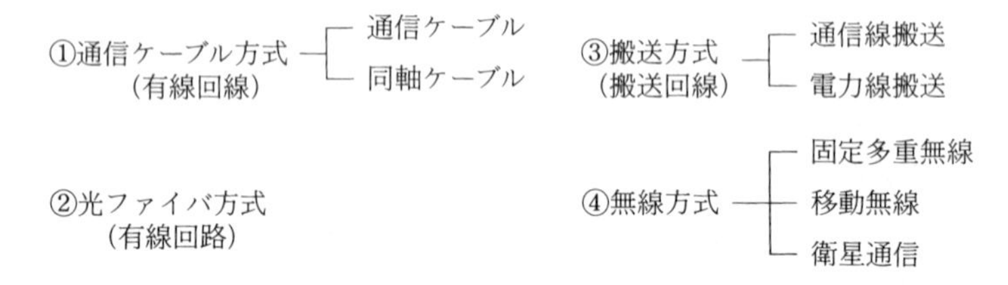

図 10.17　通信ネットワークの通信方式

通信ケーブルと光ファイバの方式に用いられる通信線は架空通信ケーブル，地中通信ケーブルおよび光ファイバ複合架空地線（OPGW）に分けられる．架空通信ケーブルは比較的距離に短い場合は経済的であり，信頼性と回線品質がよいので広く用いられ，大部分が配電線柱の添架通信ケーブルである．地中通信ケーブルは架空通信ケーブルに比べ安定な通信回線を構成できるが，経済的に不利となり，事故時の復旧に長時間を要する．用途は特に高信頼度を必要とする箇所や鉄道・

道路など周囲状況で架空通信ケーブルの設置が困難な箇所に用いられ，都心部では送電線，配電線の地中管路，共同溝などに同調して施設される．光ファイバの材料には石英が，その種類としてシングルモード形の光ファイバケーブルが使用され，低損失，高絶縁，無誘導で，かつ軽量・細小などの特性を有するため長距離・大容量の通信ネットワークに適している．一般に主幹系統に送電線の架空地線に光ファイバを内蔵した光ファイバ複合架空地線が，ローカル系統に光架空ケーブルが使用されている．このOPGWは支持物が送電線鉄塔であることから，配電線添架方式より信頼性が高い特徴を有する．また，発光素子には半導体レーザダイオードと発光ダイオードがあるが，前者がコヒーレンスの良さから採用されている．受光素子にはpinホトダイオードとアバランシュホトダイオードがあるが，後者が光出力や光受信感度がよく多く使用されている．

図10.18にOPGWの構造図を示す．

光ファイバ複合架空地線(OPGW)

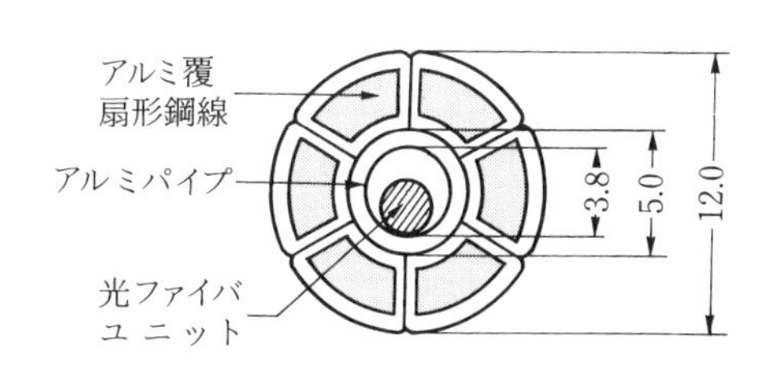

（a） OPGW断面

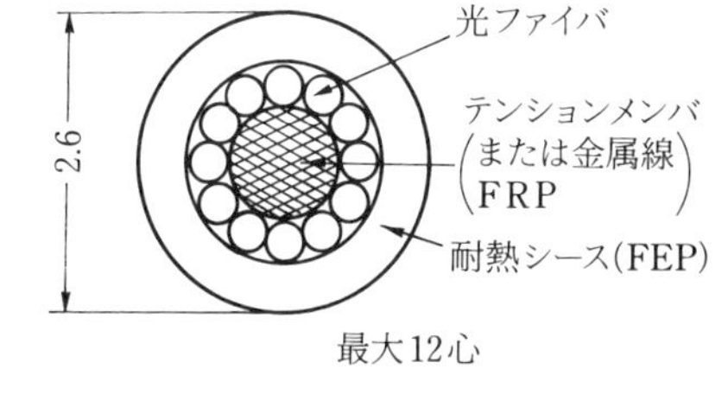

（b） 光ファイバケーブルの断面

(GWサイズ：90 mm² 相当品)

図10.18 複合架空地線(OPGW)の構造図

【例題 10.9】　次の[　]に適当な答を記入せよ．

近年，電力用通信への応用が進められている[(1)]通信は，送・受信装置に[(2)]素子を用い，伝送路に[(3)]ケーブルを用いるもので，電力回路からの[(4)]を受けないほか，伝送路における[(5)]が少ないなどの利点を有している．

【解】　(1)　光ファイバ，(2)　光半導体，(3)　光ファイバ，(4)　誘導，(5)　伝送損失

〔参考〕 電気設備技術基準の解釈では「光ファイバケーブルならびにその線路」を次のように定義している．

(1)「光ファイバケーブル」とは，光信号の伝送に使用する伝送媒体であって，保護被覆で保護したものをいう．

(2)「光ファイバケーブル線路」とは，光ファイバケーブル及びこれを支持し，又は保蔵する工作物(造営物の屋内又は屋側に施設するものを除く)をいう．

搬送方式は通信ケーブルや送電線・配電線に搬送波を乗せて通信回線を構成する方式で既設線路の有効利用が図れ，一般に経済的となる．搬送方式のうち，有線通信には搬送波を乗せた通信線搬送，送電線や配電線を利用した電力線搬送と配電線搬送などがある．通信線搬送は通信ケーブルに搬送波を乗せて通信回線を構成するもので，周波数分割変調方式(FDM 方式)とパルス符号変調方式(PCM 方式)があり，比較的信頼度が高く回線品質も良好で，多重通信路がとれるのでローカル系統の近距離用として採用されている．電力線搬送は送電線に搬送波を乗せて通信を行うもので信頼度が高く，送電系統と関連をもった通信ネットワークを構成できる利点がある．電力線搬送装置を送電線に安全に，かつ効率よく結合する装置は結合コンデンサ(CC)，結合フィルタ(CF)，保安装置〔ライントラップ(LT)〕および給電線で構成されている．近年は通信線や電力線の搬送通信より高信頼度で大容量な通信が可能である光ファイバ通信に移行している．

無線通信は風水害などの災害時にほかの通信方式よりも通信の確保が容易で，かつ電気工作物の事故と無関係であるので電力用通信に最も適している．ただ，ほかの無線局との混信妨害の機会が多いので，周波数の利用については厳しく統制，管理されている．現在使用している周波数は 60 MHz～40 GHz である．

無線設備は固定多重無線と移動無線に分かれ，固定多重無線は各事業所を結ぶ一定の固定地点間の多重無線通信であり，移動無線は送電線や配電線の保守などの移動中あるいは任意の地点で用いる無線通信で FM 変調方式が採用されている．衛星通信は地上での災害の影響を受けにくく，遠距離広範囲な通信が可能なことから，地上系回線のバックアップや地震・台風など非常災害時の通信確保として超小型衛星通信地球局(LSAT : Very Small Aperture Terminal)を主に使用している．

以上の電力用通信のネットワークの概要図を**図 10.19** に示す．

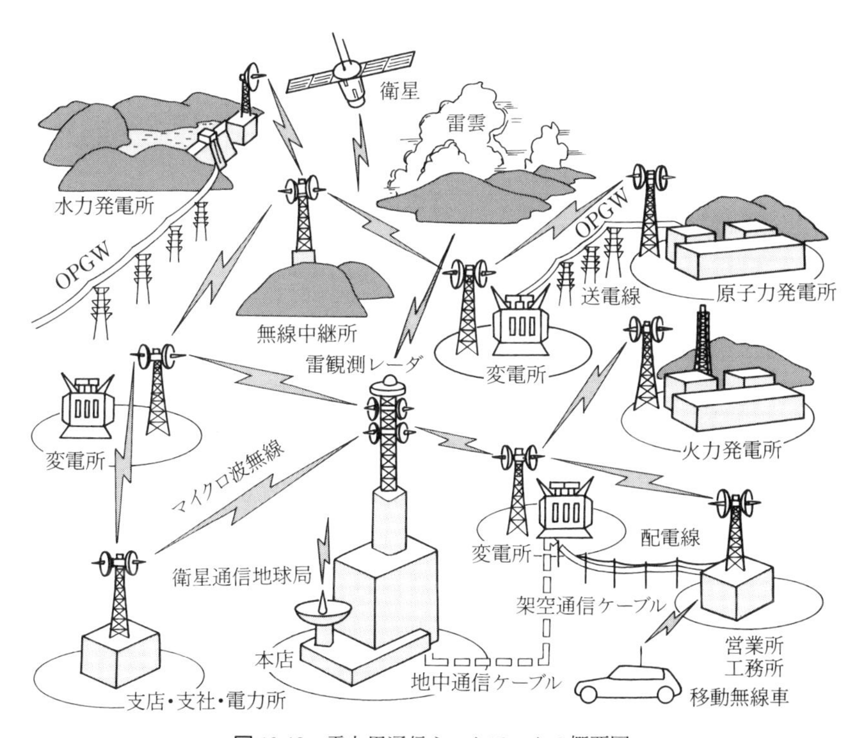

図 10.19　電力用通信ネットワークの概要図

2. 電力用通信の電話　電話設備には給電指令用と保安用の二つがあり，前者は電力系統の運転指令や電気事故時の復旧指令などの給電指令に使用され，その重要性から専用回線の給電電話交換網で構成されている．後者は電力設備の保安用として使用され，回線の有効利用から自動交換機(時分割 PCM 方式の電子交換機)による保安電話交換網で構成されている．

3. 電子応用設備　電子応用設備としては遠隔測定装置〔TM(テレメータ)〕，遠隔表示装置〔SV(スーパビジョン)〕，遠隔監視制御装置(テレコン，SCADA)，搬送系統保護継電装置(キャリヤリレー，系統安定化継電器)，送電線故障点標定装置(フォルトロケータ)，気象観測装置，LAN(Local Area Network)などがある．これらの主な種類とその機能を示したのが**表 10.6**である．

表 10.6　電子応用設備の種類と機能

装置名称	装置の機能
遠隔測定装置	電気諸量，雨雪量，水位などの値の遠隔測定するもの
遠隔表示装置	遮断器など機器の状態の遠隔表示するもの
遠隔監視制御装置	遠隔機器の監視・制御するもの
搬送系統保護継電装置	送電線や変電所の各端子の情報交換による事故区間や事故現象の判定と除去・制御するもの
送電線故障点標定装置	送電線故障時の故障点を標定するもの
雷観測データ	発雷情報を正確・迅速に把握するもの
ファクシミリ	文書・図面などを遠隔地点間での送受するもの
雨量・水位遠隔測定装置	発雷地区のダム流域の雨量，河川水位などの遠隔測定するもの
ダム放流警報装置	ダム放流時下流の増水による危険を連絡するもの

上記のなかで電力系統を事故などから保護するための搬送保護継電装置の一つにマイクロキャリヤリレーシステムがあり，その概要図を**図 10.20**に示す．送電線に落雷などの事故が発生したときに迅速確実に故障区間を判定して系統から切り離し，健全な電力系統への事故波及を防止するため送電線の起点・終点である変電所などに設置され，両端の事故情報をもとに，両端の遮断器の開閉を高速で制御している．

最近は伝送路のディジタル化に伴いPCM電流差動方式が主流となり，電流の瞬時値を30°ごとに各端子同時刻に標本化(サンプリング)し，相互に伝送している．

10.4.3　電力用通信の信号伝送

符号による信号伝送は迅速性と確実性に優れ，この信号を情報処理装置と結ぶ

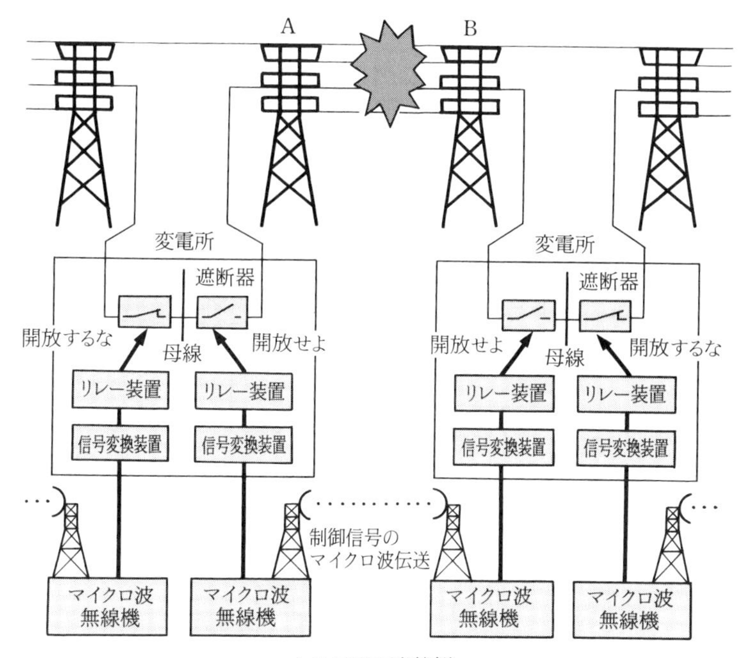

図 10.20 マイクロキャリヤリレーシステムの概要図

ことにより広範囲な分野の省力化が期待できるなどの利点があり，電力設備の自動化などに伴い急速に増加してきている．また，信号伝送は電子交換機などの情報処理装置がディジタル化の方向で進展しているため，これとのインタフェースから情報をディジタル信号で取り扱うことが多くなってきた．

伝送情報の種類としては数値情報(電圧・出力などテレメータ情報)，遮断器などの開閉情報(SV の二値情報)，事故情報(CB 開閉・数値などのコードが集まり意味をもつメッセージ情報)および AFC 信号などに分類される．

上記の情報は**図 10.21** のようなデータ集配信装置網により伝送されるが，信号の伝送方式の代表的なものとしては回線交換方式(CDT 方式)と蓄積交換方式(パケット交換方式とフレームリレー方式)の二つがある．

これらは

（1） CDT 方式としては各種多重の情報を一つの伝送路を使って一定周期で

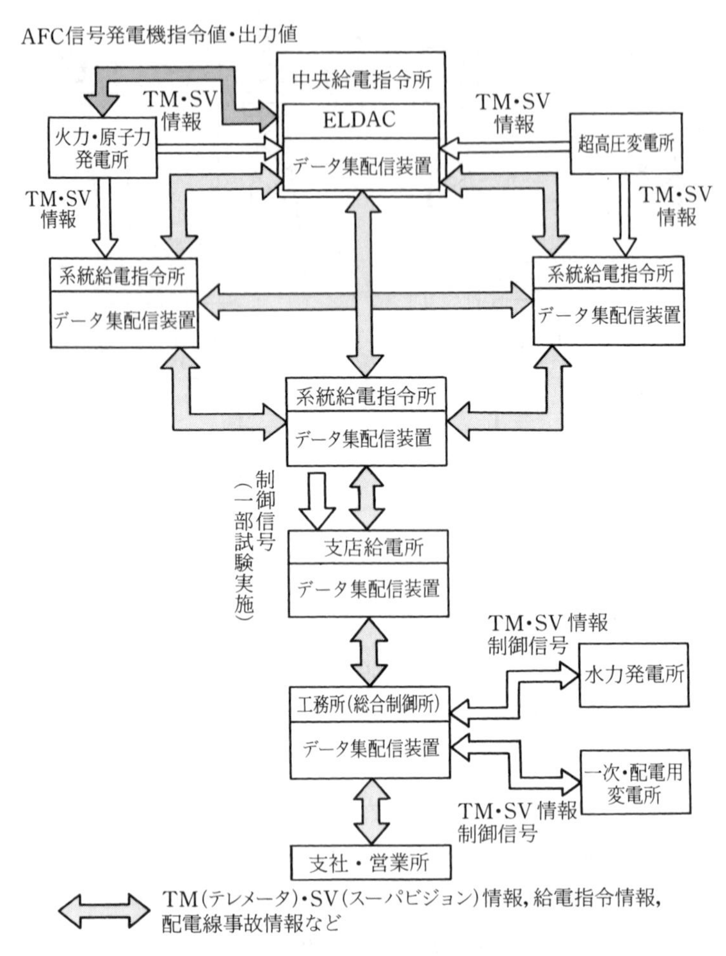

図 10.21　データ集配信装置網

繰り返し伝送するサイクリックディジタル情報伝送装置(CDT)が広く用いられている．

（2）　パケット交換方式はCDTによる信号伝送を，さらに効率的で柔軟性の高い伝送を目的とし，主体はCDTパケット交換機である．この装置は主要事業所や電気所などに設置されCDTから送られてくる情報を一定長に区切り，系統編集またはワード編集によって所定のパケットに組み立て一定周期で着信CDTパケット交換機に発信する．着信CDTパケット交換機は逆の変換を行い新たな

CDT 系統を構成し，必要箇所に配信する．本システムは CDT 系統に対し全般的に使用でき，特に同一情報が複数箇所で使用される自動給電システムや給電運用情報などに有効である．

（3） フレームリレー方式はデータ量の増大，レスポンス速度の向上など高速データ伝送ニーズに対応して開発された方式で，ネットワーク内での処理(誤り制御，再送制御)を省略することにより高速度の伝送を可能にしたものである．

問　題

10.1 図問 10.1 に示す変電所の 66 kV 側母線電圧を，基準電圧に対して 2.2% 上昇させるために必要な電力用コンデンサの容量を求めよ．また，この電力用コンデンサ投入による 154 kV 側の電圧変化率〔%〕を求めよ．ただし，電源電圧の変化はないものとし，また，図の Z および Z_t は，それぞれの部分の % インピーダンスを表すものとする．なお，インピーダンスは，すべてリアクタンス分のみとして計算せよ．

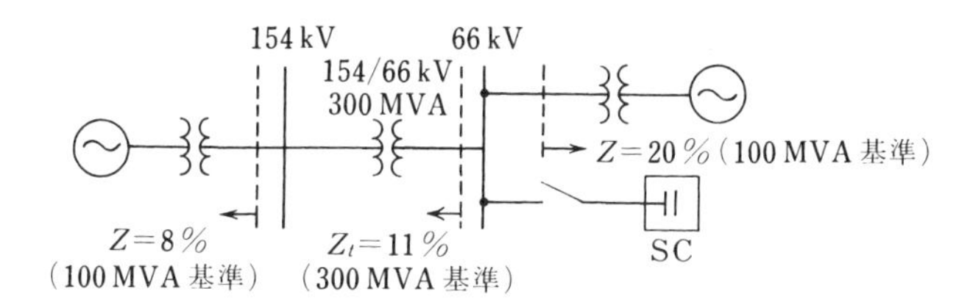

図問 10.1

10.2 275 kV，三相 3 線式 1 回線送電線において，受電端に負荷 200 MW＋j70 Mvar(遅れ)と並列コンデンサ 20 MVA(265 kV において)が接続されており，受電端電圧は 265 kV である．この場合の送電端電圧を求めよ．ただし，送電線は**図問 10.2** のような π 回路で表す

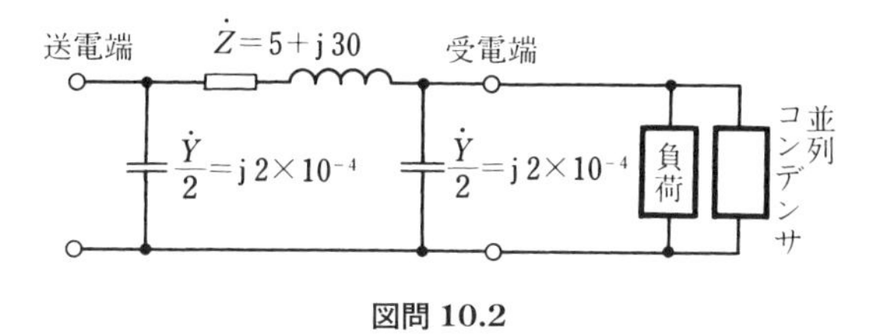

図問 10.2

ことができるものとし，送電線インピーダンスは 5+j30 Ω，送電線アドミタンス $\dot{Y}$ は j4×10^{-4} S とする．

10.3　77 kV の三相 2 回線送電線において，送電端電圧が 78 kV で，受電端負荷が 41 000 kW，遅れ力率 0.85 のとき，受電端電圧が 76 kV であった．送電端電圧を 78 kV に保持し，受電端にさらに 8 000 kW，遅れ力率 0.85 の負荷が加わった場合に受電端電圧を前と同じ値に保つために必要なコンデンサ容量〔kVA〕を求めよ．ただし，送電線 1 回線のインピーダンスは(2+j8.7)Ω とする．

10.4　公称電圧 220 kV，こう長 200 km の送電線路がある．その送電線の四端子定数は $\dot{A}$ ＝0.98，$\dot{B}$＝j70.7，$\dot{C}$＝j0.56×10^{-3}，$\dot{D}$＝0.98 である．無負荷時において，送電端に電圧 220 kV を加えた場合，次の値を計算せよ．

（1）　受電端電圧および送電端電流

（2）　受電端電圧を 220 kV に保つための受電端調相容量

10.5　次の文章は，電圧安定性と負荷の電圧特性に関する記述である．文中の［　　］に当てはまる最も適切なものを解答群の中から選べ．

電圧安定性は負荷の様相に大きく依存する．電圧に対する負荷特性は，定電力特性，定電流特性，定インピーダンス特性の三つに分類され，白熱灯や電熱器の負荷は［（1）］特性を示す．電圧安定性は，負荷全体に対する定電力負荷の割合が［（2）］場合に厳しくなる．

電圧安定性を表す特性として負荷の有効電力 P と負荷端の電圧 V の関係を表した P-V 曲線が一般に用いられ，その形からノーズカーブともいわれる．**図問 10.5** は，負荷が定電力特性である場合の電圧安定性を示したものであり，安定な運用点は［（3）］である．

電力需要が増加していくと電圧安定性が低下するおそれがあるが，負荷端に［（4）］を投入することで，P-V 曲線の限界点が［（5）］方向に移動し，電圧の安定性を維持できる．

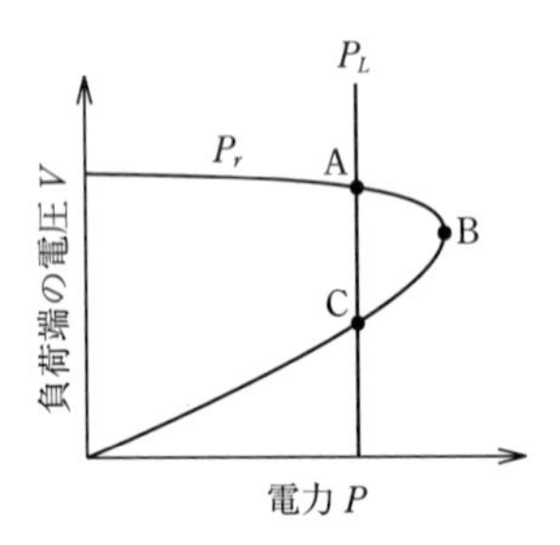

P_L：負荷の消費する電力
P_r：負荷端に伝達される電力

図問 10.5

〔解答群〕

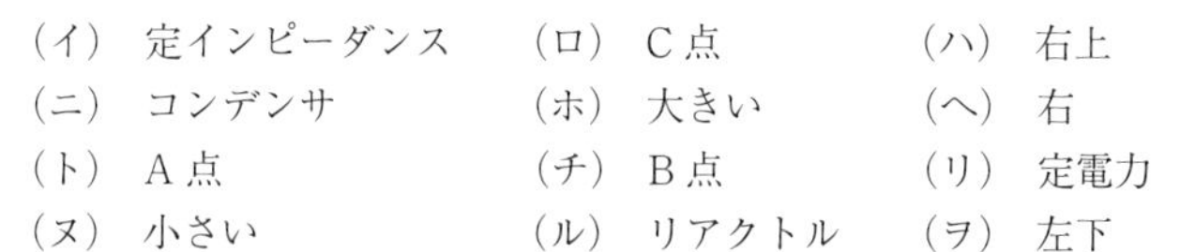

(イ)　定インピーダンス	(ロ)　C点	(ハ)　右上
(ニ)　コンデンサ	(ホ)　大きい	(ヘ)　右
(ト)　A点	(チ)　B点	(リ)　定電力
(ヌ)　小さい	(ル)　リアクトル	(ヲ)　左下
(ワ)　ゼロの	(カ)　定電流	(ヨ)　左

出典：平成29年度第二種電気主任技術者一次試験電力科目

10.6　電力系統の電圧低下防止に有効な機器として，誤っているのは次のうちどれか．

（1）　負荷時タップ切換変圧器　（2）　同期発電機　（3）　同期調相機

（4）　分路リアクトル　（5）　電力用コンデンサ

10.7　次の文章は，送配電系統の電圧上昇とその対策に関する記述である．文中の□に当てはまる最も適切なものを解答群の中から選びなさい．

都市部の送配電系統では（1）の採用や需要家側に設置された力率改善用コンデンサの常時投入などにより，深夜軽負荷帯などに無効電力発生が過剰となる場合がある．これに伴う電圧上昇対策として（2）の投入や，変圧器タップ位置の調整，発電機の進相運転(低励磁運転)などを行っている．発電機の進相運転(低励磁運転)では（3）及び補機電圧の低下などの問題がある．よって，あらかじめ運転可能範囲を十分に検討しておく必要がある．

一方，太陽光発電設備の多く導入された配電系統では，5月上旬等日照条件がよく負荷の比較的小さい期間において，太陽光発電設備による逆潮流により，特に高圧配電線末端の電圧が上昇する．電圧上昇対策は系統側条件と発電設備側条件の両面から検討することが基本であり，（4）側では（5）や出力抑制の機能をもつ自動電圧調整装置等を設置する方法が用いられている．

〔解答群〕

(イ)　母線連絡用遮断器	(ロ)　軸ねじれ共振	(ハ)　GIS
(ニ)　変圧器タップ切換	(ホ)　フォルトライドスルー	(ヘ)　分路リアクトル
(ト)　電圧脈動の増大	(チ)　変電所	(リ)　進相無効電力制御
(ヌ)　同期安定性の悪化	(ル)　アモルファス変圧器	(ヲ)　ケーブル系統
(ワ)　系統	(カ)　発電設備	(ヨ)　直列コンデンサ

出典：平成27年度第二種電気主任技術者一次試験電力科目

10.8　次の文章は，電力系統の電圧・無効電力制御に関する記述である．文中の□に当てはまる最も適切なものを解答群の中から選びなさい．

送電端電圧 V_s，受電端電圧 V_r，線路の抵抗 R，リアクタンス X，負荷の電流 I，力率 $\cos\theta$(遅れ)の線路の電圧降下 e は(1)式で近似される．(1)式は，受電端の有効電力 P，遅相無効電力を Q で表すと(2)式のように表される．

$$e = V_s - V_r = \sqrt{3}\,I(R\cos\theta + X\sin\theta) \qquad (1)$$

$$e = \boxed{\quad(1)\quad} \qquad (2)$$

(2)式から，一般に送電線では，線路抵抗 R に比べて線路リアクタンス X が著しく大きいので，無効電力 Q により電圧が変化する．

そこで，系統の電圧調整方法として，無効電力の調整が行われており，そのために以下の設備が使用されている．

a. 同期調相機は無負荷の同期電動機であり，界磁電流を小から大まで調整することによって無効電力を［（2）］まで［（3）］に変化させて系統の電圧を制御する．

b. ［（4）］は，系統電圧を上昇させる．

c. 分路リアクトルは，系統電圧を低下させる．

d. 静止形無効電力補償装置(SVC)は，無効電力をサイリスタで高速に調整する．これは，サイリスタでリアクトルに流れる電流を［（5）］する方式であり，無効電力の［（3）］な調整が可能である．

〔解答群〕

（イ）直列リアクトル	（ロ）遅相	（ハ）$\dfrac{RQ+XP}{V_{\mathrm{r}}}$
（ニ）段階的	（ホ）位相制御	（ヘ）効率的
（ト）$\dfrac{RP+XQ}{V_{\mathrm{s}}}$	（チ）抵抗制御	（リ）$\dfrac{RP+XQ}{V_{\mathrm{r}}}$
（ヌ）進相	（ル）連続的	（ヲ）電圧制御
（ワ）結合コンデンサ	（カ）電力用コンデンサ	（ヨ）遅相から進相

出典：平成27年度第二種電気主任技術者一次試験法規科目

10.9　電力系統において，自系統内のループ運用または他系統にまたがるループ運用が行われる例があるが，ループ運用の利害得失について論ぜよ．

10.10　次の［　］の中に適当な答を記入せよ．

特性の異なる送電系統のループ運用を行う場合，［　］変圧器と［　］とを併用するが，またはこれらのうち一つを使用して潮流制御を行うことがある．この方式をとれば，潮流分布が適正となり，［　］が軽減し，設備［　］率が向上し，安定度が増大する．

10.11　高圧配電線を無停電で切り換えるために，異系統の配電線同士をループにすることがあるが，その場合に考慮しなくてもよい事項は次のうちどれか．

（1）ループ前のおのおのの負荷電流　（2）ループ前のループ点の電圧差
（3）ループ前のループ点の位相差　（4）ループ中の電力損失
（5）ループ中の系統の短絡容量

10.12　**図問10.12**に示すような1線あたりのインピーダンスが3+j6 Ω および2+j5 Ω の二つの三相3線式1回線送電線路のうち，インピーダンス2+j5 Ω のほうに直列コンデンサを接続してループ運転する場合，送電損失が最小となるコンデンサのリアクタンス x の値〔Ω〕を求めよ．ただし，負荷電流は一定とする．

10.13　**図問10.13**のようにA S/SからB S/SおよびC S/Sに電力を供給している系統がある．A S/SからB S/SおよびC S/Sへ送りうる最大電力はいくらか．

ただし，Z_2 の許容電流0.3 p.u.，C S/Sの負荷 $L_{\mathrm{c}}=0.2$ p.u.，母線電圧 V_A，V_B，V_C ともに1.0 p.u.，線路インピーダンス $Z_1=\mathrm{j}3$ p.u.，$Z_2=\mathrm{j}1$ p.u.，$Z_3=\mathrm{j}2$ p.u. の大きさとし，p.u. の基準

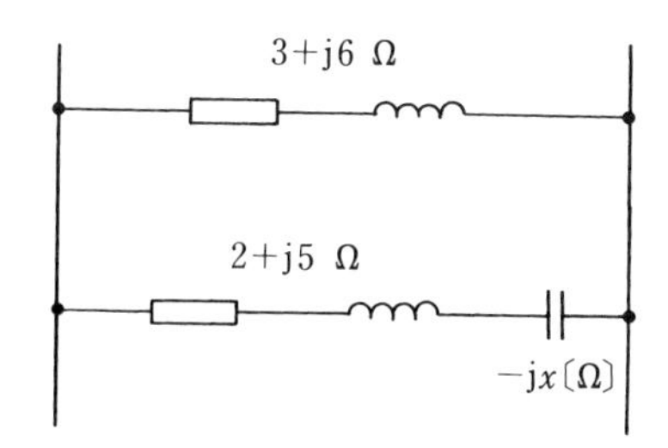

図問 10.12

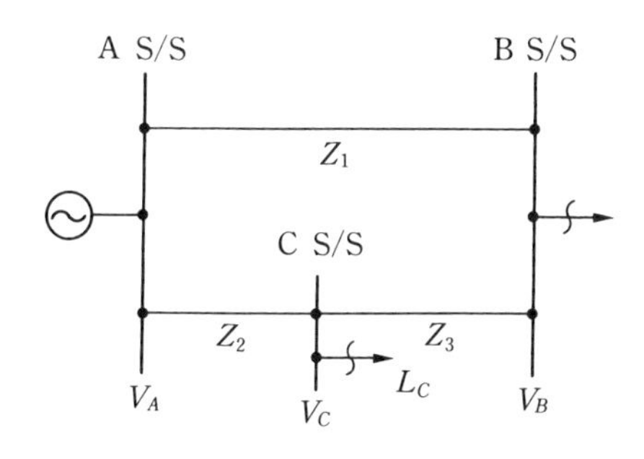

図問 10.13

は 1 000 MVA とする．

また，各線路の両端電圧の位相差 θ はいずれも小さく $\sin\theta \fallingdotseq \theta$ とみなせるものとする．

10.14　抵抗分を無視した四端子定数が $A=D=0.97$，$B=\mathrm{j}54\,\Omega$，$C=\mathrm{j}0.00112\,\mathrm{S}$ である送電線において，送電端電圧 $V_s=154\,\mathrm{kV}$，受電端電圧 $V_r=145\,\mathrm{kV}$ の場合の，受電端の最大有効電力〔MW〕を求めよ．

10.15　抵抗分を無視した四端子定数が $A=D=a$，$B=\mathrm{j}b$〔Ω〕，$C=\mathrm{j}c$〔S〕である二つの送電線路が図問 **10.15** のように直列に接続され，その接続点および受電点に調相容量が任意に調整できる調相設備を設置して，送電端電圧および受電端電圧が等しく V〔kV〕に保たれている．この場合，次の問いに答えよ．

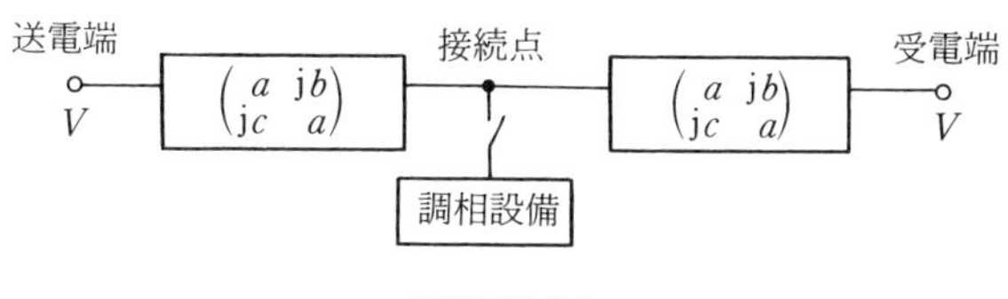

図問 10.15

（1）　接続点の電圧も V〔kV〕に保ち，その電圧と受電端電圧の位相差角が δ〔rad〕のときの受電端の有効電力 P_1〔MW〕を求めよ．

（2）　接続点の調相設備を開放し，送電端電圧と受電端電圧の位相差角が δ〔rad〕のときの受電端の有効電力 P_2〔MW〕を求めよ．また，P_1 は P_2 の何倍となるか．

（3）（1）に必要な接続点の調相容量〔MVA〕を求めよ．

10.16　電力系統の安定度向上のための対策を系統側と発電機側に分け列挙して，それぞれについて説明せよ．

10.17　**図問 10.17** において，発電機を系統に併入したとき，電圧の大きさは等しかったが，発電機側の電圧位相が系統側より30° 遅れていたため，瞬間的に横流が流れた．この大きさは，発電機の定格電流の何倍であったか．ただし，各部のリアクタンスは**表問 10.17** のとおりとし，そのほかのインピーダンスは無視するものとする．

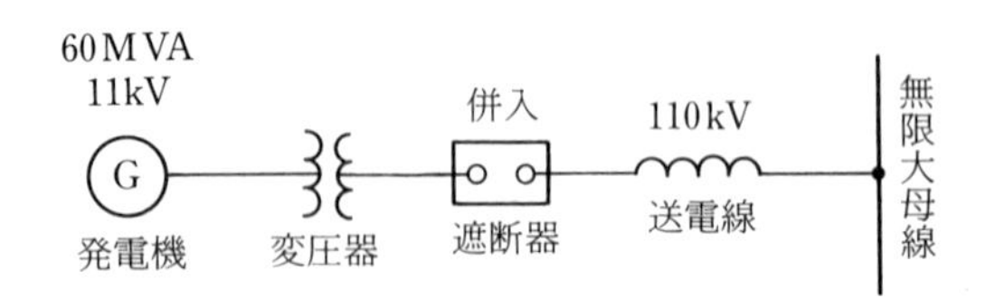

図問 10.17

表問 10.17

	発　電　機	変　圧　器	送　電　線
定格容量〔kVA〕	60 000	60 000	—
定格電圧〔kV〕	11	一次：11，二次：110	110
%リアクタンス〔%〕	20（過渡）（60 MVA ベース）	10（60 MVA ベース）	4（100 MVA ベース）

10.18　次の［　　］に適当な答を記入せよ．

静止形無効電力補償装置（SVC）は，一般に［（1）］に流れる電流を［（2）］の位相制御により変化させ，無効電力を［（3）］に，しかも高速に調整できる装置である．

SVC は，当初アーク炉負荷などの［（4）］防止対策として使用されてたが，電力系統の［（5）］および電圧維持の効果などが期待できる．

10.19　定格出力 600 MVA の発電機1台を有する火力発電所から 275 kV 送電線および変圧器を介して無限大母線に接続されている系統において，その発電機の定態安定度限界を図示せよ．

ただし，送電線のインピーダンスはj30.5 Ω，また，発電機の同期リアクタンスは1.5 p.u.(自己容量ベース)，変圧器のリアクタンス(送受電端計)は0.2 p.u.(600 MVA ベース)とし，抵抗分は無視するものとする.

10.20　同期リアクタンスX_s，誘導起電力Eなる2台の同期発電機を並列運転中に，両機の誘導起電力に位相角θの位相差が生じた場合，両機間に働く同期化力P_sは次式で与えられることを証明せよ.

ただし，同期発電機は非突極機とし，また，電機子抵抗は無視するものとする.

$$P_s = \frac{E^2}{2X_s}\cos\theta$$

10.21　電気設備技術基準の解釈で電力保安通信電話設備の施設が義務づけられている箇所をあげよ.

10.22　次の□の中に適当な答を記入せよ.

(1)　パイロット継電方式の種類は，伝送回路の種類によって，通常，□方式，電力線搬送方式および□方式の三つに分けられる．また，どのような信号を伝送するかにより□比較方式，□比較方式および□方式の三つに分類することができる.

(2)　光ファイバケーブルは，電力回路からの□を受けないほか，伝送路における□が少ないなどの特徴を有するため長距離・□の通信伝送路に適している．近年では，送電線の□に光ファイバケーブルを内蔵した構造のもの(これを□という)が使用されており，支持物が送電線鉄塔であることから従来の配電線添架方式に比べ信頼度が高い.

(3)　配線線路の事故点捜査方式は，配電線を適当な区間に分割して，□開閉器を設置し，事故時には変電所引出し口遮断器の□動作と協調して開閉器を順次投入することにより，自動的に事故区間を検出・分離する方式である．この方式には，開閉器動作の□協調による順送式と，有線または□による制御信号を使用した□方式とがある.

(4)　法規では，特別高圧架空電線路およびこう長□km以上の□架空電線路には，架空電線路の適当な箇所で通話できるように□または□の電力保安通信用電話設置を施設しなければならないと規定している.

10.23　法規では，「光ファイバケーブル」の定義を次のように規定している.

1. 「光ファイバケーブル」とは，光信号の伝送に使用する伝送媒体であって，保護[(ア)]で保護したものをいう.
2. 「光ファイバケーブル線路」とは，光ファイバケーブル及びこれを[(イ)]し，又は保蔵する工作物(造営物の屋内又は[(ウ)]に施設するものを除く)をいう.

上記の□に記入する字句として正しいものを組み合せたのはどれか.

	(1)	(2)	(3)	(4)	(5)
(ア)	装置	装置	被覆	被覆	器具
(イ)	収納	収納	保護	支持	支持
(ウ)	屋外	屋上	屋上	屋側	屋側

問題解答

第 1 章

1.4 (1)ホ，(2)ヌ，(3)ト，(4)ロ，(5)ヘ　**1.5** (1)ヲ，(2)ハ，(3)チ，(4)ヨ，(5)カ　**1.6** (5)　**1.7** (5)

1.8 電力不足確率 $p_L = p_g p_l + p_g q_l + p_l q_g$

$$= 0.03 \times 0.01 + 0.03 \times (1-0.01) + 0.01 \times (1-0.03) \fallingdotseq 0.0397\,(3.97\%)$$

$P = 0$ MW の場合

$$電力量不足確率\ p_c = \frac{150 \times (p_g p_l + p_g q_l + p_l q_g) \times T}{150 \times T}$$

$$= p_g p_l + p_g q_l + p_l q_g \fallingdotseq 0.0397\,(3.97\%)$$

$P = 60$ MW の場合(ただし，融通可能な電力は 50 MW である)

$$電力量不足確率 = \frac{(150-50) \times (p_g p_l + p_g q_l + p_l q_g) \times T}{150 \times T}$$

$$= (p_g p_l + p_g q_l + p_l q_g) \times (100/150)$$

$$= (0.03 \times 0.01 + 0.03 \times (1-0.01) + 0.01 \times (1-0.03)) \times (100/150)$$

$$\fallingdotseq 0.0265\,(2.65\%)$$

1.10 (1)ル，(2)イ，(3)ヘ，(4)チ，(5)ニ　**1.11** (1)イ，(2)ト，(3)ハ，(4)ヨ，(5)ニ

第 2 章

2.1 (4)　**2.2** (2)　**2.3** (a)5，(b)1　**2.4** (1)　**2.5** (1)　**2.6** (a)2，(b)4
2.7 (1) 容量，進み電流，電機子反作用，増磁，端子電圧　(2) 擾乱(負荷変動)，定態安定度，過渡安定度，最大電力，過渡安定

2.8 正相リアクタンス $= 2\pi 50 \times 2 \times (2.4 - 1.8) \times 10^{-3} \fallingdotseq 0.377\ \Omega/\mathrm{km}$

零相リアクタンス $= 2\pi 50 \times (4 \times 1.8 - 2.4) \times 10^{-3} \fallingdotseq 1.507\ \Omega/\mathrm{km}$

2.9 (5)　**2.10** (1)ロ，(2)ト，(3)ヘ，(4)チ，(5)ニ　**2.11** (3)　**2.12** (1)ワ，(2)ニ，(3)ヘ，(4)チ，(5)ヌ　**2.13** (a)2，(b)3　**2.14** (4)　**2.15** (2)　**2.16** (a)3，(b)4　**2.17** (a)2，(b)3　**2.18** (1)ヨ，(2)リ，(3)ニ，(4)チ，(5)ワ　**2.19** (5)　**2.20** (a)2，(b)4　**2.21** (a)4，(b)1　**2.22** (1)ヨ，(2)ヌ，(3)イ，(4)

ワ，（5）チ

第 3 章

3.1 （4）　**3.2** （1）　**3.3** （4）　**3.4** （4）　**3.5** (a)4，(b)2　**3.6** (ア)垂直　(イ)水平縦　(ウ)架渉線　(エ)風圧　(オ)水平角　**3.7** （1）　**3.8** （1）ワ，（2）ニ，（3）ヌ，（4）イ，（5）カ　**3.9** （1）　**3.10** （5）　**3.11** （5）

第 4 章

4.1 （5）　**4.2** （1）　**4.3** （2）　**4.4** （3）　**4.5** （5）　**4.6** （5）　**4.7** （3）　**4.8** （4）　**4.9** （1）　**4.10** （1）　**4.11** （4）　**4.12** （3）　**4.13** （4）　**4.14** （1）ニ，（2）カ，（3）ロ，（4）ル，（5）チ　**4.15** （2）　**4.16** （2）　**4.17** （1）ホ，（2）カ，（3）ル，（4）ヌ，（5）リ

第 5 章

5.1 （5）　**5.2** （2）　**5.3** （1）　**5.4** （4）　**5.5** （2）　**5.6** （2）　**5.7** （2）　**5.8** （3）　**5.9** （4）　**5.10** （1）　**5.11** （2）　**5.12** （4）　**5.13** （4）　**5.14** （4）　**5.15** （1）　**5.16** （5）　**5.17** （5）　**5.18** （4）　**5.19** （1）　**5.20** （1）ル，（2）リ，（3）ヘ，（4）ヨ，（5）ロ

第 6 章

6.1 （5）　**6.2** （5）　**6.3** （1）ハ，（2）ヘ，（3）イ，（4）リ，（5）ホ　**6.4** （5）　**6.5** （3）　**6.6** （2）　**6.7** （5）

6.8 三相負荷　$P_M=\sqrt{3}\times 20=34.6\,\mathrm{kW}$　　単相負荷　$40-20\times\sqrt{3}\times\dfrac{1}{2}=22.7\,\mathrm{kW}$

$$\text{利用率}=\frac{10\sqrt{3}+40}{20+40}\times 100\fallingdotseq 95.5\%$$

6.9 （2）　**6.10** （4）　**6.11** （1）　**6.12** （3）　**6.13** （3）　**6.14** （1）　**6.15** （2）　**6.16** (a)1，(b)1　**6.17** （2）　**6.18** （1）ヲ，（2）ル，（3）ホ，（4）イ，（5）ワ　**6.19** （1）

第 7 章

7.1 （1）ハ，（2）ヘ，（3）ニ，（4）ヌ，（5）ル　**7.2** （1）　**7.3** (a)1，(b)2　**7.4** （5）　**7.5** （3）　**7.6** （1）　**7.7** （1）　**7.8** （1）イ，（2）ロ，（3）ヘ，（4）ヨ，（5）ニ

7.9 $r=0.8\times 6\times 2\times\dfrac{10\times 10^3}{(6\times 10^3)^2}\times 100+1.7=1.967$

$$x=0.3\times6\times2\times\frac{10\times10^3}{(6\times10^3)^2}\times100+2.5=2.6$$

$$Z=\sqrt{r^2+x^2}=3.26 \qquad I_s=\frac{100}{3.26}\times\frac{10\times10^3}{100}\fallingdotseq3\,067\text{ A}$$

7.10　$Z_s=0.7+\mathrm{j}(0.36+0.74)=0.7+\mathrm{j}1.1 \qquad I_s=\dfrac{1}{\sqrt{0.7^2+1.1^2}}\times\dfrac{6\,900}{\sqrt{3}}\fallingdotseq3\,055\text{ A}$

$$V_{ab}=\sqrt{3}\times I_s\times\sqrt{0.7^2+0.74^2}=\sqrt{3}\times3\,055\times\sqrt{0.7^2+0.74^2}\fallingdotseq5\,390\text{ V}$$

7.11　（1）ホ，（2）リ，（3）ヲ，（4）カ，（5）ニ　**7.12**　（1）ト，（2）ヌ，（3）ハ，（4）ヨ，（5）ヘ

7.13　$E=3V=\dfrac{3(E_s-E_r)}{1+Z_1\left(\dfrac{1}{Z_0}+\dfrac{1}{Z_2}\right)}=\dfrac{3Z_0Z_2(E_s-E_r)}{Z_0Z_2+Z_1Z_2+Z_0Z_1}$

第 8 章

8.1　（5）　**8.2**　（2）　**8.3**　（2）　**8.4**　（1）ヌ，（2）ヘ，（3）ニ，（4）ヲ，（5）ホ　**8.6**　（1）　**8.7**　（3）　**8.8**　（1）ヲ，（2）イ，（3）ヨ，（4）ハ，（5）ル　**8.9**　（5）　**8.10**　（2）　**8.11**　（4）　**8.13**　（1）充電電流，進み位相，フェランチ，健全相，補償　（2）非，静電容量，高低圧混融，第2種，小さ　（3）増結，長幹，スモック(耐霧)，洗浄　（4）異常，フラッシオーバ，アーク，アークホーン，両端

8.14　$e_0+e_r=e_g \qquad i_0=i_r+2i_g+i_R \qquad e_0=Z_0i_0 \qquad e_r=Z_0i_r \qquad e_g=Z_gi_g=R_{iR}$

送電線の電位　$e_a=Z_mi_g=Z_me_g/Z_g \qquad \therefore e_m=e_g-e_a=\dfrac{2(Z_g-Z_m)R_{e0}}{(2Z_0+Z_g)R+Z_0Z_g}\fallingdotseq712\text{〔kV〕}$

第 9 章

9.3　（3）　**9.4**　（1）ニ，（2）ヘ，（3）ト，（4）イ，（5）ホ　**9.5**　（2）　**9.6**　（2）　**9.7**　（1）チ，（2）ト，（3）カ，（4）ニ，（5）ホ　**9.8**　（2）　**9.9**　（1）リ，（2）ル，（3）ヨ，（4）ロ，（5）ホ

第 10 章

10.1　66 kV 側よりみたインピーダンス　$Z_{66}=\dfrac{\left(8+11\times\dfrac{100}{300}\right)\times20}{\left(8+11\times\dfrac{100}{300}\right)+20}=7.368$

$$Q_c=\frac{2.2}{100}\times\frac{100}{7.368}\times100\fallingdotseq30\text{ MVA}$$

$$\Delta V_{154}=\Delta V_{66}\times\frac{x_t}{x_t+x_l}=2.2\times\frac{8}{8+11\times\dfrac{100}{300}}\fallingdotseq 1.5\%$$

10.2 $\bar{\dot{I}}_r=\dfrac{P_a}{\sqrt{3}E_r}=\dfrac{(200+\mathrm{j}50)\times10^3}{\sqrt{3}\times265}\fallingdotseq 436+\mathrm{j}109$

$\dot{I}_c=\dfrac{265\times10^3}{\sqrt{3}}\times\mathrm{j}2\times10^{-4}=\mathrm{j}30.6\ \mathrm{A}$

$\dot{I}_l=\dot{I}_r+\dot{I}_c=436-\mathrm{j}78.4$　$\dot{E}_s=265+\sqrt{3}(436-\mathrm{j}78.4)(5+\mathrm{j}30)\times10^{-3}$　$E_s\fallingdotseq 273.7\ \mathrm{kV}$

10.3 $(E_s-E_r)E_r=(78-76)\times10^3\times76\times10^3=P_r+Q_x=49\,000\times10^3\times1+Q\times10^3\times4.35$

$Q=23\,678\ \mathrm{kvar}$　　$Q_c=P\tan\theta-Q=49\,000\times\dfrac{\sqrt{1-0.85^2}}{0.85}-23\,678\fallingdotseq 6\,700\ \mathrm{kVA}$

10.4 （１）　$V_r=V_s/A=\dfrac{220}{0.98}\fallingdotseq 224.5\ \mathrm{kV}$　　$\dot{I}_s=\dot{C}\dot{E}_r=\mathrm{j}0.56\times10^3\times\dfrac{224.5}{\sqrt{3}}\times10^3=\mathrm{j}72.6\ \mathrm{A}$

（２）　$Q_r=\dfrac{V_sV_r}{b}\cos\delta-\dfrac{a}{b}\,V_r^{\ 2}=\dfrac{220\times220}{70.7}-\dfrac{0.98}{70.7}\times220^2=13\,692\ \mathrm{kVA}$

$Q_c=Q_r=13\,692\ \mathrm{kVA}$（遅れ）

10.5 （１）イ，（２）ホ，（３）ト，（４）ニ，（５）ハ

10.6 （４）

10.7 （１）ヲ，（２）ヘ，（３）ヌ，（４）カ，（５）リ

10.8 （１）リ，（２）ヨ，（３）ル，（４）カ，（５）ホ

10.10 位相，直列コンデンサ，送電損失，利用　　**10.11** （４）

10.12 $X_c=X_2-\dfrac{R_2}{R_1}X_1=5-\dfrac{2}{3}\times6=1〔\Omega〕$

10.13 $P_3=0.3=\dfrac{L_B\times3+0.2(3+2)}{3+1+2}=\dfrac{3L_B+1}{6}$　　$L_B=\dfrac{0.3\times6-1}{3}\fallingdotseq 0.267\ \mathrm{p.u.}$

$\therefore\ P_{\max}=L_B+L_C=0.267+0.2=0.467\ \mathrm{p.u.}\Rightarrow 467\ \mathrm{MW}$

10.14 $W=\dot{V}_r\times\dot{I}_r=\dfrac{V_sV_r}{b}\sin\delta-\mathrm{j}\left(\dfrac{a}{b}\,V_r^{\ 2}-\dfrac{V_sV_r}{b}\cos\delta\right)$

$P_r=\dfrac{V_sV_r}{b}\sin\theta〔\mathrm{MW}〕$　　$\therefore\ P_{r\max}=\dfrac{V_sV_r}{b}=\dfrac{154\times145}{54}=414〔\mathrm{MW}〕$

10.15 （１）　$\dot{W}_3=\dot{E}_3\times\dot{I}_3=\dfrac{E_3E_2}{b}\sin\theta\text{-}\mathrm{j}\left(\dfrac{a}{b}E_3^{\ 2}-\dfrac{E_3E_1}{b}\cos\theta\right)$

$\therefore\ P_1=\dfrac{E^2}{b}\sin\theta〔\mathrm{MW}〕$

（２）　$\dot{W}_3=\dot{E}_3\times\dot{I}_3=\dfrac{E_3E_1}{2ab}\sin\theta-\mathrm{j}\left(\dfrac{a^2-bc}{2ab}E_3^{\ 2}-\dfrac{E_3E_1}{2ab}\cos\theta\right)$

$$\therefore\ P_2=\frac{E^2}{2ab}\sin\boldsymbol{\theta}\text{〔MW〕}\qquad \frac{P_1}{P_2}=2a$$

（３） $\dot{I}_c=\mathrm{j}\dfrac{2}{b}(a-\cos\boldsymbol{\theta})\mathrm{E}\qquad \therefore\ Q=E\times I_c=\dfrac{2}{b}(a-\cos\boldsymbol{\theta})E^2$〔MVA〕

10.17 $\%x_c=\%x_g+\%x_t+\%x_1=\mathrm{j}0.2+\mathrm{j}0.1+\mathrm{j}0.024=\mathrm{j}0.324\%$

$$\dot{I}_c=\frac{\dot{V}_c}{\%x_c}=\frac{\dot{V}_1-V_g}{\mathrm{j}0.324}=\frac{1-\frac{\sqrt{3}}{2}+\mathrm{j}\frac{1}{2}}{\mathrm{j}0.324}\fallingdotseq 0.414+\mathrm{j}1.54$$

$$\therefore\ I_c=\sqrt{0.414^2+1.54^2}\fallingdotseq 1.6\text{〔p.u.〕}$$

10.18 （１） リアクトル （２） サイリスタ （３） 連続的 （４） 電圧フリッカ （５） 安定度向上

10.19 $X_d=1.5,\ X_t=0.2,\ X_l=\dfrac{600}{(275)^2}\times 30.5\fallingdotseq 0.24\qquad \therefore X_e=X_t+X_l=0.2+0.24=0.44$ p.u.

$$\left(\frac{P_t^{\,2}}{e_t}\right)+\left[\frac{Q_t}{e_t}-\frac{1}{2}\left(\frac{1}{X_e}-\frac{1}{X_d}\right)\right]^2=\left[\frac{1}{2}\left(\frac{1}{X_e}+\frac{1}{X_d}\right)\right]^2$$

中心 $\dfrac{1}{2}\left(\dfrac{1}{X_e}-\dfrac{1}{X_d}\right)=\dfrac{1}{2}\left(\dfrac{1}{0.44}-\dfrac{1}{1.5}\right)=0.8$

半径 $\dfrac{1}{2}\left(\dfrac{1}{X_e}+\dfrac{1}{X_d}\right)=\dfrac{1}{2}\left(\dfrac{1}{0.44}+\dfrac{1}{1.5}\right)=1.47$

の円

10.20 $I_c=\dfrac{E_a-E_b}{Z_a+Z_B}=\dfrac{E\left[(\cos\boldsymbol{\theta}/2+\mathrm{j}\sin\boldsymbol{\theta}/2)-(\cos\boldsymbol{\theta}/2-\mathrm{j}\sin\boldsymbol{\theta}/2)\right]}{\mathrm{j}2X_s}$

$$=\frac{E}{X_s}\sin\boldsymbol{\theta}/2$$

$$P_a=E_a\times I_c\cos\boldsymbol{\theta}/2=\frac{E^2}{X_s}\sin\boldsymbol{\theta}/2\cos\boldsymbol{\theta}/2=\frac{E^2}{2X_s}\sin\boldsymbol{\theta}$$

$$\therefore\ P_s=\frac{dP_a}{d\boldsymbol{\theta}}=\frac{E^2}{2X_s}\cos\boldsymbol{\theta}$$

10.22 （１） 表示線継電(通信線搬送)，マイクロ波搬送，方向，転送遮断 （２） 誘導，損失，大容量，架空地線，光ファイバ複合架空地線(OPGW) （３） 自動区分，再閉路，時限，電力線搬送(通信線搬送)，信号 （４） 5，高圧，携帯用，移動用　**10.23** （４）

索　引

き

く

け

こ

さ

し

す

と

な・に・ね

は

ら・り・る・れ

その他

送電・配電　2版改訂

1986年 6 月20日　初　版　　1刷発行
2000年 1 月25日　　　　　　13刷発行
2001年 8 月20日　改訂版　　1刷発行
2021年10月 1 日　　　　　　15刷発行
2024年12月15日　2版改訂　　1刷発行

発行者　本　吉　高　行

発行所　一般社団法人電　気　学　会
〒102-0076 東京都千代田区五番町 6-2
電話(03)3221-7275
https://www.iee.jp

発売所　株式会社オーム社
〒101-0054 東京都千代田区神田錦町 3-1
電話(03)3233-0641

印刷所
製本所　三美印刷株式会社

落丁・乱丁の際はお取替えいたします
ISBN978-4-88686-323-2　C3054